高等学校计算机基础教育规划教材

程序设计技术
（C语言）

尚展垒 司丽娜 孟牒 郑远攀 等 编著

清华大学出版社

北京

内 容 简 介

本书以 Visual C++ 6.0 作为开发平台，利用 C 语言描述程序设计的基本思想和方法，同时借助 EasyX 介绍图形绘制的方法和原理。全书共分 15 章，主要介绍 C 语言基础知识，程序的控制结构，C 语言中的构造型数据类型，常用算法，指针型数据类型，位运算，程序中的文件以及图形的绘制等内容，第 15 章讲述了如何利用软件工程的方法指导读者开发大型软件。

本书适合作为大学计算机专业和非计算机专业的程序设计基础课程教材，也可供自学的读者使用。

图书在版编目（CIP）数据

程序设计技术：C 语言/尚展垒等编著. —北京：清华大学出版社，2019
（高等学校计算机基础教育规划教材）
ISBN 978-7-302-51430-5

Ⅰ. ①程…　Ⅱ. ①尚…　Ⅲ. ①C 语言－程序设计－高等学校－教材　Ⅳ. ①TP312.8

中国版本图书馆 CIP 数据核字（2018）第 242399 号

责任编辑：汪汉友
封面设计：傅瑞学
责任校对：时翠兰
责任印制：丛怀宇

出版发行：清华大学出版社
　　　　　网　　　址：http://www.tup.com.cn，http://www.wqbook.com
　　　　　地　　　址：北京清华大学学研大厦 A 座　　　　　邮　　编：100084
　　　　　社 总 机：010-62770175　　　　　　　　　　　　邮　　购：010-62786544
　　　　　投稿与读者服务：010-62776969，c-service@tup.tsinghua.edu.cn
　　　　　质量反馈：010-62772015，zhiliang@tup.tsinghua.edu.cn
　　　　　课件下载：http://www.tup.com.cn，010-62795954
印 装 者：三河市龙大印装有限公司
经　　销：全国新华书店
开　　本：185mm×260mm　　　　　**印　　张：**28.25　　　　　**字　　数：**688 千字
版　　次：2019 年 3 月第 1 版　　　　　　　　　　　　　**印　　次：**2019 年 3 月第 1 次印刷
定　　价：69.00 元

产品编号：080412-01

前　　言

　　C 语言从诞生之日起就一直保持着旺盛的生命力,不断发展壮大、日臻完善,已经成为目前使用最广泛的编程语言之一。与其他高级语言相比,C 语言处理功能丰富,表达能力强,使用灵活方便,执行程序效率高,可移植性强;具有丰富的数据类型和运算符,语句非常简单,源程序简洁清晰;可以直接处理硬件系统和对外围设备接口进行控制。C 语言是一种结构化的程序设计语言,支持自顶向下、逐步求精的结构化程序设计技术。另外,C 语言程序的函数结构也为实现程序的模块化设计提供了强有力的保障。因此纵然有 C++、Java 这样的后继者,但到目前为止,它们依然没有取代 C 的迹象。尤其 C99 标准发布以后,C 语言的旺盛生命力再次得到了保持和延续。

　　本书的编写者全部是一直战斗在高等学校教学一线,承担"C 语言程序设计"课程的教学任务的大学教师,有丰富的教学和 C 语言编程工作经验,有将自己积累的 C 语言程序设计经验介绍给大家的强烈愿望,因为在教学实践中,作者感受最深的就是,学习者普遍反映C 语言难学、难懂,而事实上,学习者感觉难的往往并不是 C 语言的核心内容,学习的过程就是学习者与教师、与教材交互的过程,只要遵照一定的学习规律,这个交互过程并不难达成。学习者应该明白,选择一本交互性好的教材是至关重要的。不可否认,一些经典的 C 语言教材在教学中所起的巨大作用。但是,传统教材过细的内容组织也让学习者迷失了方向。本教材以指针为主线,贯穿于始终。另外,本教材也特别强调实践能力的培养,学习者首先应该学会用适当的编程工具编制、调试程序。学习者在编程实践中不断遇到问题,不断解决问题,自然就会明白许多细节。本书在介绍核心语法的基础上,以培养动手编程能力为首要目标,把那些烦琐的内容留待以后慢慢研究。

　　本书共分 15 章,将 C 语言的特色内容"指针"贯穿于始终,将这一难点分散到相关章节,避免了难点集中造成学习者丧失学习的兴趣。同时,借助于第三方工具的支持,讲述了在 Visual C++ 中的绘图方法,由于绘图的引入,不但可以提高学生学习的兴趣,还能增加 C 语言的实际应用。

　　第 1 章介绍了程序设计的基本知识,详细阐述了软件的编制方法,使学习者对软件的编制有一个概念上的认识和理解,并能将这些方法应用于后续章节的学习中。

　　第 2 章介绍了 C 语言的基本知识,重点阐述了变量的声明方法,使学习者掌握变量、地址、存储数据之间的关系,同时还讲述了运算符。

　　第 3 章介绍了 C 语言标准库函数和顺序结构程序设计的基本方法,使学习者能够使用库函数编写简单的顺序结构程序。

　　第 4 章介绍了选择结构的相关语法,使学习者能够解决选择结构所涉及的问题。

　　第 5 章介绍了循环结构的相关语法,使学习者能够解决循环结构所涉及的问题。

　　第 6 章介绍了函数的相关知识,重点介绍了基本使用方法、函数参数的传值调用和传址调用,使学习者能够综合使用函数参数的传值调用和传址调用来解决实际问题。

　　第 7 章介绍了 C 语言中数值型一维数组和二维数组的相关知识,使学习者能够熟练使用函数来解决数组的相关问题。

第 8 章介绍了排序、查询、方程求解、求积分等内容，使读者能够利用所学的知识解决一些实际问题。

第 9 章介绍了字符串与字符数组的相关知识，使学习者能够处理与字符串和字符数组相关的问题。

第 10 章介绍了结构和联合的基本概念，使学习者能够综合使用数组、指针以及结构和联合来解决一些实际问题。

第 11 章介绍了指针的高级使用，使学习者能够处理涉及指针数组、函数指针和指针函数的相关问题。

第 12 章介绍了位运算的相关知识，使学习者对位运算有一个较为系统的认识并能够使用所学的位运算知识解决相关问题。

第 13 章介绍了文件的概念以及处理文件问题所涉及的函数，使学习者在掌握常用文件函数的基础上来解决一些实际问题。

第 14 章介绍了如何借助于第三方工具 EasyX，很方便地在 Visual C++ 6.0 下绘制图形以及动画，进而编制简单的游戏。

第 15 章介绍了用软件工程的方法指导大型软件的开发方法，以提高软件的开发效率、降低开发成本、提高软件正确性等。

以上各部分都可以独立教学，自成体系。教师可根据情况适当取舍。

本书由郑州轻工业学院的尚展垒、司丽娜、孟牒、郑远攀等编著，其中，尚展垒任主编，司丽娜、孟牒、郑远攀任副主编，参加本书编写的还有郑州轻工业学院的杨学冬、张江伟和艾怡静。第 1 章、第 10 章和附录由尚展垒编写，第 2、3 章由司丽娜编写，第 4、5 章由孟牒编写，第 6、7 章由郑远攀编写，第 8～10 章由杨学冬编写，第 11、12、15 章由张江伟编写，第 13、14 章由艾怡静编写。尚展垒负责本书的组织工作，司丽娜负责本书的统稿工作。

本书的顺利出版得到郑州轻工业学院和清华大学出版社的大力支持。在本教材的编写过程中从许多同行的著作中得到启发，在此表达感谢之情。由于作者学识所限，难免存在疏漏，恳请各位读者批评指正。

编　者

2018 年 8 月

目　　录

第1章　程序设计技术概述 ··· 1

1.1　程序设计语言概述 ··· 1

    1.1.1　程序设计语言 ··· 1

    1.1.2　计算思维 ··· 4

1.2　算法 ··· 4

    1.2.1　算法的概念 ··· 4

    1.2.2　算法的特性 ··· 6

    1.2.3　算法的描述 ··· 6

1.3　软件的编制步骤 ··· 10

1.4　C程序设计语言的产生与特点 ··· 12

1.5　C语言程序的运行环境(Visual C++ 6.0编译环境) ····················· 13

    1.5.1　C语言程序上机步骤 ·· 13

    1.5.2　建立C程序的步骤 ··· 13

    1.5.3　Visual C++ 6.0集成环境 ·· 18

    1.5.4　程序的调试和运行 ··· 19

1.6　错误解析 ··· 21

练习1 ··· 22

第2章　程序设计基础 ··· 24

2.1　C程序概述 ··· 24

    2.1.1　一个简单的C程序 ··· 24

    2.1.2　C语言的字符集 ··· 26

    2.1.3　C语言词汇 ··· 26

2.2　基本数据类型 ··· 28

    2.2.1　常量与变量 ··· 29

    2.2.2　整型数据 ··· 32

    2.2.3　实型数据 ··· 36

    2.2.4　字符型数据 ··· 39

    2.2.5　变量赋初值 ··· 44

2.3　运算符与表达式 ··· 45

    2.3.1　C语言运算符简介 ··· 45

    2.3.2　算术运算符和算术表达式 ······································· 46

2.3.3　关系运算符与关系表达式 ·· 48

2.3.4　逻辑运算符与逻辑表达式 ·· 49

2.3.5　赋值运算符和赋值表达式 ·· 50

2.3.6　逗号运算符和逗号表达式 ·· 55

2.3.7　自增、自减运算符 ·· 56

2.3.8　条件运算符和条件表达式 ·· 58

2.4　不同类型数据之间的转换 ·· 59

2.5　错误解析 ·· 62

练习 2 ·· 64

第 3 章　标准库函数 ·· 66

3.1　C 标准库函数的分类 ·· 67

3.2　常用数学库函数 ·· 68

3.3　printf()函数 ·· 69

3.4　scanf()函数 ·· 77

3.5　putchar()函数 ·· 82

3.6　getchar()函数 ·· 83

3.7　随机函数 ·· 84

3.8　错误解析 ·· 86

练习 3 ·· 86

第 4 章　选择结构 ·· 88

4.1　复合语句 ·· 88

4.2　if 语句 ··· 90

4.2.1　if 语句中的表达式 ·· 90

4.2.2　单分支 if 语句 ··· 91

4.2.3　双分支 if 语句 ··· 93

4.2.4　多分支 if 语句 ··· 95

4.2.5　if 语句的嵌套 ··· 98

4.2.6　条件运算符实现选择结构 ·· 102

4.3　switch 语句 ·· 103

4.4　应用程序举例 ·· 106

4.5　错误解析 ·· 111

练习 4 ·· 113

第 5 章　循环控制结构 ·· 117

5.1　while 语句 ··· 117

5.2　for 语句 ··· 124

5.3　do…while 语句 ··· 130

5.4　多重循环结构 ·· 135

5.5 break 语句和 continue 语句 ·· 139

    5.5.1 break 语句 ··· 139

    5.5.2 continue 语句 ··· 140

5.6 应用程序举例 ·· 143

5.7 错误解析 ·· 151

练习 5 ·· 155

第 6 章 函数 ··· 157

6.1 C 程序与函数概述 ·· 157

    6.1.1 模块化程序设计 ·· 157

    6.1.2 C 程序的一般结构 ·· 158

6.2 函数的定义与调用 ·· 159

    6.2.1 函数的定义 ··· 159

    6.2.2 函数的调用 ··· 162

    6.2.3 函数的参数传递 ·· 165

6.3 函数的传址引用 ·· 167

    6.3.1 地址的存储与使用 ·· 167

    6.3.2 指针说明和指针对象的引用 ··· 168

6.4 局部变量与全局变量 ··· 172

    6.4.1 局部变量 ·· 173

    6.4.2 全局变量 ·· 174

6.5 变量的存储类型 ·· 176

    6.5.1 存储类型区分符 ·· 176

    6.5.2 自动变量 ·· 177

    6.5.3 静态变量 ·· 179

    6.5.4 外部变量 ·· 181

    6.5.5 寄存器变量 ··· 182

    6.5.6 存储类型小结 ··· 183

6.6 函数的嵌套与递归调用 ·· 185

    6.6.1 函数的嵌套调用 ·· 185

    6.6.2 函数的递归调用 ·· 187

6.7 编译预处理 ··· 190

    6.7.1 宏定义 ··· 191

    6.7.2 文件包含 ·· 194

    6.7.3 条件编译 ·· 196

6.8 错误解析 ·· 197

练习 6 ·· 198

第 7 章 数组 ··· 200

7.1 一维数组的定义及使用 ·· 200

   7.1.1 一维数组的定义 ··· 200

   7.1.2 一维数组的引用 ··· 202

   7.1.3 一维数组的初始化 ·· 204

   7.1.4 程序举例 ··· 206

  7.2 一维数组与指针运算 ··· 207

   7.2.1 一维数组的数组名 ·· 207

   7.2.2 一维数组的下标与指针 ·· 208

   7.2.3 作为函数参数的一维数组的数组名 ···························· 212

  7.3 二维数组的定义及使用 ··· 215

   7.3.1 二维数组的定义 ··· 215

   7.3.2 二维数组元素的引用 ·· 216

   7.3.3 二维数组的初始化 ·· 216

   7.3.4 二维数组应用举例 ·· 218

  7.4 二维数组与指针运算 ··· 221

   7.4.1 二维数组与元素指针 ·· 221

   7.4.2 二维数组与行指针 ·· 222

   7.4.3 作为函数参数的二维数组的数组名 ···························· 225

  7.5 使用内存动态分配实现动态数组 ··································· 228

   7.5.1 动态内存分配的步骤 ·· 228

   7.5.2 动态内存分配函数 ·· 228

  7.6 错误解析 ·· 231

  练习 7 ·· 232

第 8 章 常用算法 ··· 235

  8.1 算法的概念 ·· 235

   8.1.1 算法描述 ··· 235

   8.1.2 算法的特性 ··· 236

   8.1.3 算法的评估 ··· 236

  8.2 排序算法 ·· 237

   8.2.1 冒泡排序算法 ··· 237

   8.2.2 选择排序算法 ··· 239

   8.2.3 插入排序算法 ··· 242

   8.2.4 基于二维数组的排序 ·· 243

  8.3 查找算法 ·· 245

   8.3.1 顺序查找 ··· 245

   8.3.2 二分查找 ··· 246

   8.3.3 基于二维数组的查找算法 ······································· 247

   8.3.4 其他查找方法 ··· 250

  8.4 基本数值算法 ·· 250

   8.4.1 基本数值算法概述 ·· 250

      8.4.2　求一元非线性方程实根 ······················· 250

      8.4.3　求一元函数定积分的数值 ····················· 255

  练习 8 ··· 259

第 9 章　字符数组与字符串 ······························· 261

  9.1　字符数组 ··· 261

      9.1.1　字符数组的定义与赋值 ····················· 261

      9.1.2　字符数组的初始化 ························· 262

      9.1.3　字符数组的引用 ··························· 264

  9.2　字符串 ··· 266

      9.2.1　字符串的定义及其输入与输出 ················· 266

      9.2.2　字符串的处理与字符串处理函数 ··············· 269

      9.2.3　字符串与指针运算 ························· 273

  9.3　字符数组与字符串应用举例 ························· 276

  9.4　错误解析 ··· 278

  练习 9 ··· 280

第 10 章　结构和联合 ································· 282

  10.1　结构类型的定义与引用 ··························· 282

      10.1.1　结构类型的定义 ························· 282

      10.1.2　结构变量的引用 ························· 285

  10.2　结构数组的声明、引用和初始化 ··················· 287

  10.3　联合 ··· 290

      10.3.1　联合的定义 ····························· 290

      10.3.2　联合变量的说明 ························· 291

      10.3.3　联合变量的使用 ························· 292

  10.4　枚举类型 ······································· 294

  10.5　定义类型说明符 ································· 296

  10.6　应用程序举例 ··································· 297

  10.7　常见错误解析 ··································· 299

  练习 10 ··· 300

第 11 章　指针 ······································· 302

  11.1　数组、地址与指针 ······························· 302

      11.1.1　数组、地址与指针的关系 ··················· 302

      11.1.2　一维数组中的地址与指针 ··················· 303

      11.1.3　二维数组中的地址与指针 ··················· 305

  11.2　指针数组与指向指针的指针 ····················· 306

      11.2.1　指针数组 ······························· 306

      11.2.2　指向指针的指针 ························· 310

11.3　main()函数的参数 ·· 312

11.4　函数指针 ··· 315

11.5　指针函数 ··· 318

11.6　链表 ·· 321

　　11.6.1　链表的概念 ·· 321

　　11.6.2　链表的实现 ·· 321

　　11.6.3　单向链表的操作 ·· 322

　　11.6.4　链表的建立 ·· 322

　　11.6.5　链表的输出 ·· 325

　　11.6.6　链表结点的插入与删除 ··· 325

11.7　应用程序举例 ··· 326

11.8　错误解析 ··· 328

练习 11 ··· 330

第 12 章　位运算 ··· 334

12.1　位运算的概念 ··· 334

　　12.1.1　字节与位 ·· 334

　　12.1.2　补码 ·· 334

12.2　二进制位运算 ··· 336

　　12.2.1　二进制位运算 ·· 336

　　12.2.2　位复合赋值运算符 ·· 344

12.3　应用程序举例 ··· 344

12.4　错误解析 ··· 345

练习 12 ··· 345

第 13 章　文件操作 ··· 347

13.1　文件概述 ··· 347

13.2　文件的使用 ··· 348

　　13.2.1　文件的声明 ·· 348

　　13.2.2　文件的打开与关闭 ·· 349

　　13.2.3　文件的读写 ·· 351

13.3　随机文件的读写 ··· 361

13.4　应用程序举例 ··· 362

13.5　错误解析 ··· 368

练习 13 ··· 368

第 14 章　绘制图形 ··· 370

14.1　绘图简介 ··· 370

14.2　EasyX 的下载与安装 ·· 373

　　14.2.1　EasyX 的下载 ·· 373

    14.2.2　安装 EasyX ·· 373

14.3　绘图前的准备 ·· 374

    14.3.1　颜色 ·· 375

    14.3.2　坐标 ·· 375

    14.3.3　设备 ·· 376

14.4　绘图函数 ··· 376

    14.4.1　绘图环境相关函数 ··· 376

    14.4.2　颜色模型相关宏及函数 ·· 377

    14.4.3　图形颜色及样式设置相关函数 ··· 378

    14.4.4　图形绘制相关函数 ··· 382

    14.4.5　文字输出相关函数 ··· 385

14.5　绘图举例 ··· 388

14.6　错误解析 ··· 393

练习 14 ··· 394

第 15 章　项目开发 ··· 395

15.1　软件工程概述 ·· 395

    15.1.1　软件工程的基本概念 ··· 395

    15.1.2　分析阶段 ·· 397

    15.1.3　设计阶段 ·· 397

    15.1.4　实现阶段 ·· 398

    15.1.5　测试阶段 ·· 399

    15.1.6　软件维护 ·· 400

    15.1.7　文档 ·· 400

15.2　客户信息管理系统 ··· 401

    15.2.1　用软件工程方法指导软件开发 ··· 401

    15.2.2　客户信息管理系统的实现 ·· 403

15.3　俄罗斯方块 ··· 414

    15.3.1　俄罗斯方块简介 ·· 414

    15.3.2　俄罗斯方块的实现代码 ·· 415

练习 15 ··· 425

参考文献 ··· 426

附录 A　ASCII 编码 ·· 427

附录 B　C 语言的运算符 ··· 428

附录 C　C 语言的库函数 ··· 429

附录 D　EasyX 的库函数 ··· 436

第1章 程序设计技术概述

随着科学技术的飞速发展,计算机程序设计语言层出不穷,作为程序设计初学者,首先应该了解什么是程序,什么是程序语言,以及如何进行程序设计。作为程序设计的入门教材,本书将以 C 语言程序设计为主线,详细讲述基本概念、语法规则和基本设计方法。本章首先对程序设计技术的基本知识进行概述,然后对程序设计语言、程序设计技术等概念进行介绍。本章的重点是算法的概念、特征、算法描述方式、软件开发的过程、C 语言的特点及其运行环境等内容。

本章知识点:
(1) 程序设计语言和程序设计的概念。
(2) 算法的概念、特征以及描述方式。
(3) 软件编制的基本步骤。
(4) C 语言的特点及其运行环境。

1.1 程序设计语言概述

为了使编程者更方便地开发程序,已出现了上千种编程语言,不同的语言具有不同的优点。选择一种适合的语言是非常重要的。下面介绍程序及程序设计语言的基本概念。

1.1.1 程序设计语言

1. 程序

像飞机、汽车或割草机等机器一样,计算机也是一台机器,它由多个电子元器件组成。一台计算机只有运行相应的控制程序,才能完成要做的任务。区分计算机和其他类型机器的关键就是看它们是如何执行任务的。例如,一辆汽车是由司机控制和驾驶的,而一台计算机的"驾驶员"就是程序。所谓程序就是按某种顺序排列的,能使计算机执行某种任务(例如解题、检索数据或对一个系统进行控制等)的连续执行的指令集合,也就是说,程序是计算机指令的序列,编制程序的工作就是为计算机安排指令序列。

人们需要计算机完成什么工作,就要将每个步骤用指令的形式描述出来,并把指令存放于计算机内部存储器中,在需要结果时就向计算机发出一个简单的命令,计算机就会按照指定的顺序自动逐条执行命令,直到全部指令执行完毕并得到预期的结果。这些编写程序的指令是只有计算机才能理解的二进制编码 0 和 1。这种编码方式编写的程序让人不好掌握且难以记忆,不利于程序编写和软件发展,因此计算机科学家研制了各种计算机能够识别且接近于人类自然语言的计算机语言,这就是编写软件的程序设计语言。

2. 程序设计语言

程序设计语言又称为编程语言,是一组用来定义计算机程序的语法规则。一种程序设计语言能够准确地定义计算机需要使用的数据,精确定义在不同情况下所应当采取的操作。

程序设计语言按照使用的方式和功能的不同可分为低级语言和高级语言。低级语言包括机器语言、汇编语言等,高级语言包括面向过程、面向对象的语言。

(1) 机器语言。机器语言(Machine Language)是直接用二进制编码指令表示的计算机语言,即机器指令的集合,它与计算机同时诞生,属于第一代计算机语言,其指令是由 0 和 1 组成的一串代码,有一定的位数并被分成若干段,各段的编码表示不同的含义。机器语言也称为面向机器的语言,用机器语言编写的程序称为机器语言程序或指令程序(机器码程序),其机器本身能直接识别和执行这种目标程序机器码。不同型号的计算机,机器语言一般是不同的。

例如,16 位的计算机指令 1011011000000000,它表示让计算机进行一次加法操作;而指令 1011010100000000 则表示进行一次减法操作。早期的程序设计均使用机器语言。程序员们先把用数字 0、1 编成的程序代码打在纸带或卡片上,1 表示打孔,0 表示不打孔,再将程序通过纸带机或卡片机输入计算机进行运算。例如,应用 8086 处理器完成运算 s＝768＋12288－1280,机器码如下:

```
10110000000000000000000011
00000101000000000000110000
00101101000000000000000101
```

假如将程序错写成以下面这样,就很难被发现。

```
10110000000000000000000011
00000101000000000000110000
00010110100000000000000101
```

机器语言的二进制编码指令不易记忆、不易查错、不易修改,可移植性和重用性差。仅上面这个简单的代码,就暴露了机器码晦涩难懂、不易查错的缺点。为了克服上述缺点,便出现了一种采用一定含义的符号英文单词缩写指令助记符来表示指令的程序语言——汇编语言。

(2) 汇编语言。汇编语言(Assembly Language)是面向机器的程序设计语言。在汇编语言中,用助记符(Mnemonic)代替操作码,用地址符号(Symbol)或标号(Label)代替地址码。这种用符号代替机器语言二进制码的计算机语言被称为符号语言。

汇编语言编写的程序,计算机不能直接识别,必须用一种软件将汇编语言翻译成机器语言,这种具有翻译功能的软件就是汇编软件。汇编软件把汇编语言翻译成机器语言的过程称为汇编,如图 1-1 所示。

图 1-1　汇编语言源程序汇编的过程

汇编语言比机器语言易读、易写、易记,它与机器语言指令是一一对应的,所以汇编语言不具有 Pascal、C 语言等高级语言通用性强的特点,它与计算机内部硬件结构密切相关,为某种计算机独有。

尽管汇编语言具有执行速度快、易于实现对硬件的控制等优点,但它仍存在着机器语言的缺点:汇编语言依赖于硬件体系,与CPU的硬件结构紧密相关,不同CPU的汇编语言不尽相同,因此用汇编语言编写的程序可移植性差;其次,进行汇编语言程序设计时,必须了解所使用硬件的结构与性能,对程序设计人员的要求较高,因此这种语言难以普及应用,为了克服以上缺点,便产生了接近人类自然语言的高级语言。

(3) 高级语言。高级语言的语法结构更类似普通英文,更关键的是它不再依赖特定计算机的结构与指令系统,用同一种高级语言编写的源程序,在不同的计算机上运行后基本能获得一样的结果。

目前,常用的高级语言有 BASIC、FORTRAN、COBOL、Pascal、PL/M、C 等。一般来说,高级语言在编程时不需要对机器结构及其指令系统有深入的了解,除此之外,用高级语言写的程序通用性好、便于移植。相对面向机器的低级语言,高级语言具有以下优点。

① 高级语言更接近人类自然语言,易学、易掌握,一般工程技术人员只要几周时间的培训就可以胜任程序员的工作。

② 高级语言为程序员提供了结构化程序设计的环境和工具,使设计出来的程序可读性好、可维护性强、可靠性高。

③ 高级语言与具体的计算机硬件关系不大,因而所写出来的程序可移植性好,重用率高。

④ 可将烦琐的事务交给编译程序做,自动化程度高,开发周期短,使程序员可以集中时间和精力去提高程序的质量。

高级语言完全采用了符号化的描述形式,用类似自然语言的形式描述对问题的处理过程,可使程序员能更加专注于分析问题的求解过程,而不用了解和关心计算机的内部结构和硬件细节,更易于被人们理解和接受。20 世纪 80 年代以来,众多的第四代非过程化语言、第五代智能化语言相继推出,第四代语言将原来程序员告诉计算机怎么做,变成了程序员告诉计算机做什么,这是一种全新的开发方式,第四代语言就是被人们称为的面向对象语言。

(4) 面向对象语言。面向对象语言(Object-Oriented Language,OOL)是以对象作为程序基本结构单位的程序设计语言,程序设计的核心是对象,对象是程序运行的基本成分。面向对象语言的发展有两个方向:一种是纯面向对象语言,例如 Smalltalk、Eiffel 等;另一种是混合型面向对象语言,即在过程式语言及其他语言中加入类、继承等成分,例如 C++ 、Objective-C 等。面向对象语言刻画客观系统较为自然,便于软件扩充与复用。

综上所述,以上 4 种计算机语言各有优缺点。程序员在使用时,需根据应用场合选用。在实时控制系统中,特别是在对程序的空间和时间要求很高,需要直接控制设备的场合,通常采用汇编语言;在应用系统程序设计、多媒体应用、数据库等诸多领域,采用面向对象语言比较合适。面向过程是程序设计的基础,所以程序设计的初学者只有学习好面向过程的程序设计,才能为程序设计的学习打下坚实的基础,所以本书采用 C 程序设计语言为背景,介绍程序设计的基本概念和方法。

1.1.2　计算思维

计算思维(Computational Thinking)是运用计算机科学的基础概念进行问题求解、系统设计以及人类行为理解等涵盖计算机科学之广度的一系列思维活动。

2006年3月,美国卡耐基梅隆大学计算机科学系主任周以真(Jeannette M. Wing)教授在美国计算机权威期刊《Communications of the ACM》上提出并定义了计算思维的概念。周教授为了让人们更易于理解,又将它进一步地定义为,通过化简、嵌入、转化和仿真等方法,把一个看来困难的问题重新阐释成一个人们知道问题怎样解决的方法;是一种递归思维;是一种并行处理;是一种把代码译成数据又能把数据译成代码的方法;是一种多维分析推广的类型检查方法;是一种采用抽象和分解来控制庞杂的任务或进行巨大复杂系统设计的方法;是基于关注分离的方法(SoC方法);是一种选择合适的方式去陈述一个问题或对一个问题的相关方面建模,使其易于处理的思维方法;是按照预防、保护及通过冗余、容错、纠错的方式,并从最坏情况进行系统恢复的一种思维方法;是利用启发式推理寻求解答,即在不确定情况下的规划、学习和调度的思维方法;是利用海量数据来加快计算,在时间和空间之间,在处理能力和存储容量之间进行折中的思维方法。

计算思维吸取了解决问题所采用的一般数学思维方法,是现实世界中巨大、复杂系统的设计与评估的一般工程思维方法,以及复杂性、智能、心理、人类行为的理解等的一般科学思维方法。计算思维建立在计算过程的能力和限制之上,计算方法和模型使人们敢于去处理那些原本无法由个人独立完成的问题求解和系统设计。计算思维最根本的内容是抽象(Abstraction)和自动化(Automation)。计算思维中的抽象完全超越物理的时空观,可以完全用符号来表示,其中的数字抽象只是一类特例。与数学和物理科学相比,计算思维中的抽象显得更为丰富,也更为复杂。

计算思维所关注的核心问题是人类思维方式及问题求解能力的培养。在本课程的学习中,一个重要的内容是以系统化、逻辑化的计算思维方式去思考和解决问题,着重培养计算思维能力,强化工程化、系统化程序设计的观念和能力。

1.2　算　　法

算法是程序设计的精髓。计算机科学家、Pascal语言的发明者尼克劳斯·沃思(Niklaus Wirth)曾提出一个著名的公式:程序＝算法＋数据结构。计算机解题的过程中,无论是形成解题思路还是编写程序,都是在实施某种算法。前者是推理实现的算法,后者是操作实现的算法。学习程序设计,还要养成一种严谨的软件开发习惯,熟悉软件工程的基本原则。

1.2.1　算法的概念

什么是算法?当代著名计算机科学家D. E. Knuth在他的一本书中写道:"一个算法,就是一个有穷规则的集合,其中之规则规定了一个解决某一特定类型的问题的运算序列。"简单地说,算法(Algorithm)就是确定的解决问题方法的有限步骤。

需要明确的是,不是只有科学计算才有算法,在日常生活中做任何一件事情,都是按照一定规则,一步一步进行的。例如,在工厂中生产一部机器,首先要把零件按工序一道道进行加工,然后,再把各种零件按一定规则组进行组装,这个工艺流程其实就是算法;在农村,种庄稼有耕地、播种、育苗、施肥、中耕、收割等环节,这些栽培技术也是算法。

计算机算法按用途通常可以分为两大类:一类是用于解决数值计算的算法,例如科学计算中用于数值积分、解线性方程的计算方法等;另一类是用于解决非数值计算的算法,例如信息管理、文字处理、图形图像处理、排序、分类、查找等操作的算法。

下面通过 3 个解决问题的过程来说明一下算法设计的基本思维方法。

例 1-1 求 $1 \times 3 \times 5 \times 7 \times 9$。

算法分析:这是一最原始方法。

步骤 1,先求 1×3,得到结果 3。

步骤 2,将步骤 1 得到的乘积 3 乘以 5,得到结果 15。

步骤 3,将 15 再乘以 7,得 105。

步骤 4,将 105 再乘以 9,得 945。

这样的算法虽然正确,对于乘数少的还可以,但对于乘数多的计算,步骤太烦琐。

改进的算法如下。

步骤 1,使 $t = 1$。

步骤 2,使 $i = 3$。

步骤 3,使 $t \cdot i$,乘积仍然放在变量 t 中,可表示为 $t \cdot i \rightarrow t$。

步骤 4,使 i 的值 $+2$,即 $i + 2 \rightarrow i$。

步骤 5,如果 $i \leqslant 9$,则重新执行步骤 3 以及其后的步骤 4 和步骤 5;否则,算法结束。

例 1-2 计算函数 $f(x)$ 的值。函数 $f(x)$ 为

$$f(x) = \begin{cases} 3x + a, & x \leqslant a \\ ax + b + c, & x > a \end{cases}$$

其中,a、b、c 是常数。

算法分析:本题属于一种函数题目,有两个不同的表达式,根据输入 x 的值决定采用哪个公式计算,使用计算机解题的算法如下。

步骤 1,将 a、b、c 和 x 的值输入计算机中。

步骤 2,判断 $x \leqslant a$ 是否成立。如果条件成立,执行步骤 3,否则执行步骤 4。

步骤 3,按照表达式 $3x + a$ 计算出 $f(x)$ 的结果,然后执行步骤 5。

步骤 4,按照表达式 $ax + b + c$ 计算出 $f(x)$ 的结果,然后执行步骤 5。

步骤 5,输出 $f(x)$ 的值。

步骤 6,算法结束。

例 1-3 对给定的两个正整数 m 和 $n(m \geqslant n)$,求它们的最大公约数。

算法分析:本题是数值运算的算法,利用成熟的算法可以很好地解决此类问题,这个算法就是用辗转相除法求解最大公约数。

例如:假设 $m = 35, n = 12$,余数用 r 表示,它们的最大公约数的求法如下。

步骤 1,$m/n = 35/12$ 的余数 r 为 11,将 n 作为新的 m,以 r 作为新的 n,继续相除。

步骤 2,$m/n = 12/11$ 的余数 r 为 1,将 n 作为新的 m,以 r 作为新的 n,继续相除。

步骤 3,$m/n = 11/1$ 的余数 r 为 0,当余数 r 为 0 时,此时的 n 就是两数的最大公约数,

所以 35 和 12 的最大公约数为 1,如图 1-2 所示。

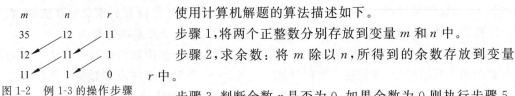

使用计算机解题的算法描述如下。

步骤 1,将两个正整数分别存放到变量 m 和 n 中。

步骤 2,求余数:将 m 除以 n,所得到的余数存放到变量 r 中。

图 1-2　例 1-3 的操作步骤

步骤 3,判断余数 r 是否为 0,如果余数为 0 则执行步骤 5,否则执行步骤 4。

步骤 4,更新被除数和除数:将 n 的值放入 m 中,余数 r 的值放入 n 中,然后转到步骤 2。

步骤 5,输出 n 当前的值。

步骤 6,算法结束。

通过以上几个例子,可以初步了解如何针对问题设计算法,每一个算法都是由一系列的操作指令组成的,主要包括基本操作和控制结构两个基本要素,基本操作包括加、减、乘、除、判断、置数等功能,控制结构包括顺序、分支、重复等基本结构。研究算法的目的不是精确地求解问题,而是研究怎样把各种类型的问题的求解过程分解成一系列基本的操作。

1.2.2　算法的特性

算法是有穷规则的集合,通过这些规则可以确定解决某些问题的运算序列。对于该类问题的任何输入值,都需要一步一步地执行计算,经过有限步骤后终止计算并输出结果。归纳起来,算法包括以下基本特性。

(1) 有穷性。有穷性的限制是指,对于一个实用的算法,不但要求操作的步骤是有限的,即不能无休止地执行,而且要求操作步骤尽可能少。假如一个算法需要计算机运算上万年,那么即使它是有穷的,也没有实际意义。有穷性应该限定在合理的范围内,合理限度应该以常识和需要来进行界定,没有统一的标准。

(2) 确定性。在算法中,每一步操作的内容和顺序都必须确切,不能模棱两可。

(3) 可行性。在算法中,每一步操作都必须是可执行的,即算法的每一步都能通过手工或机器在有限的时间内完成,即有效性。例如,一个数被 0 除的操作就是无效的,应当避免。

(4) 零个或者多个输入。一个算法可以有零个或多个输入。输入的数据应在算法操作前提供。例如,例 1-2 中有 4 个输入,即需要输入 a、b、c 和 x 这 4 个初始数据。有的算法没有输入而只是输出一段文字信息到屏幕。

(5) 一个或多个输出。一个算法中可以有一个或多个输出。算法的目的是解决给定的问题,否则算法就没有意义。例如,例 1-3 中所用算法就是为了求两个数的最大公约数并在运算后输出。

程序设计人员不但要会设计算法而且要能根据算法写出程序。通常的算法都要满足以上 5 个特征。

1.2.3　算法的描述

虽然,算法可以用任何形式的语言和符号工具来表示,但是使用不同的算法描述工具,会对算法的质量产生很大的影响。算法常用的表示方法有自然语言、传统流程图、结构化

N-S 图、伪代码、程序设计语言等。这里重点介绍流程图和 N-S 图。

1. 自然语言

自然语言就是人们日常生活中使用的语言,可分为英语、汉语等,理想状态下,算法的描述过程应当使用自然语言表达,因为其表示时算法通俗易懂,无须进行任何的专业训练就能看明白。然而,自然语言描述算法也有许多不足之处。用自然语言表示的算法,篇幅冗长、语法和语意上不太严格,容易出现描述的歧义性。例如,小王对小李说他的母亲今天来了。但从这样一句话无法判断是小王或者是小李的母亲来了?另外在描述分支和循环等算法方面也很不方便。因此除了很简单的问题,一般不用自然语言表示算法。

2. 伪代码

伪代码也称为类程序设计语言,是一种近似高级语言但又不受语法约束的一种算法语言描述形式,是介于自然语言和计算机语言之间的文字符号来描述算法。通过用伪代码描述的算法看到,其中可以包含计算机语言语句,也可以不用像计算机语言语法那样严格,有些地方还可以用自然语言进行描述。这样的方式方便修改算法,可以很大程度上简化算法的设计工作。

例 1-4 描述"对两个数按照从大到小的顺序输出"的算法。

用伪代码描述:

```
Begin:
    Input("输入数据");A        //输入原始数据 A
    Input("输入数据");B        //输入原始数据 B
    If (A>B)
    {
        Print A,B              //输出 A,B
    Else
        Print B,A              //输出 B,A
    }
End
```

3. 程序流程图

程序流程图(Program Flow Chart)是最早提出的用图形表示算法的工具,也称为传统流程图。用它表示算法,具有直观、清晰、便于阅读、易于理解等特点,也便于转化成计算机程序设计语言,是软件开发人员经常使用的算法描述方式,具有程序无法取代的作用,但对程序流程图符号运用不规范,会使得算法显得混乱,应该要特别注意算法的结构化。表 1-1 所示是常用的程序流程图符号。

表 1-1 流程图的常用符号

符　号	符号名称	含　　义
起止框	起止框	表示算法的开始或结束
输入输出框	输入输出框	表示输入输出操作

符 号	符号名称	含 义
☐	处理框	表示对框内的内容进行处理
◇	判断框	表示对框内的条件进行判断
↓ →	流向线	表示算法的流动方向
○	连接点	表示两个具有相同标记的"连接点"相连

例 1-5 将例 1-1 的算法用流程图表示,直到型循环的流程图如图 1-3 所示。当型循环的流程图如图 1-4 表示。

例 1-6 将例 1-2 的算法用流程图表示,流程图如图 1-5 所示。

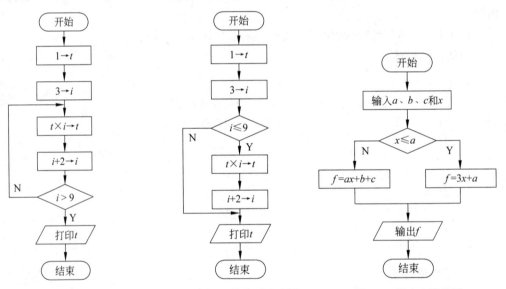

图 1-3 例 1-5 的直到型流程图　　图 1-4 例 1-5 的当型流程图　　图 1-5 例 1-6 流程图

例 1-7 将例 1-3 的算法用流程图表示,流程图如图 1-6 所示。

在书写流程图时,人们规定了 3 种基本结构,这些结构按照一定的规律组成算法结构,可以保证算法质量。3 种基本程序结构为顺序结构、分支结构和循环结构图,分别如图 1-7～图 1-9 所示。

4. N-S 图

N-S 图是 1973 年美国学者 I. Nassi 和 B. Shneiderman 提出的一种新型流程图形式,其中 N-S 是两位学者的姓氏的首字母。这是一种去掉了流程线的流程图,算法的描述是在一个矩形框内,每个框内又可以包含下级矩形框,一个矩形框表示一个独立功能的 N-S 图,因为其符合结构化程序设计要求的特点,比较适合在软件工程中进行使用。3 种基本程序结构的 N-S 流程图符号表示如下:

① 顺序结构。顺序结构表示如图 1-10 所示,程序流从 A 矩形框到 B 矩形框。

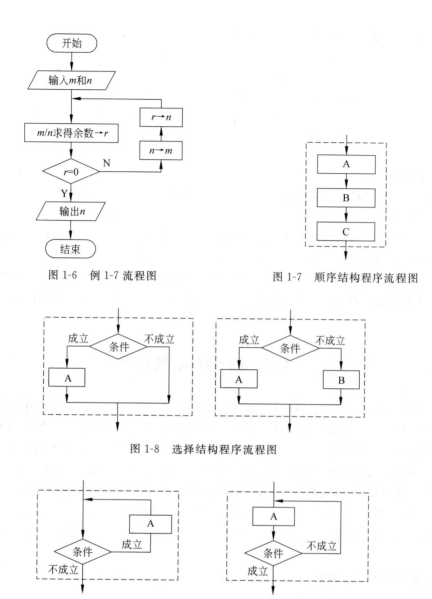

图 1-6　例 1-7 流程图　　　　　　　　图 1-7　顺序结构程序流程图

图 1-8　选择结构程序流程图

(a) 当型循环　　　　　　　　　(b) 直到型循环

图 1-9　循环结构程序流程图

② 选择结构。选择结构流程图用图 1-11 表示,当条件 p 成立时,程序执行 A 框流程;当条件 p 不成立时,执行 B 框流程。

图 1-10　顺序结构的 N-S 图

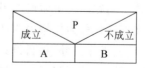

图 1-11　选择结构的 N-S 图

③ 循环结构。循环结构分别用图 1-12(a)和图 1-12(b)来表示。图 1-12(a)表示当条件 p 成立时,始终执行 A 框流程;否则,终止执行 A 框流程。图 1-12(b)表示始终执行 A 框流

程,直到条件 P 成立时终止执行 A 框流程。

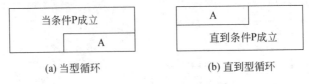

(a) 当型循环　　　　　　　(b) 直到型循环

图 1-12　循环结构的 N-S 图

5. 计算机语言

直接使用计算机语言书写算法,可以令算法由设计到实现一步到位,通常对计算机语言非常熟悉的程序员来说,直接使用计算机语言编写算法很方便。这种方法的优点是避免了从算法到计算机语言的转换;缺点是要求程序员在书写时严格谨慎,必须按照程序语言的语法规则编写语句,否则无法运行,除此之外,在改成其他计算机语言进行编程时,还需按照新的计算机语言规则重新编写,对于不熟悉程序语言的人来说,就会看不懂书写的算法。

在算法的描述和实现方法上允许有所不同,用各种算法描述方法描述的同一算法功用是一样的。

1.3　软件的编制步骤

日常生活中可以使用计算机进行画图、制表、听歌曲、看电影。计算机可以帮人们做很多的事情,只有在安装了不同的软件后,才能处理相应的问题,换句话说,如果没有计算机软件的产生和广泛应用,计算机就不会在今天的工作、生活中产生如此巨大的影响。

一个软件的开发,包含需求分析、可行性分析、初步设计、详细设计、形成文档、建立初步模型、编写详细代码、测试修改、发布等步骤。软件开发,首先要找到解决问题的突破口(先要搞明白需要做什么,然后再考虑如何做)。至于采用什么表示方法(简单文本、UML 图、E-R 图)、什么语言开发工具都是次要的问题。总体来看软件开发过程主要包括以下 4 个阶段。

1. 确定软件开发需求

这个阶段主要包含问题定义和可行性研究两个阶段。

(1) 问题定义阶段。这个阶段必须回答要解决什么问题。

(2) 可行性研究阶段。这个阶段必须回答上一个阶段所确定的问题是否有行得通的解决办法。

软件需求分析阶段的任务仍然不是具体地解决客户的问题,而是准确地回答"目标系统必须做什么"这个问题。这个阶段的另外一项重要任务,是用正式文档准确地记录目标系统的需求,这份文档通常称为规格说明(Specification),主要包括用户视图、数据词典和用户操作手册。除了以上工作之外,项目设计者应当完整地做出项目的性能需求说明书,因为性能需求只有懂技术的人才可能理解,这就需要技术专家和需求方进行真正的沟通和了解。

2. 软件设计与开发

对于程序设计的初学者来说,编写出来一个符合语法规则、运行结果正确的程序是程序设计的首要目标;对于优秀的程序员来说,除了程序的正确性以外,其更加注重的是程序的可读性、可靠性以及较高的结构化程序设计理念。一般程序设计主要包含以下4个步骤。

（1）分析问题,建立模型。这个步骤务必确定待解决的问题已经非常明确,能够为解决问题的算法提供必要的信息。因为只有完全理解了问题,才能清晰地定义和分析问题。在这个步骤中,针对待解决的问题,必须明确输出的对象、输入的数据、预期的输出结果以及从输入到输出过程的数学模型。一般情况下,许多问题的数学模型和解决方法非常简单,以至于人们都未觉察到解决问题模型的存在,但是对更多的问题来说,所建数学模型的对错与好坏在很大程度上决定了程序开发的正确性和复杂性。

（2）明确一个全面的算法解决方案。在这个步骤中,根据所建数学模型确定一个合适的算法。这里的算法是泛指解决问题的方法和步骤,而不仅仅是具体的"精确计算"。有时候确定一个全面的算法是比较容易,而选择一个全面的解决方案却比较困难。

（3）编写程序。这个步骤将确定好的解决问题算法转换为计算机程序,这就涉及对算法的编码。若问题分析和解决方案具体步骤已经确定,编写程序代码就是按部就班地工作,按照确定好的数据结构和算法解决方案,采用某种程序设计语言严格地描述出来。

（4）调试程序。调试程序最终目的就是测试程序运行的结果是否正确,是否能够满足用户的需求,根据测试结果进行调整,直到测试取得预期的结果。在测试的过程中,不仅要使用预期正确的用例,还要尽量多采用预期错误的用例,以尽可能发掘出程序的设计漏洞。调试的过程是"测试—修改—再测试—再修改"往复循环的过程,只有这样设计才能使程序正确、健壮。

3. 文档整理

绝大多数程序员都会忘记他们在几个月前所开发程序的大部分细节。如果需要对程序做后续的修改工作,就不得不浪费大量宝贵的时间了解原来程序的设计思想。一个很好的软件文档可以避免这些问题的发生。很多的经验教训了人们这样的提醒,如果没有足够的说明文档,会使很多工作被迫重复进行,这些足以说明文档整理在整个问题软件开发过程中的重要性。很多开发文档在程序的分析、设计、编码和测试阶段就要整理出来。完成文档整理需要收集文档信息、增加辅助资料,然后按照自己和所在团队需要的格式进行撰写。文档整理阶段一般开始于程序开发需求确定的第一阶段,且一直延续到系统的维护阶段。

尽管在解决问题时,并不是所有人都按照这个方式进行文档整理的,但是以下6个文档是必需的:需求分析文档、已经编码的算法描述文档、编写代码期间对程序代码的注释、对程序后续的修改和变化描述文档、每次包含输入和运行取得结果的测试运行文档以及能详细讲述如何使用程序的用户手册。

4. 系统维护

完成系统测试和验收后,整体项目才算告一段落,后续的系统升级、维护等工作也是系统开发中一个不可或缺的环节,只有通过各种维护活动,才能使系统一直为用户正常运行。在一个完善的系统开发过程中,跟踪软件的运营状况并持续修补、升级,直到这个软件被彻底淘汰是十分重要的。在系统维护中通常有以下4类维护。

（1）改正性维护,也就是诊断和改正在使用过程中发现的软件错误。

（2）适应性维护,即修改软件以适应环境的变化。

（3）完善性维护，即根据用户的要求改进或扩充软件使它更完善。

（4）预防性维护，即修改软件为将来的维护活动预先做准备。

软件开发的实践表明，开发的早期阶段工作越仔细，后期的测试和维护费用就会越少，所以应特别重视系统分析和设计。

1.4 C 程序设计语言的产生与特点

1972 年，Dennis M. Ritchie 在美国的贝尔实验室设计实现了 C 语言，它直接来源于 B 语言，可追溯到 ALGOL 60。ALGOL 60 结构严谨，其设计者非常注重语法和程序结构，因此对 Pascal、PL/Ⅰ、SIMULA 67 等许多重要的程序设计语言产生了重要影响。由于它是面向过程的语言，与计算机硬件相距甚远，所以不适合编写系统软件。1963 年，英国剑桥大学在 ALGOL 60 的基础上推出更接近硬件的 CPL 语言，但 CPL 太复杂，难于实现。1967 年，剑桥大学的 Matin Rinchards 对 CPL 语言进行了简化，推出了 BCPL 语言。1970 年，贝尔实验室的 Ken Thompson 以 BCPL 为基础，设计了更简单、更接近硬件的 B 语言（取 BCPL 的第一个字母）。B 语言是一种解释性语言，功能不够强大，为了更好地适应系统程序设计的要求，Ritchie 把 B 发展成称之为 C 的语言（取 BCPL 的第二个字母）。C 语言既保持了 BCPL 和 B 语言的精练、接近硬件的优点，又克服了过于简单，数据无类型等缺点。1973 年，Ken Thompson 和 Dennis Matin Ritchie 用 C 改写了 UNIX 系统的代码，并在 PDP-11 计算机上加以实现，即 UNIX 第 5 版，这一版本奠定了 UNIX 系统的基础，使 UNIX 逐渐成为最重要的操作系统之一。图 1-13 展示了 C 语言的由来。

ALGOL 60　　(1960)

CPL　　(1963，剑桥大学)

BCPL　　(1967，剑桥大学，Matin Rinchards)

B　　(1970，贝尔实验室，Ken Thompson)

C　　(1972，贝尔实验室，Dennis M. Ritchie)

图 1-13　C 语言的由来

C 语言既是一种受到广泛重视并得到普遍应用的计算机语言，也是国际上公认的最重要的几种通用程序设计语言之一。作为一种结构化程序设计语言，C 语言层次清晰，便于按模块化方式组织程序，易于调试和维护。C 语言的表现能力和处理能力极强，不仅具有丰富的运算符和数据类型，便于实现各类复杂的数据结构，还可以直接访问内存的物理地址，进行位（bit,b）一级的操作。由于 C 语言实现了对硬件的编程操作，因此 C 语言集高级语言和低级语言的功能优点于一身，它既可用来编写系统软件，也可用来编写应用软件。

C 语言具有良好的可移植性，虽然它的目的是为描述和实现 UNIX 操作系统提供一种工具语言，但是并没有被束缚在任何特定的硬件或操作系统上。C 语言的使用，覆盖了几乎计算机的所有领域，包括操作系统、编译程序、数据库管理程序、CAD、过程控制、图形图像处理等。

C语言之所以能够被世界计算机界广泛接受，正是其本身具有以下不同于其他语言的突出特点。

（1）表达能力强。C语言具有丰富的数据类型和运算符，包括34种运算符，把括号、赋值、逗号等都作为运算符处理，可以实现其他高级语言难以实现的运算。

（2）可直接访问内存物理地址和硬件寄存器，能实现二进制位运算。

（3）结构清晰，流程控制结构化、程序结构模块化。C语言具有顺序、分支、循环3种结构化控制结构，便于开发大型软件。

（4）C语言简练、紧凑。例如：

```
i=i+1;
```

在C中可写为

```
i++;
```

（5）C语言生成的目标代码质量高，程序执行速度快。编译后生成的目标程序运行速度高占用存储空间少，几乎与汇编语言相媲美。

目前，最流行的C语言版本是Microsoft C(或称 Turbo C)，这些C语言版本不仅实现了 ANSI C标准，而且在此基础上各自进行了一些扩充，使之更加方便、完美。

1.5 C语言程序的运行环境（Visual C++ 6.0编译环境）

1.5.1 C语言程序上机步骤

前面编写的一些C语言源程序是不能直接运行的，这是因为计算机只识别和执行有1和0组成的二进制代码指令，不能识别和执行由高级语言编写的源程序。源程序就是用某种程序设计语言编写的程序，其中的程序代码称为源代码。因此，一个高级语言写的源程序，必须用编译程序把高级语言程序翻译成机器能够识别的二进制目标程序，通过和系统提供的库函数和其他目标程序的连接，形成可以被机器执行的目标程序，所以一个C语言源程序到后缀为.exe的可执行文件，一般需要经过编辑、编译调试、连接、运行4个步骤。例如，编制一个名称为li01-01的程序，具体的步骤如图1-14所示。

Visual C++ 6.0 是 Microsoft 公司推出的基于 Windows 环境的 C/C++ 集成开发工具，通常可以被单独安装。它功能强大，不仅可以用来开发 Windows 应用程序，还能直接编辑、运行 C++ 程序。它向下兼容，使得在 DOS 环境下（例如 Turbo C）开发的普通 C 程序也能在 Visual C++ 6.0 平台上方便地实现编辑、编译、链接与运行，因此 Visual C++ 6.0 作为一种 C 语言编译软件或者开发工具被广泛使用。下面，对 Visual C++ 6.0 开发环境及该环境中进行 C 程序设计的具体方法做详细介绍。

1.5.2 建立C程序的步骤

在 Visual C++ 6.0 中有"独立文件模式"和"项目管理模式"两种方式来编辑、编译、运行C语言源程序。当需要编写的源程序文件比较简单时，可采用独立文件模式直接创建、

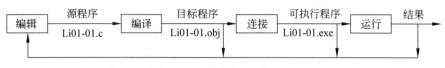

图 1-14　C 语言运行流程图

录入、编辑、链接、运行;当一个程序由多个源程序文件组成时,可使用项目管理模式,可以将全部源程序文件合在一起,构成一个整体程序,该程序在 Visual C++ 6.0 称为项目。两种模式在启动开发环境、编译、连接、运行等方面是相同的,主要区别在于运行环境的建立、源程序的录入与编辑。本章主要介绍使用项目管理模式运行 C 语言,"独立文件模式"运行 C 语言比较简单,在此不再赘述。

首先启动 Visual C++ 6.0(双击可执行文件的图标），按下面步骤建立项目管理模式的 C 语言运行环境。

(1) 在 Visual C++ 6.0 主界面中,选中"文件"|"新建"菜单选项,弹出"新建"对话框,如图 1-15 所示。

图 1-15　Visual C++ 6.0 新建工程对话框

(2) 在"工程"选项卡中选中 Win32 Console Application(32 位控制台应用程序)项,在屏幕右侧"位置"框中输入新建工程的存放路径(本例为 D:\student),最后在"工程名称"文本框中输入新建工程名(本例为 ch01_li01)。此时系统将在 D:\student 目录下自动生成一个名字为 ch01_li01 的文件夹,并在该文件夹中自动生成 ch01_li01.dsp(工程文件/项目文件)、ch01_li01.dsw(工作区文件)和 debug 文件夹(用于存储编译、链接过程中产生的文件),单击"确定"按钮,弹出如图 1-16 所示的对话框。

(3) 在对话框中要求选中创建的控制台程序的类型(工程文件的类别),并提供了 4 个选项。

① 一个空工程:表示系统仅仅生成一个空白的工程项目,连 main()函数也不提供,一切文件都由用户自己输入。

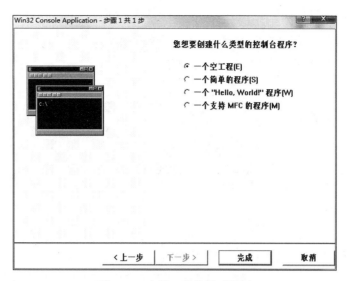

图 1-16 选择工程类别对话框

② 一个简单的程序：表示系统生成一个仅带 main()函数的工程项目,但该 main()函数仅有框架无函数体。

③ 一个"Hello World!"程序：功能与"简单的程序"基本相同,只是 main()函数的函数体中有一句 printf("Hello World!")语句。

④ 一个支持 MFC 的程序：表示创建一个 MFC 类型的应用程序。

选中"一个空工程"单选按钮,单击"完成"按钮。显示即将新建的 Win32 位控制台应用程序框架说明,如图 1-17 所示。

图 1-17 Win32 位控制台应用程序框架说明

(4) 在确认 Win32 位控制台应用程序新建工程信息无误后,单击"确定"按钮,弹出

ch01_li01 工程编辑窗口,如图 1-18 所示,至此"工程管理模式"的运行环境已经建立。

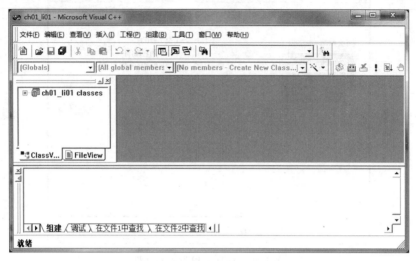

图 1-18　新创建的空工程窗口

　　一个新建的工程运行环境建立完毕后,系统将会在项目存放路径生成一组相关的文件夹和文件,打开资源管理器窗口,单击 D:\student\ch01_li01 文件夹,其内容显示如图 1-19 所示。

图 1-19　新建工程文件夹中的文件

　　在创建一个 Visual C++ 6.0 工程时,系统会自动产生许多相关的文件,这些文件不同的类型和作用简单介绍如下。

　　(1) .dsw 文件:工作区(Workspace)文件,用它可以直接打开工程,属于级别最高的 Visual C++ 6.0 文件。

　　(2) .dsp 文件:项目文件,主要用来存放应用程序的有关信息。

　　(3) .opt 文件:是工程关于环境的选项设置文件,当运行的机器环境发生了变化,该文件删除后也将自动重建。

　　(4) debug 文件夹:在刚刚建立工程时里面还没有任何文件,只有当程序编译、链接、运行以后,程序的可执行文件等其他相关文件会放在其中。

在"项目管理模式"下,一个项目由多个源程序文件组成,应该分别对源程序进行创建、录入、编辑,上一步仅仅创建了一个空的工程,必须将 C 源程序文件和头文件添加到工程中去,才能运行工程。以本例题为例在上面创建的工程 ch01-li01 中添加一个新 C 源程序的方法如下。

(1)在 Visual C++ 6.0 主窗口中选中"文件"|"新建"菜单选项,屏幕继续打开如图 1-22 所示的"新建"对话框。

(2)在"文件"选项卡的左侧列表中选中 C++ source file 选项,如图 1-20 所示。选中右边的"添加到工程"复选框,在"文件名"文本框中填写建立(或者使用)文件名 ch01_li01 在工程中,然后单击"确定"按钮,即可添加一个名为 ch01_li01 的源程序文件。如果不输入文件的扩展名,系统会自动添加.cpp,如果用户想创建后缀为.c 的源程序文件,可在文件名框中输入 ch01_li01.c。单击"确定"按钮,其他内容为默认值,都是刚才创建工程 ch01_li01 时填写好的。

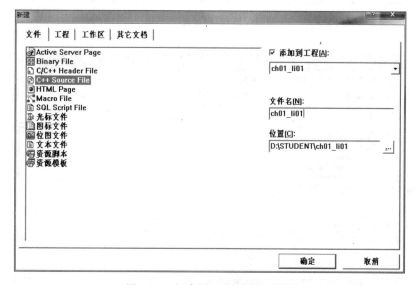

图 1-20　新建 C++ 源文件对话框

(3)这时 Visual C++ 6.0 的程序编辑窗口被激活,出现如图 1-21 的窗口,就可以在标题为 ch01_li01.cpp 的文档窗口中输入、编辑源程序代码。单击窗口的"最大化"按钮,窗口的标题栏会和 Visual C++ 6.0 的应用程序窗口的标题栏合二为一,如图 1-22 所示。"还原"按钮,即可返回如图 1-21 所示的界面。

本例输入以下的 C 程序:

```
#include <stdio.h>
int main()
{
    printf(" 这是我编写的第一个 C 语言程序!");
    return 0;
}
```

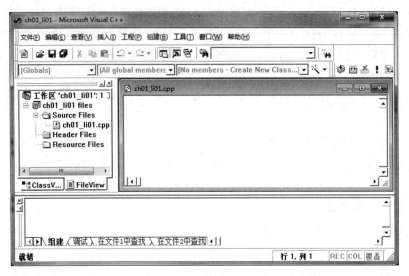

图 1-21　源程序输入窗口

图 1-22　标题栏合二为一的窗口示意图

1.5.3　Visual C++ 6.0 集成环境

Visual C++ 6.0 启动后,集成开发环境如图 1-23 所示,该界面除包含 Microsoft Office 应用程序窗口所共有的标题栏、菜单栏、工具栏等部件以外,还包含项目窗口、程序编辑窗口和信息输出窗口。

(1) 项目窗口。项目窗口也称为项目工作区,主要显示开发的工程项目中全部信息,包括类名、文件名及其项目文件等文件和函数列表,项目工作区文件的后缀是.dsw,如果要打开项目,可以直接打开项目对应的工作区文件即可。在 Windows 的 32 位应用程序中,项目窗口含有 Class View 和 File View 两个页面显示标签,用于实现两标签的切换。

① Class View 页面。该页面用于显示当前项目中类以及该项目所包含的全局变量、函

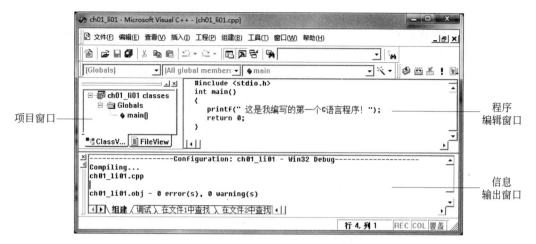

图 1-23　Visual C++ 6.0 集成环境

数等相关信息。若从该页面窗口中单击某个函数名，该函数的源代码就会显示在右边的程序窗中，图 1-23 中的项目窗口就是 Classview 页面。

② File View 页面。该页面用于分类显示当前项目中的所有文件列表。包括源文件、头文件、资源文件和帮助文件等。图 1-24 显示的是 ch01_li01 项目所包含的源文件、头文件和资源文件信息。图中该项目仅包含一个 ch01_li01.cpp 源文件。

(2) 程序编辑窗口。程序编辑窗口又称为代码窗口，用于编辑和显示当前项目的源程序代码。

(3) 信息输出窗口。信息输出窗口主要用于显示程序编译和链接过程的信息。如果程序在编译、链接时没有错误，就会在该窗口显示程序编译和链接过程和对应的程序的名字等信息；若出错，就显示出错信息。

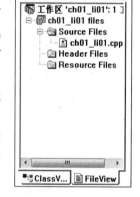

图 1-24　FileView 页面

至此，就在 D:\student\ch01_li01 文件夹下创建了 ch01_li01.cpp 源程序文件。

1.5.4　程序的调试和运行

项目管理模式下源文件输入、编辑完成后，选中"文件"|"保存"菜单选项，对文件进行保存，然后按下面的步骤对其进行编译、链接和运行。

(1) 选中"组建"|"编译[ch01_li01.cpp]"菜单选项或按 Ctrl＋F7 组合键，编译源程序。源程序编译信息将会在输出窗口中出现。如果程序有语法错误，出错信息就显示在输出窗口中，包括错误的个数、位置、类型，可以直接用鼠标双击错误信息，系统可以实现错误的自动定位，方便了程序员对程序的错误进行修改。对源文件出错信息修改后再编译，一直到源程序正确为止。

例如，在信息输出窗口中，看到了源程序 ch01_li01.cpp 错误，第 3 行信息："D:\student\ch01_li01\ch01_li01.cpp(5) : error C2143: syntax error : missing ';' before 'return'"，如图 1-25 所示。此行信息可以确定错误发生 ch01_li01.cpp 文件的第 5 行，并且

是语法错误,即在 return 之前丢失了分号(;)可以直接用鼠标双击错误信息,系统会定位到发生错误的位置,在 return 之前补写上分号,即在程序中的第 4 行语句最后结束的位置补写上分号,再次编译即可。如果程序中没有错误编译正确,在输出窗口中的信息如图 1-26所示,系统就会自动生成目标文件 ch01_li01.obj,并存于 debug 文件夹下。

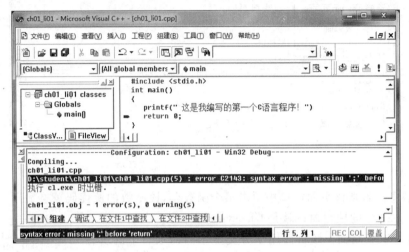

图 1-25　工程编辑窗口输出窗口在编译时出错时输出的信息

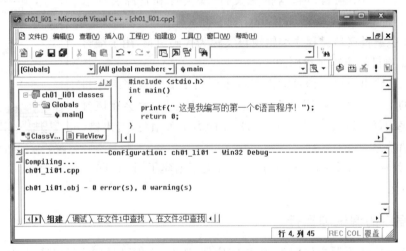

图 1-26　工程编辑窗口输出窗口在编译正确时输出的信息

(2) 编译通过后,选中“组建”|“组件[ch01_li01.exe]”菜单选项,即开始进行链接。链接成功与否会在输出窗口中显示信息,如果链接成功则生成可执行文件 ch01_li01.exe,存于的 D:\student\ch01_li01\debug 文件夹下。

(3) 链接成功后,选中“组建”|“执行[ch01_li01.exe]”菜单选项或按 Ctrl+F5 组合键,运行 ch01_li01.exe 文件,系统自动打开一个模拟 DOS 状态窗口,如图 1-27 所示。程序所需要的输入数据以及输出结果都在该窗口中显示。与在 Turbo C 环境中类似,在 Visual C++ 6.0 中,程序的输出也并不显示在输出窗口。当按任意键时返回 Visual C++ 6.0 程序窗口。

图 1-27　程序运行的结果

　　以上就是在 Visual C++ 6.0 中创建 C 程序运行环境方式,实现了 C 程序的编辑、编译、链接、运行的全过程。也可以采用编译、链接和运行 3 个步骤合为直接"运行"一步完成方式,在选中"组建"|"执行[ch01_li01.exe]"菜单选项时,系统会自动检查程序是否已经编译、链接,若没有,就先对程序执行编译和链接,然后再运行。

　　说明:

　　(1)一个工程可以包含多个源程序文件和头文件,但是源程序文件应至少有一个,而头文件可以没有。当一个工程包含多个源程序文件时,只能有一个源程序文件包含 main()函数,也就是说一个工程文件只能有一个 main()函数,否则将会发生编译错误。

　　(2)若要打开原来已存盘的工程项目,可选中"文件"|"打开工作区"菜单选项,从弹出的"打开工作区"对话框中选中工程项目所在的路径,再从对话框中选中该项目的.dsw 文件(该文件是在创建项目时自动生成的),单击"打开"按钮。在对打开的文件进行编辑、链接、运行等操作时,步骤与前面项目管理模式相同。

　　(3)在 Visual C++ 6.0 环境中编辑 C 程序时,对于单行的注释允许使用简化标记符"//",对于多行注释,使用"/* 注释内容 */"的标记形式。

1.6　错 误 解 析

　　程序设计初学者在编写程序的过程中会不断地出现其他人曾经犯过的错误,这是学习程序设计语言时不可避免的,每种程序语言都有一系列容易产生的错误。为了学习方便,后面每章都会把与所学知识相关的常见错误及解决方法列出。

　　(1)在没有仔细研究待解决的问题,即未进行正确算法的设计,就匆忙进行程序开发和运行。这样就会因所编写程序考虑不全面而无法得到预期的结果。解决办法是,要想编写出一个正确的程序,首先要对相关问题充分理解,设计好正确的算法,然后再开始编写程序代码,否则前期编写越匆忙,后期花费在调试和修改上的时间就越长。

　　(2)忘记对编写程序备份。几乎所有的程序编写初学者都会犯这个错误。解决办法是,为避免出现程序开发过程的意外问题,应及时将开发的程序进行备份。

　　(3)计算机不会理解通过自然语言描述的算法,计算机只识别用一种计算机编程语言编写的做具体程序指令。解决办法是,要让计算机为人们工作,就必须编写计算机能够识别的程序,只有这样,才能让计算机完成指定的任务。

　　(4)书写标识符时,忽略了大小写字母的区别。例如,在程序中定义了两变量 a 和 A;而在本该用 a 的时候却误写为 A,最终结果自然是两个变量在计算中出现混淆,无法得到正确的结果。解决办法是,加强编程规范,统一命名规则,避免使用(仅大小写不同的)同名标识符。

（5）忘记加分号。分号是 C 语句中不可或缺的一部分，语句末尾必须有分号。解决办法是，虽然在发生此语法错误后，编译会自动报错；但还是需要培养正确的习惯，提高编程效率。

练 习 1

一、选择题

1. 下列关于 C 语言注释的叙述中错误的是(　　)。

　A. 以"/*"开头并以"*/"结尾的字符串为 C 语言的注释内容

　B. 注释可出现在程序中的任何位置，用来向用户提示或解释程序的意义

　C. 程序编译时，不对注释做任何处理

　D. 程序编译时，需要对注释进行处理

2. 在 Visual C++ 6.0 环境下，C 源程序文件名的默认后缀是(　　)。

　A. .cpp　　　　　B. .exe　　　　　C. .obj　　　　　D. .dsp

3. 若在当前目录下新建一个名为 LX 的工程，则在当前目录下生成的工作区文件名为(　　)。

　A. LX.DSW　　　B. LX.OPT　　　C. LX.DSP　　　D. LX.C

二、填空题

1. C 程序是由_____构成的，一个 C 程序中至少包含_____。因此，_____是 C 程序的基本单位。

2. C 程序注释是由_____和_____所界定的文字信息组成的。

3. 开发一个 C 程序要经过编辑、编译、_____和运行 4 个步骤。

4. 在 C 语言中，包含头文件的预处理命令以_____开头。

5. 在 C 语言中，主函数名是_____。

6. 在 C 语言中，行注释符是_____。

7. 在 C 语言中，头文件的扩展名是_____。

8. 在 Visual C++ 6.0 IDE 中，按住 Ctrl 键的同时按_____键，可以运行可执行程序文件。

9. 在 Visual C++ 6.0 环境中用 run 命令运行一个 C 程序时，这时所运行的程序的后缀是_____。

10. C 语言源程序文件的扩展名是_____；经过编译后，生成文件的后缀是_____；经过连接后，生成文件的扩展名是_____。

三、简答题

1. 简述算法的概念。

2. 在结构化程序设计方法中，有哪几种基本结构？

3. 用程序流程图语言和 N-S 流程图语言分别写出打印乘法九九口诀表的算法。

四、程序设计题

1. 编写程序输出以下图案。

```
    *
*  S  *
    *
```

2. 试编写一个 C 程序，输出如下信息。

```
* * * * * * * * * * * * * *
      You are welcome!
--------------------------
```

第2章　程序设计基础

无论使用何种语言编写程序,开发人员都必须考虑两方面的问题,一是程序中用到的数据及数据的表示形式,二是对数据如何进行加工的算法,这就是著名的公式:程序＝数据结构＋算法。此外还需考虑所用具体语言的具体语法及格式要求。

本章以 Visual C++ 6.0 为平台,介绍 C 语言的数据类型及其简单的数学运算,部分简单的算法会在后面相应的章节中介绍。根据数据性质的不同,数据可分为数值型数据和非数据值数据。根据数据结构的不同,数据可分为基本类型和构造类型数据。在运算的过程中,不同类型之间的数据可以进行类型转换和混合运算。通过本章的学习,读者可以掌握基本的数据类型及其运算,为后续章节的程序设计学习打下基础。

本章知识点:

(1) C 语言程序结构。

(2) C 语言程序结构和书写规则。

(3) C 语言的基本数据类型。

(4) C 语言变量与常量的表示法。

(5) 变量的定义及初始化方法。

(6) 运算符与表达式的概念、赋值的概念。

(7) C 语言的自动类型转换和强制类型转换。

2.1　C 程序概述

C 语言是一种结构化语言。它采用函数的形式进行编程,层次清晰,便于按模块化方式组织程序,易于调试和维护。C 语言的表现能力和处理能力极强。它不仅具有丰富的运算符和数据类型,便于实现各类复杂的数据结构。它还可以直接访问内存的物理地址,进行位一级的操作。由于 C 语言实现了对硬件的编程操作,因此 C 语言集高级语言和低级语言的功能于一体。

2.1.1　一个简单的 C 程序

为了说明 C 语言源程序结构的特点,先看一个简单的程序。这个程序表现了 C 语言源程序在组成结构上的特点。虽然有关内容还未介绍,但可从这个例子中了解到组成一个 C 源程序的基本部分和书写格式。

例 2-1　一个简单的 C 程序。

```c
#include "stdio.h"          //用 include 命令把头文件 stdio.h 包含进来
int main()                  //主函数 main(),函数值为整形
{                           //主函数开始
    printf("Hello C!\n");   //输出信息"Hello C!"并换行
```

```
    return 0;                    //程序正常结束,返回值 0
}                                //主函数结束
```

在代码中,main 是主函数 main()的函数名,其返回值是 int(整型),与语句

```
return 0;
```

对应。每一个 C 源程序都必须有且只能有一个 main()函数。

printf()函数的功能是把要输出的内容送到显示器去显示,由于 printf()函数不是 C 语言本身自带的函数,而是为了开发者方便编写程序而开发的一个标准函数,它定义在 stdio.h 文件中,所以在用此函数之前,要添加上

```
#include "stdio.h"
```

命令,方可在程序中调用。

例 2-2 计算两个数的和。

```
#include "stdio.h"
int sum(int x,int y)             //定义 sum()函数,函数值为整形,形式参数 x、y 为整形
{
    int z;
    z=x+y;                       //将 x、y 的值相加赋给变量 z
    return z;                    //将 z 的值返回,通过 sum()带回到调用函数的位置
}
int main()
{
    int a,b,c;                   //定义变量 a、b、c
    scanf("%d,%d",&a,&b);        //输入变量 a 和 b 的值
    c=sum(a,b);                  //调用 sum()函数,将得到的值赋给 c
    printf("sum=%d\n",c);        //输出 c 的值
    return 0;
}
```

本程序包含两个函数:主函数 main()和子函数 sum()。

sum()函数的作用是求两个数的和,将参数 x 和 y 的和赋给变量 z,然后通过 return 语句将 z 的值返回。其中的数据类型都是 int。

在 main()函数中,先定义了 3 个整型变量 a、b 和 c,然后通过 scanf()函数输入 a、b 的值,再通过调用 sum()函数实现把 a 和 b 的和求出来之后赋值给 c,最后输出 c 的值。

main()函数中的 scanf()和也是 C 的标准输入和输出函数,包含在 stdio.h 头文件中,但要注意的是在 scanf()中,变量 a 和 b 的前面加上了符号"&"。

程序运行情况如下:

```
6,12↙                    (输入 6 和 12 赋给 a 和 b)
sum=18                   (输出 c 的值)
```

以上两个例子主要使读者对 C 程序的组成和形式有一个初步的了解。通过这两个例子可以看到 C 源程序的结构特点有如下几个方面:

（1）一个 C 语言源程序可以由一个或多个函数组成。

（2）一个源程序有且只能有一个 main()函数,即主函数,其他函数(子函数)可以有,也可以没有。

（3）源程序中可以有预处理命令(♯include 命令仅为其中的一种),预处理命令通常应放在源文件或源程序的最前面。

（4）每一个语句(包括定义变量、输入、加工、输出等语句)都必须以分号结尾。但预处理命令、函数首部(即定义函数)时的第一行,例如本例的

```
int sum(int x,int y)
```

和

```
int main()
```

以及右花括号(})之后不能加分号。

为了便于程序的阅读、理解、维护,在书写程序时应遵循以下规则:

（1）一个说明或一个语句占一行。

（2）用一对花括号({ })括起来的部分,通常表示了程序的某一层次结构,花括号一般与该结构语句的第一个字母对齐,并单独占一行。

（3）低一层次的语句或说明可比高一层次的语句或说明应缩进若干格后书写。以便看起来更加清晰,增加程序的可读性。同一层次的语句或说明要左侧对齐。

在编程时应力求遵循这些规则,以养成良好的编程风格。

2.1.2 C 语言的字符集

字符是组成语言的最基本的元素。C 语言字符集就是在编写 C 程序时,可以用到的所有字符的集合,由字母、数字、空格、标点和特殊字符组成。在字符常量、字符串常量和注释中还可以使用汉字或其他可表示的图形符号。具体来说有以下 4 类。

（1）字母:小写字母 a~z 共 26 个,大写字母 A~Z 共 26 个。

（2）数字:0~9 共 10 个。

（3）空白符:空格符、制表符、换行符等统称为空白符。空白符只在字符常量和字符串常量中起作用。在其他地方出现时,只起间隔作用,编译程序对它们忽略。因此在程序中使用空白符与否,对程序的编译不发生影响,但在程序中适当的地方使用空白符将增加程序的清晰性和可读性。

（4）标点和特殊字符:!、♯、%、^、&、+、−、_、*、/、=、~、<、>、\、/、'、"、{、}、[、]、:、;、|、(、)、空格、Tab 等。

2.1.3 C 语言词汇

C 语言词汇即用 C 语言的字符集中的字符组成具有一定含义的词。C 语言词汇分为 6 类:标识符、关键字、运算符、分隔符、常量和注释符。

1. 标识符

在程序中使用的变量名、宏名、函数名等统称为标识符。除库函数的函数名由系统定义外,其余都由用户自定义。

在 C 语句中有如下的规定。

（1）标识符中的字符只能由字母（A～Z、a～z）、数字（0～9）、下画线（_)组成；

（2）第一个字符必须是字母或下画线。

以下标识符是合法的：

ax　3x BOOK 1　　sum5　_ab

以下标识符是非法的：

3s　　　　　　　　（以数字开头）

s * T　　　　　　　（出现非法字符 *）

-3x　　　　　　　（以连字符开头）

bowy-1　　　　　（出现非法字符 -（连字符））

在使用标识符时还必须注意以下几点：

（1）标准 C 语言不限制标识符的长度，但是它受各种版本的 C 语言编译系统和具体机型的限制。例如，在有些版本的 C 语言中规定标识符前 8 位有效，所以当两个标识符前 8 位相同时，会被认为是同一个标识符，因此建议最好不要使用超过 8 个字符作为标识符。

（2）在 C 语言的标识符中，大小写是有区别的。例如 BOOK 和 book 是两个不同的标识符。

（3）标识符虽然可由程序员随意定义，但是标识符是用于标识某个量的符号，因此应尽量命名有相应意义的标识符，以便做到"见名知义"。

2．关键字

关键字是由 C 语言规定的具有特定意义的字符串，又称为保留字。用户定义的标识符不能与关键字相同。C 语言的关键字分为以下几类。

（1）类型说明符。此类关键字用于定义、说明变量、函数或其他数据结构的类型。例如前面例题中用到的 int、double 等。

（2）语句定义符。此类关键字用于表示一个语句的功能。例如，if…else 就是条件语句的语句定义符。

（3）预处理命令字。此类关键字用于表示一个预处理命令，例如 include。

3．运算符

C 语言中含有相当丰富的运算符。运算符与变量，函数一起组成表达式，表示各种运算功能。运算符由一个或多个字符组成。例如＋、－、＊和/等。

4．分隔符

C 语言采用的分隔符有逗号和空格两种。逗号主要用于在类型说明和函数参数表中分隔各个变量。空格多用于语句的各单词之间，作为间隔符。在关键字与标识符之间必须要有一个以上的空格符作为间隔，否则将会出现语法错误，例如把

int a

写成

inta

则 C 编译器会把 inta 当成一个标识符处理。

5. 常量

C 语言中使用的常量可分为数字常量、字符常量、字符串常量、符号常量、转义字符等多种，例如整数 3、实数 3.0、字符'a'、字符串"abc"等。

6. 注释符

C 语言的注释符是以"/ ＊"开头并以"＊/"结尾的字符串。在"/ ＊"和"＊/"之间的即为注释。以"//"开头的为单行注释。程序编译时，不对注释做任何处理。注释可出现在程序中的任何位置。注释用来向用户提示或解释程序的意义。在调试程序中对暂不使用的语句也可用注释符括起来，使翻译跳过，暂不做处理，待调试结束后再去掉注释符。

2.2 基本数据类型

数据是程序加工和处理的对象，也是加工的结果，是程序设计中所要涉及和描述的主要内容。程序所能够处理的基本数据对象被划分成一些集合。属于同一集合的各数据对象称为数据类型。每一数据类型都具有同样的性质。例如，对它们能够做同样的操作，它们都采用同样的编码方式等。

计算机硬件把被处理的数据分成一些类型，例如定点数、浮点数等。CPU 对不同的数据类型提供了不同的操作指令，程序语言中把数据划分成不同类型与此有密切关系。在程序语言中，数据类型的意义还不仅于此。所有程序语言都用数据类型来描述程序中的数据结构、数据表示范围、数据在内存中的存储分配等。

在 C 语言系统中，每个数据类型都有固定的表示方式，这个表示方式实际上就确定了可能表示的数据范围和它在内存中的存放形式。例如，一个整数类型就是数学中整数的一个子集合，其中只能包含有限个整数值。超出这个子集合之外的整数在这个类型里是没有办法表示的。

C 语言规定的主要数据类型如图 2-1 所示。

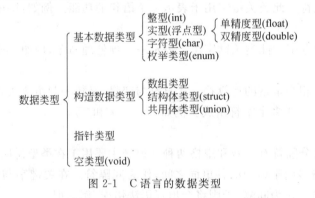

图 2-1 C 语言的数据类型

说明如下：

(1) 基本数据类型最主要的特点是，其值不可以再分解为其他类型。

(2) 构造数据类型是根据已定义的一个或多个数据类型用构造的方法来定义的。也就是说，一个构造类型的值可以分解成若干个"成员"或"元素"。每个"成员"都是一个基本数据类型或又是一个构造类型。在 C 语言中，构造类型有数组类型、结构体类型、共用体（联合)类型几种。

（3）指针类型是一个特殊的、同时又是具有重要作用的数据类型,其值用来表示某个数在内存储器中的地址。

（4）程序中用到的数据必须指定其数据类型。

C 语言中各种数据类型所占内存单元数和取值范围与编译环境有一定关系。可以通过下例查看当前系统下的各种数据类型所占内存单元的情况。

2.2.1　常量与变量

对于基本数据类型量,按其取值是否可改变又分为常量和变量两种。在程序执行过程中,其值不发生改变的量称为常量,取值可变的量称为变量。它们可与数据类型结合起来分类。例如,可分为整型常量、整形变量、浮点常量、浮点变量、字符常量、字符变量、枚举常量和枚举变量。

1. 常量

在程序运行中,值始终不变的量称为常量。根据表示方式的不同,常量可分为字面常量和标识符常量。

字面常量:从字面形式即可判断的常量。例如 12、0、−3 为整型常量,4.6、−1.23 为实型常量,'a'、'd'为字符常量。

标识符常量:用一个标识符代表一个常量的值,则这个标识符就叫标识符常量,也称符号常量。

引入标识符常量的原因:经常碰到这样的问题,常量本身是一个较长的字符序列,且在程序中重复出现。例如,取常数的值为 3.141 592 7,如果在程序中多处出现常数 3.141 592 7,直接使用 3.141 592 7 的表示形式,势必会使编程工作显得烦琐,而且当需要把它的值修改为 3.141 592 653 6 时,就必须逐个查找并修改,这样会降低程序的可修改性和灵活性。因此,C 语言中提供了一种符号常量,即用指定的标识符来表示某个常量,在程序中需要使用该常量时就可直接引用标识符。

标识符常量名常用大写,而把变量名用小写字母表示,以示区别。标识符常量一般通过以下两种方式中的一种来定义。

（1）用 #define 宏命令定义。

格式:

#define 宏名 字符串

其中,"宏名"就是标识符常量的名字,后面的"字符串"就是它对应的值。

例如:

```
#define  PI  3.1415926
```

例 2-3　符号常量的使用。输入一个半径值,分别计算圆周长、圆面积和球的体积。

```
#include "stdio.h"
#define PI 3.14159265        /*定义一个符号常量 PI*/
void main()
{
```

```
    double r,p,a,v;              /*定义实型变量 r,p,a,v:分别表示圆半径、周长、面积和体积*/
    printf("Input radius: ");
    scanf("%lf",&r);
    p=2*PI*r;
    a=PI*r*r;
    v=3*PI*r*r*r/4;
    printf("perimeter=%lf\narea=%lf\nvolume=%lf\n ",p,a,v);
}
```

程序运行结果如图 2-2 所示。

图 2-2　符号常量的使用

（2）用 const 定义常量。

格式:

const 数据类型名 标识符常量名=常量表达式;

例如:

const double G=9.8;

在定义 G 时指明了其类型为 double,而在用 ♯define 定时 PI 时,没有指明类型。这两种方式定义的含义是有区别的,用 ♯define 时,仅仅是用一个串(宏名)来代替另一个串(字符串),只是串的替换;而用 const 定义时,是体现了具体类型的数据,可以进行适当的运算。

例如:

♯define AA 3+2
const int BB=3+2;

其中,宏名 AA 代表字符串"3+2",而 BB 的值是 3+2,即结果为 5。

使用符号常量的好处是含义清楚,例如在上例中见到 PI,就知道它代表圆周率;使用符号常量的另一个好处是修改方便,例如,定义了

♯define PI 3.1415927

则在程序中所有出现 PI 的地方全部会改为 3.141 592 7。

2. 变量

在程序的运行过程中,值可以改变的量称为变量。在 C 语言中,变量相当于旅馆里的客房:客房用来住旅客,变量用来存放数据;客房里的住客经常变化,变量的值也可以经常改变;某一时刻,某个客房只能住一批客人,与之相似,一个变量也只能存放一个值;每个房间都有唯一的房间名,每个变量也有一个专用的名字,称为变量名。不同的是,对于旅馆的客房,只有当

住客退房后,下一批人才能入住,而变量却不同,当存入一个新值时会立即覆盖旧值。

变量要先定义后使用,没有定义的变量不能被 C 语言编译器识别,在编译时会出错,提示是 undeclared identifier。变量定义就像旅客去旅馆开房,要确定旅客所需的房间类型和房间号,变量在定义时,要确定变量的数据类型和变量名。

(1) 变量的三要素。变量的三要素是变量名、变量值和存储单元。

一个变量应该有一个名字,在内存中占据(或对应)一定的存储单元。在该存储单元中存放变量的值。在对程序编译连接时由系统给每一个变量分配一个内存地址。在程序中从变量中取值,实际上是通过变量名找到相应的内存地址,从其存储单元中读取数据。例如:

```
int i;
i=3;
```

变量的三要素如图 2-3 所示。

(2) 变量名。变量名用标识符表示。变量名的命名要遵循标识符的命名规则。

以下是合法的变量名:d、y、sam1、f2、totals、name_3、sum、ave、t123、x1 和 years。

以下是非法的标识符:3a(以数字开头)、b＊r(出现非法字符)、－2x(以减号开头)、cwy－1(出现非法字符－减号)、♯53(以♯开头)和 c＜b(出现非法字符)。

在指定变量名时,除了遵循标识符的规定外,还必须注意以下几点:

① 在变量名中,大小写是有区别的。例如,STUDENT 和 student 是两个不同的变量。

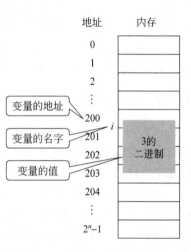

图 2-3　变量的三要素示意图

② 变量名虽然可由程序员随意定义,但命名应尽量有相应的意义,以便阅读理解,做到"见名知义"。

③ 关键字不能用作用户定义的标记符。

(3) 变量的定义。程序里使用的每个变量都必须首先定义。要定义一个变量需要提供两方面的信息:变量的名字和类型,其目的是由变量的类型决定变量的存储结构,以便编译程序为所定义的变量分配存储空间。

变量定义格式如下:

类型说明符 变量 1,变量 2,…,变量 n;

其中,类型说明符是 C 语言中的一个有效的数据类型,例如整型类型说明符 int、字符型类型说明符 char 等。例如:

```
int a,b,c;          /＊说明 a,b,c 为整型变量＊/
char ch;            /＊说明 ch 为字符变量＊/
double x,y;         /＊说明 x,y 为双精度实型变量＊/
```

在 C 语言中,只有先对所有用到的变量进行强制定义,然后才能使用,即"先定义,后使用"。这样做的目的如下:

① 只有声明过的变量才可以在程序中使用,这使得变量名的拼写错误容易发现。例如,如果在定义部分写了

```
int student;
```

而在执行语句中错写成 statent。

```
statent=50;
```

在编译时检查出 statent 未经定义,不作为变量名。因此输出"变量 statent 未经声明"的信息,便于用户发现错误,避免变量名使用时出错。

② 声明的变量属于确定的类型,编译系统可方便地检查变量所进行运算的合法性。例如,整型变量 a 和 b,可以进行求余运算,得到 a 除以 b 的余数。如果将 a、b 指定为实型变量,则不允许进行"求余"运算,在编译时会给出有关"出错信息"。

③ 在编译时根据变量类型可以为变量确定存储空间。例如,指定 a、b 为 int 型,那么在编译时,系统会给这两个变量分别分配 4B 的储存空间。

2.2.2 整型数据

在 C 语言中,整型数据可细分为如表 2-1 所示的 6 种类型。可以看出,不管是哪种类型都有取值范围,这是因为一个整数在计算机内部受到存储空间的限制,这一点与数学中的整数是不一样的。

从表 2-1 中可以看出,整型数据分为两大类: 有符号的(signed)和无符号的(unsigned)。整型变量以关键字 int 作为基本类型说明符,另外配合 4 个类型修饰符,用来改变和扩充基本类型的含义,以适应更灵活的应用。可用于基本型 int 上的类型修饰符有 4 个: long(长)、short(短)、signed(有符号)和 unsigned(无符号)。

表 2-1　32 位机的整数类型

变量类型	类型说明符	取 值 范 围	所需内存/B
短整型	signed short int	$-2^{15} \sim 2^{15}-1$, $-32\ 768 \sim 32\ 767$	2
整型	signed int	$-2^{31} \sim 2^{31}-1$, $-2\ 147\ 483\ 648 \sim 2\ 147\ 483\ 647$	4
长整型	signed long int	$-2^{31} \sim 2^{31}-1$, $-2\ 147\ 483\ 648 \sim 2\ 147\ 483\ 647$	4
无符号短整型	unsigned short int	$0 \sim 65\ 535$	2
无符号整型	unsigned int	$0 \sim 4\ 294\ 967\ 295$	4
无符号长整型	unsigned long int	$0 \sim 4\ 294\ 967\ 295$	4

注意: 在书写时,如果既不指定为 signed,也不指定为 unsigned,则隐含为有符号(signed)。由此可见有些修饰符是多余的,例如修饰符 signed 就是不必要的,因为 signed int、short int、signed short int 与 int 类型都是等价的,提出这些修饰只是为了提高程序的可读性。因为 signed 与 unsigned 对应,short 与 long 对应,使用它会使程序看起来更加明了。

下面分别以整形和无符号整形为例来讲解,其他类型与这两种类似,只不过在取值范围上有差别。

1. 整型简介

（1）整型。整型（signed int，int）就是有符号的整型，简称整型，在内存中占 4B（32 位）空间，以补码的形式存储。图 2-4(a)所示为整数 20 的存储方式，图 2-4(b)所示为整数－20 的存储方式。在这 32 位中，其中的最高位（最左侧）的 0、1 表示是数据的正、负号，其余 31 位存放的是数值位。可以计算出来，其取值范围是 $-2^{31}\sim2^{31}-1$，即$-2\,147\,483\,648\sim2\,147\,483\,647$，如图 2-5 所示。

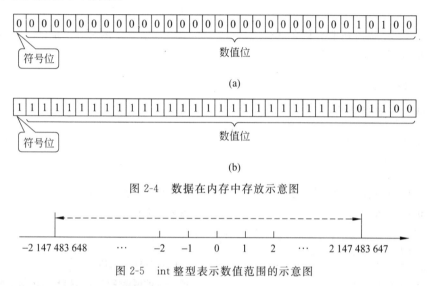

图 2-4　数据在内存中存放示意图

图 2-5　int 整型表示数值范围的示意图

（2）无符号整型。无符号整型（unsigned int），在内存中占 4B（32 位）空间。由于没有符号，所以只能表示非负数，即在其内存 32 位中的 0、1 都是数值位，可以计算出来，其取值范围是 $0\sim2^{32}-1$，即 $0\sim4\,294\,967\,295$。

整型数据包括整型常量、整型变量。整型常量就是整型常数，整型变量就表示通过变量名来代表和存放一个整数。

2. 整型字面常量

整型字面常量也称整型常量、整型常数，它有 3 种表示形式。

（1）十进制整型常数。十进制整常数没有前缀，其数码为 0～9。

以下各数是合法的十进制整常数：137、－469、65 535 和 1458。

以下各数不是合法的十进制整常数：023（不能有前导 0）、23D（含有非十进制数码）。

（2）八进制整型常数。以 0 作为前缀。以下各数是合法的八进制整常数：035（十进制为 13）、0101（十进制为 65）和 0177777（十进制为 65 535）。

以下各数不是合法的八进制整常数：456（无前缀 0）和 06A2（包含了非八进制数码）。

（3）十六进制整型常数。十六进制整常数的前缀为 0X 或 0x，其数码取值为 0～9、A～F 或 a～f。

以下各数是合法的十六进制整常数：0X2A（十进制为 42）、0XA0（十进制为 160）和 0XFFFF（十进制为 65 535）。

以下各数不是合法的十六进制整常数：5A（无前缀 0X）和 0X3H（含有非十六进制数码）。

3. 整型标识符常量

通过一个标识符来代表一个整型常量，可以 ♯define 和 const 来定义。例如：

```
#define SIZE 100
const int SIZE=100;
```

4. 整型变量

定义一个整型变量 i。

```
int i;                              /* 定义 i 为整型变量 */
i=20;                               /* 给 i 赋以整数 20 */
```

十进制数 20 以二进制补码的形式(0…10100,32 位)存放在内存中,占 4B 空间,如图 2-4 所示。整型变量定义的格式如下:

数据类型名 变量名;

例 2-4 整型变量的定义。

```
#include "stdio.h"
void main()
{
    int a,b,c,d;                    /* 定义整型变量 a、b、c、d */
    unsigned u;                     /* 定义无符号整型变量 u */
    a=12;
    b=24;
    u=10;                           /* a,b,u 分别赋初值 */
    c=a+u;d=b+u;                    /* 把 a+u 的值赋给变量 c,把 b+u 的值赋给变量 d */
    printf("%d,%d\n",c,d);          /* 输出变量 c 和 d 的值 */
}
```

运行结果如图 2-6 所示。

图 2-6 例 2-4 的运行结果

说明:

① 变量定义时,可以说明多个相同类型的变量。各个变量用逗号分隔,类型说明与变量名之间至少有一个空格间隔。

② 最后一个变量名之后必须用分号结尾。

③ 变量说明必须在变量使用之前,即先定义后使用。

④ 以在定义变量的同时对变量进行初始化。

例 2-5 变量初始化。

```
#include "stdio.h"
void main()
{
    int a=3,b=-4,c=9,sum;           /* 定义整型变量 a,b,c,sum,并对 a,b,c 初始化 */
```

```
    sum=a+b+c;                          /* 求 a,b,c 的和赋给变量 sum */
    printf("sum=%d\n",sum);             /* 换行输出变量 sum 的值 */
    a=16;
    b=56;
    c=-98;                              /* 重新给 a,b,c 赋值 */
    sum=a+b+c;                          /* 求 a,b,c 的和赋给变量 sum */
    printf("sum=%d\n",sum);             /* 换行输出变量 sum 的值 */
}
```

运行结果如图 2-7 所示。

图 2-7 例 2-5 的运行结果

5. 整型数据的溢出

一个 int 型变量的最大允许值为 2 147 483 647,如果再加 1,其结果不是 2 147 483 648,而是“溢出”。同样一个 int 型变量的最小允许值为 -2 147 483 648,如果再减 1,其结果不是 -2 147 483 649,而是 2 147 483 647,也会发生“溢出”,其原因可以用二进制的补码形式来证明。

例 2-6 整型数据的溢出。

```
#include "stdio.h"
void main()
{
    int a,b;
    a=2147483647;
    b=a+1;
    printf("a=%d,a+1=%d\n ",a,b);
    a=-2147483648;
    b=a-1;
    printf("a=%d,a-1=%d\n",a,b);
}
```

运行结果如图 2-8 所示。

图 2-8 例 2-6 的运行结果

说明：在 Visual C++ 6.0 环境中,一个整型变量只能容纳 -2 147 483 648～2 147 483 647 范围内的数,无法表示大于 2 147 483 647 或小于 -2 147 483 648 的数,遇此情况就发生“溢

出",但运行时不报错,它就像钟表一样,钟表的表示范围为 0～11,达到最大值后,又从最小数开始计数,因此,最大数 11 加 1 得不到 12,而得到 0。同样最小数 0 减 1 也得不到 -1 而得到 11。

从这个例子可以看出,C 语言的用法比较灵活,往往出现副作用,而系统又不给出"出错信息",要靠程序员的细心和经验来保证结果的正确。一定要记住,每一种整型表示的范围都是有限的,若超出了此范围,即使程序不出错,也得不到预期的效果。

2.2.3 实型数据

实数在 C 语言中又称为浮点数,根据其表示形式可分为实型常量和实型变量,其区别如表 2-2 所示。可以看出,不管是哪种类型,都有取值范围,这是因为一个实数在计算机内部受到存储空间的限制,这一点与数学中的整数是不一样的。

表 2-2 实数类型

变量类型	类型说明符	取 值 范 围	所需内存/B
单精度	float	$-3.402\,82\times10^{38}\sim3.402\,82\times10^{38}$	4
双精度	double	$-1.797\,69\times10^{308}\sim1.797\,69\times10^{308}$	8

1. 实型简介

实型数据在计算机内部存放也是以二进制的形式存放的,分阶码和尾数两部分,其中的每一部分的最高位是正负号。以二进制 110.001 为例,来说明实数的存储方式。下面以单精度(float)为例进行说明。$110.001=10.110\,011\times2^{11}$,转换为 32 位(4B)之后的存储示意图如图 2-9 所示,其表示的范围在数轴上,如图 2-10 所示。

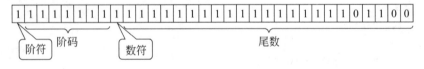

图 2-9 单精度数在内存中存放示意图

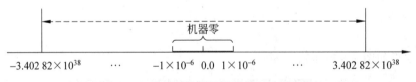

图 2-10 单精度数表示数值范围的示意图

由于实数在计算机内部存储时有误差存在,并且其表示的精度也是有限的,当一个数的绝对值很小时(绝对值小于 1×10^{-6}),就认为是 0.0,称为机器零。如图 2-10 中的粗线区域,可以看出,机器零不是一个数值,而是一个区间。

2. 实型字面常量

实型字面常量有两种表示形式。

(1) 十进制小数形式。由数字 0～9 和小数点组成,必须有小数点,并且至少出现一个数字。例如,0.0、.36、4.567、0.15、8.0、−267.428 0 等均为合法的实型数。

（2）指数形式。由二进制数、加阶码标志 e 或 E 以及阶码（只能为整数,可以带符号）组成。其一般形式为 aEn（a 为十进制数,n 为必须整数）。例如,12.3e3、1.23E4 都是实型数的合法表示,都表示实型数 12 300。

以下不是合法的实型数表示：345（无小数点）、−6（无阶码标志）、53.−E3（负号位置不对）、2.67E（无阶码）。

说明：字母 e 或 E 之前必须有数字,e 后面的指数必须为整数,例如,e3,2.1e3.5,e 都不是合法的指数形式。

一个实型数可以有多种指数表示形式,但最好采用规范化的指数形式,所谓规范化的指数形式是指在字母 e 或 E 之前的小数部分中,小数点左边应当有且只能有一位非 0 数字。例如,123.456 可以表示为 123.456e0、12.3456e1、1.23456e2、0.123456e3 等,只有 1.23456e2 称为规范化的指数形式。用指数形式输出时,是按规范化的指数形式输出的。

C 编译系统将实型字面常量作为双精度型实型数来处理。这样可以保证较高的精度,其缺点是运算速度降低。也可以在实型数的后面加字符 f 或 F,如 1.65f、654.87F,使编译系统按单精度型处理。

3. 实型标识符常量

通过一个标识符来代表一个实型常量,可以＃define 和 const 来定义。例如：

```
#define PI 100
const double PI=3.1415927;
```

4. 实型变量

实型变量说明的格式和书写规则与整型相同。例如：

```
float x,y;                              /*x,y为单精度实型变量*/
double a,b,c;                           /*a,b,c为双精度实型变量*/
```

例 2-7　实型数据的输出。输出实型数据 a、b。

```
#include "stdio.h"
void main()
{
    float a;                            /*说明变量a为单精度型*/
    double b;                           /*说明变量b为单精度型*/
    a=12345.6789;                       /*为a赋值*/
    b=0.123456789123456789e15;          /*为b赋值*/
    printf("a=%f\nb=%lf\n",a,b);         /*输出量ab的值*/
}
```

运行结果如图 2-11 所示。

运行结果分析：

程序为单精度变量 a 和双精度变量 b 分别赋值,并不经过任何运算就直接输出变量 a、b 的值。理想结果应该是照原样输出,即

```
a=12345.6789
```

图 2-11　例 2-7 的运行结果

b=123456789123456.789

但运行该程序，实际输出结果如下：

a=12345678711

b=123456789123456.780000

由于实型数据的有效位是有限的，程序中变量 a 为单精度型，只有 7 位有效数字，所以输出的前 7 位是准确的，第 8 位以后的数字 711 是无意义的。变量 b 为双精度型，可以有 15 或 16 位的有效位，所以输出的前 16 位是准确的，第 17 位以后的数字 80 000 是无意义的。由此可见，由于机器存储的限制，使用实型数据在有效位以外的数字将被舍去，由此会产生一些误差。

例 2-8　实型数据的舍入误差。

实型变量只能保证 7 位有效数字，后面的数字无意义。

```c
#include "stdio.h"
void main()
{
    float a,b;
    a=12345676666;              /* 给实型变量 a 赋值 */
    b=a-20;                     /* 将实型变量 a 的值减去 20 后赋给实型变量 b */
    printf("a=%f\nb=%f\n",a,b);  /* 以十进制小数形式输出实型变量 a,b 的值 */
}
```

运行结果如图 2-12 所示。

图 2-12　例 2-8 的运行结果

运行结果分析：

程序运行时输出 a 的值是 12345676800.0，比其真实值大了许多（大了 134），当它减去 20 后再赋值给 b，b 的值是 12345676780，比原来 a 的值还大。原因是一个 float 实型变量只能保证的有效数字是 7 为有效数字。为了提高精度，可把程序中的 float 改为 double，即

```
#include "stdio.h"
void main()
{
    double a,b;
    a=12345676666;                      /* 给实型变量 a 赋值 */
    b=a-20;                             /* 将实型变量 a 的值加紧上 20 后赋给实型变量 */
    printf("a=%f\nb=%f\n",a,b);          /* 以十进制小数形式输出实型变量 a,b 的值 */
}
```

其运行结果如图 2-13 所示。可以看出,运算结果已经很准确了,所以若要提高精度,实数的类型要选择双精度的 double 型。

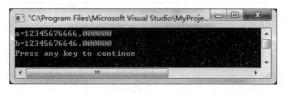

图 2-13　双精度类型的运算结果示意图

结论:

由于实数存在舍入误差,使用时要注意以下几点。

(1) 不要试图用一个实数精确表示一个大的整数,浮点数是不精确的。

(2) 实数一般不判断"相等",而是判断接近或近似。

(3) 避免直接将一个很大的实数与一个很小的实数相加、相减,否则会"丢失"小的数。

(4) 根据要求选择单精度型和双精度型,有时不要为了节省存储空间而有意选择 float。

5. 实型数据的溢出

当把一个超过相应取值范围的实数赋值给一个变量时,变量得不到预期的值或者程序会出错。例如,运行

```
double a=1.35E309;
```

时,系统会出现出错信息:constant too big。

再如,运行

```
float a=1.35E89;
```

时,系统会出现警告信息 overflow in floating-point constant arithmetic 和 overflow in constant arithmetic。

2.2.4　字符型数据

此处讲的字符型数据是 ASCII 表中的字符,其编码是 0~127,共 128 个符号,因此,字符型数据的取值是 ASCII 码表,共 128 个符号,在内存中存放字符对应的 ASCII 码值的二进制数,占 1B 空间,其中的最高位是 0,其余 7 位的对应该字符的 ASCII 码值。

1. 字符字面常量

字符字面常量,也称字符常量,分为两种,一种是普通字符:用单引号(' ')括起来的一个

字符。例如 'a'、'b'、'='、'+'、'?'、'\'都是合法的字符常量。

另外一种是转义字符。它们以"\"开头,"\"称为转义标志,表示它和它后面跟着的若干符号合在一起,组成一个字符。这组字符具有特定的含义,不同于字符原有的意义,故称"转义"字符。例如,在前面各例题中 printf()函数的格式串用到的'\n'就是一个转义字符,其意义是"换行"。

所有字符常量(包括可以显示的、不可显示的)均可以使用字符的转义表示法表示(ASCII 码表示)。转义字符主要用来表示那些用一般字符不便于表示的控制代码。

常用的转义字符及其含义如表 2-3 所示。

表 2-3 部分常用转义字符及其含义

字符形式	含　　义
\n	换行
\t	代表 Tab 键,跳到下一输出区
\b	退格
\r	回车
\o	空值,字符串结束标志
\ "	双引号字符
\ '	单引号字符
\\	反斜杠字符
\ddd	用八进制数代表一个 ASCII 字符
\xhh	用十六进制数代表一个 ASCII 字符

转义字符大致分为三类:

第一类是在单引号内用"\"后跟一字母表示某些控制字符。例如,\r 表示"回车",\b 表示退格等。

第二类是单引号、双引号和反斜杠这 3 个字符只能表成\'、\"和\\。

第三类是\ddd 和\xhh 这两种表示法,可以表示 C 语言字符集中的任何一个字符。ddd 和 hh 分别为八进制和十六进制的 ASCII 代码。例如,\101 表示字符 A,\x41 也表示字符 A,\102 表示字符 B,\134 表示反斜线等。

例 2-9 转义字符的使用。

```c
#include "stdio.h"
void main()
{
    int a,b,c;
    a=5;b=6;c=7;
    printf("%d\n\t%d %d\nabce\bf\n",a,b,c);
}
```

运行结果如图 2-14 所示。

图 2-14　例 2-9 的运行结果

结果分析：程序在第一行第一列输出 a 值 5 之后就是'\n'，故回车换行；第二行先输出 '\t'，表示跳到下一制表位置（设制表位置间隔为 8），再输出 b 值 6；空一格再输出 c 值 7 后又 是'\n'，因此再回车换行；第三行输出 abcde 后，光标在 e 的后面，再输出'\b'表示向前退一格， 即光标位置在 e 处，然后再输出 f，即在光标处（e 处）重新显示一个字符 f，由于在显示器上 同一个位置在字符方式下只能显示一个字符，所以 f 会把 e 覆盖，所以第三行最终显示的是 abcdf。

2. 字符标识符常量

通过一个标识符来代表一个字符常量，可以 ♯define 和 const 来定义。例如：

```
#define ch 'a'
const char ch='a';
```

3. 字符变量

字符型变量用于存放字符常量，即一个字符型变量可存放一个字符，所以一个字符型变 量占用 1B 的内存容量。说明字符型变量的关键字是 char，使用时只需在说明语句中指明 字符型数据类型和相应的变量名即可。

例如：

```
char s1,s2;            /* 说明 s1,s2 为字符型变量 */
s1='A';               /* 为 s1 赋字符常量 A */
s2='a';               /* 为 s2 赋字符常量 a */
```

4. 字符数据在内存中的存储形式及其使用

字符数据在内存中是以字符的 ASCII 码的二进制形式存放的，占用 1B 空间，如图 2-15 所示。例如：

```
char c1;
c1='b';
```

0	1	1	0	0	0	1	0

图 2-15　字符'b'在内存中的存储形式

从图 2-15 可以看出，字符数据以 ASCII 码存储 的形式与整数的存储形式类似，这使得字符型数据和 整型数据之间可以通用（0~255 的无符号数或 -128~127 的有符号数）。具体表现为如下 几点。

（1）可以将整型量赋值给字符变量，也可以将字符量赋值给整型变量。

（2）可以对字符数据进行算术运算，相当于对它们的 ASCII 码进行算术运算。

（3）一个字符数据既可以字符形式输出（ASCII 码对应的字符），也可以用整数形式输 出（直接输出 ASCII 码）。

（4）尽管字符型数据和整型数据之间可以通用，但是字符型只占 1 个字符，即如果作为整数使用，只能存放 0～255 的无符号数或范围内的有符号数。

例 2-10 字符变量的使用。

给字符变量赋予整数（字符型、整型数据通用）。

```c
#include "stdio.h"
int main()                              /* 字符"a"的各种表达方法 */
{
    char c1='a';
    char c2='\x61';                     /* \x61 为转义字符 */
    char c3='\141';                     /* \141 为转义字符 */
    char c4=97;
    char c5=0x61;                       /* 0x61 为十六进制数,相当于十进制数的 97 */
    char c6=0141;                       /* 0141 为八进制数,相当于十进制数的 97 */
    printf("\nc1=%c,c2=%c,c3=%c,c4=%c,c5=%c,c6=%c\n",c1,c2,c3,c4,c5,c6);
    /* 以字符形式输出 */
    printf("\nc1=%c,c2=%d,c3=%d,c4=%d,c5=%d,c6=%d\n",c1,c2,c3,c4,c5,c6);
    /* 以十进制整数形式输出 */
    return 0;
}
```

运行结果如图 2-16 所示。

图 2-16 例 2-10 的运行结果

注意：整数在机器内部存储时占 4B 空间，而字符变量只占 1B 空间，当把一个整型常量赋值给一个字符变量时，系统只取整型常量的低 8 位赋值给字符变量。

例 2-11 大小写字母的转换。

```c
#include "stdio.h "
void main()
{
    char c1,c2,c3,c4;
    c1 ='a';
    c2 =c1+1;                               /* c1 的 ASCII 码值 97 加 1 后赋给 c2 */
    c3 =c1-32;                              /* c1 的 ASCII 码值 97 减 32 后赋给 c3 */
    c4 =c2-32;                              /* c2 的 ASCII 码值 98 减 32 再赋给 c4 */
    printf(" %c, %c, %c, %c\n ",c1,c2,c3,c4); /* 按字符形式输出各变量的值 */
    printf("%d,%d,%d,%d\n ",c1,c2,c3,c4);   /* 按 ASCII 码形式输出各变量的值 */
}
```

运行结果如图 2-17 所示。

图 2-17 例 2-11 的运行结果

程序分析：本程序的作用是将两个小写字母 a 和 b 转换成大写字母 A 和 B。从 ASCII 码表中可以看到每一个小写字母比对应的大写字母的 ASCII 码大 32，本例还反映出允许字符数据与整数直接进行算术运算，运算时字符数据用 ASCII 码值参与运算。

5. 字符的越界

当把一个不为 0～127 的数据赋给字符变量时，变量的值会发生改变，如例 2-12 所示。

例 2-12 字符越界示例。

```c
#include "stdio.h"
void main()
{
    char i;
    i=65;                              //'A'的 ASCII 码值
    printf("%c\n",i);
    i=65+128;
    printf("%c\n",i);
    i=65+129;
    printf("%c\n",i);
    i=65+256;
    printf("%c\n",i);
    i=65+512;
    printf("%c\n",i);
}
```

运行结果如图 2-18 所示。

图 2-18 例 2-12 的运行结果

可以看出，若这个值％256 的范围是 0～127，则可以表示一个 ASCII 码表中的字符，否则出错，例如，在本例中显示的是"?"。

6. 字符串常量

字符串常量是用一对双引号(" ")括起来的字符序列。这里的双引号仅起到字符串常量的边界符的作用,它并不是字符串常量的一部分。例如,下面的字符串都是合法的字符串常量:"I am a student. \n"、"ABC"、" "、"a"、"How dow you do"、"CHINA"、"$123.45"。

C语言规定在每个字符串的结尾加一个"字符串结束标志",以便系统据此判断字符串是否结束。C规定以'\0'(ASCII 码为 0 的字符)作为字符串结束标志。

例如,"CHINA"在内存中的存储如图 2-19 所示(存储长度＝6)。

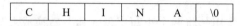

| C | H | I | N | A | \0 |

图 2-19　"CHINA"在内存中的存储形式

可见,字符常量与字符串常量的区别有两个方面:从形式上看,字符常量是用单引号括起的单个字符,而字符串常量是用双引号括起的一串字符;从存储方式看,字符常量在内存中占 1B 空间,而字符串常量除了每个字符各占 1B 空间外,其字符串结束符'\0'也要占 1B 空间。例如,字符常量'a'占 1B 空间,而字符串常量"a"占 2B 空间。

如果字符串常数中出现双引号,则要用反斜线(\)将其转义,取消原有边界符的功能,使之仅作为双引号字符起作用。例如,要输出字符串

He says: "How do you do."

应写成如下形式:

printf("He says:\"How do you do.\ "");

C语言没有专门的字符串变量,如果想将一个字符串存放在变量中,可以使用字符数组(即用一个字符数组来存放一个字符串,数组中每一个元素存放一个字符)。具体的定义和使用方法请参见第 9 章。

2.2.5　变量赋初值

变量赋值是指把一个数据传送到系统给变量分配的存储单元中。定义变量时,系统会自动根据变量类型为其分配存储空间。但是若此变量在定义时没有被初始化,那么它的值就是一个无法预料的、没有意义的值,所以通常都要给变量赋一个有意义的值。C语言中的变量赋值操作有赋值运算符"＝"来完成,一般形式如下:

变量=表达式;

例如:

```
int a=6;                    /*指定 a 为整型变量,初值为 6*/
float f=3.16;               /*指定 f 为实型变量,初值为 3.16*/
char c='v';                 /*指定 c 为字符型变量,初值为 v*/
```

变量赋值具有两种形式,一种是先说明后赋值,另一种是在说明变量的同时对变量赋初值。也可以只对定义的一部分变量赋初值。

例如:

```
int a,b=2,c=5;      /*指定 a,b,c 为整型变量,只对 b,c 初始化,b 的初值是 2,c 的初值为 5*/
```

初始化不是在编译阶段完成的(除后面介绍的外部变量和静态变量)而是在程序运行时

赋予初值的,相当于有一个赋值语句。

例如:

```
int b=5;
```

相当于

```
int b;
b=5;
```

注意:类似于

```
int i=j=0;
```

的写法是错误的。

2.3 运算符与表达式

运算是按照某种规则对数据的计算。运算符是用于表示数据操作的符号。C语言提供了丰富的运算符,例如算术运算符、关系运算符、逻辑运算符、位运算符、赋值运算符、条件运算符、逗号运算符、求字节数运算符、指针运算符、强制类型转换运算符、分量运算符、下标运算符等。

表达式是用运算符将常量、变量、函数等连接起来的算式。

2.3.1 C语言运算符简介

C语言拥有异常丰富的运算符,本节只介绍最为常用的几种。C语言的运算符具有不同的优先级和结合性。在表达式中,各运算量参与运算的先后顺序不但要遵守运算符优先级别的规定,而且要受运算符结合性的制约,以便确定是自左向右进行运算还是自右向左进行运算。这种结合性是其他高级语言的运算符所没有的,这增加了C语言的复杂性。

1. 运算符的分类

(1) 按在表达式中与运算对象的关系(连接运算对象的个数),运算符可以分为以下3类。

① 单目运算符:一个运算符连接一个运算对象。

② 双目运算符:一个运算符连接两个运算对象。

③ 三目运算符:一个运算符连接三个运算对象。

(2) 按它们在表达式中所起的作用,运算符又可以分为以下几种。

① 算术运算符:包括＋、－、＊、/和％。

② 自增、自减运算符:包括＋＋和－－。

③ 赋值与赋值组合运算符:包括＝、＋＝、－＝、＊＝、/＝、％＝、＜＜＝、＞＞＝、ˆ＝、＆＝和|＝。

④ 关系运算符:包括＜、＜＝、＞、＞＝、＝＝和!＝。

⑤ 逻辑运算符:包括＆＆、||和!。

⑥ 位运算符:包括～、|、＆、＜＜、＞＞和ˆ。

⑦ 条件运算符：包括？。

⑧ 逗号运算符：包括，。

⑨ 其他：包括 ＊ 、& 、( ) 、[ ] 、. 、一＞和 sizeof。

2. 运算符的优先级和结合性

优先级：优先级是指同一个表达式中不同运算符进行计算时的先后次序。

结合性：结合性是针对同一优先级的多个运算符而言的，是指同一个表达式中相同优先级的多个运算应遵循的运算顺序。

左结合性（自左向右结合方向）：运算对象先与左面的运算符结合。

右结合性（自右向左结合方向）：运算对象先与右面的运算符结合。

例如，在数学中进行四则运算时，乘、除的优先级高于加、减，而乘与除、加与减是同级运算，其结合性均为左结合。

例如，a－b＋c 到底是(a－b)＋c 还是 a－(b＋c)？ b 先与 a 参与运算还是先于 c 参与运算？

由于＋、－运算优先级别相同，结合性为"自左向右"，即就是说 b 先与左边的 a 结合，所以 a－b＋c 等价于(a－b)＋c。

再如，a＝b＝c＝d 可以看作是 a＝(b＝(c＝d))，也就是说，先运算 c＝d，其结果是 c 的值，然后再运算(b＝(c＝d))，即把刚才运算的结果 c 的值赋给 b，结果是 b 的值，最后把 b 的值赋给 a。所以"＝"是自右向左运算的，具有右结合性。

2.3.2 算术运算符和算术表达式

1. 基本的算术运算符

基本的算术运算符包括以下几种：

(1) ＋(加法运算符或正值运算符，例如 2＋6、＋6)；

(2) －(减法运算符或负值运算符，例如 6－2、－6)；

(3) ＊(乘法运算符，例如 2＊6)；

(4) /(除法运算符，例如 6/2)；

(5) ％(模运算符或求余运算符，％两侧均应为整形数据，例如 7％3 的值为 1)。

说明：

① 两个整数相除的结果为整数，例如 5/3 的结果为 1，舍去小数部分。但是如果除数或被除数中有一个为负值，则舍入的方向是不固定的，多数机器采用"0 取整"的方法(即 5/3＝1，－5/3＝－1)，取整后向零靠拢(实际上就是舍去小数部分，注意不是四舍五入)。

② 如果参加＋、－、＊、/运算的两个数有一个为实数，则结果为 double 型，因为所有实数都按 double 型进行计算。

③ 求余％运算要求两个操作数均为整型，结果为两数相除所得的余数。求余也称为求模。一般情况，余数的符号与被除数符号相同。例如－8％5＝－3、8％－5＝3。

2. 算术表达式

用算术运算符和括号将运算对象(也称操作数)连接起来的、符合 C 语法规则的式子，称为算术表达式。运算对象可以是常量、变量、函数等。

下面是一个合法的算术表达式：

```
a * b/c-1.5 +'a'
```

注意：

（1）算术表达式的书写形式与数学表达式的书写形式有一定的区别。

（2）算术表达式的乘号（＊）不能省略，例如，数学表达式 b^2-4ac 的相应 C 语言的算术表达式应该写成 b＊b－4＊a＊c。

（3）表达式中只能出现字符集允许的字符，例如，圆面积公式相应的 C 表达式应该写成 PI＊r＊r(其中，PI 是已经定义的符号常量)。

（4）算术表达式不允许有分子分母的形式。例如应写为(a＋b)/(c＋d)。

（5）算术表达式只使用括号改变运算的优先顺序，不要用{ }和[ ]。

（6）可以使用多层括号，此时左右括号必须配对，运算时从内层括号开始，由内向外依次计算表达式的值。

例 2-13　分糖果。输入两个整数，分别代表糖果的个数和小朋友的个数，要求输出平均每个孩子能得到多少颗糖果，不能平均分配的还有几颗。

```c
#include<stdio.h>
void main()
{
    int candies, kids;
    scanf("%d%d", &candies, &kids);
    printf("每人分%d个\n", candies / kids );
    printf("剩余%d个\n", candies % kids );
}
```

程序运行结果如图 2-20 所示。

图 2-20　例 2-13 的运行结果

说明：

candies/kids 是将两个整型变量进行除法运算，算得的是平均每个孩子能分到多少颗糖果。

candies ％ kids 是将两个整型数据进行求模运算，算得的是平均分完糖果后还有多少颗余下不能平均分配的。

例 2-14　算术运算符和算术表达式的使用。

假设今天是星期三，20 天之后是星期几？

算法思想：设用 0、1、2、3、4、5、6 分别表示星期日、星期一、星期二、星期三、星期四、星期五、星期六。因为一个星期有 7 天，即 7 天为一周期，所以 $n/7$ 等于 n 天里过了多少个整周，$n\%7$ 就是 n 天里除去整周后的零头（不满一周的天数），$(n\%7+3)\%7$ 就是过 n 天之后的星期几。

源程序：

```
#include "stdio.h"
void main()
{
    int day,n;
    scanf("%d",&n);              /* 输入过多少天后 */
    day= (n%7+3)%7 ;             /* 计算过 n 天后是星期几 */
    printf("%d\n",day);          /* 输出计算结果 */
}
```

运行结果如图 2-21 所示。

图 2-21   例 2-14 的运行结果

2.3.3   关系运算符与关系表达式

C 语言共提供了 6 种关系运算符：<、>、<=、>=、==和!=。它们的运算规则与数学中的运算规则相同。注意，等于关系运算符(==)与赋值运算符(=)的书写是有区别的。6 种关系运算符中，"=="和"!="的优先级低于其他 4 种关系运算符。

用关系运算符将两个操作数连接起来的合法的 C 语言式子，称为关系表达式。例如 8>5、a==b、c!=d、x>=y。

关系表达式的结果为逻辑值，逻辑值只有两个值，即逻辑真与逻辑假。在 C 语言中没有逻辑型数据类型，以 0 表示逻辑假，以 1 表示逻辑真。在输出时，逻辑真显示 1，逻辑假显示 0。但在参与运算时，非 0 数就表示真。

例 2-15   输出两个整数的最大值。

```
#include "stdio.h"
void main()
{
    int a,b,max;
    scanf("%d,%d",&a,&b);    //输入 a,b 的值
    if(a>b)
        max=a;               //如果 a 大于 b,把 a 赋给 max
    else
        max=b;               //否则把 b 赋给 max
    printf("max=%d\n",max); //输出 max 的值
}
```

说明如下：

① 关系表达式的结果类型一定为 int，如果操作数关系成立则结果为 1，否则为 0。

例如：

表达式'a'!＝'b'的值为 1。

表达式 50＋70＜＝100.0 的值为 0。先运算 50＋70 的结果是 120，然后再与 100.0 进行比较。

② 如果用浮点数比较来测试某个条件，则可能永远得不到所希望的结果。例如，设 x，y 为浮点变量，则表达式：x/y＊y＝＝x 值可能不成立。

若需要判别两实数是否大约相等，可用下式表示：

```
fabs(y-x)<1e-5
```

③ 数学中的表达式 a≤x≤b 与 C 语言中的表达式 a＝＜x＜＝b 含义不同。

在数学中，表示 x≥a 并且 x≤b，而在 C 语言中，则是先求 a＝＜x 的值（是 0 或者 1），然后则用这个值与 b 进行比较。例如：

若 a＝0，b＝0.5，x＝0.3，则执行 a＝＜x＜＝b 时先求 a＜＝x 得 1（真）再执行 1＜＝b 得 0（假）。

所以在 C 语言中，要判别 x 是否在区间[a，b]，应为

```
a<=x && x<=b
```

④ 表达式 5＞2＞7＞8 在数学中不允许，在 C 语言中是允许的，按自左向右的原则进行：先运算 5＞2 的结果为 1，然后 1＞7 的结果为 0，再计算 0＞8 的结果为 0，所以整个表达式的值为 0。

注意：关系表达式 i＜j＜3 和 i＞j＞－1 的计算结果永远为 1，请分析原因。

⑤ 关系表达式的值为 0 或 1，可按整型数据进行数值运算。例如：

```
int   i=1,j=7,a;
a=i+(j%4!=0);
```

运行后 a 的值为 2。

⑥ 字符比较按 ASCII 码进行。例如：

'b'＞'a'的值为 1；

'a'＞'A'的值为 1；

'a'＜0 的值为 0；

'\0'＝0 的值为 1。

2.3.4 逻辑运算符与逻辑表达式

C 语言提供了 3 种逻辑运算符：＆＆（逻辑与）、||（逻辑或）和!（逻辑非）。它们的运算规则如下：

(1) ＆＆（逻辑与）。如果两个操作数均为逻辑真，则结果为逻辑真，否则为逻辑假，即"两真为真，否则为假"或"见假为假，否则为真"。

(2) ||（逻辑或）。如果两个操作数均为逻辑假，则结果为逻辑假，否则为逻辑真，即"两假为假，否则为真"或"见真为真，否则为假"。

（3）！（逻辑非）。将逻辑假转变为逻辑真，逻辑真转变为逻辑假，即"颠倒是否"，它是逻辑运算符中唯一的单目运算符。

逻辑运算符的运算真值表如表 2-4 所示。

表 2-4　逻辑运算符的运算真值表

a	b	$!a$	$a\&\&b$	$a\|\|b$
1	1	0	1	1
1	0	0	0	1
0	1	1	0	1
0	0	1	0	0

在 3 种逻辑运算符中，逻辑非的优先级最高，逻辑与次之，逻辑或最低。逻辑非运算符具有右结合性。

由逻辑运算符和运算对象所组成的合法的表达式，称为逻辑表达。例如 1&&0，$a>b\|\|c<d$。逻辑表达式的结果也为逻辑值，只有逻辑真(1)和逻辑假(0)两个值。

逻辑运算符的操作数一般为逻辑值，如果不为逻辑值会自动转换为逻辑值。转换的规则：0 转为逻辑假，非 0 转为逻辑真。例如 5&&7 的值为 1，即逻辑真。

逻辑表达式求解时，只有必须执行下一个逻辑运算符才能求出表达式的值时，才执行该运算符。对"0&&(…)"和"1\|\|(…)"的形式，由于只需根据运算符前面的操作数就可知道运算结果了，所以括号中的式子就不再进行运算，这种情况称为短路表达式。例如对于"0&&(…)"的形式：

```
int i=1,j=1,k=1;
```

则表达式 i>1&&k=i+j 的值为 0，k 的值为 1。

由于 i>1 的值为 0，并且最后运算的运算符是 &&，所以后面的操作数 k=i+j 就不再运算了。其结果整个表达式的值为 0(假)，k 的值为 1。

对于 1\|\|(…)的形式：

```
int i=1,j=1,k=1;
```

则表达式 i==1\|\|k=i+j 的值为 1，k 的值为 1。

由于 i==1 的值是 1，并且最后运算的运算符是"\|\|"，所以后面的操作数 k=i+j 就不再运算了。其结果整个表达式的值为 1(真)，k 的值为 1。

2.3.5　赋值运算符和赋值表达式

赋值运算符："="为双目运算符，具有右结合性。

赋值表达式：由赋值运算行组成的表达式称为赋值表达式。

赋值运算符包括一般赋值运算符和复合赋值运算符。

1. 一般赋值运算符与赋值表达式

赋值表达式一般形式如下所示：

左值表达式 =表达式

例如：

a=9+3;

赋值表达式的求解过程如下：

（1）先计算赋值运算符右侧的"表达式"的值。

（2）将赋值运算符右侧"表达式"的值赋值给左侧表达式中的变量。

（3）整个赋值表达式的值就是被赋值变量的值。

赋值的含义：将赋值运算符右边的表达式的值存放到左边的内容可更改的左值表达式所标识的存储单元中。可更改的左值表达式包括基本类型的变量名、下标表达式、指针变量名和间接访问表达式（*指针变量）、结构成员选择表达式和结构变量名。注意，用括号括起来的左值表达式仍为左值表达式。

例如：

x=10+y

执行的赋值运算（操作），是将 10＋y 的值赋给变量 x，同时整个表达式的值就是刚才所赋的值。

赋值运算符的功能：一是计算，二是赋值。例如：

x=(a+b+c)/12.4 * 8.5

此时赋值运算符的功能先是计算表达式(a+b＋c)/12.4 * 8.5 的值，然后把该值赋值给变量 x。

将赋值表达式作为表达式的一种，使赋值操作不仅可以出现在赋值语句中，而且可以以表达式的形式出现在其他语句中。

例如：

printf("i=%d,s=%f\n",i=12.5,s=3.14 * 12.5 * 12.5);

该语句直接输出赋值表达式 i＝12.5 和 s＝3.14 * 12.5 * 12.5 的值，也就是输出变量 i 和 s 的值，在一个语句中完成了赋值和输出的双重功能，这就是 C 语言使用的灵活性。

说明：

（1）赋值运算符左边必须是内容可更改的左值表达式（即可以表示出对应到内存地址式子，如一般的变量，或者是可标识地址的表达式），这是因为赋值运算符的最终功能是把右边的计算结果存放到对应的内存中。右边可以是常量、变量、函数调用或常量、变量、函数调用组成的表达式。例如，若有

int x,y;

则 x＝10、y＝x＋10 都是合法的赋值表达式，共左边都是变量。

若有

int a[4];

则赋值运算∗(a+2)=99也是可以的,这是因为a代表的是数组的首地址,a+2则表示了下标了2的元素的地址,通过间接访问运算符∗可以访问到相应的内存地址。具体知识可参阅第8章。

(2) 赋值符号"="不同于数学的等号,它没有相等的含义("=="相等)。例如,C语言中x=x+1是合法的(数学上不合法),它的含义是取出变量x的值加1,再存放到变量x中,其结果就是把x的值增加了1。

在进行赋值运算时,当赋值运算符两边数据类型不同时,将由系统自动进行类型转换。转换原则是先将赋值号右边表达式类型转换为左边变量的类型,然后赋值。对于不同的数据类型,其转换规则如下:

(1) 将实型数据(单、双精度)赋给整型变量,舍弃实数的小数部分。

(2) 将整型数据赋给单、双精度实型变量,数值不变,但以浮点数形式存储到变量中。

(3) 将double型数据赋给float型变量时,截取其前面7位有效数字,存放到float型变量的32位存储单元中。此时,应该注意数值范围不能溢出。将float型数据赋给double型变量时,数值不变,有效位数扩展到16位,存放到double型变量的64位存储单元中。

(4) 字符型数据赋给整型变量时,由于字符只占1B空间,而整型变量占2B空间,因此将字符数据(8位)放到整型变量低8位中。有以下两种情况。

① 如果所使用的系统将字符处理为无符号的量或对unsigned char型变量赋值,则将字符的8位放到整型变量的低8位,高8位补0。

② 如果所使用的系统将字符处理为带符号的量(signed char)(例如Turbo C),若字符最高位为0,则整型变量高8位补0;若字符最高位为1,则整型变量高8位全补1。这称为符号扩展,这样做的目的是使数值保持不变。

(5) 将一个int、short、long型数据赋给一个char型变量时,只是将其低8位原封不动地送到char型变量(即截断)。

(6) 将带符号的整型数据(int型)赋给long型变量时,要进行符号扩展,即将整型数的16位送到long型低16位中。如果int型数值为正,则long型变量的高16位补0;如果int型数值为负,则long型变量的高16位补1,以保证数值不变。若将一个long型数据赋给一个int型变量,只需将long型数据中低16位原封不动地送到整型变量(即截断)。

(7) 将unsigned int型数据赋给long int型变量时,不存在符号扩展问题,只要将高位补0即可。将一个unsigned类型数据赋给1B的整型变量,将unsigned型变量的内容原样送到非unsigned型变量中,但如果数据范围超过相应整数的范围,则会出现数据错误。

(8) 将非unsigned型数据赋给长度相同的unsigned型变量,也是原样照赋。

总之,不同类型的整型数据间的赋值归根到底就是按照存储单元的存储形式直接传送。由长整型数赋值给短整型数,截断直接传送;由短整型数赋值给长整型数,低位直接传送,高位根据低位整数的符号进行符号扩展。

例2-16 赋值运算中类型转换的规则。

```
#include "stdio.h"
void main()
```

```
{
    int i=5;                                    /*说明整型变量 i 并初始化为 5*/
    float a=3.5,a1;                             /*说明实型变量 a 和 a1 并初始化 a*/
    double b=123456789.123456789;               /*说明双精度型变量 b 并初始化*/
    char c='A';                                 /*说明字符变量 C 并初始化为 A*/
    printf("i=%d,a=%f,c=%c\n",i,a,b,c);         /*输出 i,a,b,c 的初始值*/
    a1=i;
    i=a;
    a=b;
    c=i;
    /*整型变量 i 的值赋值给实型变量 a1,实型变量 a 的值赋给整型变量 i,
      双精度型变量 b 的值赋值给实型变量 a,整型变量 i 的值赋值给字符变量 c*/
    printf("i=%d,a=%f,a1=%f,c=%c\n",i,a,a1,c);  /*输出 i、a1、c 赋值以后的值*/
}
```

运行结果如图 2-22 所示。

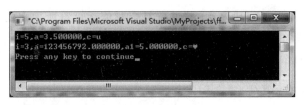

图 2-22　例 2-16 的运行结果

本例表明了上述赋值运算中类型转换的规则。

（1）将 float 型数据赋值给 int 型变量时,先将 float 型数据舍去其小数部分,然后再赋值给 int 型变量。例如:

```
i=a;
```

的结果是 int 型,变量 i 只取实型数据 3.5 的整数 3。

（2）将 int 型数据赋值给 float 型变量时,先将 int 型数据转换为 float 型数据,并以浮点数的形式存储到变量中,其值不变。例如:

```
a1=i;
```

是先将整型数 5 转换为 5.000 000,再将其赋值给实型变量 a1。如果赋值的是双精度实数,则按其规则取有效数位。

（3）将 double 型实数赋值给 float 型变量时,先截取 double 型实数的前 7 位有效数字,然后再赋值给 float 型变量。例如:

```
a=b;
```

的结果是截取 double 型实数 123 456 789.123 457 的前 7 位有效数字 1 234 567 赋值给 float 型变量。上述输出结果中,a=123 456 792.000 000 的第 8 位以后就是不可信的数据了,所以一般不使用这种把有效数字多的数据赋值给有效数字少的变量。

（4）将 int 型数据赋值给 char 型变量时,由于 int 型数据用 4B 空间,而 char 型数据只

用 1B 空间，所以先截取 int 型数据的低 8 位，然后赋值给 char 型变量。例如，上述程序中执行

```
c=i;
```

时，int 型变量赋值给 char 型变量的结果是截取 i 的低 8 位（二进制数 00000011）赋值给 char 型变量，将其 ASCII 码对应的字符输出。

2. 复合赋值运算符与赋值表达式

在赋值符"＝"之前加上某些运算符，可以构成复合赋值运算符，C 语言中许多双目运算符可以与赋值运算符一起构成复合运算符，即 +＝、-＝、*＝、/＝、%＝、<<＝、>>＝、&＝、|＝ 和 ^＝（共 10 种）。

复合赋值运算符均为双目运算符，具有右结合性。

复合赋值运算符构成赋值表达式的一般格式如下：

左值表达式　复合赋值运算符　表达式

功能：对"左值表达式"和"表达式"进行复合赋值运算符所规定的运算，并将运算结果赋值给复合赋值运算符左边的"变量名"。

复合赋值运算的作用等价于

左值表达式=变量名 运算符 （表达式）

即先将左值表达式和表达式进行指定的复合运算，然后将运算的结果值赋给变量。

例如，$a*＝3$ 等价于 $a＝a*3$，$a/＝b+5$ 等价于 $a＝a/(b+5)$。

注意：赋值运算符、复合赋值运算符的优先级比算术运算符低，$a*＝b+5$ 与 $a＝a*b+5$ 是不等价的，它实际上等价于 $a＝a*(b+5)$，这里必须有括号。

赋值表达式也可以包含复合的赋值运算符。例如，$a+＝a-＝a*a$ 也是一个赋值表达式，如果 a 的初值为 12，此赋值表达式的求解步骤如下：

（1）进行 $a-＝a*a$ 的运算，它相当于 $a＝a-a*a$，即 $a＝12-144＝-132$。

（2）进行 $a+＝-132$ 的运算，它相当于 $a＝a+(-132)＝-132-132＝-264$。

例 2-17　复合赋值运算符的使用。

```c
#include "stdio.h"
void main()
{
    int a=3,b=2,c=4,d=8,x;
    a+=b*c;                              /* a=11 */
    b-=c/b;                              /* b=0 */
    printf("%d,%d,%d\n",a,b,c*=2*(a-b));
    d%=a;
    printf("x=%d\n",x=a+b+c+d);
}
```

运行结果如图 2-23 所示。

图 2-23　例 2-17 的运行结果

2.3.6　逗号运算符和逗号表达式

C 语言提供一种特殊的运算符——逗号运算符(又称顺序求值运算符)。用它将两个或多个表达式连接起来,表示顺序求值(顺序处理)。

用逗号连接起来的表达式,称为逗号表达式。

逗号表达式的一般形式如下:

表达式 1,表达式 2,…,表达式 n

逗号表达式的求解过程是自左向右,求解表达式 1,求解表达式 2,…,求解表达式 n。整个逗号表达式的值是表达式 n 的值。逗号运算符的结合性为自左向右。

例如,逗号表达式"3+5,6+8"的值为 14。

"="运算符优先级高于","运算符(事实上逗号运算符级别最低),所以要把整个逗号表达式的值赋给一个变量时,需要把逗号表达式用括号括起来。

例 2-18　逗号表达式的使用。

求逗号表达式的值。

```
#include "stdio.h"
void main()
{
    int x,a;
    x= (a=3,6 * 3);                    /* 把逗号表达式的值赋给变量 x,a=3,x=18 */
    printf("%d,%d\n",a,x);
    x=a=3,6 * a;                       /* a=3,x=3,整个逗号表达式的值为 18 */
    printf("%d,%d\n",a,x);
}
```

逗号表达式的作用主要用于将若干表达式"串联"起来,表示一个顺序的操作(计算)。在许多情况下,使用逗号表达式的目的只是想分别得到各个表达式的值,而并非一定需要得到和使用整个逗号表达式的值。

在代码中,并不是任何地方出现的逗号都是作为逗号运算符。例如,在变量说明中,函数参数表中逗号只是用作各变量之间的间隔符。又如:

```
printf("%d,%d,%d", a,b,c);
```

其中"a,b,c"并不是一个逗号表达式,而是 printf()函数的 3 个参数,参数间用逗号间隔。如果改写为

```
printf("%d, %d,%d", (a,b,c),b,c);
```

则"(a,b,c)"是一个逗号表达式,它的值等于 c 的值,括号内的逗号不是参数间的分隔符,而是逗号运算符。括号中的内容是一个整体,作为 printf() 函数的一个参数使用。C 语言表达能力强的一个重要体现就在于它的表达式类型丰富,运算符功能强,这使得 C 语言使用灵活、适应性强。

2.3.7 自增、自减运算符

自增运算符(++)的作用是使变量的值加 1。自减运算符(--)的作用与自增运算符相反,让变量的值减 1。它们均为单目运算符。

例如:

```
k++;                            /* 相当于 k=k+1 */
k--;                            /* 相当于 k=k-1 */
```

自增、自减运算符既可用作前缀运算符,也可用作后缀运算符。对于变量本身来说,无论是前缀运算符还是后缀运算符都是自增 1 或自减 1,具有相同的效果;而对表达式来说,对应值却不同。采用前缀形式,在计算表达式值时取变量增减变化后的值(即新值);采用后缀形式,在计算表达式值时取变量增减变化前的值(即旧值)。两种形式中,表达式的值相差 1。

例如:

```
int k,m,i=4,j=4;
k=i++;
m=++j;
```

该程序段执行完后,i 和 j 的值均为 5,而 k 的值为 4(后缀形式,取 i 的旧值),m 的值为 5(前缀形式,取 j 的新值)。

自增、自减运算符的运算对象只能为内容可更改的左值表达式,不能为常量或表达式。

例 2-19 自增 1、自减 1 运算符的使用。

```
#include "stdio.h"
void main()
{
    int i=8;
    printf("%d\n",++i);              /* i 加 1 后输出 9,i=9 */
    printf("%d\n",--i);              /* i 加 1 后输出 8,i=8 */
    printf("%d\n",i++);              /* 输出 i 为 8 之后再加 1(i 为 9) */
    printf("%d\n",i--);              /* 输出 i 为 9 之后再加 1(i 为 8) */
    printf("%d\n",-i++);             /* 输出 -8 之后再加 1(i 为 9) */
    printf("%d\n",-i--);             /* 输出 -9 之后再加 1(i 为 9) */
}
```

运行结果如图 2-24 所示。

采用前缀形式时,先将操作数增(减)1,然后取操作数的新值作为表达式的结果。

例如,若 n=1 则 ++n 结果为 2,n 的新值为 2。

采用后缀形式时,将操作数增(减)1 之前的值作为表达式的结果。操作数的增(减)1 运算是在引用表

图 2-24　例 2-19 的运行结果

达式的值之后完成的称为后缀＋＋(或－－)的计算延迟。一直延迟到出现下面情况时,操作数才增(减 1)。

　　① 逻辑与运算符有"＆＆"。

　　② 逻辑或运算符有"‖"。

　　③ 条件运算符有"?"和":"。

　　④ 顺序求值运算符有","。

　　⑤ 一个完整的表达式(包括以语句形式出现的表达式,选择语句中的选择表达式,循环语句中的控制表达式,return 语句中表达式)。

　　例如,若

```
int x=0 , y=1;
```

则 x＋＋ ＋ x＋＋的结果为 0。整个表达执行完后 x 值为 2。即若 z＝x＋＋ ＋x＋＋,则 z 的值为 0,x 的值为 2。

　　y－x＋＋＆＆x 结果为 1,因为 y－x＋＋结果为 1,＆＆ 后面的 x 值为 1 因而整个表达式的值为 1。

　　z＝x＊y－－‖ y 结果 z 的值为 0,因为‖后的 y 值为 0,因而整个表达式的值为 0,z 的值为 0。

例 2-20　前缀自增运算及参数运算的举例。

```
#include "stdio.h"
void main()
{
    int i=1;
    printf("%d %d\n", ++i, ++i);
}
```

结果如下:

```
3  2
```

这是因为函数的参数是从右向左进行运算的。

例 2-21　后缀自增举例。

```
#include "stdio.h"
void main()
{
    int i=1,j,k;
    j=(i++,k=1+i);
    printf("%d %d %d\n",i,j,k);
}
```

结果如下:

```
2 3 3
```

这是因为(i＋＋,k＝1＋i)中的 i＋＋是后缀,遇到运算符",""时,"＋＋"运算符使 i 的值由 1 变为 2,再执行 k=1+i 时,i 的值已是 2,和 1 相加,结果是 3,所以 k 的值是 3。最终 j 的值也是 3。若把程序中的

```
j=(i++,k=1+i);
```

改为

```
j=(i+++(k=1+i));
```

则程序的输出是

```
2 3 2
```

读者可分析其中的原因。

例 2-22 自增的连续运算。

```
#include "stdio.h"
void main()
{
    int i,k;
    i=1;
    k=++i +++i;
    printf("i=%d, k=%d\n",i,k);
    i=1;
    k=i+++i++;
    printf("i=%d, k=%d\n",i,k);
}
```

图 2-25 例 2-22 的运行结果

输出结果如图 2-25 所示。

"++"运算是在运算时进行加 1 的操作。在 "++i+ ++i"中,要执行"+"运算,必须先将它两边的值取出来:取"+"左侧的值时,"++"运算使 i 的值由 1 变为 2,同时"+"右侧的 i 也由 1 变为 2 了,这是因为都是同一个 i。类似地,当取"+"右侧的值时,"++"运算使 i 的值由 2 变为 3,同时,"+"左侧的 i 也由 2 变为 3 了。所以取出来的值都是 3,3+3 为 6,即 k 的值为 6。

2.3.8 条件运算符和条件表达式

条件运算符(? :)是 C 语言中唯一一个三目运算符,即需要 3 个数据或表达式构成条件表达式,其一般形式如下:

表达式 1 ?表达式 2∶表达式 3

条件表达式的操作过程:如果表达式 1 成立,则表达式 2 的值就是此条件表达式的值;否则,表达式 3 的值就是此条件表达式的值。

例如:

max=a>b?a:b

说明如下:

（1）条件运算符的优先级高于逗号运算符和赋值运算符。

对于 x＝a＞? a:b,赋值号右边不必加小括号,因为"? :"的优先级高于"＝"。

（2）条件运算符的优先级低于算术运算符和比较运算符。

对于"x＝a－3＞b＋2? a＋1:b－3"也不必加小括号,运算符的运算顺序为 a－3、b＋2、a＋1、b－3、＞、? :和＝。

（3）条件运算符的结合方向为"自右向左"。

（4）条件表达式中的表达式类型可以不一样。

例如,以下语句是正确的:

```
x>y?3:1.24;
ch>=a?printf("ch>a"):printf("ch<=a");
```

例 2-23 条件表达式的使用。

利用条件表达式求 a、b、c 中的最大者。

```
#include "stdio.h"
void main()
{
    float a,b,c,max;
    scanf("%f,%f,%f",&a,&b,&c);
    max=a>b?a>c?a:c:b>c?b:c;
    printf("max=%f\n",max);
}
```

输出结果如图 2-26 所示。

图 2-26　例 2-23 的运行结果

读者一定会认为程序中的语句

```
max=a>b?a>c?a:c:b>c?b:c;
```

太难理解。事实上,这句就是

```
max=a>b?(a> c?a:c): (b> c?b:c);
```

即若 a 大于 b,则取 a、c 中的较大者,否则取 b、c 中的较大者。去掉小括号不影响结果,这正体现了条件表达式"自右向左"的结合性,当然,加上小括号更好理解。

2.4　不同类型数据之间的转换

C 语言的数据类型共有 13 种,不同数据类型的取值范围不同,进行混合运算时搞清楚运算中的类型转换以及最终结果的类型是非常重要的。

1. 自动类型转换

自动类型的转换是在不同数据类型的量混合运算时由编译系统自动完成的。自动类型转换也叫隐式转换，是计算机按照默认规则自动进行的，如图 2-27 所示，转换的规则如下。

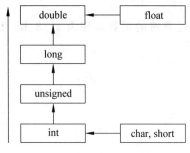

图 2-27　类型自动转换规律

（1）不同类型的数据在进行混合运算之前要先转换成相同的类型。

（2）转换按数据长度增加的方向进行，以保证精度不降低。例如，当 int 型和 long 型数据进行运算时，要先把 int 型转换成 long 型后再运算。

（3）所有的 char 型和 short 型一律先转化为 int 型，所有的 float 型先转化为 double 型再参加运算。

例如：若有

int m; float n;

double b,d;

long e;

则表达式 m＊n＋'b'＋23－d/e 的运算过程是，系统先从左向右扫描表达式，并根据运算符的优先级进行运算。具体如下：

第 1 步，计算 m＊n，由于 int 和 float 的转换规律交会于 double，所以先将 m 和 n 转换为 double，再计算，其结果为 double。

第 2 步，'b'为 char，转换为 double 后与第一步结果相加，结果为 double。

第 3 步，23 为 int，转换为 double，结果为 double；

第 4 步，由于"/"运算的优先级高于"－"运算，所以先运算 d/e，要先把其中的变量 e 转换为 double 型后与 d 运算，结果为 double 型。

第 5 步，运算"－"减法，结果为 double 型。

2. 赋值类型转换

赋值类型转换发生在赋值运算时。由于结果是存放到赋值号左侧的对象对应的空间中，所以当赋值号两边的类型不一致时，右向左看齐。具体规则如下：

（1）将整型数据赋给单、双精度变量时，数值不变，但以浮点数形式存储到变量中。

（2）将实型数据赋给整型变量时，舍弃实数的小数部分。例如，当 x 为整型变量，则执行

x=4.25

时，取值为 x＝4。

（3）字符型数据赋给整型变量，字符型数据只占 1B 空间，而整型变量占 4B 空间，一般来说，把字符数据的 ASCII 码值赋给整数。

（4）unsigned int 与 int 赋值时，以它们存放的二进制为位。

说明：

（1）若把一个大值赋给 int 型的变量，则出错。其他类似。

```
int i;
i=2147483648;
printf("%d ",i);
```

则输出

```
-2147483648
```

（2）精度高的数据类型向精度低的数据类型转换时，数据的精度有可能降低。
例如：

```
int a,b;
float x1=2.5, x2;
double y1=2.2, y2;

a=x1;                    /* x1的值转换成整数2赋给a,小数截去了 */
x2=3.14159 * y1 * y1;    /* 右边表达式为双精度型,先转换成单精度再赋给x2 */
```

（3）当函数定义时的形式参数和调用时的实际参数类型不一致时，实际参数自动转换为形式参数的类型。

3. 强制类型转换

强制类型转换也称为显式转换。C语言中提供了一种"强制类型转换"运算符，用它可以强迫表达式的值转换为某一特定类型。一般形式如下：

(类型)表达式

强制类型转换最主要的用途有以下几方面。

（1）满足一些运算符对类型的特殊要求。例如，取余运算要求求余运算符（％）两侧的数据类型必须为整型。17.5％9的表示方法是错误的，但(int)17.5％9就是正确的。

另外，C的有些库函数（例如malloc）的调用结果是空类型（void），必须根据需要进行类型的强制转换，否则调用结果就无法利用。

（2）防止整数进行乘除运算时小数部分丢失。

例2-24 强制类型转换举例。

```
#include "stdio.h"
void main()
{
    int x=5,y=2;
    float f1,f2;
    f1=x/y;
    f2=(float)x/y;
    printf("f1=%f\nf2=%f\n",f1,f2);
}
```

运行结果如图2-28所示。

在C语言中，用得最频繁的库函数就是printf()，但是无论把一个整型数按照"％f"输出，还是把一个

图 2-28 例 2-24 的运行结果

实型数按照"%d"输出,结果都是错误的。

例 2-25　在 printf()函数中使用强制类型转换,代码如下:

```
#include "stdio.h"
void main()
{
    int x=5;
    float y=43.27;
    printf("integer %d=real %f\nreal %f=integer %d\n ",x,(float)x,y,(int)y);
}
```

运行结果如图 2-29 所示。

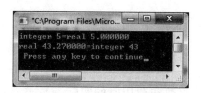

图 2-29　例 2-25 运行结果

可见采用强制转换,才能输出正确结果。

注意:(int)(x+y)和(int)x+y 是有区别的,前者是对 x+y 的运算结果进行强制类型转换,后者是只对 x 进行强制类型转换。

2.5　错误解析

1. 书写标识符时,忽略了大小写字母的区别

例如:

```
void main()
{
    int a=5;
    printf("%d ",A);
}
```

编译程序把 a 和 A 认为是两个不同的变量名,而显示出错信息。C 认为大写字母和小写字母是两个不同的字符。习惯上,符号常量名用大写,变量名用小写表示,以增加可读性。

2. 输入数据时,变量名前缺少符号"&"

例如:

```
void main()
{
    int a;
    scanf("%d ",&a);
}
```

在输入语句中,需要对应的是地址列表,a 是变量名而不是地址,加上求地址运算符

（&）后才能读入正确的数据。

3. 输入数据时,输入的数据与对应的格式不符

例如:

```
void main()
{
    int a,b;
    scanf("%d%d",&a,&b);
}
```

在程序运行的窗口不能输入"2,3",这是因为在格式控制中两个控制符之间没有逗号,所以在输入时两个数据之间不能有逗号,可以输入"2 3"。

4. 忽略了变量的类型,进行了不合法的运算

例如:

```
void main()
{
    float a,b;
    printf( "%d",a%b);
}
```

在求余运算后,得到 a/b 的整余数。整型变量 a 和 b 可以进行求余运算,而实型变量则不允许进行"求余"运算。

5. 将字符常量与字符串常量混淆

例如:

```
char c;
c="a";
```

混淆了字符常量与字符串常量,字符常量是由一对单引号括起来的单个字符,字符串常量是一对双引号括起来的字符序列。C规定以'\'作为字符串结束标志,它是由系统自动加上的,所以字符串"a"实际上包含两个字符: 'a '和'\',而把它赋给一个字符变量是不行的。

6. 忽略了"＝"与"＝＝"的区别

在许多高级语言中,用"＝"符号作为关系运算符"等于"使用,而 C 语言中,"＝"是赋值运算符,"＝＝"才是关系运算符。例如:

```
a==5
```

是进行比较,a 是否和 5 相等;而

```
a=5;
```

表示把 5 值赋给 a。

7. 忘记加分号

分号是 C 语句中不可缺少的一部分,语句末尾必须有分号。例如:

```
a=1
b=2;
```

在编译时,编译程序在 a＝1 后面没发现分号,就把下一行 b＝2 也作为上一行语句的一部分,这就会出现语法错误。改错时,有时在被指出有错的一行中未发现错误,就需要看一下上一行是否漏掉了分号。

```
{
    z=x+y;
    t=z/100;
    printf("%f",t);
}
```

对于复合语句来说,最后一个语句中最后的分号不能忽略不写。

练 习 2

一、选择题

1. 以下选项中,正确的 C 语言整型常量是(　　)。
   A. 321_,　　　　　B. 510＋000　　　C. －1.00　　　　D. 567
2. 以下选项中,(　　)是不正确的 C 语言字符型常量。
   A. 'a'　　　　　　B. '\x4l'　　　　　C. '\101"　　　　D. "a"
3. 在 C 语言中,字符型数据在计算机内存中,以字符的(　　)形式存储。
   A. 原码　　　　　B. 反码　　　　　C. ASCII 码　　　D. BCD 码
4. 字符串的结束标志是(　　)。
   A. 0　　　　　　　B. 'O'　　　　　　C. '\0'　　　　　D. '0'
5. 以下运算符中,优先级最低的是(　　)。
   A. ＞＝　　　　　B. ＝＝　　　　　C. ＝　　　　　　D. !＝
6. 以下运算符中,结合性与其他运算符不同的是(　　)。
   A. ++　　　　　　B. %　　　　　　C. /　　　　　　D. ＋
7. 以下用户标识符中,合法的是(　　)。
   A. int　　　　　　B. nit　　　　　　C. 123　　　　　　D. a＋b
8. C 语言中,要求运算对象只能为整数的运算符是(　　)。
   A. %　　　　　　B. /　　　　　　　C. ＞　　　　　　D. *
9. C 语言中,合法的八进制整数是(　　)。
   A. 01　　　　　　B. 081　　　　　　C. 0x81　　　　　D. 018
10. 字符串"abe\\\M01"的长度为(　　)。
    A. 5　　　　　　　B. 6　　　　　　　C. 7　　　　　　　D. 11
11. 只要求一个操作数的运算符,称为(　　)运算符。
    A. 单目　　　　　B. 双目　　　　　C. 三目　　　　　D. 多目

二、填空题

1. 若有以下定义,则执行表达式 y＋＝y－＝m＋＝y 后的 y 值是_____。

```
int m=5,y=2;
```

2. 若 a 是 int 型变量,且 a 的初始值为 6,则执行下面表达式后 a 的值为_____。

a+=a-=a*a;

3. 若 x 和 n 均是 int 型变量,且 x 的初始值为 12,n 的初始值为 5,则执行下面表达式后 x 的值为_____。

三、上机操作题

1. 设长方形的高为 1.5,宽为 2.3,编程求该长方形的周长和面积。

2. 编写一个程序,将大写字母 A 转换为小写字母 a。

3. 指出下面程序的错误,并改正。

```
#include "stdio.h"
void main()
{
    int a=2;b=3;
    scanf("%d,%d,%d",a,b,c);
    c+=a+b
    printf("a=%d,b=%d,c=%d",a,b,c);
}
```

4. 写出下面程序的输出结果。

```
#include "stdio.h"
void main()
{
    int a=3,b=4,c=1,max,t;
    if(a>b,a>c)
        max=a;
    else
        max=0;
    t=(a+3,b+1,++c);
    printf(" max=%d,t=%d\n ",max,t);
}
```

第3章 标准库函数

本章主要介绍 C 语言程序的标准库函数以及库函数的分类,常用的数学函数、标准的输入输出函数以及程序的流程控制,并对随机函数 rand() 的使用进行了详细的介绍,其中的有些概念和方法将在后续的章节深入学习中有一个深刻的理解。

本章知识点:

(1) 标准库函数的分类及使用。

(2) 常用数学函数以及标准的输入输出函数使用。

(3) 随机函数 rand() 和 srand()。

一个程序一般是对输入的数据进行加工、处理后再输出,即 IPO 模式,那么首先要控制数据的输入,就需要对输入的数据进行类型格式的限制、数据之间的分隔等工作,例如 scanf() 函数等;对输入的数据进行运算,只利用第 2 章讲的运算符是远远不够的,在很多情况下,需要调一些库函数来实现,例如开平方根函数 sqrt()、正弦函数 sin() 等。对加工后的数据在输出时进行设置和美化,例如显示时,一个实数的小数占几位、对齐方式、是否换行等,例如 printf() 函数等。

例 3-1 输入三角形的三边长,求三角形面积。

分析:已知三角形的三边长 a、b、c,则该三角形的面积公式为

$$\text{area} = \sqrt{s(s-a)(s-b)(s-c)}$$

其中,$s = (a+b+c)/2$,所以只需要输入 3 个边,就可以得到三角形的面积。

在下面的程序中,首先输入 a、b 和 c 的值,利用 a、b、c 计算出面积 area,最后以某种合适的方式显示出结果。

```c
#include "math.h"
#include "stdio.h"
void main()
{
    double a,b,c,s,area;
    printf("please input a,b,c:");
    scanf("%lf,%lf,%lf",&a,&b,&c);          /* 输入边长 a,b,c */
    s=1.0/2 * (a+b+c);
    area=sqrt(s * (s-a) * (s-b) * (s-c));    /* 计算三角形面积 */
    printf("a=%.2lf, b=%.2lf, c=%.2lf, s=%.2lf\n",a,b,c,s);
    printf("area=%.2lf\n",area);             /* 输出三角形面积 */
}
```

程序的运行情况如图 3-1 所示。

在这程序中,前两行是文件包含命令,包含了 math.h 和 stdio.h,这是因为在程序用到了 sqrt()、scanf() 和 printf() 函数。这 3 个函数不是 C 系统自带的函数,而是一个标准库函

图 3-1 例 3-1 的运行结果图

数,分别包含在上述的两个头文件中,所以要有前两行的命令,否则程序会出错。

C 语言提供了极为丰富的库函数,例如 Turbo C 和 MS C 都提供了超过 300 个库函数。库函数由 C 编译环境提供,用户无须定义,只需在程序前包含有该函数原型的头文件,即可在程序中直接调用。当然除了库函数之外,C 语言也允许用户建立自己定义的函数,关于如何建立用户自己的函数在以后的章节中会有详细讲述。

3.1　C 标准库函数的分类

C 语言丰富的库函数,从功能角度分为以下 7 类。

(1) 字符判断和转换函数库。此类函数用于对字符按 ASCII 码分类为字母、数字、控制字符、分隔符、大小写字母等,也可以使用字符转换函数将参数转换为需要的大小写格式。所有的字符函数都包含在 ctype.h 头文件中,使用字符函数前都要在程序的首部使用预处理命令

```
#include "ctype.h"
```

将头文件包含到程序中方可使用。

(2) 输入输出函数库。此类函数主要功能是用于完成数据输入输出功能。数原型都在头文件 stdio.h 中,使用此类函数前,首先必须在程序头部使用预处理命令

```
#include "stdio.h"
```

将头文件包含进来方可使用。

(3) 字符串函数库。此类函数主要功能是用于字符串操作和处理。字符串函数原型都在头文件 string.h 中,使用此类函数前,首先必须在程序头部使用预处理命令

```
#include "string.h"
```

将头文件包含进来方可使用。

(4) 动态存储分配(内存管理)函数库。此类函数主要功能是用于内存管理。内存管理函数原型在头文件 alloc.h,使用此类函数前,首先必须在程序头部使用预处理命令

```
#include "alloc.h"
```

将头文件包含进来方可使用。

(5) 数学函数库。此类函数主要功能是用于数学函数计算。数学函数原型在头文件 math.h,使用此类函数前,首先必须在程序头部使用预处理命令

```
#include "math.h"
```

将头文件包含进来方可使用。

（6）日期和时间函数库。此类函数主要功能是获得系统时间或对得到的时间进行格式转化等操作。日期和时间函数的函数原型在头文件 time.h,使用此类函数前,首先必须在程序头部使用预处理命令

```
#include "time.h"
```

将头文件包含进来方可使用。可以利用 ctime() 函数和 time() 函数显示当前系统时间。

（7）其他函数库.此类函数主要功能是用于其他各种功能。其他函数函数原型在头文件 stdlib.h,使用此类函数前,首先必须在程序头部使用预处理命令

```
#include "stdlib.h"
```

将头文件包含进来方可使用。可以利用 rand() 函数和 srand() 函数来取得随机数。

由于标准库函数所用到的变量和其他宏定义均在扩展名为.h 的头文件中描述,因此在使用库函数时,务必要使用预编译命令♯include 将相应的头文件包括到用户程序中,例如:

```
#include<stdio.h>
```

或

```
#include"stdio.h"
```

3.2　常用数学库函数

C 语言提供的数学库函数可以解决一些只用算术运算符不能完成的问题。数学函数原型都包含在 math.h 头文件中。除了简单的数学函数,程序开发常用的三角函数和对数函数如表 3-1 所示。

表 3-1　常用数学库函数

函数名	函数和形参类型	功　能	说　明
sin	double sin(double x)	计算 $\sin(x)$ 的值	x 的单位为弧度
cos	double cos(double x)	计算 $\cos(x)$ 的值	x 的单位为弧度
tan	double tan(double x)	计算 $\tan(x)$ 的值	x 的单位为弧度
exp	double exp(double x)	求 e^x 的值	
log	double log(double x)	求 $\log_e x$,即 $\ln x$	$x>0$
log10	double log10(double x)	求 $\log_{10} x$ 即 $\lg x$	$x>0$
pow	double pow(double x, double y)	计算 x^y 的值	
sqrt	double sqrt(double x)	计算 $\sqrt{x}$ 的值	
abs	int abs(int x)	求整数的绝对值	
fabs	double fabs(double x)	求实数的绝对值	

表中列出了常用的数学函数。函数的使用,可通过下面的程序来进一步了解。

例 3-2 打印出三角函数和对数函数的结果。

```
#include "math.h"
#include "stdio.h"
void main()
{
    printf("三角函数：\n");
    printf("三角函数  cosine of 1 is %.3f\n",cos(1));
    printf("三角函数  sine of 1 is %.3f\n",sin(1));
    printf("三角函数  tangent of 1 is %.3f\n",tan(1));
    printf("\n");
    printf("\n");
    printf("对数函数：\n");
    printf("对数函数 e 的 1 次方 is %.3f\n",exp(1));
    printf("2 的自然对数函数 is %.3f\n",log(2));
    printf("2 的以 10 为底的对数函数 is %.3f\n",log10(2));
}
```

3.3　printf()函数

为让计算机处理各种数据，首先应该把源数据输入到计算机中，然后待计算机处理结束后，再将处理后的目标数据以人类能够识别的方式输出到显示器或打印出来，以便对结果进行查看和保存。

C 程序一般可分为数据输入、计算处理和输出处理结果 3 个部分，其中数据的输入与输出两个方面是程序的重要组成部分，是程序与用户之间交互的界面，如图 3-2 所示。

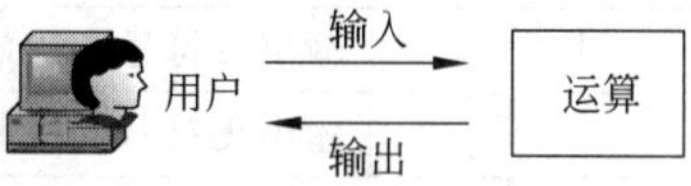

其他的高级语言都提供了输入与输出语句，而 C 语言本身没有输入和输出语句，为实现数据的输入和输出，其库函数提供了一组输入和输出函数，其中 scanf() 和 printf() 函数来完成数据的格式输入和输出操作，其作用是向默认的输入设备(键盘)和输出设备(终端或显示器)输入或输出若干个任意类型的数据。由于输入和输出函数是 C 语言提供的标准 I/O 库函数，具体函数定义均在头文件 stdio.h 中，因此在使用此类函数之前必须使用预处理命令

图 3-2　语言与用户的关系图

```
#include "stdio.h"
```

将这些库函数包含到 C 程序中，首先来看一下标准的格式输出函数 printf()。

1. printf()函数的功能

printf()函数称为格式输出函数，最末一个字母 f 即为格式(format)之意，格式输出函数 printf()的一般调用形式如下：

```
printf("格式控制字符串",输出项表列);
```

例如：

```
printf("a=%d, b=%d\n",a,b);
```

printf()函数功能是按用户所指定格式控制字符串的格式,将指定的输出数据输出到标准输出设备(通常为显示器)。格式控制字符串是使用一对双引号括起来的字符串,格式字符串用于指定后面各个输出项的输出格式。输出项表列用于指定输出内容,它通常由一个或多个输出项构成,当有多个输出项时,输出项之间应使用逗号(,)分隔,输出项可以是常数、变量或表达式。

2. 输出格式

输出格式由格式控制字符串加以规定,将输出项列表相对应的输出项以指定的格式进行输出。格式控制字符串有格式字符和普通字符(包括转义字符序列)两种字符组成,普通字符串(包括转换字符)在输出时原样输出(或执行),普通字符主要是在显示中起提示作用。

格式字符形式如下:

%[附加格式说明符]格式字符

例如%d、%10.2f 等。

(1) 格式字符。最简单的格式说明符是以%开头后面跟上一个特定的字母,用来与输出项的数据类型相匹配,例如:

"%d"表示按十进制整型输出;

"%c"表示按字符型输出一个字符;

"%s"表示按实际宽度输出一个字符串。

常用的格式说明符如表 3-2 所示。

表 3-2　格式说明符

格式字符	功　　能
d	输出带符号十进制形式整数(正数不输出符号)
o	输出无符号八进制形式整数(不输出前缀 0)
x,X	输出无符号十六进制形式整数(不输出前缀 Ox),x 表示 10~15 的数值用 a~f 显示,X 表示 10~15 的数值用 A~F 显示
u	输出无符号十进制形式整数
f	输出单、双精度小数形式实数(6 位小数)
c	输出单个字符
s	输出一串字符串
e,E	以指数形式输出单、双精度实数(尾数含 1 位整数,6 位小数,指数最多占 3 位)
g,G	以%f 或%e 中输出宽度较小的格式输出单、双精度实数,不输出无意义的 0

① %d：有符号十进制整型数据格式说明符。输出十进制基本整型数据。例如:

```
int a=12,b=-13;
printf("%d,%d",a,b);
```

上面双引号中的字符"%d"是十进制整型格式说明符,其作用是使输出项 a、b 中的数据以十进制整型格式输出到显示屏幕上。两个"%d"之间的逗号(,)是普通字符,按原样输出,上面语句的输出结果如下:

12,-13

② %u：无符号十进制整型数据格式说明符。例如：

```
int a=12,b=-1;
printf("%u,%u\n",a,b);
```

的输出结果如下：

12,4294967295

分析原因：第一个数据的是没有问题的,第二个数据是−1,带有负号,以%u输出时强制性地把这个数据看成无符号的,由于数值在计算机内是以补码形式存放的,−1的32位补码是：1111 1111 1111 1111 1111 1111 1111 1111,当把这32位二进制看成是无符号整数时,它对应的十进制整数的值是$2^{32}-1$,即4 294 967 295。可以看出%u适合的数据范围是0~4 294 967 295,超出这个界限,则得不到预期的结果。

③ %o：无符号八进制整型数据格式说明符。以数据在内存中存储的二进制为基础(全部看成数值位),从最低位开始,每3位二进制对应一位八进制进行输出。例如：

```
int a=12,b=-1;
printf("%o,%o\n",a,b);
```

的输出结果如下：

14,37777777777

④ %x或%X：无符号十六进制整型数据格式说明符。与%o类似,%x或%X以数据在内存中存储的二进制为基础(全部看成数值位),从最低位开始,每4位二进制对应一位十六进制进行输出。例如：

```
int a=12,b=-1,c=24323542;
printf("%x,%X,%X\n",a,b,c);
```

的输出结果如下：

c,FFFFFFFF,17325D6

当用小写x的"%x"时,输出的字母是小写,如第一个数12对应的是c,当用大写x的"%X"时,输出的字母是大写,例如第二个和第三个数。

⑤ %f：十进制单精度实数格式说明符。此格式说明符对应的类型是float,即单精度的实数。例如：

```
float a=12,b=56.7897,c=2.432354234422,d=234255.34523532;
printf("%f\n%f\n%f\n%f\n",a,b,c,d);
```

的输出结果如图3-3所示。

在默认情况下,当把一个整数赋给单精度的实数时,其输出结果会自动添加6位小数(6个0),当小数位数不够6位时,后面补0凑够6位,当小数的位数多于6位时,只取前6位,但其有效位数一般是6或7位,多余的则无效。例如c的输出是2.432 354,还是比较准确的,而 d 的输出是 234 255.343 750,比原值相关比较大,第 3 位小数就不准确了,更有甚者,整数部分也可能遇到这种情况,例如:

```
float a=12345678912345;
printf("a=%f\n",a);
```

的输出结果如图 3-4 所示,误差达到了 10 万以上,这与数据的表示有关。

图 3-3　单精度实数的输出效果图　　　　图 3-4　误差大的单精度数的输出

⑥ %lf:十进制双精度实数格式说明符。此格式说明符对应的类型是 double,即双精度的实数。例如:

```
double a=12,b=56.7897,c=2.432354234422,d=234255.34523532;
printf("a=%lf\nb=%lf\nc=%lf\nd=%lf\n",a,b,c,d);
```

的输出结果如图 3-5 所示。

它与 %f 单精度的输出的差别在于最后一个数的有效位数。

⑦ %e:以科学计数法形式输出单精度、双精度浮点数。例如:

```
double a=123456.123456,b=56.789;
printf("a=%e\nb=%e\n",a,b);
```

的输出结果如图 3-6 所示。

图 3-5　双精度数的输出　　　　　　图 3-6　科学计数法的输出

⑧ %g:根据浮点数的大小,自动选用%f 或%e 格式中输出宽度较短的一种格式,且不输出无意义的零。例如:

```
double a=123456.123456,b=56.789;
printf("a=%e\nb=%e\n",a,b);
```

的输出结果如图 3-7 所示。

不同类型数据的输出,要适用相应的格式控制符,否则,程序虽然不出现错误提示,但结果可能与期望的不一样。例如:

图 3-7　科学计数法的输出

```
double a=123456789.123456,b=3456.789;
printf("a=%d\nb=%lf\n",a,b);
```

的输出结果如图 3-8 所示，与期望的相差甚远，或者根本就是错误的。

图 3-8　错误的格式控制符输出的效果

⑨ ％c：字符型格式说明符。输出一个字符，默认占一个宽度的位置。例如：

```
char c;
c='s';;
printf("%c\n ",c);
```

的输出结果如下：

```
s
```

⑩ ％s：字符串格式说明符按实际宽度输出一个字符串。例如：

```
printf("%s","hello");
```

的输出结果如下：

```
hello
```

（2）转义字符。转义字符作为格式控制字符串中的非格式字符，由"\"和一个特定的字母组成，用于输出某些特殊字符和不可见字符。常用的转义字符如表 2-3 所示。

　　例如：

```
int a=124,b=1455;
float c=3.14159265;
printf("12345678901234567890\n");
printf (" a=%d, b=%x\t, c=%f\n ",a,b,c);
```

的输出结果如图 3-9 所示。其中的"\t"跳到下一个输出区，一般 8 列算一个输出区。当输出完"b=5af"时，当前光标还处于第 14 列，在第 2 个输出区，紧接着输出"\t"，跳到下一个输出区的起始位置，即 17 列，再继续输出后面的内容。

图 3-9　转义字符的输出

（3）附加格式说明符。在％和格式符之间可以有附加格式说明符，用于指定输出时的对齐方向、输出数据的宽度、小数部分的位数等要求，附加格式说明符可以是其中之一或多个字符的组合。常用的附加说明符如表 3-3 所示。

表 3-3　附加格式说明符

附加说明符	功　　能
m（m 为正整数）	为域宽描述符，数据输出宽度为 m，若实际位数多于定义的宽度，则按实际位数输出，若实际位数少于定义的宽度则补以空格或 0
.n（n 为正整数）	为精度描述符，对实数，n 为输出的小数位数，若实际位数大于所定义的精度数，则截去超过的部分；对于字符串，表示输出前 n 个字符
l	表示整型按长整型量输出，例如％ld、％lx 和％lo；对实型按双精度型量输出，例如％lf 和％le
h	表示按短整型量输出，例如％hd、％hx、％hdo 和％hu
—	数据左对齐输出，右边填空格，无一时默认右对齐输出
＋	输出符号（正号或负号）
0	表示数据不足最小输出宽度时，左补零
空格	输出值为正时冠以空格，为负时冠以负号
＃	对 c、s、d、u 类无影响；对 o 类，在输出时加前缀 o；对 x 类，在输出时加前缀 0x；对 e、g 和 f 类当结果有小数时才给出小数点

说明如下：

① 整型附加格式说明符。对于整型格式说明符其附加格式说明符一般形式如下：

％[-]][m]整型格式说明符

其中，"-"表示数据输出时左对齐，右边补空格。默认是右对齐的，左边补空格；m 表示整个数据的输出宽度，若 m 小于实际宽度，则按实际宽度输出。例如：

```
int a=123456;
printf ("a1=%d, a2=%4d, a3=%8d, a4=%-8d。\n ",a,a,a,a);
```

的输出结果如图 3-10 所示。

图 3-10　整型附加格式说明符的输出

② 浮点数附加格式说明符。浮点数格式说明符的一般形式如下：

％[-][m.n]浮点格式说明符

其中，"-"表示数据输出时左对齐；m 表示整个数据的输出宽度；n 表示小数部分输出的位数。整数部分肯定全部输出，小数部分可四舍五入。例如：

```
double a=1234.123456;
printf ("a1=%lf, a2=%9.1lf, a3=%-9.1lf, a4=%4.2lf\n ",a,a,a,a);
```

的输出结果如图 3-11 所示。

图 3-11 浮点数附加格式说明符的输出

③ 字符型附加格式说明符。一般调用形式如下：

%mc

功能：以宽度 m 输出一个字符,若 $m>1$,则在输出字符前面补 $m-1$ 个空格。

例如：

```
char c;
c='s';
printf("%3c",c);
```

输出结果如下：

⌴ ⌴ s

④ 字符串附加格式说明符。一般形式如下：

%[-]ms

或

%[-]$m.ns$。

其中,%[-]ms 表示输出的字符串占 m 列,若字符串本身长度超过 m 列,则按实际宽度输出;若字符串长度小于 m 列,若 m 前有“-”,字符串左对齐,右补空格,否则字符串右对齐,左补空格。%[-]$m.ns$ 表示输出的字符串占 m 列,但只取字符串中左端 n 个字符。若 $m>n$,若 m 前有负号时,这 n 个字符左对齐,右补空格,当 m 前没有负号时,这 n 个字符右对齐,左补空格;若 $m<n$,则 m 自动取 n 值,以保证 n 个字符正常输出。例如：

```
printf("%s,%3s,%8s,%-8s,%8.3s","hello","hello","hello","hello","hello");
```

的输出结果如下：

hello,hello,⌴ ⌴ ⌴ hello,hello⌴ ⌴ ⌴ ,⌴ ⌴ ⌴ ⌴ ⌴ hel

（4）普通字符。“格式控制字符串”中,除了以上 3 项字符以外的其他字符都是普通字符,在进行输出时在显示屏幕上将按原样输出显示。例如：

```
int a=7,b=8;
printf("输出 a=%d,输出 b=%d\n",a,b);
```

上述程序段中,printf()函数的"格式控制字符串"中,除了两个"%d"以外的其他字符均为普通字符,其中"输出 a= ,输出 b= "是可打印字符,它们将在显示屏幕上原样输出,最后一个字符'\n'是一个转义字符,表示"换行符",输出时光标将在屏幕上另起一行显示。上述程序段的输出结果如下:

输出 a=7, 输出 b=8

3. 函数说明

在使用格式输出函数时,需要注意以下问题。

(1)整个格式控制字符串必须用双引号引起来,如果有输出项目,则格式控制字符串与第一个输出项之间一定要用一个逗号隔开。

(2)格式控制中的各格式说明符与输出项表列数量、顺序、类型等必须一一对应,否则会产生意想不到的后果。

(3)除了一些大写字母具有特殊含义外,格式说明符均要用小写字母,注意,%d 不能写成%D。

(4)数值范围为 0~127 的整数也可以用字符形式输出,首先将整数转换成相应的 ASCII 码字符,然后进行输出。反之,也可以将一个字符型数据转换为相应的 ASCII 码数值以整数形式输出。

若有程序段:

```
int x=97;
char y='a';
printf("x=%d, %c\n",x,x);
printf("y=%d, %c\n",y,y);
```

输出结果如下:

```
x=83,a
y=83,a
```

(5)若要输出符号"%",应连用两个"%"。

例如:

```
printf("x=%f%%",1.0/3);
```

的输出结果如下:

```
0.333333%
```

(6)如果输出参数的数目多于格式说明符的个数,则多余的参数不被输出。例如:

```
int a=1,b=2,c=3;
printf("%d,%d",a,b,c);
```

的输出结果如下:

```
1,2
```

此时,c 的值并没输出出来,因为没有对应的格式控制符。

(7) printf()函数的参数具有右结合性,例如:

```
int i=1;
```

则

```
printf("%d,%d,%d",++i,++i,++i);
```

的输出结果如下:

```
4,3,2
```

3.4　scanf()函数

C语言并没有配备专门输入语句来实现输入,所有的输入操作都是通过函数调用实现的。本节介绍标准的输入函数 scanf()默认的标准输入设备通常为键盘,scanf()函数定义在头文件 stdio.h 中来完成,因此在使用这些函数之前应该使用预编译命令

```
#include "stdio.h"
```

将库函数包含到 C 程序中。

1. scanf()函数的功能

格式输入函数其一般调用形式如下:

```
scanf("格式控制字符串",参数列表);
```

scanf()函数的功能就是按照指定的格式(通常是键盘)输入数据,并将数据存入内存地址表所对应的内存单元中,"格式控制字符串"的含义与 printf()函数相同,用双引号括起来,用来规定输入数据格式,可包括格式说明和普通字符两部分。格式说明由"%"和格式说明符组成,不同的格式说明符规定用不同的格式输入数据给相应的输入项;参数列表是接收输入数据的变量地址或字符串的首地址,而不是变量本身,列表中至少有一个输入项,每个输入项必须是变量名前加地址运算符"&"表示,例如 &x 表示变量 x 的地址,也可以是表示地址的表达式,这与 printf()函数完全不同,多个地址输入项之间需要用逗号(,)分隔。

例如,用键盘输入两个十进制整数给整型变量 x,y,应该是

```
scanf("%d%f ",&x, &y);
```

而不是

```
scanf("%d%f ",x, y);
```

例如:

```
int a[10], * p=a;
```

则

```
scanf("%d",p+2);
```

在输入时用到了地址表达式,这是合法的。其中 p+2 的含义与 &a[2]的含义是一样的,都

表示下标为 2 的元素的地址。

2. 格式说明符

(1) 整型格式说明符。格式输入函数的整型格式说明符及其含义如表 3-4 所示。

表 3-4 scanf() 函数的整型格式说明符

整型格式符	意　　义
%d	输入十进制整型数据
%u	输入无符号十进制整型数据
%o	输入八进制整型数据
%x(%X)	输入十六进制整型数据
%m 整型格式说明符	按整数 m 指定的宽度输入一个整型数据

例 3-3 格式输入函数 scanf() 输入的整型格式数据。

```c
#include<stdio.h>
void main()
{
    int a,b,c;
    scanf("%d%d",&a,&b);
    c=a*a+b*b;
    printf("c=%d\n",c);
}
```

程序运行时按如下方式输入 a、b 的值：

4 5↙　　　　　　　(输入 a、b 的值)

则

c=41　　　　　　　(输出 c 的值)

&a,&b 中的 & 是地址运算符，&b 是指变量 b 在内存中的地址，程序在执行时，就用键盘输入两个整型数据分别存入变量 a、b 在内存中所对应的存储单元，然后把运算结果赋值给变量 c，最后使用 printf() 函数输出变量 c 的值。

利用键盘输入整型数据时，当格式说明符中没有宽度说明时应注意以下问题：

① 如果格式说明符之间没有其他字符，例如上述例 3.6 程序的 scanf() 函数：

scanf("%d%d",&a,&b);

　　　　　└──→"%d"之间没有其他字符

则输入时，数据之间用空格、Tab 或回车符来分隔。

例如，在例 3-3 程序在执行 scanf() 函数时，按下面形式输入数据是正确的。

3 4↙
3↙
4↙

3<按 Tab 键 >4↙

但按下面形式输入数据都是不合法的。

3,4↙
3,4↙
3,4↙

② 如果格式说明符之间包含有其他普通字符,则输入时,普通字符将按原样输入。例如,在例 3-3 程序的 scanf()函数若改为如下形式:

```
scanf("a=%d,b=%d",&a,&b);
```

则执行时,应按如下形式输入 a、b 的值:

③ 在格式控制字符串的最后不要加空格或"\n",否则,容易引起输入出错。

(2) 实型格式说明符。格式输入函数的单精度、双精度浮点数(实型数)的格式说明符不相同与输出格式不同,如表 3-5 所示。

表 3-5　scanf()函数的实型格式说明符

实型格式符	意　义
%f、%e	用于输入单精度实型数据
%lf、%le	用于输入双精度实型数据

注意:实型数据输入时输入的数据可以是整数(不带小数点)、带小数点的定点数或者指数形式(例如 3e−4 和 5.4e3)表示的实数;在输入函数 scanf()没有%m.nf 这种规定输入数据的精度格式。例如:

```
Scanf("%6.3f",&y);
```

是非法的,不能用此语句输入小数为 3 位的实数,当输入数据 123456 时不能使得 y 的值为 123.456。

一般在执行 scanf()函数前,先执行 printf()函数,在显示屏幕上输出一行提示信息,然后光标在提示信息之后闪烁等待用户通过键盘输入数据。这种程序风格具有良好的用户界面,值得借鉴。例如下面程序段:

```
double x,y,z;
printf("请输入直角三角形边 x,y:");
scanf("%lf,%lf",&x,&y);
z=sqrt(x*x+y*y);
printf("直角三角形边长 z=%f\n",z);
```

运行结果如下:

请输入直角三角形边 x,y:3.0,4.0↙　(前边为提示信息,后边为输入数据)

直角三角形边长 z=5.000000　　　　　　（输出第三条边 c 的边长）

注意：变量 x、y 为双精度浮点类型，因此 scanf() 函数相应的格式说明符只能用"%lf"，而不能用"%f"。另外，"%lf,%lf"中的逗号(,)是普通字符，在输入时应按原样输入。

（3）字符型格式说明符。用于输入字符型数据的格式说明符为"%c"或"%mc"，其中 *m* 为整型数据，表示输入字符数据时的宽度。

例 3-4　字符数据的输入。

```
#include "stdio.h"
void main()
{
    char c,d;
    scanf("%3c%c",&c,&d);
    printf("%c,%c\n",c,d);
}
```

程序运行时须输入一个字符型数据给变量 c。

abcd↙　　　　　　　　　　　　（输入字符'a'给变量 c）

a,d　　　　　　　　　　　　　（输出变量 c 的值）

在输入字符数据时，不能对字符加引号。例如：

```
scanf("%c",&c);
```

在输入时，为了能够正确输入一个字符 a，只能输入 a，而不能输入'a'。因为单引号也是一个字符。

（4）字符串格式说明符。用于输入字符串数据的格式说明符为"%s"，输入的字符串不必加双引号，但遇到空格、制表符或换行将终止接收，详细情况将在后面章节讨论。

下面就 scanf() 函数使用说明几点：

① 与 printf() 函数一样，scanf() 函数的格式控制中的各格式说明符与内存地址表中的变量地址在个数、次序、类型方面必须一一对应。

② 参数列表中必须是表示地址的对象，而不应是变量名。例如

```
scanf("%d%d",x,y);
```

是不对的，应将 x,y 改为 &x,&y。

③ 在%与格式说明符之间可以加上一个附加说明符星号(*)，例如% * d，使对应的输入数据不赋给相应变量。

例如，下面程序段：

```
int i=0,j=0,k=0;
scanf("%2d % * 3d %2d",&i,&j,&k);
```

执行时输入：

10 200 30↙

执行结果如下：

i=10,j=30;

此时,k 依然保留原来的 0。% * 3d 表示读入 3 位整数,但是不赋值给任何变量,也就是说第 2 个数据"200"被跳过不赋予任何变量,这一点是在输入一批数据时,对于有些不需要的数据可以使用此方法进行跳过。

④ 当整型或字符型格式说明符中有宽度说明时,按宽度说明截取数据。

例 3-5　带宽度的数据的输入。

```c
#include "stdio.h"
void main()
{
    int a,b,d;
    char c;
    printf("请输入 a,b,c,d:");
    scanf("%d%d%c% 3d",&a,&b,&c,&d);
    printf("a=%d,b=%d,c=%c,d=%d\n",a,b,c,d);
}
```

如果从键盘输入如下形式的数据:

请输入 a,b,c,d:　10 11 A 12345↙

　　　　　　　　　　d　d　c　3d

则它们与格式说明符之间的对应关系如上,最后赋给各变量的值为 a＝10,b＝11,c＝A,d＝123,其中 45 将会丢失掉,因为宽度的问题。

⑤ 在"格式控制字符串"中除了格式控制外还有其他非格式字符的普通字符,则在输入数据时按原样输入。

例如:

```c
int h,m,s;
scanf("%d:%d:%d",&h,&m,&s);
```

输入时应按如下形式:

12:35:28↙

不能按如下形式输入:

12,35,28↙

⑥ 在使用"%c"输入字符时,空格和转义字符都作为有效字符输入。

例如:

```c
char a,b,c;
scanf("%c%c%c",&a,&b,&c);
```

若输入:

B O Y↙

则执行结果如下：

    a=B, b= , c=O

即字符'B'送给变量 a，空格作为有效字符送给了变量 b，字符'O'送给了变量 c。

如果要将字符'B'与'O'和'Y'分别赋给变量 a、b 和 c，正确的输入方法如下：

    BOY↙

3.5　putchar()函数

格式化输入输出函数 scanf()和 printf()可以完成单个字符的输入和输出，但是由于 C 语言程序中经常用到单个字符的输入和输出，所以专门提供了对单个字符的输入输出函数 getchar()和 putchar()，函数原型在头文件 stdio.h 中，所以使用它们前应用预处理命令

    #include "stdio.h "

将文件包含到程序文件中。

调用格式：

    putchar(ch);

参数说明：ch 为字符型常量或者变量，也可以是整型数据。

功能说明：当参数 ch 为字符型数据时，putchar()函数在显示屏幕的光标闪烁处显示 ch 所表示的字符；当参数 ch 为整型数据时，则显示以整数 ch 为 ASCII 码值的字符。putchar()函数除了能输出普通字符外，也可以输出控制字符和转义字符，例如\n'、\t'等。

例 3-6　单个字符的输出。

```
#include "stdio.h"
void main()
{
    char c1,c2='h',c3,c4,c5;
    c1=c2-5-32;                /* c2-5 是小写字母 c，c2-5-32 是大写字母 c */
    c3=c2+1;                   /* c2+1 是小写字母 i */
    c4=c2+6;                   /* c2+6 是小写字母 n */
    c5=c2-7;                   /* c2-7 是小写字母 a */
    putchar(c1);putchar('\n');
    putchar(c2);putchar('\n');
    putchar(c3);putchar('\n');
    putchar(c4);putchar('\n');
    putchar(c5);putchar('\n');
}
```

putchar('\n')输出一个换行符，因此上面程序执行时，在输出每个变量所代表的字符后，紧接着输出一个换行符，所以程序运行结果如下：

    C

h

i

n

a

另外，也可以将变量的值直接用字母的对应的 ASCII 码来赋值，若将上述程序的 4 个赋值语句改为

```
c1=67;
c3=105;
c4=110;
c5=97;
```

则 putchar() 函数执行时，将分别显示以相应整型数据为 ASCII 码值的字符，因此运行结果与例 3-5 相同。

3.6 getchar() 函数

getchar() 函数的调用格式如下：

```
getchar();
```

功能说明：接收从标准输入设备中读入一个字符，并返回该字符，getchar() 函数没有参数。

例 3-7 单个字符的输入。

```
#include "stdio.h"
void main()
{
    char ch1;
    printf("请输入一个字符::");      /* 提示用户输入一个字符 */
    ch1=getchar();                   /* 读入一个字符 */
    putchar('\n');
    printf("输入的字符为:");         /* 将字符显示出来 */
    putchar(ch1);
    putchar(ch1+32);
    putchar('\n');
}
```

程序运行结果如下：

请输入一个字符: A↙   (输入 'A' 后，按 Enter 键，字符才能送到内存)
输入的字符为: Aa

再次运行程序时，其运行结果如下：

请输入一个字符: ABCD↙   (输入 ABCD 后，按 Enter 键)
输入的字符为: A   (只接收到首字符 'A' 并且赋值给变量 ch1，然后输出)

由此可见,执行字符输入函数时,尽管可以从键盘输入多个字符,但 getchar()只能接收一个字符。

getchar()函数与 putchar()函数一次只能输入、输出一个字符。而格式化输入函数 scanf()和输出函数 printf()可以按照指定格式输入、输出若干个任意类型数据。

3.7 随 机 函 数

在进行程序设计时有时需要随机输入一些数,这是调用随机函数可以完成此相命令。在 C 语言中要使用随机函数 rand()和 srand()时,必须包含 stdlib.h 头文件。

1. rand()函数

rand()函数原型:

```
int rand(void);
```

功能:返回 0～RAND_MAX 的随机整数。在 Visual C++ 6.0 中,RAND_MAX 的值是 32767。

默认的情况下,在程序的一次运行过程中,第一次调 rand()时都是从一个种子数开始返回随机数的(例如 41),然后以此数为基础,开始产生随机数序列,所以以同一个程序的每次运行产生的随机数序列是一样的。为了使程序产生的随机数序列不同,需要改变第一个基础数,这时,就需要通过 srand()函数来设置。

2. srand()函数

srand()函数原型:

```
void srand (unsigned seed);
```

功能:初始化随机数发生器,可以使随机数发生器函数 rand()产生新的随机序列。一般配合 time()函数使用,因为时间每时每刻都在改变,产生的 seed 值都不同。

time()函数的原型:

```
unsigned time(NULL);
```

此函数的功能是获取系统的当前时间,并返回一个无符号的整数。需要在程序的头部包含 time.h 头文件。

利用随机函数要产生指定范围的随机数,例如:

```
int x =1+rand() %n;
```

可以生成 1～n 的随机数,若 n 为 100,则 1+rand()%100 表达式将产生 1～100 的数字,也可以使用公式 a+rand()%(b−a+1) 来产生 a～b 的数字。

例 3-8 利用随机函数 rand()和 srand()来产生一期体育彩票的中奖号码。

分析:彩票号码是需要随机产生的,但是彩票号码的产生又要求在一定的范围内,所以此时需要使用随机函数 rand()。体育彩票要求 6 个红球为 1～33 的随机数值,蓝球为 1～16 的随机数值

```
#include "stdio.h"
```

```
#include "stdlib.h"
void main()
{
    int hq1, hq2, hq3, hq4, hq5, hq6, lq1;
    hq1 = 1+rand()%33;
    hq2 = 1+rand()%33;
    hq3 = 1+rand()%33;
    hq4 = 1+rand()%33;
    hq5 = 1+rand()%33;
    hq6 = 1+rand()%33;
    lq1 = 1+rand()%16;
    printf("本期中奖号码是：\n 红球%02d%,%02d,%02d,%02d,%02d,%02d\n 蓝色球%02d \n",
        hq1, hq2, hq3, hq4, hq5, hq6, lq1);
}
```

程序运行结果如下：

本期中奖号码是：
红色球 09,21,32,02,30,17
蓝球 07

再次运行程序时，其运行结果如下：

本期中奖号码是：
红色球 09,21,32,02,30,17
蓝球 07

这个程序每次运行的结果都是一样的。为了改变这种情况，在调用此函数产生随机数前，必须先利用 srand() 设好随机数种子，为了使种子数不停地变化，可利用系统的当前时间。

下面就是改进后的程序，体育彩票的中奖号码不再相同的，实现了随机号码。

```
#include "stdio.h"
#include "stdlib.h"
#include "time.h"
void main()
{
    int hq1, hq2, hq3, hq4, hq5, hq6, lq1;
    srand(time(NULL));
    hq1 = 1+rand()%33;
    hq2 = 1+rand()%33;
    hq3 = 1+rand()%33;
    hq4 = 1+rand()%33;
    hq5 = 1+rand()%33;
    hq6 = 1+rand()%33;
    lq1 = 1+rand()%16;
    printf("本期中奖号码是：\n 红球%02d%,%02d,%02d,%02d,%02d,%02d\n 蓝球%02d \n",
```

```
    hq1, hq2, hq3, hq4, hq5, hq6, lq1);
}
```

程序连续两次运行结果如图 3-12 所示。

图 3-12　例 3-8 的运行结果图

3.8　错 误 解 析

1. {}、[]、()、''、""不配对

解决方法：每当写这些符号的时候就先写成一对，然后再在中间加内容。

2. 使用库函数前，忘记加头文件

解决方法：凡是使用库函数的程序，务必将函数所在的头文件使用预处理命令放在首部。

3. 忘记在语句的末尾加分号或在预处理命令后多加分号

解决方法：记住一点每一个语句的后边都要加分号，而预处理命令并不是语句，所以不加分号，而且必须每行一条，不能多个命令写在一行。

4. printf()和 scanf()的参数设置有误

主要表现在以下几方面：

(1) 类型不匹配。

例如，有 float a＝3.5，但输出

```
printf("a=%d",a);
```

则屏幕上会显示出 a＝0 或者提示其他运行错误。解决办法：float 对应％f，int 对应％d，char 对应％c。

(2) 个数不匹配。解决办法：无论是输入 scanf()函数或者输出 printf()函数，都可以有 n 个参数，第一个永远是双引号(" ")括起来的内容，表示输出格式。剩下的 $n-1$ 个是输出的变量或者输入的变量的地址。需要注意的是，如果后边有 $n-1$ 个参数，那么前边一定对应有 $n-1$ 个格式说明符。

(3) scanf()中变量前忘记加"&"。解决办法：记住 scanf()中变量前要有"&"。除非后面学到的字符数组名和指针前不用加。

练 习 3

一、填空题

1. C 语言有 3 种结构化程序设计方法，分别为_____、_____和_____。

2. 设有以下定义和语句

```
char c1='b',c2='e';
printf("%d,%c", c2-c1, , c2-'a'+'A');
```

则执行上述 printf 语句的输出结果是_____。

3. 写出下面程序的执行结果_____。

```
#include "stdio.h"
void main()
{
    int a,b,x;
    x=(a=3,b=a--);
    printf("x=%d,a=%d,b=%d",x,a,b);
}
```

4. 执行下述程序,若从键盘输入 12345671,则程序的输出结果是_____。

```
#include "stdio.h"
void main()
{
    int x,y;
    scanf("%2d% * 2s%1d",&x,&y);
    printf("%d\n",x+y);
}
```

5. 输出购买总价值和数量,请补充代码中空格处省略的内容。

```
#include "stdio.h"
void main()
{
    _____;
    num=10;
    price=15;
    total=num * price;
    printf ("total=%d, num=%d\, price=%d\n",_____);
}
```

二、程序设计题

1. 已知圆的半径 $r=2.5$,圆柱高 $h=1.8$,求圆周长,圆柱体积。

2. 将"China"译成密码,译码规律是,用原来字母后面的第 4 个字母代替原来的字母。例如,字母'A'后面第 4 个字母是'E',用'E'代替'A',因此"China"应译为"Glmre"。编写程序,用赋初值的方法使变量 c1、c2、c3、c4、c5 的值分别为'C'、'h'、'i'、'n'、'a',经过运算,使 c1、c2、c3、c4、c5 分别变为'G'、'l'、'm'、'r'、'e'并输出。

第 4 章 选 择 结 构

在第 3 章中所列举的程序基本上都是按照程序的书写顺序从上到下的顺序逐一执行，这就是结构化程序设计中的顺序结构，这种结构也是程序设计中最基本、最简单的结构。实际上，需要解决的问题并不会这么简单，例如，数学考试成绩在 60 分以上的输出"及格"，否则输出"不及格"，就面临着一个选择，针对输入的同一个分数，要么输出"及格"，要么输出"不及格"，这两条输出语句就不能按顺序的都被执行到。选择结构则能解决这种问题，可以使某一条或几条语句在流程中不被执行或被执行，if 语句和 switch 语句就是实现选择(分支)结构的两种语句。if 语句一般用来表示两个分支或是嵌套表示少量的分支，如果分支很多的话一般采用 switch 语句。

本章知识点：

(1) 复合语句。

(2) if 语句的 3 种形式。

(3) 嵌套 if 语句的理解与应用。

(4) switch 语句与 break 语句的应用。

4.1 复 合 语 句

由于在某些地方只能出现一个语句，例如 if 语句成立时要执行的动作(即 if 部分)以及 else 部分等，但有时这些地方有多个动作，需要写多个语句，那么就必须把这多个语句构成一个复合语句。复合语句在用法上与单个语句相同，相当于一个语句，主要再现在只能写一个语句的地方。

所谓复合语句是指用一对花括号({ })括起来的语句，它的一般形式如下：

```
{
    说明部分;
    语句 1;
    语句 2;
    …
    语句 n;
}
```

复合语句内的各条语句都必须以分号(;)结尾，在右花括号(})外不能加分号。复合语句可以进行嵌套。

例 4-1 输入两个整数，按从小到大的顺序输出这两个数。

```
#include "stdio.h"
void main( )
{
```

```
    int a,b,t;
    printf("input a,b:\n");
    scanf("%d,%d",&a,&b);
    if (a>b)
    {
        t=a;
        a=b;
        b=t;
    }
    printf("a=%d,b=%d\n",a,b);
}
```

由于 a＞b 成立时,需要把 a 和 b 的值对调,这时用到的 3 个语句在逻辑上是一个语句,放在了 if 部分,所以需要用花括号把这 3 个语句括起来形成一个复合语句。如果不加花括号,含义就变成了如下的代码:

```
if (a>b)
    t=a;
a=b;
b=t;
```

即 a＞b 成立时,只做了

```
t=a;
```

然后执行 if 的下一个语句

```
a=b;
```

也就是说,此时已经变为了 3 个语句。显然,在语义上是错误的。

若用复合语句的嵌套,可以把例 4-1 改为如下的程序。

例 4-2 复合语句的嵌套。

```
#include <stdio.h>
void main()
{
    int a,b;
    printf("input a,b:\n");
    scanf("%d%d",&a,&b);
    {
        int t;
        if (a>b)
        {
            t=a;
            a=b;
            b=t;
        }
    }
```

```
        printf("a=%d,b=%d\n",a,b);
    }
```

在 main() 函数中,有两个复合语句,内层的复合语句与例 4-1 一样,是 3 个赋值语句实现了两个变量值的对调,外层的复合语句是定义了一个变量 t,然后利用 if 语句实现了 a、b 的从小到大排序。

注意:

① 复合语句中的右花括号(})的后面没有分号。

② 一个复合语句在语法上等价于单个语句,凡一个语句能够出现的地方都能出现复合语句,换句话说,复合语句在逻辑上是一个整体。

③ 复合语句可以嵌套,即一个复合语句中还可以出现复合语句。

④ 复合语句中说明部分的变量,其作用范围(作用域)只限于该复合语句内部,在复合语句外无意义。在例 4-2 中的 t,由于是在复合语句内定义的,它的作用域仅限于定义它的复合语句,即程序的 8～15 行,在第 16 行中,是不能使用 t 的。

⑤ if 子句和 else 子句以及 while、for 的循环体,在语法上均规定为单个语句,若需要多个语句,必须写成复合语句的形式。另外,函数体语法上也是一个复合语句,但复合语句可以嵌套,而函数体中不可以嵌套函数。

4.2 if 语 句

if 语句根据给定的条件即表达式进行判断,表达式的值为真(非 0)或假(0),决定了 if 后紧跟的语句是否被执行。C 语言的 if 语句有 3 种形式,分别为单分支 if 语句、双分支 if 语句和多分支 if 语句,另外把基本 if 语句嵌套起来可以构成嵌套的 if 语句。

4.2.1 if 语句中的表达式

if 语句的基本形式如下:

```
if(表达式)
    语句 1;
```

if 关键字之后的表达式就是用来描述条件的,该表达式通常是逻辑表达式或关系表达式,但也可以是其他表达式,如赋值表达式,甚至也可以是一个变量或常量。

1. 关系表达式表示条件

通过第 2 章的学习,已经了解了关系表达式是使用关系运算符来连接起来的式子,用来表示其关系,其结果是一个逻辑值:真或假。

(1) 程序段:

```
int m=3,n=3;
if(m==n)
    printf("%d equal to %d",m,n);
```

表达式值为真,输出:

3 equal to 3

（2）程序段：

```
if (n%2!=0)
    sum=sum+n;
```

若表达式值为真则执行求和语句,否则不执行该语句。

2. 逻辑表达式表示条件

逻辑表达式就是用逻辑运算符将关系表达式或逻辑量连接起来的有意义的式子,逻辑表达式的值是一个逻辑值,即"真"或"假"。它可以表示较为复杂的条件,下面是一个判别 year 是否闰年的例子。

闰年的条件：年份能被 4 整除但不能被 100 整除,或者能被 400 整除。表达式为 $(year\%4==0)\&\&(year\%100!=0)||(year\%400==0)$,满足条件则为闰年。

3. 任意的数值类型表示条件

例如：

```
if (5)
    printf("ok");
```

则表达式的值为 5,是一个非 0 的数即为真,则执行输出语句,输出

ok

若

```
if (0)
    printf("ok");
```

则不执行输出语句。常见的还有使用实型、字符型、指针型数据的表达式。

4.2.2 单分支 if 语句

单分支 if 语句的形式如下：

```
if (表达式)
    语句;
```

执行过程如图 4-1 所示。首先判断表达式的值是否为真,若表达式的值为非 0,则执行其后的语句;否则什么也不做。

注意：在 if 语句中,if 关键字后的表达式必须用括号括起来且之后不加分号。if 语句只能是一个语句,若是多个时,要用花括号括起来形成一个复合语句。

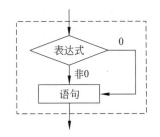

图 4-1 单分支选择结构流程图

例 4-3 求一个整数的绝对值。

```
#include "stdio.h"
void main()
{
```

```
    int a;
    printf("enter an integer : ");
    scanf("%d",&a);                                    /* 输入整数 a */
    if(a<0)
        a=-a;                                          /* 求负数 a 的绝对值 */
    printf("absolute value is :%d\n",a);              /* 输出结果 */
}
```

程序的运行结果如下：

```
enter an integer : -4↙
absolute value is :4
```

程序分析：程序的功能是如果输入的整数是正数，则绝对值不变，即不用再进行计算，如果是负数需要变成负数的相反数。

程序运行时，如果 if 条件表达式值为真，就执行条件表达式后的语句，否则不执行。当 if 语句执行完成，则顺序执行下一条语句，即执行本例中的输出语句。整体来看该程序还是顺序结构，只不过 if 语句根据表达式的值进行了一个选择，导致语句

```
    a=-a;
```

要么被执行，要么不被执行。

在解决实际问题时，为了满足给定条件有时要执行多条语句，这就需要把这些语句放在一对花括号内，构成一个复合语句，它们要么全部执行，要么全部不执行。注意，复合语句的右花括号(})后面不能再加分号。

例 4-4　输入两个整数，按从大到小的顺序进行排序并输出这两个数。

```
#include "stdio.h"
void main()
{
    int a,b,t;                    /* 定义 3 个变量 a、b,t,t 为交换顺序时所用的中间变量 */
    printf("enter one number: ");
    scanf("%d",&a);
    printf("enter the other number: ");
    scanf("%d",&b);
    if (a<b)                      /* 如果 a 的值小于 b,交换 a,b 的顺序 */
    {
        t=a;
        a=b;
        b=t;
    }
    printf("the sorted numbers :%d %d",a,b);
}
```

程序的运行结果如下：

```
enter one number: 4↙
```

```
enter the other number: 5↙
the sorted numbers:5 4
```

这个程序应用了一个经典的交换算法,即利用中间变量,就好像交换两个杯子中的水,这当然要用到第 3 个杯子,假如第 3 个杯子是 t,那么正确的程序为

```
t =a;
a =b;
b =t;
```

注意,书写时{ }是代表一个层次结构,用缩进格式写,"{"应换行并与关键字 if 对齐,"}"与"{"对齐。

例 4-5　输入一个学生的 3 门课的考试成绩,计算该生的平均成绩,并进行评价。如果平均成绩为 90～100,则输出"Excellence!",如果平均成绩为 70～89,则输出"Good!",如果平均成绩为 60～69,则输出"Pass!",如果平均成绩在 60 分以下,则输出"No pass!"。

```
#include "stdio.h"
void main()
{
    float g1,g2,g3,avg;
    printf("input grade:");
    scanf("%f,%f,%f",&g1,&g2,&g3);
    avg= (g1+g2+g3)/3;
    if(avg>=90.0)
        printf("Excellence!");
    if(avg>=70.0 && avg<90.0)
        printf("Good!");
    if(avg>=60.0 && avg<70.0)
        printf("Pass!");
    if(avg<60.0)
        printf("No pass!");
}
```

在这个例子中,用了 4 个单分支结构对平均成绩进行 4 种等级的判定,这 4 个 if 语句是顺序关系。也就是说,可以利用多个单分支语句实现多种情况的判定。但不足之处在于,程序的执行效率低,同时判断的条件太烦琐。为此,在很多地方需要双分支或多分支的 if 语句。

4.2.3　双分支 if 语句

双分支 if 语句的形式如下:

```
if(表达式)
    语句 1;
else
    语句 2;
```

其语义是,如果表达式的值为真,则执行语句 1,否则执行语句 2。其中的语句 1 也称为 if 部分,即 if 条件成立时执行的部分。相应地,语句 2 也称为 else 部分。其执行过程如图 4-2 所示。

例 4-6 输入一个十进制正整数,判断该数是否是 7 的倍数,若是输出"Yes!",否则输出"No!"

分析:输入一个十进制数,判断是否为 7 的倍数,只需要考察这个数对 7 取余数结果是否为 0,为 0 就是 7 的倍数,否则就不是 7 的倍数。程序如下:

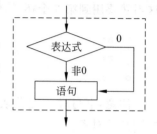

图 4-2 双分支选择结构流程图

```c
#include "stdio.h"
void main()
{
    int a;
    printf("Enter an integer: ");
    scanf("%d",&a);
    if(a%7==0)
        printf("Yes! \n");
    else
        printf("No! \n");
}
```

程序的运行结果如下:

```
Enter an integer: 22↙
No!
```

例 4-7 根据收入,计算纳税金额。其中收入高于 20 000 元的纳税金额分两部分,20 000 以下部分按 2%收取,高于 20 000 部分按 2.5%收取。

```c
#include "stdio.h"
void main()
{
    double income,taxes;
    printf("Please type in the taxable income: ");
    scanf("%lf",&income);
    if (income<=20000)         /*收入小于或等于标准收入*/
        taxes=0.02 * income;
    else                       /*收入大于标准收入*/
        taxes=0.025 * (income-20000)+20000 * 0.02;
    printf("Taxes are ￥%7.2lf\n",taxes);
}
```

程序的运行结果如下:

```
Please type in the taxable income:32000↙
Taxes are ￥ 700.00
```

例 4-8　判断某一年是否为闰年。

分析：闰年的判断条件如下：年数能被 4 整除，但不能被 100 整除的是闰年；年数能被 100 整除，又能被 400 整除的是闰年。不满足这两个条件的不是闰年。以变量 leap 代表是否闰年的信息。若为闰年，令 leap＝1，否则令 leap＝0。

```c
#include "stdio.h"
void main()
{
    int year,leap=0;
    printf("input year:");
    scanf("%d",&year);
    if ((year%4==0 && year%100! =0)||(year%400==0))
        leap=1;
    else
        leap=0;
    if (leap)
        printf("%d is a leap year.\n ",year);
    else
        printf("%d is not a leap year.\n ",year);
}
```

程序的运行结果如下：

```
input year:2000↙
2000 is a leap year.
```

使用 if…else 语句的注意事项：

① 虽然 if 和 else 之间加了分号，但 if…else 仍是一条语句，都同属于一个 if 语句。

② else 子句是 if 语句的一部分，应与 if 语句配对使用。

③ 确保 if 和 else 子句的位置没有写错，即条件成立时该执行的动作与不成立时的动作不要写错。这一点初学者容易弄错，往往把本应该放在 if 后面的代码却放在 else 后面位置。

4.2.4　多分支 if 语句

多分支 if 语句的一般形式如下：

```
if (表达式 1)
    语句 1;
else if(表达式 2)
    语句 2;
    …
else if(表达式 n)
    语句 n;
else
    语句 n+1;
```

其语义是,依次判断条件表达式的值,当出现某个值为真时,则执行其对应的语句,然后跳出整个 if 结构。如果所有的表达式均为假,则执行语句 $n+1$。然后继续执行后续程序。其执行过程如图 4-3 所示。

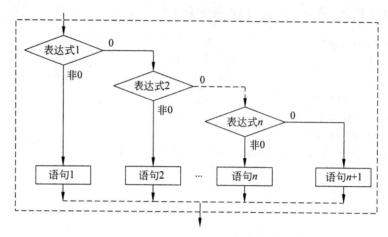

图 4-3　多分支选择结构流程图

例 4-9　分段函数的求解。

$$F(x) = \begin{cases} x, & x < 1 \\ 2x+1, & 1 \leqslant x < 5 \\ x+1, & x \geqslant 5 \end{cases}$$

分析:通过观察如图 4-4 所示的分段函数坐标图,会发现 x 的 3 个区间互相排斥,构成了 x 轴的整体,下面就用 if…else…if 语句实现它。

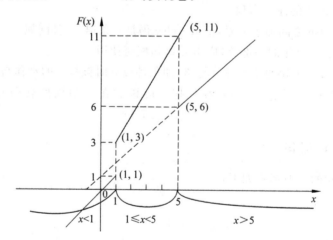

图 4-4　分段函数坐标图

```c
#include "stdio.h"
void main()
{
    double x,y;
    printf("Please input x:");
```

```
    scanf("%lf",&x);
    if(x<1)
        y=x;                             /* x 小于 1 时 */
    else if(x<5)
        y=2*x+1;                         /* x 大于或等于 1 且 x 小于 5 时 */
    else
        y=x+1;                           /* x 大于或等于 5 时 */
    printf("%lf\n",y);
}
```

程序的运行结果如下：

```
Please input x:1.5✓
4.000000
```

if…else…if 形式各分支互相排斥，所以后两个分支并没有写出完整区间，if(x<5)就默认了 x>=1，这是因为要执行到这个式子，就说明 if(x<1)是肯定不成立的。同样用 else 就已经默认为是余下的范围即(x>=1&&x<5)和(x>=5)的情况了。

例 4-10 利用多分支结构实现例 4-5 的功能。

程序如下：

```
#include "stdio.h"
void main()
{
    float g1,g2,g3,avg;
    printf("input grade:");
    scanf("%f,%f,%f",&g1,&g2,&g3);
    avg=(g1+g2+g3)/3;
    if(avg>=90.0)
        printf("Excellence!");
    else if(avg>=70.0 && avg<90.0)
        printf("Good!");
    else if(avg>=60.0 && avg<70.0)
        printf("Pass!");
    else
    printf("No pass!");
}
```

与例 4-5 相比，此程序用的是多分支的 if 语句，在执行效率上有一定的提高，但是在判断条件的书写上可再进一步改进，例如：

```
else if(avg>=70.0 && avg<90.0)
```

可以改进为

```
else if(avg>=70.0)
```

这是因为，若执行到这个判断时，上面的判断"if(avg>=90.0)"肯定是不成立的，此时，隐含了条件 avg<90.0。所以此处可以省去此条件。因此程序可改为

```
#include "stdio.h"
void main()
{
    float g1,g2,g3,avg;
    printf("input grade:");
    scanf("%f,%f,%f",&g1,&g2,&g3);
    avg= (g1+g2+g3)/3;
    if(avg>=90.0)
        printf("Excellence!");
    else if(avg>=70.0)
        printf("Good!");
    else if(avg>=60.0)
        printf("Pass!");
    else
printf("No pass!");
}
```

从分支结构执行的流程可以看出,只有前面的条件不成立,后面的条件及相应的语句才有可能执行。例如,若 avg 的值为 95.3,则此程序只判断一下"avg>=90.0"成立并输出"Excellence!"即可结束;若 avg 的值为 55.5,则此程序要依次判断"avg>=90.0""avg>=70.0""avg>=60.0"都不成立,然后执行 else 部分,输出"No pass!"。可以看出,把条件值为真的概率高的条件写在前面,可以提高程序的执行效率。

说明:

(1) 在 if … else if … else …中,虽然占用了很多行,但它是一个语句,属于同一个程序模块。程序每运行一次,仅有一个分支语句能得到执行。

(2) 各个表达式所表示的条件必须是互相排除的,不能有交叉或重叠,即只有表达式 1不成立时才会运算表达式 2,只有表达式 2 不成立时才会运算表达式 3,依次类推,只有所有表达式都不成立时才执行最后的 else 语句。例如把例 4-9 的改进后的程序改为下面形式:

```
if(avg>=60.0)
    printf("Pass");
else if(avg>=70.0)
    printf("Good!");
else if(avg>=90.0)
    printf("Excellence!");
else
    printf("No pass!");
```

就会出现逻辑执行上的错误。因为表达式 avg>=60.0 的条件包含了 avg>=70.0,也包含了 avg>=90.0,因此当按下面形式输入数据:

```
90,91,92
```

时,会是什么结果?

4.2.5 if 语句的嵌套

当有多个分支选择时,除了使用 if…else…if 结构,还可以采用嵌套结构。其含义是当

if 语句的 if 部分或 else 部分又是 if 语句时,就构成了 if 语句的嵌套。嵌套的层数可以是多层的,分别称为外层的 if 语句和内层的 if 语句。

其一般形式如下:

```
if (表达式 1)
    if (表达式 2)
        语句 1;
    else
        语句 2;
else
    if (表达式 3)
        语句 3;
    else
        语句 4;
```

例 4-11　求一元二次方程 $ax^2+bx+c=0$ 的解(假设 $a \neq 0$)。

根据数学知识可知,求这个方程的根需要先计算出 Δ(即 delta),然后根据 Δ 的值分情况求方程的根。

```
#include "math.h"
#include "stdio.h"
void main()
{
    float a,b,c,deta,x1,x2,p,q;
    printf("input a,b,c:");
    scanf("%f,%f,%f", &a, &b, &c);
    delta=b * b-4 * a * c;
    if (fabs(delta)<=1e-6)                      /* fabs():求绝对值库函数 */
        printf("x1=x2=%.2f\n", -b/(2 * a));     /* 输出两个相等的实根 */
    else
    {
        if (delta>1e-6)                         /* 求出两个不相等的实根 */
        {
            x1=(-b+sqrt(delta))/(2 * a);
            x2=(-b-sqrt(delta))/(2 * a);
            printf("x1=%.2f\nx2=%.2f\n", x1, x2);
        }
        else                                    /* 求出两个共轭复根 */
        {
            p=-b/(2 * a);
            q=sqrt(fabs(delta))/(2 * a);
            printf("x1=%.2f +%.2f i\n", p, q);   /* 输出两个共轭复根 */
            printf("x2=%.2f -%.2f i\n", p, q);
        }
    }
}
```

程序运行结果如图 4-5 所示。由于实数在计算机中存储时经常会有一些误差，所以本例判断 delta 是否为 0 的方法是，判断 delta 的绝对值是否小于一个很小的数（例如 10^{-6}）。本例采用了 if 语句的嵌套结构：先分为 delta 等于 0 和不等于 0 两种情况，其中不等于 0 的情况中又嵌套了大于 0 和小于 0 两种情况。

图 4-5　例 4-10 的运行结果

例 4-12　利用 if 的嵌套计算分段函数的值。

$$Y = \begin{cases} -1, & x < 0 \\ 0, & x = 0 \\ 1, & x > 0 \end{cases}$$

此分段函数分 3 种情况计算 Y 的值，可以把嵌套放在 if 部分，也可以把嵌套放在 else 部分，程序如下：

```c
#include "stdio.h"
void main()
{
    int x,y;
    scanf("%d",&x);
    if (x>0)
      y=1;
    else
      if (x==0)
          y=0;
      else
          y=-1;
    printf("y=%d",y);
}
```

或

```c
#include "stdio.h"
void main()
{
    int x,y;
    scanf("%d",&x);
    if (x>=0)
        if(x>0)
            y=1;
        else
            y=0;
    else
        y=-1;
    printf("y=%d",y);
}
```

也可以写为以下两段程序(只写出了计算部分,其他部分省略)。

```
y=1;
if (x<=0)
    if (x<0)
        y=0;
    else
        y=-1;
```

或

```
y=-1;
if (x>=0)
    if (x>0)
        y=1;
    else
        y=-0;
```

除了以上用嵌套的 if 语句写,还可以用顺序的单分支 if 语句以及多分支 if 语句来实现,请读者再写出更多的方法以加深对选择结构的理解和应用。

对于嵌套的 if 语句,由于 if 语句有两种形式(即单分支和双分支结构),因此某些嵌套的 if 语句语义上可以有两种理解。例如(为了便于说明,在每行加了行号):

```
①if(n>0)
②    if(a>b)
③        z=a;           第 1 段程序
④    else
⑤        z=b;
```

或

```
①if(n>0)
②{
③    if(a>b)
④        z=a;           第 2 段程序
⑤}
⑥else
⑦    z=b;
```

第 1 段与第 2 段程序的区别在于用花括号把两行代码括了起来,但含义就大不一样了。在第 1 段程序中,外层的 if 语句(即第①行)只有 if 部分,没有 else 部分,是单分支结构。其 if 部分嵌套了一个双分支结构(即第②~⑤行)。在第 2 段程序中,由于加了花括号,改变了程序的默认结构,即外层是一个双分支结构,if 在第①行,条件成立时要执行的部分是第②~⑤行(这 4 行是一个单分支结构),第⑥行是外层的 else。第⑦行是外层的 else 对应的语句。从分析可以看出,第 1 段程序等价于下面的程序段。

```
①if(n>0)
②{
```

```
③      if(a>b)
④          z=a;
⑤      else
⑥          z=b;
⑦ }
```

这是因为,在 C 语言中的默认情况下(即没有花括号的情况下),编译程序约定 else 与其前面最靠近的且未配对的 if 配对。例如:

if if else if if else if else else
① ② ③ ④ ⑤ ⑥ ⑦ ⑧ ⑨

可以分析出,②与③是一对,⑤与⑥是一对,⑦和⑧是一对,④和⑨是一对,①没有与之配对的 else,是一个单分支结构。如果有花括号,则配对情况就发生了变化。例如:

if { if } else if if else if else else
① ② ③ ④ ⑤ ⑥ ⑦ ⑧ ⑨

则①与③是一对,构成了一个完整的双分支结构,在它的 if 部分包含了一个单分支结构②。其他配对情况没有变化。

4.2.6 条件运算符实现选择结构

通过第 2 章的学习,已经知道条件运算符是 C 语言中的一个运算符,由"?"和":"组合而成。

在条件语句中,若只执行单个赋值语句,常使用条件运算来表示。这样的写法不但使程序简洁,也提高了运行效率。

例 4-13 从键盘上输入一个字符,如果它是大写字母,则把它转换成小写字母输出;否则,直接输出。

```
#include "stdio.h"
void main()
{
    char ch;
    printf("input a character: ");
    scanf("%c",&ch);
    ch= (ch>='A' && ch<='Z') ? (ch+32) : ch;
    printf("ch=%c\n",ch);
}
```

程序运行结果:

```
input a character:A
ch=a
```

若利用 if 语句实现字符的转换,可写为

```
if (ch >='A' && ch<='Z')
      ch=ch+32;
```

4.3 switch 语句

前面介绍的 if … else 语句只能对可能的取值为两个(真或假)的表达式进行判断,要想根据两个以上的值来控制程序的流程,例如给学生成绩划分 A、B、C、D、E 等,诸如此类问题,利用嵌套的 if 语句或多分支 if 语句当然也是可以解决的,但是如果分支太多,if 语句嵌套的层次数太多,势必会造成程序的冗长,可读性差。有没有什么更好的方法能解决多分支问题呢?

C 语言提供了另一种用于多分支选择的 switch 语句,它能够根据表达式的值(多于两个)来执行不同的语句,而且总体上说,switch 语句效率要高于同样条件下的 if 嵌套语句,特别是当条件分支较多时。

switch 语句一般与 break 语句配合使用。其一般形式如下:

```
switch(表达式)
{
    case 常量表达式 1:  语句 1; break;
    case 常量表达式 2:  语句 2; break;
    …
    case 常量表达式 n:  语句 n; break;
    default        :  语句 n+1;
}
```

其执行过程是,switch 语句计算表达式的值,将其逐个同 case 关键字后的常量表达式进行比较,当表达式的值与某个常量表达式的值相等时,即从此语句开始执行,要么遇到 break 语句,要么执行到整个 switch 语句结束,才跳出 switch 语句。如果表达式的值与所有 case 后的常量表达式均不相同时,则执行 default 后的语句,然后跳出 switch 语句。

在 C 语言中最灵活的控制程序就是 switch 语句,在 switch 语句中,"case 常量表达式"相当于一个语句标号,表达式的值和某标号相等则转向该标号执行,但不能在执行完该标号的语句后自动跳出整个 switch 语句,为了避免上述情况,C 语言提供了 break 语句,用于跳出 switch 语句,break 语句只有关键字 break,没有参数。

break 语句的语法如下:

```
break;
```

break 语句只能位于 switch 语句和循环体(以后章节将详细讲述)中。它导致程序立刻终止当前的 switch 语句,接着执行 switch 语句后面的语句。

例 4-14 输入一个 1～9 的数字,输出其对应的英文单词。

```
#include <stdio.h>
void main()
{
    int a;
    printf("input integer number: ");
    scanf("%d",&a);
```

```
    switch(a)
    {
        case 1:printf("one\n");break;
        case 2:printf("two\n");break;
        case 3:printf("three\n");break;
        case 4:printf("four\n");break;
        case 5:printf("five\n");break;
        case 6:printf("six\n");break;
        case 7:printf("seven\n");break;
        case 8:printf("eight\n");break;
        case 9:printf("nine\n");break;
        default:printf("error\n");
    }
}
```

在正确输入数据的情况下,每一个值对应一种情况,各情况之间没有共同的动作,所以在每个情况的后面都有

```
break;
```

语句来退出整个 switch 结构。若有两个或两个以上情况的动作相同,则可以共用一些语句。

例 4-15 输入一个年份和月份,输出这个月的天数。

分析:根据输入的月份数判断,当月份为 1、3、5、7、8、10、12 时,天数为 31;当月份为 4、6、9、11 时,天数为 30;若是 2 月份,则天数还要根据年份来判定:若是闰年,则天数为 29 天,否则,天数为 28。

```
#include "stdio.h"
void main()
{
    int year,month,days;
    printf("input year,month: ");
    scanf("%d,%d",&year,&month);
    switch(month)
    {
        case 1:
        case 3:
        case 5:
        case 7:
        case 8:
        case 10:
        case 12:days=31;break;
        case 4:
        case 6:
        case 9:
        case 11:days=30;break;
```

```
        case 2:
            if(year%4==0 && year%100!=0 || year%400==0)
                days=29;
            else
                days=28;
            break;
        default:days=-1;
    }
    if(days==-1)
        printf("input error! ");
    else
        printf("%d year %d month has %d days\n",year,month,days);
}
```

以上两个例子是对输入的值进行直接的判断。有时,需要对条件进行适当的转换,然后再根据转换的结果使用 switch 语句。

例 4-16 输入一个学生的 3 门课考试成绩,计算他的平均成绩,并对该生考试成绩进行评价。如果平均成绩为 90~100,则输出"Excellence!",如果平均成绩为 70~89,则输出"Good!",如果平均成绩为 60~69,则输出"Pass!",如果平均成绩在 60 分以下,则输出"No pass!"

```
#include "stdio.h"
void main()
{
    float g1,g2,g3,avg;
    printf(".    input grade:");
    scanf("%f,%f,%f",&g1,&g2,&g3);
    avg=(g1+g2+g3)/3;
    switch ((int)(avg/10))
    {
        case 10: ;
        case 9:printf("Excellence!");break;
        case 8:;
        case 7:printf("Good!");break;
        case 6:printf("Pass!");break;
        default:printf("No pass!");
    }
}
```

说明:

(1) switch、case、default 是关键字,switch 是语句标志,case 和 default 只能在 switch 中使用。

(2) 表达式是选择条件,表达式的值必须为整型、字符型或枚举型,且表达式必须用()括起来。{和}括起来的部分是语句体,{和}不能省,switch 的语句体由多个 case 和至多一个(可以没有)default 组成。

(3) case 后面的常量表达式是值为常数的表达式,通常为常量或符号常量。类型必须和选择条件的类型相同,每一个 case 后面只能写一个值。

不能处理 case 后为非常量的情况。例如 if(a>1 && a<10),就不能使用 switch…case 来处理。

(4) 同一个 switch 语句中的所有 case 常量值必须互不相同。

(5) 每个 case(称为一种情况)下可以有零或多个语句,有多个语句时可以不加{ }。

(6) 执行 switch 语句时,首先计算作为选择条件的表达式,并将表达式的值依次和 case 后面的常量比较,当与某个 case 的常量值相等时,则开始执行 case 后面的语句。若表达的值与各 case 的常量值都不相等,在有 default 的情况下,则执行 default 后面的语句;否则,不执行 switch 中的任何语句,此时,switch 等价于一个空语句。

(7) switch 语句一旦发现表达式的值与某个 case 的常量值相等,则从该 case 后面的第一个语句开始依次执行,执行完这个 case 语句之后若没有遇到 break,则自动进入下一个 case 语句继续执行,直到 switch 语句体中的最后一个语句被执行为止。如果希望执行完一种情况的语句后便跳出 switch 语句,则要利用 break 语句或 return 语句。

(8) switch 语句允许多情况执行相同的语句。例如 4、6、9 和 11 月均执行

```
days=30;
```

可以写成

```
case 4: case 6: case 9: case 11:days=30;
```

但不能写成

```
case 4,6,9,11:days=30;
```

也不能写成

```
case 4, case 6, case 9,case 11:days=30;
```

注意:使用 switch 语句时 case 语句的排列顺序不影响输出结果,所以有很多人认为 case 语句的顺序无所谓。但事实却不是如此。如果 case 语句很少,也许可以忽略这点,如果 case 语句非常多,例如所写的是某个驱动程序,就经常会遇到几十个 case 语句的情况。一般来说,case 语句的排列顺序可以遵循下面的规则。

① 按字母或数字顺序排列各条 case 语句。如果所有的 case 语句没有明显的重要性差别,那就按 A、B、C 或 1、2、3 等顺序排列 case 语句。这样就容易找到某条 case 语句。

② 在有多个正常情况和异常情况时,把正常情况放在前面,把异常情况放在后面。

③ 按执行频率排列 case 语句。把最常执行的情况放在前面,而把最不常执行的情况放在后面。最常执行的代码可能也是调试的时候要单步执行的最多的代码。如果放在后面的话,找起来可能会比较困难,而放在前面,就能很快找到。

4.4　应用程序举例

例 4-17　温度转换。如果输入一个华氏温度,把它转换成摄氏温度;如果输入一个摄氏温度,把它转换成华氏温度。

```
#include "stdio.h"
void main()
{
    char fc;
    float tin,tout;
    printf("input the temperature:");
    scanf("%f",&tin);
    printf("input 'f' or 'c':");
    scanf("\n%c", &fc);
    //printf("c=%c\n",c);
    if (fc=='f')
    {
        tout=(5.0/9.0) * (tin-32.0);
        printf("\nThe equivalent Celsius temperature is %.2fc.\n", tout);
    }
    else if(fc=='c')
    {
        tout=(9.0/5.0) * tin+32.0;
        printf("\nThe equivalent Fahrenheit temperature is %6.2fF.\n",tout);
    }
    else
        printf("\ninput error!\n");
}
```

程序的运行结果如图 4-6 所示。

图 4-6 例 4-17 的运行结果图

本例中首先判断是哪一种情况,如果输入字符"f"则代表输入的是华氏温度,把它转换成摄氏温度,否则输入的是摄氏温度,把它转换成华氏温度。

另外,在程序中有一个输入语句:

```
scanf("\n%c", &fc);
```

其中,格式控制符的第一个符号是'\n',这是为了能够和上一个输入语句:

```
scanf("%f",&tin);
```

输入数据之后的回车键对应起来,以保证再输入的一个字符'f'或'c'能够与变量 fc 对应。此处若不加'\n',即

```
scanf("%c", &fc);
```

运行时则会出现如图 4-7 所示的错误。

图 4-7　程序出错示意图

例 4-18　实现下述分段函数,要求自变量与函数值均为双精度类型

$$f(x) = \begin{cases} x^2 + 2x - 5, & x < 0 \text{ 且 } x \text{ 不为} -3 \\ x^2 - 3x + 6, & 0 \leqslant x < 20, x \text{ 不为 5 和 8} \\ x^2 - 3x - 10, & x \text{ 为其他值} \end{cases}$$

```c
#include "stdio.h"
#include "math.h"
void main()
{
    double x,y;
    printf("input value x: ");
    scanf("%lf",&x);
    if(x<0&&fabs(x+3)>1e-6)
        y=x*(x+2)-5;
    else if(x>=0&&x<20&&fabs(x-5)>1e-6&&fabs(x-8)>1e-6)
        y=x*(x-3)+6;
    else
        y=x*(x-3)-10;
    printf("%f\n",y);
}
```

程序运行结果如下:

```
input value x : 1.5↙
3.750000
```

注意:自变量是双精度类型,不能直接比较(例如 x!=5 是错误的),要化成绝对值形式
来判断,例如 fabs(x-5)>1e-6。

例 4-19　计算器程序。用户输入运算数和四则运算符,输出计算结果。

```c
#include "stdio.h"
#include "math.h"
void main()
{
    double a,b,c;
    char op;
    int flag;
```

```
flag=1;                         /*表示开始假定能够运算*/
printf("input expression: a+(-,*,/)b \n");
scanf("%lf%c%lf",&a,&op,&b);
switch(op)
{
    case '+': c=a+b;
            break;
    case '-': c=a-b;
            break;
    case '*': c=a*b;
            break;
    case '/': if(fabs(b)>=1e-6)
                c=a/b;
            else
                flag=0;         /*把能够运算的标志置0,表示没有运算结果*/
            break;
    default: flag=0;            /*把能够运算的标志置0,表示没有运算结果*/
}
if (flag)
    printf("c=%.3lf\n",c);
else
    printf("input error.\n");
}
```

switch 语句用于判断字符 op 是哪一种运算符＋、－、＊、/，然后输出相应运算值。当输入运算符不是＋、－、＊和/时给出错误提示。

例 4-20 运输公司对用户计算运费。路程(s)越远，每千米的运费越低。折扣(d)的标准如下：

$$d = \begin{cases} 0, & s < 250\text{km} \\ 2\%, & 250 \leqslant s < 500 \\ 5\%, & 500 \leqslant s < 1000 \\ 8\%, & 1000 \leqslant s < 2000 \\ 10\%, & 2000 \leqslant s < 3000 \\ 15\%, & 3000 \leqslant s \end{cases}$$

设每吨货物每千米的基本运费为 p，货物质量为 w，距离为 s，折扣为 d，则总运费 f 的计算公式为 $f = p \cdot w \cdot s \cdot (1-d)$。

分析此问题，可以看出，折扣的变化是有规律的，如图 4-8 所示，折扣的"变化点"都是 250 的倍数(250、500、1000、2000、3000)。利用这一特点，可以在横轴上加一种坐标 c，c 的值为 $s/250$。c 代表 250 的倍数。当 $c<1$ 时，表示 $s<250$，无折扣；$1 \leqslant c < 2$ 时，表示 $250 \leqslant s < 500$，折扣 $d=2\%$；$2 \leqslant c < 4$ 时，$d=5\%$；$4 \leqslant c < 8$ 时，$d=8\%$；$8 \leqslant c < 12$ 时 $d=10\%$；$c \geqslant 12$ 时，$d=15\%$。

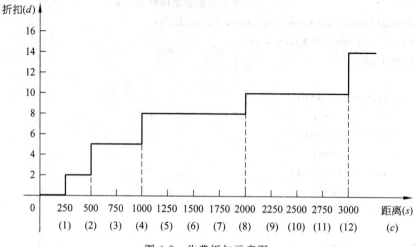

图 4-8 收费折扣示意图

```c
#include "stdio.h"
void main()
{
    int c,s,flag;
    float p,w,d,f;
    flag=1;
    printf("输入基本运费,货物重量,距离:");
    scanf("%f,%f,%d",&p,&w,&s);
    if(p<=0 || w<=0 || s<=0)
        flag=0;
    if (s>=3000)
        c=12;
    else
        c=s/250;
    switch(c)
    {
        case 0:d=0;break;
        case 1:d=2;break;
        case 2:
        case 3:d=5;break;
        case 4:
        case 5:
        case 6:
        case 7:d=8;break;
        case 8:
        case 9:
        case 10:
        case 11: d=10;break;
        case 12: d=15;break;
        default: flag=0;
```

```
    }
    if (flag)
    {
        f=p * w * s * (1-d/100.0);
        printf("freight=%.4f\n",f);
    }
    else
        printf("input data error!\n");
}
```

4.5 错误解析

1. if…else 语句与空语句的连用

例如：

```
if(a!=b) ;
    fun();
```

这里的 fun() 函数并不是在 a！＝b 的时候被调用，而是任何时候都会被调用。问题就出在 if 语句后面的分号上。在 C 语言中，分号预示着一条语句的结尾，但是并不是每条 C 语言语句都需要分号作为结束标志。if 语句的后面并不需要分号，如果不小心写了个分号，编译器并不会提示出错。因为编译器会把这个分号解析成一条空语句。也就是上面的代码实际等效于

```
if(a!=p)
{
    ;
}
fun();
```

这是初学者很容易犯的错误，往往不小心多写了个分号，导致结果与预想的相差很远。所以建议在真正需要用空语句时写成

```
NULL;
```

而不是单用一个分号。这样就可以明显地区分真正需要的空语句和不小心多写的分号。

2. 复合语句丢失花括号

例如：

```
int a=3,b=5,c=4,t;
if(a<b)
    t=a;
    a=b;
    b=t;
if(a<c)
    t=a;
    a=c;
```

```
        c=t;
    if(b<c)
        t=b;
        b=c;
        c=t;
    printf("%d,%d,%d\n",a,b,c);
```

程序运行结果：

```
4,3,3
```

本程序段本意是想将 3 个数按从大到小顺序输出,编程者本以为会得到"5,4,3"的结果,但因为 if 语句的 if 部分丢失了复合语句的花括号,并没有执行一组语句

```
{t=a;a=b;
b=t;}
```

仅执行了紧跟其后的一条语句

```
t=a;
```

下面两个 if 语句也是一样的错误。所以最后得到一个错误结果。

解决方法：分支体加上花括号

```
if(a<b)
{
    t=a;
    a=b;
    b=t;
}
```

3. switch 语句中缺失 break 语句

例如：

```
int i=1;
switch(i)
{
    case 1: printf("one");
    case 2: printf("two");
    case 3: printf("three");
    default: printf("%d");
}
```

程序运行结果：

```
onetwothree1
```

本程序段输出数字对应的英文单词。break 的作用是结束 switch 语句。例中,i 的值与第一个 case 表达式值相匹配,本应输出 one,但缺少了 break 语句,并没有跳出 switch 语句,而是依次往下执行其余语句。所以得到错误结果,这是应注意的。

解决方法：使用 break 语句跳出 switch 语句。除非是想让多种情况共享一段代码。

```
case 1:printf("one");break;
case 2:printf("two"); break;
case 3:printf("three"); break;
default:printf("%d"); break;
```

练 习 4

一、选择题

1. 有以下程序

```
#include<stdio.h>
void main()
{
    int a=0,b=0,c=0,d=0;
    if(a=1)
        b=1,c=2;
    else
        d=3;
    printf("%d,%d,%d,%d\n",a,b,c,d);
}
```

程序运行后的输出结果是(   )。

    A. 0,1,2,0   B. 0,0,0,3   C. 1,1,2,0   D. 编译有错

2. if(表达式)中,表达式如果是一个赋值语句,则表达式的值是(   )。

    A. 0   B. 1   C. 不一定   D. 语法错误

3. 当把以下 4 个表达式用作 if 语句的控制表达式时,有一个选项与其他 3 个选项含义不同,这个选项是(   )。

    A. k%2   B. k%2==1   C. (k%2)!=0   D. !k%2==1

4. 有以下程序

```
#include "stdio.h"
void main()
{
    int i=1,j=2,k=3;
    if(i++==1&&(++j==3||k++==3))
    printf("%d %d %d\n",i,j,k);
}
```

程序运行后的输出结果是(   )。

    A. 1 2 3   B. 2 3 4   C. 2 2 3   D. 2 3 3

5. 下列条件语句中,功能与其他语句不同的是(   )。

    A. if(a) printf("%d\n",x); else printf("%d\n",y);

    B. if(a==0) printf("%d\n",y); else printf("%d\n",x);

C. if (a!=0) printf("%d\n",x); else printf("%d\n",y);

D. if(a==0) printf("%d\n",x); else printf("%d\n",y);

6. 以下 4 个选项中,不能看作一条语句的是(   )。

A. {;}

B. a=0,b=0,c=0;

C. if(a>0);

D. if(b==0) m=1;n=2;

7. 以下程序段中与语句 k=a>b? (b>c? 1:0):0;功能等价的是(   )。

A.
```
if((a>b) && (b>c) )
    k=1;
else
    k=0;
```

B.
```
if((a>b) || (b>c) )
    k=1;
```

C.
```
if(a<=b)
    k=0;
else if(b<=c)
    k=1;
```

D.
```
if(a>b)
    k=1;
else if(b>c)
    k=1;
else
    k=0;
```

8. 有定义语句：int a=1,b=2,c=3,x；则以下选项中各程序段执行后,x 的值不为 3 的是(   )。

A.
```
if (c<a)
    x=1;
else if (b<a)
    x=2;
else
    x=3;
```

B.
```
if (a<3);
    x=3
else if (a<2)
    x=2;
else
    x=1;
```

C.
```
if (a<3) x=3;
if (a<2) x=2;
if (a<1) x=1;
```

D.
```
if (a<b) x=b;
if (b<c) x=c;
if (c<a) x=a;
```

9. 阅读以下程序：

```
#include "stdio.h"
void main()
{
    int x;
    scanf("%d",&x);
    if(x--<5)
        printf("%d",x);
    else
        printf("%d",x++);
}
```

程序运行后,如果从键盘上输入 5,则输出结果是(　　　)。

 A. 3   B. 4   C. 5   D. 6

二、分析题

1. 以下程序运行后的输出结果是_____。

```c
#include "stdio.h"
void main()
{
    int x=1,y=0,a=0,b=0;
    switch(x)
    {
        case 1:switch(y)
            {
                case 0:a++; break;
                case 1:b++; break;
            }
        case 2:a++;b++; break;
    }
    printf("%d %d\n",a,b);
}
```

2. 以下程序运行后的输出结果是_____。

```c
#include "stdio.h"
void main()
{
    int n=0,m=1,x=2;
    if(!n)
        x-=1;
    if(m)
        x-=2;
    if(x)
        x-=3;
    printf("%d\n",x);
}
```

3. 若从键盘输入 58,则以下程序输出的结果是_____。

```c
#include "stdio.h"
void main()
{
    int a;
    scanf("%d",&a);
    if(a>50)
        printf("%d",a);
    if(a>40)
        printf("%d",a);
```

```
    if(a>30)
        printf("%d",a);
}
```

4. 以下程序输出的结果是_____。

```
#include "stdio.h"
void main()
{
    int a=50,b=20,c=10;
    int x=5,y=0;
    if(a<b)
        if(b!=10)
            if(!x)
                x=1;
            else
                if(y)
                    x=10;
    x=-9;
    printf("%d\n",x);
}
```

三、编程题

1. 输入一个正整数,判断该数为奇数还是偶数。

2. 求任意 3 个整数中的最大数。

3. 判别键盘上输入字符的种类(控制字符、大写字母、小写字母、数字或其他)。

4. 输入一位学生的出生年月日,并输入当前的年月日,计算并输出该学生的实际年龄。

5. 输入今天是星期几(1~7),计算并输出 90 天后是星期几。例如输入 1,输出 90 天后是星期日。

6. 给定一个不多于 5 位的正整数,求它是几位数,并分别打印出每一位数字。

7. 某商场进行打折促销活动,消费金额 P 越高,折扣 d 越大,其标准如下:

$$d = \begin{cases} 0\%, & P < 200 \\ 5\%, & 200 \leqslant P < 400 \\ 10\%, & 400 \leqslant P < 600 \\ 15\%, & 600 \leqslant P < 1000 \\ 20\%, & 1000 \leqslant P \end{cases}$$

要求用 switch 语句编程,输入消费金额,求其实际消费金额。

8. 将一个百分制的成绩转化成 5 个等级:90 分以上为'A',80~89 分为'B',70~79 分为'C',60~69 分为'D',60 分以下为'E'。例如输入 75,则显示 C。

第 5 章 循环控制结构

在进行程序设计时,仅仅使用前面学过的顺序结构和选择结构,往往解决不了一些较复杂的问题,例如阶加、求一个班学生的平均成绩等。C 语言还提供了一种重要的控制结构——循环结构。利用循环结构可以解决复杂的、重复性的操作。循环结构的作用是使某段程序重复的执行,具体循环的次数会根据某个条件来决定。循环结构的应用非常普遍,使用起来也比较灵活,熟练掌握循环结构对于学习编程是非常重要的。循环结构主要包括 3 种基本形式:while 语句、for 语句、do…while 语句。除了这 3 种常见形式之外,还有一种 goto 语句,不过这种语句一般不提倡使用。

本章主要介绍循环结构的 3 种基本语句及其特点,重点讲解常用的循环算法和编程方法,使读者能够熟练运用这 3 种基本循环控制结构编写程序。

本章知识点:

(1) while 语句的一般形式及应用。

(2) for 语句的一般形式及应用。

(3) do…while 语句的一般形式及应用。

(4) 多重循环结构的使用。

(5) break 语句和 continue 语句。

在现实生活中,有很多事情需要根据一定的规律重复操作,如果在写程序时,每一个重复操作写若干行代码是不现实的,因为有些重复的次数事先可以估算出来,有些是估算不出来的,为此,就需要使用循环结构来实现这些重复性的操作。

例如,从键盘读入一批正整数(以输入 0 作为结束标志),求其和。很显然,输入数据和阶加求和的动作是重复执行的。为了能够求和,用一个变量(s),其初始值是 0,然后每输入一个数,就与 s 相加。也就是说,s 是已输入的数据的和。最后输出 s 即可。伪代码如下:

```
s=0;
输入一个数 n;
当 n 不是 0 时循环下面两个语句:
    s=s+n;
    输入下一个数 n;
输出和 s;
```

在实现中间的循环时,需要用到 C 语言的循环语句。下面分别介绍 C 语言的 3 个循环语句。

5.1 while 语 句

while 语句也叫"当型"循环。"当型"循环是指在循环条件成立时,程序就一直执行循环体语句。while 语句的一般形式如下:

```
while (表达式)
    语句 1;
```

while 语句的执行过程：首先计算 while 后括号内的表达式，当表达式的值为真（非 0）时，执行循环体语句，然后继续判断表达式的值，重复上述执行过程，只有当表达式为假（0）时才退出循环，程序跳转到循环体后面的第一行代码处执行。流程图如图 5-1 所示。

说明：

（1）while 是关键字。while 后括号内的表达式一般是条件表达式或逻辑表达式，但也可以是 C 语言中任意合法的表达式，其计算结果为 0 则跳出循环体，非 0 则执行循环体。

（2）循环体语句可以是一条语句，也可以是多条语句，如果循环体语句包含多条语句，则需要用一对花括号（{ }）把循环体语句括起来，采用复合语句的形式。

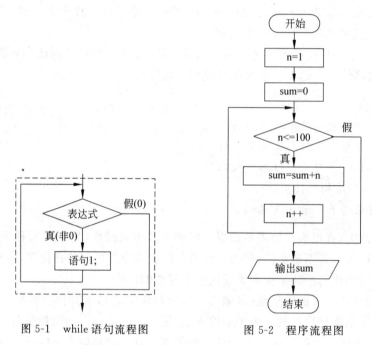

图 5-1   while 语句流程图   图 5-2   程序流程图

例 5-1   求 $1\sim100$ 的和，即求 $\displaystyle\sum_{n=1}^{100} n$。

例题分析：这是一个简单的求和问题，需要连续的阶加，因此只能使用循环结构实现重复阶加的操作。设变量 sum 用于存放循环执行过程中的求和结果，设变量 n 为循环控制变量，同时也是每一次求和运算的基本数据项，然后可以利用 while 循环结构进行循环阶加。

程序流程图如图 5-2 所示。

```c
#include "stdio.h"
void main()
{
    int n,sum;
    n=1;sum=0;          /*变量赋初值*/
    while (n<=100)
    {
```

```
            sum=sum+n;        /* 阶加 */
            n++;              /* 修改基本数据项 n */
        }
        printf("sum=%d\n",sum);
    }
```

程序运行结果如下:

```
sum=5050
```

在读程序时,正确的分析语句的执行顺序,即正确判断语句的跳转以及确定此时变量的值是非常重要的,是能否正确理解程序的关键,例 5-1 的程序执行过程及变量值的变化进行具体的分析如表 5-1 所示。

表 5-1　程序执行过程的具体分析

执行顺序	执行语句	执行结果	sum 的值	n 的值	说　　明
1	n=1;sum=0;		0	1	变量赋初值
2	计算表达式 n<=100	1<=100 结果为"真"			判断循环条件
3	sum=sum+n; n++;	sum←0+1, n←1+1,	1	2	执行循环体语句
4	计算表达式 n<=100	2<=100 结果为"真"			判断循环条件
5	sum=sum+n; n++;	sum←1+2, n←2+1,	3	3	执行循环体语句
...	...	...	...	...	...
200	计算表达式 n<=100	100<=100 结果为"真"	4950	100	判断循环条件
201	sum=sum+n; n++;	sum←4950+100, n←100+1,	5050	101	执行循环体语句
202	计算表达式 n<=100	101<=100 结果为"假"			判断循环条件
203	printf("sum=%d\n", sum);				退出循环体,执行循环体下面的语句

需要注意的几个问题:

(1)阶加算法。这个程序采用的算法思想称为阶加,即不断用新阶加的值取代变量的旧值,最终得到求和结果,变量 sum 也叫"累加器",初值一般为 0。阶加尽管方法简单,但却是循环结构程序设计中经常采用的一种算法思想,后面的很多复杂程序最终都可以转化为阶加或类似阶加的问题来解决。使用 C 语言的循环结构对若干数进行阶加一般要包括以下几个步骤:

步骤 1,设置基本数据项的初值;(例如上面程序中的 n=1)

步骤 2,设置存放结果变量的初值;(例如上面程序中的 sum=0)

步骤 3,循环条件判断,若条件满足,则转到步骤 4,否则转到步骤;

步骤 4,阶加并修改基本数据项;(例如上面程序中的 sum=sum+n;n++;)

步骤 5,转步骤 3;

步骤 6,结束并输出结果。

（2）必须给变量赋初值。在 C 语言中定义的变量必须要赋初值,即使变量的初值为 0,赋初值也不能省略。如果没有给变量赋初值,那么变量的初值就会是一个不可预知的数,结果将没有意义。例如本题中,读者可以省略赋值语句

```
sum=0;
```

调试看结果。

（3）正确判断条件的边界值。当 n 得知为 100 时,程序将继续执行循环体,然后控制流程再次判断条件表达式,此时,n 的值为 101（见表 5-1）,表达式 n<=100 结果为假,退出循环。退出循环后,循环控制变量 n 的值是 101,而不是 100。

（4）避免出现"死循环"。使用 while 循环一定要注意在循环体语句中出现修改循环控制变量的语句,使循环趋于结束,如在本例中的

```
n++;
```

否则条件表达式的计算结果永远为"真",就会出现死循环。

（5）可能出现循环体不执行。while 循环是先判断表达式的值,后执行循环体,因此,如果一开始表达式为假,则循环体一次也不执行。例如以下程序段:

```
s=0;
i=10;
    while(i<=5)
    {
        s=s+i;
        i++;
    }
printf("%d\n",s);
```

循环体一次也不执行。最后输出的结果如下:

```
0
```

（6）while 后面括号内的表达式一般为关系表达式或逻辑表达式,但也可以是其他类型的表达式,例如算术表达式等。只要表达式运算结果为非 0,就表示条件判断为"真",运算结果为 0,就表示条件判断为"假"。例如下面的几种循环结构,它们所反映的逻辑执行过程是等价的,均表示当 n 为奇数时执行循环体,否则退出循环。

```
while (n%2)          while (n%2==1)          while(n%2!=0)
{                    {                       {
  ...                  ...                     ...
}                    }                       }
```

有时,条件表达式可能只是一个变量,例如有以下程序段:

```
...
p=1;
while (p)
{
```

```
    ...
    p=0;
    ...
}
```

甚于,条件表达式的地方可以是一个常量。例如:

```
while(1)
{
    ...
    break;
}
```

在这种情况下,在循环体中必须有使流程跳出循环结构的语句,例如 break、goto 等。这两个语句一般与 if 语句配合使用。

例 5-2　使用 while 语句求 $n!$。

例题分析:该题与例 5-1 非常相似,只是把求和改成乘积。另外由于 n 的值并不确定,需要程序执行的时候由用户输入,要用到输入函数。

```c
#include "stdio.h"
void main()
{
    int n,i=1;
    double sum=1;
    printf("请输入一个正整数: ");
    scanf("%d",&n);
    while (i<=n)
    {
        sum=sum*i;          /*累乘求积*/
        i++;                /*修改基本数据项 i*/
    }
    printf("%d!=%.0f\n",n,sum);
}
```

程序运行情况如下:

输入:

请输入一个正整数:6↙

输出:

6!=720

注意:在此程序中,存放结果的变量 sum 的类型是 double,这是因为 n! 一般都比较大,若程序输入 20,其结果如图 5-3 所示。但如果把 sum 的类型改为 int,则结果如图 5-4 所示,明显出错了,所以在编程时,数据类型选用得是否合适,也是很关键的。

图 5-3 例 5-2 的运行结果　　　　　图 5-4　sum 为 int 时的运行结果

理解和掌握循环结构三要素之间的关系是非常重要。循环变量赋初值、判断控制表达式和修改循环变量的值是所谓的"循环三要素"。一般来说,进入循环之前,应该给循环变量赋初值,确保循环能够正常开始;在控制表达式中判断循环变量是否达到循环的终止值;在循环体中对循环变量进行修改,以使循环正常的趋向终止。在编写程序时要注意它们的位置关系。循环控制变量的初值可能会影响控制表达式的设计和控制变量修改语句的语序。例如,把例 5-2 中循环变量的初值改为 0,则其他两个要素就要随之改变,修改后的程序如下:

```
int n,i=0;
double sum=1;
printf("请输入一个正整数: ");
scanf("%d",&n);
while (i<n)
{
    i++;
    sum=sum * i;
}
printf("%d!=%.0f\n",n,sum);
```

此题虽然和例 5-1 非常像近,但仍有两个需要注意的问题。

(1) 变量合理赋初值。变量初值的选取要根据实际情况,本例题中用来存放乘积结果的变量 sum 初值就应赋 1,而不是 0。

(2) 防止出现数据溢出错误。累乘结果变量 sum 的结果虽然是整数,在这里不能定义成 int 型数据。由于 int 型变量可以存放数据的范围比较有限(根据编译环境不同有所不同),当用户输入的 n 值比较大时,就可能得到一个非常大的结果,为防止在计算阶乘时发生数据溢出错误,把 sum 定义成 double 类型(但还是要注意输入数据时不能太大)。

(3) 程序中的改变:循环条件由 i<=n 改变为 i<n,循环体中的两个语句的顺序也由

```
sum=sum * i;          /* 累乘求积 */
i++;                  /* 修改基本数据项 i */
```

改为

```
i++;
sum=sum * i;
```

请读者分析其中的原因。

例 5-3　编写程序,输入一个字符序列,直至换行为止,统计出大写字母、小写字母、数字、空格和其他字符的个数。

程序分析:这是一个关于字符处理的问题,首先可以定义一个字符变量 ch,利用 getchar()函数把用户从键盘输入的字符逐个接收,存储在 ch 中,然后对 ch 进行判断分类。当读取的字符不是换行符时重复执行循环体,直到遇到换行符为止。while 语句的条件表达式可以写成这样(ch!= '\n')。

程序如下:

```
#include "stdio.h"
void main()
{
    char ch;
    int a,b,c,d,e;
    a=b=c=d=e=0;
    while((ch=getchar())!='\n')     /* 从键盘输入的字符,遇到换行符则停止循环 */
    {
        if(ch>='A'&&ch<='Z')
            a++;                    /* 判断是否为大写字母 */
        else if(ch>='a'&&ch<='z')
            b++;                    /* 判断是否为小写字母 */
        else if(ch>='0'&&ch<='9')
            c++;                    /* 判断是否为数字 */
        else if(ch==' ')
            d++;
        else
            e++;
    }
    printf("%d,%d,%d,%d,%d\n",a,b,c,d,e);
}
```

注意:

(1) 表达式(ch=getchar())!='\n'的执行分两步,首先利用 getchar()函数从终端接收一个字符,存储在 ch 中,然后再判断 ch 是否为'\n',不能省略内部的括号。如果写成如下形式:

```
ch=getchar()!='\n'
```

调试结果就会发生错误,因为表达式的关系运算符“!=”运算优先级别高于赋值运算符“=”,程序中的语句相当于

```
while(ch=(getchar()!='\n'))
```

即先把接收的字符与'\n'进行关系运算,再把关系运算的结果“真(1)”或者“假(0)”存储在 ch 中,这显然是错误的。

(2) 从终端键盘向计算机输入时,是在用户按 Enter 键以后才将一批数据一起送到内存缓冲区中去的。有以下程序段:

```
char ch;
while((ch=getchar())!='\n')
    printf("%c",ch);
```

程序运行情况：

输入：abcdefg↙
输出：abcdefg

结果并不是：

aabbccddeeffgg

5.2　for　语　句

for 语句是循环控制结构中使用最为广泛的一种控制语句，它充分体现了 C 语言的灵活性。for 语句有时也被称为"计数"型循环，因为它特别适合已知循环次数的情况。但事实上，for 循环同样适用于循环次数不确定而只知道循环结束条件的情况。for 循环可以实现所有的循环问题，它是 C 语言中形式最灵活，功能最强大的一种循环控制结构。

for 语句的一般形式如下：

for(表达式 1;表达式 2;表达式 3)
    循环体语句;

从语法形式上看，for 语句语法上要比 while 语句复杂，for 后面的括号内有 3 个表达式，并使用分号(;)分隔，这 3 个表达式的运算次数、运算时间以及在循环中发挥的作用各不相同。它的执行过程如下：

步骤 1,计算表达式 1;

步骤 2,计算表达式 2,若表达式 2 的值为"真"(非 0),则执行一次循环体语句,然后转步骤 3,若表达式 2 的值为"假"(0),则转步骤 4;

步骤 3,计算表达式 3,然后转步骤 2;

步骤 4,退出循环,执行 for 语句后面的其他语句。

for 语句执行的流程图如图 5-5 所示。

其中的表达式 1、表达式 2 和表达式 3 可以是任何一种 C 语言合法的表达式，但最常用、最简单的形式是这样的：即在表达式 1 中给循环变量赋初值;表达式 2 则是循环条件控制表达式;表达式 3 则实现循环控制变量的改变,使循环趋于结束。具体如下：

for(循环变量赋初值;循环条件;循环变量增值)
    循环体语句;

for 语句的功能等价于下面 while 语句：

表达式 1;
while (表达式 2)

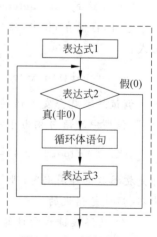

图 5-5　for 语句流程图

```
{   循环体语句
    表达式 3;
}
```

如果用 for 语句改写例 5-1,则

```
#include "stdio.h"
void main()
{
    int n,sum=0;
    for (n=1;n<=100;n++)
        sum=sum+n;
    printf("sum=%d\n",sum);
}
```

由此可以看出,相对于 while 语句,for 语句在形式上更加简洁、方便。

例 5-4 设 $n=30$,编写程序,计算并输出 $S(n)$ 的值。

$$S(n)=(1\times2)/(3\times4)-(3\times4)/(5\times6)+(5\times6)/(7\times8)+\cdots+(-1)^{(n-1)}\times$$
$$[(2n-1)\cdot(2n)]/[(2n+1)\cdot(2n+2)]+\cdots$$

例题分析:这是一个阶加的问题,题目明确是求前 30 项的和,因此选用 for 循环是最合适的。设变量 s 用于存放循环执行过程中的求和结果,设变量 n 为循环控制变量,每一次求和运算的数据项在题目中已经给出,即 $(-1)^{n-1}\times[(2n-1)\cdot(2n)]/[(2n+1)\cdot(2n+2)]$,数据项的值会随循环变量 n 的改变而改变。

程序流程图如图 5-6 所示。代码如下:

```
#include "stdio.h"
#include "math.h"
void main()
{
    int n;
    float s=0;
    for(n=1;n<=30;n++)
        s=s+pow((-1),(n-1)) * ((2*n-1)*2*n)/((2*n+1)*(2*n+2));
    printf("s(n)=%f",s);
}
```

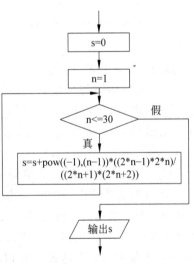

图 5-6 程序流程图

运行结果如下:

```
s(n)=-0.459873
```

注意:在程序中如果使用了数学函数,就必须在源文件开头添加如下预编译命令:

```
#include "math.h"
```

本题目中用到了一个数学函数 pow(),它的作用是进行幂运算,即求 x^y 的值。函数形

式为

```
double pow(double x,double y)
```

由于 pow() 函数的结果是 double,在有些地方是整型数据的正负相间运算,可以利用若干
－1 相乘来实现。最初的正负号与第一项相同,设为 sign＝1,1 表示正号,在下一次使用时,与
－1 相乘,即 sign＝－sign,此时 sign 就变成－1,表示此项的符号是负的,如此下去即可。

例 5-5 求 $1-2+3-4+5-6+\cdots-100$ 的值。

```
#include "stdio.h"
void main()
{
    int n,s,sign;
    sign=1;                          /* 1 表示正号,与第一项的正负对应 */
    s=0;
    for(n=1;n<=100;n++)
    {
        s=s+n * sign;
        sign=-sign;                  /* 与-1 相乘,与下一项的正负号对应 */
    }
    printf("s=%d\n",s);
}
```

关于 for 语句的几点说明:

(1) 循环体语句可以是简单语句也可以是使用一对花括号括起来的复合语句。如
果是一个语句,也可以和 for 写在一行上,这样使程序看起来更加简洁;如果循环体包
含多条语句,最好是另起一行,采用一对花括号括起来的复合语句形式,增加程序的可
读性。

(2) 表达式的省略。for 语句中的 3 个表达式均可以省略,但是两个分号不能省略。

① 省略表达式 1。如果 for 语句中的表达式 1 被省略,表达式 1 的内容可以放在 for 循
环结构之前。表达式 1 的内容一般来说是给循环变量赋初值,那么如果在循环结构之前的
程序中循环变量已经有初值,那么表达式 1 就可以省略,但分号不能省。例如在例 5-4 中,
for 语句中如果省略表达式 1,可以改写成如下形式:

```
...
int n=1;
float s=0;
for( ;n<=30;n++)
    s=s+pow((-1),(n-1)) * ((2 * n-1) * 2 * n)/((2 * n+1) * (2 * n+2));
    printf("s(n)=%f",s);
...
```

② 省略表达式 2。如果表达式 2 省略,就意味着每次执行循环体之前不用判断循环条
件,循环就会无休止地执行下去,就形成了"死循环"。例 5-4 如果省略表达式 2,形式如下:

```
...
```

```
int n;
float s=0;
for(n=1; ;n++)
    s=s+pow((-1),(n-1)) * ((2 * n-1) * 2 * n)/((2 * n+1) * (2 * n+2));
printf("s(n)=%f",s);
…
```

相当于下面的 while 循环：

```
…
int n=1;
float s=0;
while(1)
{
    s=s+pow((-1),(n-1)) * ((2 * n-1) * 2 * n)/((2 * n+1) * (2 * n+2));
    n++;
}
printf("s(n)=%f",s);
…
```

由于表达式 2 省略,相当于条件永远成立,所以此时在循环体中应该有退出循环的语句。例如：

```
int n,s;
s=0;
for(n=1; ;n++)
{
    s=s+n;
    if (s>1000)
        break;
}
printf("s=%d\n",s);
```

此程序段用于求 $1+2+3+4+\cdots$,直到和超过 100 为止。

③ 省略表达式 3。如果表达式 3 省略,则必须在程序中另外添加修改循环变量值的语句,保证循环能够正常结束,一般来说,是把表达式 3 放到循环体的最后面。例 5-4 如果省略表达式 3,程序可以改写成如下形式：

```
int n;
float s=0;
for(n=1;n<=30; )
{
    s=s+pow((-1),(n-1)) * ((2 * n-1) * 2 * n)/((2 * n+1) * (2 * n+2));
    n++;
}
printf("s(n)=%f",s);
```

④ 同时省略表达式 1 和表达式 3。如果表达式 1 和表达式 3 同时省略,只有表达式 2,

也就是说只有循环条件,那就和 while 循环功能一样。下面两段程序是等价的。

```
while (n<=100)
{
    sum=sum+n;
    n++;
}
```

等价于

```
for (;n<=100;)
{
    sum=sum+n;
    n++;
}
```

⑤ 同时省略 3 个表达式。当然,for 循环的 3 个表达式也可同时省略,即

```
for (; ;)
{
    ...
}
```

如果在循环体中没有退出循环的语句,这种形式就会使循环体一直执行下去,形成"死循环"。

(3) 表达式 1 和表达式 3 可以和循环变量无关。一般来说,虽然表达式 1 用于为循环变量赋初值,表达式 3 用于修改循环变量的值,但是表达式 1 和表达式 3 的内容也可以和循环变量完全无关。

用 for 语句实现求 $1+2+3+\cdots+100$ 的值,程序如下:

```
int n,sum=0;
for (n=1;n<=100;n++)
    sum=sum+n;
printf("sum=%d\n",sum);
```

也可以写成

```
int sum,n=0;
for(sum=0;n<100;sum=sum+n)
    n++;
printf("sum=%d\n",sum);
```

虽然第二种形式的结果也正确,但是和第一种形式相比,程序的可读性和可维护性大大降低。由此可见,虽然 for 语句使用起来形式非常灵活,但是一般来说还是要遵从常用的形式,不要在表达式 1 和表达式 3 中出现和循环控制变量无关的内容。

思考:在第二种形式中,为什么 n 的初值设为 0 而不是 1,循环条件也和第一种形式不同?

(4) 表达式 1 和表达式 3 可以是一个简单的表达式,也可以是逗号表达式,即包含一个以上的简单表达式,中间用逗号隔开。

在以后的学习中会遇到一些较为复杂的问题,和循环控制相关的变量可能大于一个,例如:

```
for(i=0,j=10;i<=j;i++,j--)
{
    …
}
```

例 5-6   编写程序,输出所有的水仙花数。水仙花数是指一个 3 位数,其各位数字的立方和等于该数本身。例如 153 就是水仙花数,$153=1^3+5^3+3^3=153$。

程序分析:因为水仙花数是一个 3 位数,所以可以定义一个变量 i,使 i 从 100 循环到 999,逐个判断 i 是否为水仙花数,选用 for 循环最合适。另外,题目中要求求各位数字的立方和,这种问题常用"/"和"%"两种运算结合使用来解决。

程序如下:

```
#include "stdio.h"
void main()
{
    int a,b,c,i;
    for(i=100;i<=999;i++)
    {
        a=i/100;                 /* 求出 i 的百位数字 */
        b=i/10%10;               /* 求出 i 的十位数字 */
        c=i%10;                  /* 求出 i 的个位数字 */
        if(i==a*a*a+b*b*b+c*c*c)
            printf("%d\n",i);
    }
}
```

运行结果如下:

```
153
370
371
407
```

注意:

(1) 在计算机解决实际问题时,常常会用到类似本程序的"穷举法"。"穷举法"解决的问题一般具有这种特点:如果问题有解(一组或多组)必定全在某个集合中;如果这个集合内无解,集合外也肯定无解。这样,在解决问题时,就可以将集合中的元素一一列举出来,验证是否为问题的解。本题就是一一验证 100~999 所有的数,最终找出答案。

(2) 程序中在做是否相等关系判断 i==a*a*a+b*b*b+c*c*c 使用到了关系运算符"==",而不是"=",后者是赋值运算符,在 C 语言中这两种运算符形式是不一样的,要注意区别。

5.3 do…while 语句

do…while 语句属于"直到型"循环,循环体语句一直循环执行,直到循环条件表达式的值为假为止,语句一般形式如下:

```
do
    循环体语句;
while(表达式);
```

执行过程:先执行循环体语句,然后计算 while 后括号内的表达式,当表达式为"真"(非 0)时,则再次执行循环体语句,重复上述操作直到表达式为"假"(0)时退出循环。其中循环体语句可以是简单语句也可以是用一对花括号({})括起来的复合语句。流程图如图 5-7 所示。

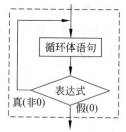

图 5-7　do…while 语句流程图

说明:

(1) do…while 语句中

```
while(表达式);
```

最后的分号是不能省略的,这一点是和 while 语句不一样的。

(2) do…while 语句是先执行循环体语句,后判断表达式,因此无论条件是否成立,将至少执行一次循环体。而 while 语句是先判断表达式,后执行循环体语句,因此,如果表达式在第一次判断时就不成立,则循环体一次也不执行。

while 语句和 do…while 语句的比较:

一般来说,对于同一个问题,使用 while 语句或 do…while 语句结果是一样的,也就是说,只要循环体相同,其结果也会相同。例如求 $1+2+3+…+100$ 的和,如果使用 do…while 语句形式如下:

```
int n,sum;
n=1;
sum=0;
do
{
    sum=sum+n;
    n++;
}while (n<=100);
printf("sum=%d\n",sum);
```

可见,二者并不完全等价,当第一次进行循环时,while 后面的表达式就不成立,那么对于 while 循环来说,循环体语句一次也不执行,程序直接跳过循环结构,执行下面的语句;对于 do…while 循环来说,循环体语句还是要执行一次才跳出循环结构。例如以下两段程序。

程序段 1:

```
#include "stdio.h"
void main()
{
    int n,sum=0;
    scanf("%d",&n);
    while (n<=10)
    {
        sum=sum+n;
        n++;
    }
    printf("sum=%d\n",sum);
}
```

程序运行情况如下。

第 1 次运行：

8 ↙
sum=27

第 2 次运行：

10 ↙
sum=10

第 3 次运行：

11 ↙
sum=0

程序段 2：

```
#include "stdio.h"
void main()
{
    int n,sum=0;
    scanf("%d",&n);
    do
    {
        sum=sum+n;
        n++;
    }while (n<=10);
    printf("sum=%d\n",sum);
}
```

程序运行情况如下。

第 1 次运行：

8 ↙
sum=27

第 2 次运行:

10↙
sum=10

第 3 次运行:

11↙
sum=11

对以上例子进行分析,当输入 n 的值小于或等于 10 时,两段程序输出的结果是一样的,当输入 n 的值为 11 时,两段程序输出的结果就不同了。当 n=11 时,对于 while 循环来说,第一次判断表达式 n≤=10 结果为假,循环体一次也没有执行,直接输出 sum 的初值;对于 do…while 循环来说,程序先执行一次循环体,sum 的值变为 11,再判断表达式 n≤=10 的结果为假,退出循环结构。

例 5-7　编写程序,实现对用户输入口令的校验。用户输入的口令如果与预设口令不一致,则需要重新输入,直到与预设口令一致为止。

程序分析:定义一个字符型变量 c 用来存放用户输入的口令。循环的条件是用户输入的口令和预设的口令不一致,用户需要先输入口令然后进行判断,因此选用 do…while 循环更合适一些。

程序如下:

```
#include "stdio.h"
void main()
{
    char c;
    do
    {
        c=getchar();            /*接收用户输入的口令*/
    }while(c!='A');             /*假定预设口令是字符'A'*/
    printf("校验成功\n");
}
```

程序运行情况如下:

D↙
R↙
b↙
A↙
校验成功

例 5-8　用公式 $\frac{\pi}{4}=1-\frac{1}{3}+\frac{1}{5}-\frac{1}{7}+\cdots$ 求 π 的近似值,直到最后一项的绝对值小于 10^{-6} 为止。

程序分析:本程序属于阶加问题,可以定义浮点型变量 d 存放每一个基本数据项,注意题目中相邻基本数据项的符号不同,因此定义变量 sign 表示当前数据项的符号,初值为正号,即 sign=1,每循环一次,都使 sign 的符号取反,即 sign=−sign,其他步骤与一般的阶加问题相同。

```c
#include "stdio.h"
#include "math.h"
void main()
{
    double n,d,pi;
    int sign;
    sign=1;
    d=1.0;
    pi=0.0;
    n=1.0;
    do
    {
        pi=pi+d;
        n=n+2;
        sign=-sign;              /* 改变数据项的符号 */
        d=sign/n;                /* 求出数据项 */
    }while (fabs(d)>=1.0e-6);
    pi=4.0*pi;
    printf("pi=%10.7f\n",pi);
}
```

程序运行结果如下:

pi=3.1415907

注意: 语句的先后顺序有时也非常重要, 例如例 5-8 如果改写成如下形式:

```c
#include "stdio.h"
#include "math.h"
void main()
{
    double n,d,pi;
    int sign;
    sign=1;
    d=1.0;
    pi=0.0;
    n=1.0;
    do
    {
        n=n+2;
        sign=-sign;              /* 改变数据项的符号 */
        d=sign/n;                /* 求出数据项 */
        pi=pi+d;
    }while (fabs(d)>=1.0e-6);
    pi=4.0*pi;
    printf("pi=%10.7f\n",pi);
};
```

程序运行结果如下：

pi=-0.8584053

结果显然不正确，只是修改了循环体中的一个语句的顺序，结果就会产生错误，如果将程序在此基础上做如下修改：

```c
#include "stdio.h"
#include "math.h"
void main()
{
    double n,d,pi;
    int sign;
    sign=1;
    d=1.0;
    pi=1.0;
    n=1.0;
    do
    {
        n=n+2;
        sign=-sign;                /*改变数据项的符号*/
        d=sign/n;                  /*求出数据项*/
        pi=pi+d;
    }while (fabs(d)>=1.0e-6);
    pi=pi-d;
    pi=4.0*pi;
    printf("pi=%10.7f\n",pi);
}
```

程序运行结果如下：

pi=3.1415907

由此可以看出，变量初值改变了，循环体中语句的顺序就要做相应的调整，同时循环的次数可能也会受到影响，在编写程序时一定要注意考虑这些因素。另外，请思考为什么在循环体后要添加语句

pi=pi-d;

下面，对 3 种循环结构进行比较。循环语句 while、do…while 和 for 形式虽然不同，但主要结构成分都是循环三要素。3 种语句都可以实现循环，一般来说，可以互相替代。但它们也有一定的区别，使用时应根据语句特点和实际问题需要选择合适的语句。它们的区别和特点如下：

（1）while 和 do…while 语句一般实现标志式循环，即无法预知循环的次数，循环只是在一定条件下进行，而 for 语句大多实现计数式循环。

（2）一般来说，while 和 do…while 语句的循环变量赋初值在循环语句之前，循环结束条件是 while 后面括号内的表达式，循环体中包含循环变量修改语句；一般 for 循环则是循

环三要素集于一行,因此 for 循环语句功能更强大,形式更简洁,使用更灵活。

（3）while 和 for 语句是先测试循环条件,后执行循环体语句,循环体可能一次也不执行。而 do…while 语句是先执行循环体语句,后测试循环条件,所以循环体至少被执行一次。

知道了 3 种循环各自的特点,在实际使用时就要根据特点合理选择。

5.4　多重循环结构

在处理实际问题时,有时仅仅使用前面学过的循环是不够的,可能在已有循环结构的循环体语句中还需要包含循环结构,这就是多重循环。

一个程序中的多个循环语句之间存在两种关系:并列(顺序)关系和嵌套关系。循环不允许有交叉,如图 5-8 所示。

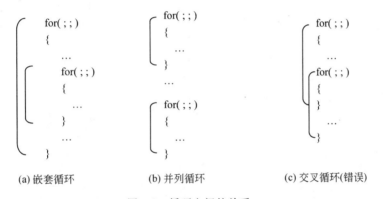

图 5-8　循环之间的关系

循环的嵌套是指一个循环语句的循环体内完整的包含另一个完整的循环结构。上述 3 种循环结构(while 循环、for 循环、do…while 循环)可以任意组合嵌套。例如:

(1)

```
while (    )
{
    ...
    while (    )
    {
        ...
    }
    ...
}
```

内层　外层

(2)

```
for (  ;    ;  )
```

```
        {
            ...
            while (     )
            {                        内层        外层
                ...
            }
            ...
        }
```

(3)

```
        do
        {
            ...
            for (  ;  ;   )
            {                        内层        外层
                ...
            }
            ...
        } while (    )
```

(4)

```
        for (;     ;  )
        {
            ...
            for (  ;     ;   )
            {                        内层        外层
                ...
            }
            ...
        }
```

  这种嵌套层次数为两层的循环嵌套称为双重循环嵌套,它的执行过程是,首先进行外层循环的条件判断,当外层循环条件成立时顺序执行外层循环体语句,遇到内层循环,则进行内层循环条件判断,并在内层循环条件成立的情况下反复执行内层循环体语句,当内层循环因循环条件不成立而退出后重新返回到外层循环并顺序执行外层循环体的其他语句,外层循环体执行一次后,重新进行下一次的外层循环条件判断,若条件依然成立,则重复上述过程,直到外层循环条件不成立时,退出双重循环嵌套,执行后面其他语句。例如,图 5-9 所示的就是一张循环嵌套形式的程序流程图。

  C 语言中,多重循环不仅包含双重循环结构,还允许循环结构的多重嵌套。如果一个循环的外面有两层循环就叫三重循环,图 5-10 所示的就是一个三重循环结构。当然,还有四重、五重等更多重循环。理论上嵌套可以是无限的,但一般使用两重或三重的比较多,若嵌套层数太多,就会降低程序的可读性和执行效率。

  例 5-9 如果一个整数除自身之外的因数之和等于这个数本身,这个数就被称为完全数。例如,1、2、3 是 6 的因数,并且 6=1+2+3,所以 6 是完全数。编写程序,输出 1000 以

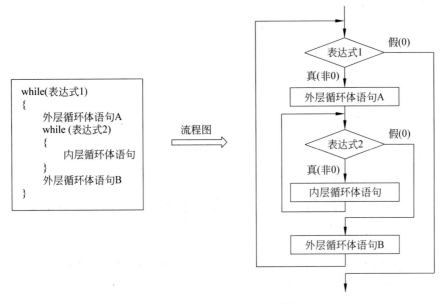

图 5-9　双重循环嵌套流程图

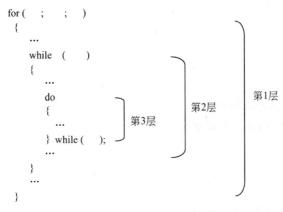

图 5-10　三重循环结构

内所有的完全数。

　　程序分析：此题应该分成两步来做。

　　第 1 步，判断一个数 n 是否为完全数。可以定义一个变量 s 作为"累加器"，此问题仍然需要用前面讲过的"穷举法"，从 1～n－1 逐一去除 n，如果能除尽，就说明是 n 的因数，把它加到 s 上。可以选用 for 循环。

　　第 2 步，外层循环对 1000 以内的所有正整数一一进行判断，利用第一步的方法，逐个判断 n 的因数之和 s 是否等于 n。若相等，则显示输出。同样选用 for 循环。

　　程序思路如下：

```
for(n=2;n<=1000;n++)
{
    求 n 的所有因数之和赋给 s
```

　　　　若 n==s,则显示输出

　　}

把上面的内循环改成代码,程序如下:

```
#include "stdio.h"
void main()
{
    int i,n,s;
    for(n=2;n<=1000;n++)              /*外循环*/
    {
        s=0;
        for(i=1;i<n;i++)             /*内循环,求出 n 的所有因数之和*/
            if(n%i==0)
                s+=i;
        if(n==s)                     /*判断 a 是否等于所有因数之和*/
            printf("%d\n",n);
    }
}
```

运行结果如下:

```
6
28
496
```

例 5-10　打印九九乘法口诀表。

程序分析:乘法口诀表的形式如下:

```
1×1=1
1×2=2   2×2=4
1×3=3   2×3=6   3×3=9
1×4=4   2×4=8   3×4=12   4×4=16
...
1×9=9   2×9=18   3×9=27   4×9=36   5×9=45   6×9=54   7×9=63   8×9=72   9×9=81
```

九九乘法口诀表是一个二维图文表,这种表的处理常采用双重循环来实现。外循环控制输出行,内循环控制输出某行中的具体内容(即列)。求解此类问题的关键是分析图表的规律,九九乘法表的规律如下。

(1) 乘法表共有 9 行。用外循环控制行,是定数循环,选用 for 循环比较合适。

(2) 每行算式个数规律为,第几行就有几列算式。用内循环输出每行的算式,内循环每执行一次,输出一个算式,因此内循环执行次数=外循环变量的值。内循环每次也是定数循环,选用 for 循环。

(3) 每个算式都既与所在行有关,又与所在列有关,规律是列×行=积。

程序如下:

```
#include "stdio.h"
```

```
void main()
{
    int i,j;
    for(i=1;i<=9;i++)                    /*外循环控制输出行*/
    {
        for(j=1;j<=i;j++)                /*输出该行的内容*/
            printf("%2d*%d=%2d",j,i,i*j);
        printf("\n");                    /*每行结束后,输出换行*/
    }
}
```

注意:如果是多重循环,则外循环和内循环应选用不同的循环控制变量。

5.5　break 语句和 continue 语句

前面讲到的 3 种循环结构会用到 while 语句、for 语句或 do…while 语句。在一般情况下,只有当循环控制条件为假时,循环才会结束,所以要用 break 语句或 continue 语句改变控制流程。

5.5.1　break 语句

break 语句可以使流程跳出 switch 结构,它也可以用在 while 语句、for 语句和 do…while 语句中。当 break 用于这 3 种循环结构时,可使程序跳出本层循环,继续执行循环体下面的语句。其一般形式如下:

```
break;
```

例如在下面输出圆面积的例子中,当圆的面积大于 100 时会停止输出。程序如下:

```
int r;
float area,pi=3.14159;
for(r=1;r<=10;r++)
{
    area=pi*r*r;
    if(area>100)
        break;
    printf("r=%d,area=%f\n",r,area);
}
```

程序的运行结果如图 5-11 所示。

当 r=6 时,条件 area>100 为真,执行 break 语句,提前结束循环,即不再继续执行其余的几次循环,程序跳转到 for 循环下面的语句接着执行。在这个程序中,循环体只完整地循环了 5 次,所以有 5 行输出,但执行第 6 次时,if(area>100)成立,通过语句

```
break;
```

退出循环。

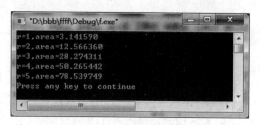

图 5-11 求圆面积示意图

说明：

（1）break 语句只能用于 while、for 和 do…while 循环语句以及 switch 语句中，不能用于其他语句。

（2）如果 break 语句用在多重循环结构体中，使用 break 语句只能使程序退出 break 语句所在的最内层循环。例如，以下程序：

```
int i,k;
for(i=1;i<=3;i++)
{
    printf("第%d行: ",i);
    for(k=1;k<=100;k++)
    {
        if(k>10)
            break;
        printf("%d,",k);
    }
    printf("\n");
}
```

程序执行结果如下：

第 1 行：1,2,3,4,5,6,7,8,9,10,
第 2 行：1,2,3,4,5,6,7,8,9,10,
第 3 行：1,2,3,4,5,6,7,8,9,10,

可见，当程序执行 break 语句时，仅跳出了内层的 for 循环，跳转到语句

```
printf("\n");
```

接着执行，外循环不受影响。

5.5.2 continue 语句

continue 语句的作用是结束本次循环，即跳过循环体中下面尚未执行的语句，接着进行下一次是否执行循环体的判断。其一般形式如下：

```
continue;
```

continue 语句只能用于循环结构中。

对于 while 和 do…while 语句，continue 语句使程序结束本次循环，跳转到循环条件的

判断部分,根据条件判断是否进行下一次循环;对于 for 语句,continue 语句使程序不再执行循环体中下面尚未执行的语句,直接跳转去执行表达式 3,然后再对循环条件表达式 2 进行判断,根据条件判断是否进行下一次循环。

例 5-11　输入若干学生的成绩,求平均值。

程序如下:

```
#include "stdio.h"
void main()
{
    int i,n,score;
    float sum=0,aver;
    printf("请输入学生的个数:");
    scanf("%d",&n);
    for(i=1;i<=n;i++)
    {
        printf("请输入学生的成绩:");
        scanf("%d",&score);
        if(score<0||score>100)          /*学生成绩输入有误*/
        {
            printf("输入成绩有误,请重新输入!\n");
            i--;                        /*此次输入成绩不算,计数应减去 1*/
            continue;
        }
        sum=sum+score;
    }
    aver=sum/n;
    printf("%.2f\n",aver);
}
```

程序运行情况如下:

```
请输入学生的个数:5↙
请输入学生的成绩:22↙
请输入学生的成绩:98↙
请输入学生的成绩:-2↙
输入成绩有误,请重新输入!
请输入学生的成绩:78↙
请输入学生的成绩:65↙
请输入学生的成绩:80↙
68.60
```

当程序执行时,如果用户输入的成绩不在 0～100 范围内,即 if 语句的条件 score<0||score>100 成立,则程序就会输出错误信息,计数变量 i 减去 1,并执行语句

```
continue;
```

这时,程序就会结束本次循环,不再执行循环体中下面尚未执行的语句

```
sum=sum+score;
```

直接跳转去执行表达式 3(i++),接着判断表达式 2(i<=n),决定是否进行下一次循环。

continue 语句和 break 语句的区别是,continue 语句只是结束本次循环,但是整个循环的执行并没有结束,而 break 语句则是结束整个当前所在循环过程,执行循环体后面的语句。例如有以下两个循环结构:

结构 1:

```
while(表达式1)
{
    …
    if(表达式2)
        break;
}
```

结构 2:

```
while(表达式1)
{
    …
    if(表达式2)
        continue;
    …
}
```

它们的流程图如图 5-12 所示。

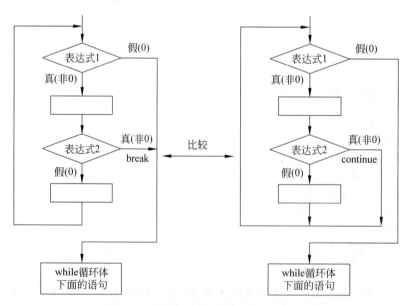

图 5-12　break 和 continue 的执行流程示意图

注意:当"表达式 2"为真时,注意两个流程图流程的转向。

5.6 应用程序举例

例 5-12 判断 m 是否为素数。

程序分析：所谓素数，就是一个正整数，除了 1 和本身以外并没有任何其他因数。例如 2、3、5、7 就是素数。

方法 1：可以采用这种算法：定义一个整数 i 作为循环变量，定义一个整数 $k=\sqrt{m}$。让 m 被 $2\sim k$ 除，如果 m 能被 $2\sim k$ 中的任何一个整数整除，则提前结束循环，此时 i 必然小于或等于 k；如果 m 不能被 $2\sim k$ 中的任何一个整数整除，则在最后完成一次循环后，i 还要加 1，$i=k+1$，然后循环才能终止。因此，在循环结束之后判断 i 的值是否大于或等于 $k+1$，若是，则表明未曾被 $2\sim k$ 中任意一个整数整除过，因此 m 就是素数，否则，m 就不是素数。程序如下：

```
#include "stdio.h"
#include "math.h"
void main()
{
    int m,i,k;
    scanf("%d",&m);
    k=sqrt(m);
    for (i=2;i<=k;i++)
    if(m%i==0)
        break;                      /* m已不是素数,不用再除了,跳出循环 */
    if(i>k)
        printf("%d is a prime number.\n",m);
    else
        printf("%d is not a prime number.\n",m);
}
```

程序运行情况如下：

32✔

32 is not a prime number.

再次运行程序

31✔

32 is a prime number.

方法 2：还可以采用设置标志的办法：先定义一个变量 flag，用它来表示 m 是否为素数，可以假定 flag 的值为 1 时表示 m 是素数，m 的值为 0 时表示 m 不是素数。这个变量 flag 通常被称为"标志变量"，在以后的学习中还会碰到这种变量。可以事先假定 m 是一个素数，即把 m 赋初值为 1，当在 m 被 $2\sim k$ 除的循环过程中，如果 m 能被 $2\sim k$ 中的任何一个整数整除，那么就把 flag 的值置为 0。这样，在循环结束时，通过 m 的值就可以判断出 m 是否为素数。程序如下：

```c
#include "stdio.h"
#include "math.h"
void main()
{
    int m,i,k,flag;                 /*定义标志变量*/
    scanf("%d",&m);
    k=sqrt(m);
    flag=1;                         /*假设m是素数*/
    for (i=2;i<=k;i++)
    if(m%i==0)
    {
        flag=0;                     /*表示m不是素数*/
        break;                      /*跳出循环*/
    }
    if(flag==1)
        printf("%d is a prime number.\n",m);
    else
        printf("%d is not a prime number.\n",m);
}
```

程序运行情况如下：

85✓

85 is not a prime number.

再次运行程序

79✓

79 is a prime number.

思考：在方法2中，如果把下面的if语句：

```c
if(flag==1) printf("%d is a prime number\n",m);
```

改为

```c
if(flag) printf("%d is a prime number\n",m);
```

这二者等价吗？

例5-13 从键盘输入两个正整数m和n，求它们的最大公约数和最小公倍数。

程序分析：求两个数的最大公约数有两种算法，求最小公倍数的方法为两个数的乘积除以它们的最大公约数。

方法1：根据最大公约数的数学定义，使用for循环查找即能整除m又能整除n的最大的数就是m、n的最大公约数。代码如下：

```c
#include "stdio.h"
void main()
```

```
{
    int m,n,k,max,x,y,z;
    printf("input m,n:\n");
    scanf("%d,%d",&m,&n);
    x=m;                                /*把m的值给x暂存,用以求最小公倍数*/
    y=n;
    for (k=1;k<=(m<n?m:n);k++)          /*循环变量k的最大值应是m和n中的较小数*/
        if (m%k==0&&n%k==0)
            max=k;
    z=x*y/max;                          /*求最小公倍数*/
    printf("m和n的最大公约数为:%d \n最小公倍数为:%d\n",max,z);
}
```

程序运行情况如下:

```
input m and n:
96 ↙
56 ↙
m和n的最大公约数为: 8
最小公倍数为: 672
```

方法2:辗转相除法。求两个数的最大公约数可以使用辗转相除法,算法的思想如下:
首先定义一个变量 r,用来存储 m 除以 n 的余数。

步骤1,将两个数中的大者放在 m 中,小者放在 n 中。

步骤2,求 m 除以 n 的余数 r,即 $r=m\%n$。

步骤3,若 r 不等于0,转步骤4;若 r 等于0,则此时的 n 就是最大公约数,转步骤5。

步骤4,把 n 的值赋给 m,把 r 的值赋给 n,即 mn,nr,然后转步骤2。

步骤5,跳出循环结构,执行循环结构的下一个语句。

程序如下:

```
#include "stdio.h"
void main()
{
    int m,n,r,x,y,z,k;
    printf("input m,n:\n");
    scanf("%d,%d",&m,&n);
    x=m;                                /*保存最初两个数的值给x和y,以备求最小公倍数时使用*/
    y=n;
    r=m%n;
    while(r!=0)
    {
        m=n;
        n=r;
        r=m%n;
    }
    z=x*y/n;                            /*求最小公倍数*/
    printf("m和n的最大公约数为:%d \n最小公倍数为:%d\n",n,z);
```

```
}
```

程序运行情况如下：

```
input m and n:
96↙
56↙
```

m 和 n 的最大公约数为：8
最小公倍数为：672

例 5-14 求 Fibonacci 数列前 30 项，每行输出 5 个数。

问题分析：

（1）问题背景：Fibonacci 数列是中世纪意大利数学家在《算盘书》中提出的一个关于兔子繁殖的问题，具体如下：

如果一对兔子每月能生一对小兔，而每对小兔在他出生后的第 3 个月中，又能开始生一对小兔，假定在不发生死亡的情况下，每个月有多少对兔子？

（2）通过分析可以得出每个月兔子的对数如下。

月份：	1	2	3	4	5	6	7	⋯
兔子数：	1	1	2	3	5	8	13	⋯

通过观察可以发现，每个月的兔子数量是有规律可循的，即第 i 个月兔子的对数＝第 $(i-1)$ 个月兔子对数＋第 $(i-2)$ 个月兔子对数。

（3）算法设计思想：可以设 f_1 表示第 $(i-2)$ 个月兔子对数，f_2 表示第 $(i-1)$ 个月兔子对数，f_3 表示第 i 个月兔子的对数。即 $f_3 = f_1 + f_2$。

```
1     1     2     3     5     8     13
f₁    f₂    f₃
      f₁    f₂    f₃
            f₁    f₂    f₃
                  f₁    f₂    f₃
                        f₁    f₂    f₃
```

从数据可以看出，先从第一项开始，f_1、f_2 分别表示第 1 项和第 2 项，初值均为 1，第 3 项的值 $f_3 = f_1 + f_2$。

计算第 4 项的值：这时的 f_3 表示的是第 4 项，那么 f_1 表示的就应该是第 2 项，即刚才的 f_2，f_2 表示的就应该是第 3 项，即刚才的 f_3。因此，在使用公式 $f_3 = f_1 + f_2$ 计算第 4 项的值之前，需要先把 f_2 的值赋给 f_1（$f_1 \leftarrow f_2$），把 f_3 的值赋给 f_2（$f_2 \leftarrow f_3$）。然后，再使用公式计算，得出的值 f_3 就是第 4 项的值。

以此类推，就可以求出后面各项的值。如下所示：

$$f_3\text{的值：} f_1=1, f_2=1, f_3 = f_1 + f_2;$$

$$f_4\text{的值：} f_1 = f_2, f_2 = f_3, f_3 = f_1 + f_2;$$

$$f_5\text{的值：} f_1 = f_2, f_2 = f_3, f_3 = f_1 + f_2;$$

上面的分析可以得知，从数列的第 3 项开始，每一项的值都依赖于其前两项，这种方法称为递推法。递推算法的基本思想是，从初值出发，归纳出新值与旧值间的关系，直到推出所需值为止，即新值的求出依赖于旧值，不知道旧值就无法推导出新值，类似于数学上的递推公式。

程序代码如下：

```c
#include "stdio.h"
void main()
{
    int f1,f2,f3,i;
    f1=1;f2=1;
    printf("%10d%10d",f1,f2);
    for(i=3; i<=30; i++)              /* 从第 3 项开始计算 */
    {
        f3=f1+f2;
        printf("%10d",f3);
        if(i%5==0)
            printf("\n");             /* 每输出 5 个后换行 */
        f1=f2;
        f2=f3;
    }
}
```

程序运行结果如图 5-13 所示。

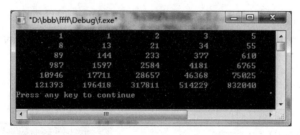

图 5-13 例 5-14 的运行结果

思考：上面程序中的两个语句

```c
f1=f2;
f2=f3;
```

如果交换顺序，即写成

```c
f2=f3;
f1=f2;
```

是否正确？

例 5-15 百钱买百鸡问题。这时中国古代数学家张丘建在他的《算经》中提出的问题。问题大意为，公鸡 3 元 1 只、母鸡 2 元 1 只、小鸡 1 元 3 只，问用 100 元钱买 100 只鸡，公鸡、母鸡、小鸡各应多少只？

设买母鸡 i 只，公鸡 j 只，小鸡 k 只，根据题意 i、j、k 应满足下面条件：

$$\begin{cases} 3i + 2j + z/3 = 100 \\ i + j + k = 100 \end{cases}$$

这是一个三元一次方程组，但只有两个算术式，因此方程会有多个解，所以此问题可归结为求这个不定方程的整数解。本问题可使用穷举法实现。

与手工计算不同。由程序设计实现不定方程的求解是利用计算机运算速度高的优势，在分析确定方程中未知数变化范围的前提下，通过对未知数可变范围的穷举，验证方程的成立条件，从而得到相应的解，在所有可能的买鸡方案中选出满足上述两个条件的母鸡、公鸡和小鸡数。

（1）最简单的方法：每种鸡子的只数最少是 0 只，最多 100 只，然后利用循环把所有组合试一遍，找出满足条件的组合即可。程序如下：

```c
#include "stdio.h"
void main()
{
    int i,j,k,n;
    int money;
    printf(" 公鸡 母鸡 小鸡 \n");
    for (i=0;i<=100;i++)              /* 最外层循环控制公鸡数 */
        for (j=0;j<=100;j++)          /* 二重循环控制母鸡数 */
            for (k=0;k<=100;k++)      /* 三重循环控制小鸡数 */
            {
                n=i+j+k;
                money=9*i+6*j+k;      /* 为了避免出现小数,等式两边都乘以 3 */
                if(n==100 && money==300)
                    printf("%5d%5d%5d\n",i,j,k);
            }
}
```

程序的运行结果如图 5-14 所示。

在这个程序中，用到了 3 层循环，最内层循环体执行的次数是 $101 \times 101 \times 101$，约 100 万次。

（2）通过对问题进行分析可发现，由于公鸡 3 元 1 只，因此 100 元最多买 33 只公鸡；母鸡 2 元 1 只，100 元最多买 50 只母鸡；虽然小鸡 1 元 3 只，但最多只能够买 100 只小鸡。程序改进如下：

图 5-14　百鸡问题的运行结果

```c
#include "stdio.h"
void main()
{
    int i,j,k,n;
    int money;
    printf(" 公鸡 母鸡 小鸡 \n");
    for (i=0;i<=33;i++)              /* 最外层循环控制公鸡数 */
```

```
    for (j=0;j<=50;j++)              /*二重循环控制母鸡数*/
        for (k=0;k<=100;k++)          /*三重循环控制小鸡数*/
        {
            n=i+j+k;
            money=9*i+6*j+k;          /*为了避免出现小数,两边都乘以3*/
            if(n==100 && money==300)
                printf("%5d%5d%5d\n",i,j,k);
        }
}
```

在这个程序中,也用到了3层循环,最内层循环体执行的次数是 $34 \times 51 \times 101$,约 17 万次,效率比第一种方法提高了 6 倍。

（3）对问题进一步分析可发现,由于公鸡的只数(i)和母鸡的只数(j)一旦确定,小鸡的只数(k)肯定是 $100-i-j$。则程序改进如下:

```
#include "stdio.h"
void main()
{
    int i,j,k,n;
    int money;
    printf(" 公鸡 母鸡 小鸡 \n");
    for (i=0;i<=33;i++)              /*最外层循环控制公鸡数*/
        for (j=0;j<=50;j++)          /*二重循环控制母鸡数*/
        {
            k=100-i-j;               /*小鸡的只数是通过100-i-j计算*/
            money=9*i+6*j+k;         /*为了避免出现小数,等式两边都乘以3*/
            if( money==300)
                printf("%5d%5d%5d\n",i,j,k);
        }
}
```

由于这个程序是二层循环,内层循环体的循环次数是 34×51,约 1700 次,同时判断的条件也由 n==100 && money==300 变为了 money==300。与第一种方法比较,其效率提高了约 1600 倍。

从这个例子可以看出,实现同一个问题,编程的方法有多种,并且效率相关甚远。只有掌握更多的编程方法,对遇到的问题进行分析和建模,都得编制出高效的程序。

例 5-16 编写程序,输出如下所示图形。

```
D D D D D D D
 C C C C C
  B B B
   A
```

问题分析：此题仍然属于图形输出的问题,可以采用双重循环实现。外循环控制行输出,内循环控制每行输出的字符。此题的图形和例 5.15 相比较不规则。图形的每行可视为由行前导空格和行中字母构成,且每行的字母可视为一个整体。其规律是行号与每行不同字符个数有确定的对应关系,具体规律如下。

前导空格:第 i 行(1,2,3,4)对应的空格数为 $i-1$(0,1,2,3);

每行字母:第 i 行(1,2,3,4)对应的字母个数为 $9-2i$(7,5,3,1)。

程序如下:

```c
#include "stdio.h"
void main()
{
    int i,j;
    for(i=1;i<=4;i++)
    {
        for(j=1;j<10+i;j++)
            printf(" ");
        for(j=1;j<=9-2*i;j++)
            printf("%c",69-i);
        printf("\n");
    }
}
```

说明:程序中,每行输出的空格数并不是分析中的 i-1,而是 10+i,但这并不影响结果的输出。这是因为在输出每行前面的空格时,要保证行与行之间空格数的相对关系要正确,即相邻的下一行比上一行的空格数多一,只要这一点得到保证,图形就能正确输出,而每行内容前空格的绝对数目并不重要。程序中用到的 10+i,只不过是让每行内容的前面都多加了 10 个空格,结果只会让输出图形整体右移 10 个字符的位置。

图形输出问题的一般采用双重循环实现。外循环用于控制行输出,内循环用于控制每行输出的字符。输出具体内容时,要找出每行内容之间的规律,对具体的字符进行输出。每行各种字符的个数往往和行号是有一定关系的,可以利用 for 语句进行输出。每行或每列字符的内容即使不同,行与行或列与列字符之间一定存在某种联系,找出这种联系进行输出。必要时可以把每行的内容分为几部分分别进行输出。

例 5-17 编程验证:任何一个大于或等于 6 的偶数都至少能表示成一对素数(质数)之和。输入一个数 n,输出其所有的素数对。

在本例中,首先要会判断一个数是否为素数。然后把 n 拆成一对数 a 和 b,再判断 a 和 b 是否是素数,若都是素数,则符合条件。如何把 n 拆成 a 和 b 呢?根据数据的知识,a 的取值只能是 3、5、7、9、…(一直到 $n/2$)奇数时才能可能是素数,而 $b=n-a$。很显然,这是一个循环。程序的框架如下:

```
输入 n;
a=3;
while(a<n/2)
{
    b=n-a;
    判断 a 是否为素数;
    判断 b 是否为素数;
    if ( a 和 b 都是素数)
```

```
        输出 a 和 b;
a=a+2;
}
```

根据框架,程序可实现如下:

```
#include "stdio.h"
void main()
{
    int a,b,n,fa,fb,i;
    printf("input n:");
    scanf("%d",&n);
    a=3;
  while(a<n/2)
  {
    b=n-a;
    fa=1;
    for(i=2;i<a;i++)
       if (a%i==0)
       {
           fa=0;
           break;
       }
    fb=1;
    for(i=2;i<b;i++)
      if (b%i==0)
      {
          fb=0;
          break;
      }
    if(fa && fb)
       printf("%d=%d+%d\n",n,a,b);
    a=a+2;
  }
}
```

在这个框架中,需要分别对 a 和 b 进行素数的判断,两段程序代码几乎一样,实现的功能是一样的,但需要重复书写,降低了程序的可读性和模块化思想,为此,可以对功能相对独立的代码段用子函数实现。这一点将在第 6 章进行讲解。

5.7 错 误 解 析

1. 形成“死循环”

当在 while、for 或 do…while 语句中的循环条件一直都为真时,就会形成死循环,其中由于 for 循环形式的特点,一般表达式 2 是循环条件控制表达式;表达式 3 实现循环控制变量的改变,使循环趋于结束。因此,一般来说,使用 for 语句不容易出现"死循环"现象。使用 while 或 do…while 语句时就要特别注意。

例如以下程序:

```
int s,i;
s=0;
i=1;
while(i<=100)
{
    if(i%2==0)
        s=s+i;
}
printf("%d\n",s);
```

在循环结构语句中缺少改变循环变量 i 值的语句。这致使循环控制条件一直为真,程序会一直循环执行。

解决方法:在循环体语句中,应特别注意 while 和 do…while 语句,必须有使循环变量改变的语句,以使循环趋于结束。

上面的程序段的正确表述如下:

```
int s,i;
s=0;
i=1;
while(i<=100)
{
    if(i%2==0)
        s=s+i;
    i++;
}
printf("%d\n",s);
```

另外还有一种情况,就是不能在 while 语句后面直接跟随分号。例如以下程序:

```
int s,i;
s=0;
i=1;
while(i<=100);
{
    if(i%2==0)
        s=s+i;
    i++;
}
printf("%d\n",s);
```

这样也会出现"死循环"现象。造成这种情况的原因是因为 while 条件后面的分号,它导致了系统误认为本循环的循环体是一个空语句,下面的复合语句是循环语句后面的语句,而不是循环体。由于循环条件没有发生改变,从而导致死循环。

2. 首次循环条件不成立

这种情况多出现在 while 语句中,程序在第一次进行循环条件的判断时,循环控制条件即为假,程序直接跳过循环体,不再执行循环语句。

例如以下程序:

```
int m,n,r,x,y,z;
scanf("%d",&m);
scanf("%d",&n);
x=m;
y=n;
while(r!=0)
{
    m=n;
    n=r;
    r=m%n;
}
z=x*y/n;
printf("m 和 n 的最大公约数为:%d,小公倍数为:%d\n",n,z);
```

在进入循环之前没有给变量 r 赋值,这导致第一次判断循环条件即不成立,程序无法顺利进入循环结构。

解决方法:一般的在进入循环结构之前要注意和循环控制条件相关的变量值,注意给这些变量赋值,使程序能够顺利进入循环结构。

3. 使用多重循环时,内外层的循环变量同名

在用到两重以上循环的嵌套时,内外重循环变量使用一个变量,导致程序错误。例如以下程序段:

```
for (i=0;i<=10;i++)
    for (i=0;i<=50;i++)
        for (i=0;i<=100;i++)
        {
            sum=sum+i;
            printf("%d",sum);
        }
```

这段程序用到了三重循环,循环变量一样,显然是错误的。

注:程序段没有实际意义,只是为了说明这种错误形式。

解决方法:在循环的嵌套结构中,每一重的循环变量都不能一样。但一定要分清楚,循环结构之间的关系,如果是并列关系,就可以使用相同的循环变量。例如输出如图 5-15 所示的图形可以写成如下的程序:

```
int i,j,k;
for(i=1;i<=4;i++)
{
```

图 5-15　星号图形

```
        for(j=1;j<=4-i;j++)
            printf(" ");
        for(j=1;j<=2*i-1;j++)
            printf("*");
        printf("\n");
    }
    for(i=3;i>=1;i--)
    {
        for(j=1;j<=4-i;j++)
            printf(" ");
        for(j=1;j<=2*i-1;j++)
            printf("*");
        printf("\n");
    }
```

这个程序是用了两个并列关系的循环,可以改为一个循环的程序,利用了$-3\sim3$的数据。代码如下:

```
#include "stdio.h"
#include "math.h"
void main()
{
    int i,j;
    for(i=-3;i<=3;i++)
    {
        for(j=1;j<=abs(i);j++)
            printf(" ");
        for(j=1;j<=7-2*abs(i);j++)
            printf("*");
        printf("\n");
    }
}
```

4. 在循环的嵌套结构中,语句的位置不对

例如,求 $1+(1+2)+(1+2+3)+(1+2+3+4)+\cdots+(1+2+3+\cdots+100)$ 的值。代码如下:

```
#include "stdio.h"
void main()
{
    int s,t,i,j;
    s=0;
    for(i=1;i<=100;i++)
    {
        t=0;
        for(j=1;j<=i;j++)
            t=t+j;
```

```
        s=s+t;
    }
    printf("s=%d\n",s);
}
```

存放最终结果和的变量 s 的初值置 0 是放在了循环的外面,也就是说,这个语句在循环开始之前只执行一次。而存放中间某项和的变量 t 的初值是放在了外层循环体内,这是因为每次求某一项的和时,都需要把 t 置 0,重新计算。

若把 t＝0,放到外层循环的前面,则程序可以改为单层的循环,代码如下,请读者分析原因。

```
#include "stdio.h"
void main()
{
    int s,t,i,j;
    s=0;
    t=0;
    for(i=1;i<=100;i++)
    {
        t=t+i;
        s=s+t;
    }
    printf("s=%d\n",s);
}
```

练 习 5

1. 编写程序,求在 100～2000 范围内所有 3 的倍数之和,当和大于 1000 时结束。

2. 编写程序,计算并输出下面数列前 n 项的和(设 $n＝20$, $x＝0.5$),要求结果保留 3 位小数:
$$\cos(x)/x, \cos(2x)/2x, \cos(3x)/3x, \cdots, \cos(nx)/(nx), \cdots$$

3. 编写程序,计算并输出下面数列前 20 项的和。要求结果保留 4 位小数:
$$2/1, 3/2, 5/3, 8/5, 13/8, 21/13, \cdots$$

4. 编写程序,求 $\sum\limits_{n=1}^{20} n!$ ($\sum\limits_{n=1}^{20} n! = 1! + 2! + 3! + 4! + \cdots + 20!$)。

5. 编写程序,读入一个整数,分析它是几位数。

6. 编写程序,统计并逐行显示(每行 5 个数)在区间 [10000, 50000] 上的回文数。回文数的含义是从左向右读与从右向左读是相同的以及对称的,例如 12321。

7. 编写程序,求所有三位数中的素数。

8. 使用双循环输出以下图形:

```
1
1 2
1 2 3
1 2 3 4
1 2 3 4 5
```

9. 编写程序,用双重循环输出下面的图形。

```
    * * * * * * *
   *  * * * * *  *
  *  *  * * *  *  *
 *  *  *  * *  *  *
*  *  *  *  *  *  *
 *  *  *  * *  *  *
  *  *  * * *  *  *
   *  * * * * *  *
    * * * * * * *
```

10. 一个球从 100 米高度自由落下,每次落地后又跳回原高度的一半,在落下。求它在第 10 次落地时,共经过多少米?第 10 次反弹多高?

11. 猴吃桃问题。猴子摘了若干个桃子,第 1 天吃掉一半多一个;第 2 天接着吃了剩下桃子的一半多一个;以后每天都吃剩余桃子的一半多一个,到第 8 天早上要吃时只剩下一个了。问小猴最初摘了多少个桃子。

第6章 函　数

前面学习了程序的3种基本结构,特别是如何使用C语言实现程序控制结构的相关知识。本章将介绍模块化程序设计——函数,它是构成C语言程序的基本功能模块,利用函数,可以提高程序的可读生和可维护性,易于实现程序的模板化实现思想。

本章知识点:

(1) 函数的定义方法。

(2) 函数的实参与形参。

(3) 函数的嵌套与递归调用。

(4) 局部变量和全局变量的概念和使用。

(5) 变量的存储类别、作用域和生存期。

(6) 宏定义及文件包含。

6.1　C程序与函数概述

6.1.1　模块化程序设计

首先设想这样一个问题:设计学生信息管理的程序。经过分析,该程序可分解成学生信息录入、查询、修改、删除4个在功能上相对独立的部分。这样,就把这个大的问题分解成4个小问题来逐个解决,这就是模块化程序设计思想的初步,如图6-1所示。

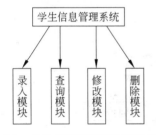

图 6-1　学生信息管理程序模块框图

在设计复杂的程序时,通常采用模块化的解决方法,即把大问题分成几个部分,每部分又分解成更细的若干小部分,直至分解成功能单一的小问题,这种求解较小问题的算法称为"功能模块"。各功能模块可单独设计,然后求解所有子问题,最后把所有的模块组合起来就是解决原问题的方案,这就是"自顶向下"的模块化程序设计方法。模块化程序设计可以使复杂问题简单化,同时可以达到程序结构清晰、层次分明、程序便于编写、维护的目的。

例如,汽车的生产是通过汽车部件的生产及组装完成的,其部件的生产又是通过其零件的生产及组装完成的,有些部件完全可以自己不生产拿来使用即可。这样的方法生产汽车,好处是显而易见的。软件的编写也采取类似的方法,首先编写各个子模块,然后组合成程序,显然软件编写效率可以大大提高。

在不同的程序设计语言中,模块实现的方式有所不同。例如,在FORTRAN语言中,模块用子程序来实现;而在C语言中,函数就是组成C语言程序的部件,是实现模块化程序设计的工具。

6.1.2 C 程序的一般结构

函数是构成 C 语言程序的基本功能模块,是一段程序,用于完成某项相对独立的任务。使用时,可以用简单的方法为其提供必要的数据,系统会自动执行这段程序,然后保存执行后的结果并将程序回到原处继续执行别的程序。这种在程序中反复使用的程序称为函数的形式。

由前述可知,一个较大的程序一般应分为若干个程序模块,每个模块可用来实现一个特定的功能。在 C 语言中,函数就是用来实现模块功能的。一个 C 程序由一个主函数和若干个函数组成,不但主函数可以调用其他函数,而且其他函数之间也可以相互调用。同一个函数可以被一个或多个函数调用任意多次。具体说来,有如下特点:

(1)一个源文件程序由一个或多个函数以及其他有关内容(例如命令行、数据定义等)组成。函数是最小的功能单位,可以被不同的源文件的其他函数调用。C 语言以文件为编译单位。

(2)一个 C 程序由一个或多个程序模块组成,每个程序模块都是一个源程序文件。一个源程序文件可以被不同的程序使用。多个源程序文件分别被编写、编译、连接,以提高调试效率。

(3)C 程序的执行总是从主函数开始和结束,其他函数只有通过与其发生调用关系而产生作用。在主函数的执行过程中调用其他函数,并将程序的执行控制权交给其他函数,执行完其他函数再返回到主函数,继续执行,直到主函数执行结束,才能结束整个程序的执行过程。图 6-2 给出了函数之间的调用关系示意图。主函数 main() 是系统定义的,一个 C 程序有且仅有一个主函数,它可以放在任何一个源文件中。

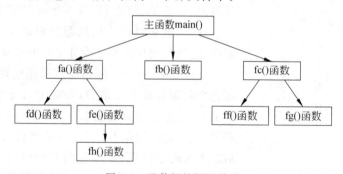

图 6-2 函数间的调用关系

(4)所有的函数在定义时是相互独立的,一个函数并不从属于另一函数,即函数不能嵌套定义,不过函数之间可以相互调用,但不能调用 main() 函数。main() 函数是系统调用的。

(5)不同源文件的组装可以通过工程文件实现。

可以把函数理解成一个"黑匣子",这个"黑匣子"可完成一定的任务。对调用函数的一方,只需关心"黑匣子"的入口(已知量)和出口(未知量)就够了,不需知道"黑匣子"中如何根据入口得到出口的具体过程。因此,针对使用者而言,入口和出口是透明的,而具体的实现过程却是不透明的。例如使用 scanf() 等系统库函数时,程序设计者不需要关心它的具体的实现代码,只需关心函数的功能和调用格式。

那么在 C 语言中,都有哪些函数,如何使用这些函数呢?

1. 从用户使用的角度分类

从用户使用的角度看,函数有两种。

(1) 标准函数(库函数)。该类函数是由系统提供的,用户不必自己定义,可以直接使用。每个系统提供的库函数,数量和功能均不相同,仅有一些基本的函数是共同的。

(2) 用户自己定义的函数。用以解决用户的专门需要。

2. 从函数的形式分

从函数的形式看,函数分为两类。

(1) 无参函数。在调用无参函数时,主调函数并不将数据传送给被调用函数,一般只用来执行指定的一组操作。无参函数可以带回或不带回函数值,但一般以不带回函数值的居多。

(2) 有参函数。在调用函数时,主调函数和被调用函数之间会有参数进行传递,也就是说,主调函数可以将数据传给被调用函数使用,被调用函数中的数据也可以带回来供主调函数使用。

例 6-1 一个函数简单应用的例子。

```
#include "stdio.h"
void p_star()                    /*定义 p_star 函数*/
{
    printf("* * * * * * * * * * * * * * * \n");
}
void p_message()                 /*定义 p_message 函数*/
{
    printf("Good morning!\n");
}
void main()
{
    p_star();                    /*调用 p_star 函数*/
    p_message();                 /*调用 p_message 函数*/
    p_star();                    /*调用 p_star 函数*/
}
```

程序的运行结果如下:

```
* * * * * * * * * * * * * * * * * *
    Good morning!
* * * * * * * * * * * * * * * * * *
```

本例中共包含 3 个函数:主函数 main()以及 p_star()和 p_message()这两个用户定义函数,在主函数 main()中调用 p_star()函数两次,调用 p_message()函数一次,分别用来输出两排星号和一行信息。函数的定义是平行的,彼此相互独立。

6.2 函数的定义与调用

6.2.1 函数的定义

与变量一样,标准函数之外的函数也应该先定义后使用。函数定义后,这个函数才存在,然后才能调用它。

包括主函数 main()在内的任何函数都是由函数头和函数体两部分组成。函数头给出函数相关信息(类似"黑匣子"中的入口和出口),而函数体具体实现函数的功能。函数体又分为数据说明部分和算法实现部分,其中数据说明部分用来定义在函数中要使用的变量等数据,算法实现部分是由语句构成,真正实现函数的功能。

1. 函数定义的一般形式

无参函数在被调用时不能从主调函数中得到数据信息,而有参函数可以通过参数接收主调函数传来的数据信息。无参函数和有参函数的定义也有所不同。

(1) 无参函数的定义。其定义形式如下:

```
类型标识符 函数名()
{
    说明部分
    语句部分
}
```

说明:

① 其中的类型标识符用于指定函数值的类型,即函数带回来的值的类型,默认情况下为整型;若函数无返回值,应用 void 说明。

② 函数名的命名方法与标识符相同,不能和关键字、库函数名等同名。

③ 函数名后的括号是函数的象征,不能省略。

④ 无参函数一般不需要带回函数值,因此可以不写类型标识符,例如例 6-1 所示。但无参函数也可以有返回值,这是由主调函数的具体需要决定的。

(2) 有参函数的定义。其定义形式如下:

```
类型标识符 函数名(形式参数说明表)
  {
      说明部分
      语句部分
  }
```

说明:有参函数中的参数是主调函数和被调用函数的数据通道,可分为形式参数(形参)和实际参数(实参)两种。

例如:

```
int max(int x,int y)        /＊形式参数说明＊/
{
    int z;                 /＊函数体中的说明部分＊/
    z=x>y?x:y;
    return z;
}
```

就是一个求 x 和 y 中最大值的函数,其中第一行是函数头(也叫函数首部),定义了一个返回值为 int 型的并且带有两个 int 型参数的 max()函数。x 和 y 为形式参数,这是因为此时没具体的值,只是代表两个整数。

从第 2 行的花括号开始到函数结束,是函数体。在函数体的花括号内的

```
int z;
```

表示此变量的有效范围只能是此函数体。return 语句的作用是将 z 的值作为函数的返回值带回到主调函数。return 后面的括号中的值作为函数带回的值(或称函数返回值)。在函数定义时已指定 max()函数为整型,在函数体中定义之为整型,二者是一致的,将之作为函数 max()的值带回调用函数。

若在定义函数时不指定函数类型,系统会隐含指定函数类型为 int 型。

函数定义时需要注意,在一个 C 语言程序中,可以定义多个函数。包括主函数 main()在内的所有函数都是平行的。一个函数的定义,可以放在程序中的任意位置,主函数 main()之前或之后。但在一个函数的函数体内,不能再定义另一个函数,即函数不能嵌套定义。

2. 函数的返回值

通常,希望通过函数调用使主调函数能得到一个确定的值,这就是函数的返回值,简称函数值。函数的数据类型就是函数返回值的类型,称为函数类型。

(1) 函数的返回值通过函数中的返回语句 return 将被调用函数中的一个确定的值带回到主调函数中去。

return 语句的用法如下:

```
return(表达式);
```



```
return 表达式;
```



```
return;
```

例如:

```
return z;
return (z);
return (x>y? x:y);
```

如果需要从被调用函数带回一个函数值(供主调函数使用),被调用函数中必须包含 return 语句。如果不需要从被调用函数带回函数值可以不要 return 语句。

一个函数中可以有一个以上的 return 语句,执行到哪一个 return 语句,哪一个语句就会起作用。

return 语句的作用是使程序控制从被调用函数返回主调函数中,同时把返回值带给主调函数;释放在函数的执行过程中分配的所有内存空间。

(2) 既然函数有返回值,这个值当然应属于某一个确定的类型,应当在定义函数时指定函数值的类型;凡不加类型说明的函数,一律自动按整型处理。

如果函数值的类型和 return 语句中表达式的值不一致,则以函数类型为准。对数值型数据,可以自动进行类型转换。即函数类型决定返回值的类型。

(3) 可以使用 void 将函数定义为空类型或无类型,表示函数不带回返回值。此时,函

数体内可以没有 return 语句。

void 类型的函数和有返回值类型的函数在定义时没有区别,只是在调用时不同。有返回值的函数可以将函数调用放在表达式的中间,将返回值用于计算,而 void 类型的函数不能将函数调用放在表达式当中,只能在语句中单独使用。void 类型的函数多用于完成一些规定的操作,而主调函数本身不再对被调用函数的执行结果进行引用。

例 6-2　在屏幕上显示计算结果时,有时会因为显示的速度太快,还没有看清楚结果,屏幕上的内容就已经滚出屏幕。为了解决这个问题,可以让屏幕每显示一定的行数后就自动暂停一个,待用户看清屏幕后按键盘上的任意键后。屏幕会继续显示以后的计算结果。

```c
#include "stdio.h"
/*显示数字 1~100,每显示 20 行时暂停一次*/
void pause()                  /*函数定义,函数形式参数为空*/
{
    printf("press Enter key to continue display...");
    getchar();
}
void main()
{
    int i,j=0;
    for(i=1;i<=100;i++)
    {
        printf("%d\n",i);
        if(++j==20)
        {
            j=0;
            pause();
        }
    }
}
```

程序中调用 pause() 函数等待用户的键盘操作,pause() 函数是一个 void 类型的,无返回值。它在函数中调用了库函数 getchar() 等待用户按键。

pause() 函数不仅返回值为 void 型,而且也没有形式参数。在 C 语言中,对于没有形参的函数,在函数头部的形式参数说明部分的括号中既可以为空,也可以写成 void 形式。

6.2.2　函数的调用

1. 函数调用的方法

函数的调用是指在程序中使用已经定义过的函数。其过程与其他语言的子程序调用相似。函数调用的一般形式如下:

函数名(实参表列);

按照函数在程序中出现的位置划分,调用函数方式有以下 3 种。

（1）函数语句。C 语言中的函数可以只进行某些操作而不返回函数值,这时的函数调用作为一条独立的语句。例如例 6-1 中的

```
p_star();
```

（2）函数表达式。函数作为表达式的一项,出现在表达式中,以函数返回值参与表达式的运算。这种方式要求函数是有返回值的。例如:

```
m=5 * max(a,b);
```

中,max()函数是表达式的一部分,它的值会被乘以 5 后赋给 m。

（3）函数实参。函数作为另一个函数调用的实际参数出现。这种情况下,会把该函数的返回值作为实参进行传送,因此要求该函数必须是有返回值的。例如:

```
n=max(a, max(b, c));
```

其中,max(b,c)是一次函数调用,它的值作为 max()函数另一次调用的实参。n 的值是 a、b、c 三者的最大值。

又如

```
printf("%d",max(a,b));
```

也是把 max(a,b)作为 printf()函数的一个参数。函数调用作为函数的参数,实质上也是函数表达式形式调用的一种,因为函数的参数本来就要求是表达式形式。

说明:

① 调用函数时,函数名称必须与具有该功能的自定义函数名称完全一致。如果是调用无参函数则实参表列可以没有,但括号不能省略。

② 实际参数表中的参数(简称实参),可以是常数、变量或表达式。如果实参不止一个,则相邻实参之间用逗号分隔。

③ 实参的个数、类型和顺序,应该与被调用函数所要求的参数个数、类型和顺序一致,才能正确地进行数据传递。如果类型不匹配,C 编译程序将按赋值兼容的规则进行转换。如果实参和形参的类型不赋值兼容,通常并不给出出错信息,且程序仍然继续执行,只是得不到正确的结果。

④ 对实参表求值的顺序并不是确定的,有的系统按自左至右顺序求实参的值,有的系统则按自右至左顺序。

2. 对被调用函数的说明和函数原型

在函数定义之前,若要调用该函数,应对该函数进行说明,这与使用变量之前要先进行变量说明是一样的。在调用函数中对被调用函数进行说明的目的是使编译系统知道被调用函数返回值的类型以及函数参数的个数、类型和顺序,便于调用时,对调用函数提供的参数值的个数、类型及顺序是否一致等进行对照检查。

对被调用函数进行说明,其一般格式如下:

函数类型 函数名(数据类型 1[参数名 1],数据类型 2[参数名 2],…,数据类型 *n*[参数名 *n*]);

由于编译系统并不检查参数名,所以每个参数的参数名是什么都可以,带上参数名,只是为了提高程序的可读性。因此每个参数的参数名可以省略。

例 6-3　对被调用的函数进行说明。

```
#include "stdio.h"
void main()
{
    float add (float x,float y);          /*对被调用函数 add 的说明 */
    float a,b,s;
    printf("Input float a,b:");
    scanf("%f,%f",&a,&b);
    s=add(a,b);
    printf("sum is %f\n",s);
}
float add(float x,float y)               /*定义 add 函数 */
{
    float z;
    z=x+y;
    return(z);
}
```

运行情况如下：

```
Input float a,b: 3.7, 5.5
sum is  9.200000
```

这是一个很简单的函数调用,add()函数的作用是求两个实数之和,得到的函数值也是实型。请注意程序第 5 行

```
float add (float x,float y);
```

是对被调用的 add()函数的返回值进行类型说明。

C 语言同时又规定,在以下两种情况下,可以省去对被调用函数的说明。

(1) 函数的返回值是整型或字符型,可以不必进行说明,系统对它们自动按整型说明。但为清晰起见,建议都加以说明为好。

(2) 被调用函数的函数定义出现在调用函数之前时。因为在调用之前,编译系统已经知道了被调用函数的函数类型、参数个数、类型和顺序。

如果把例 6-3 进行改写,即把 main()函数放在 add()函数的后面,就不必在 max()函数中对 add()函数进行说明。代码如下：

```
#include "stdio.h"
float add(float x,float y)               /*定义 add 函数 */
{
    float z;
    z=x+y;
    return(z);
}
void main()
{
```

```
    float a,b,s;
    printf("Input float a,b:");
    scanf("%f,%f",&a,&b);
    s=add(a,b);
    printf("sum is %f\n",s);
}
```

也就是说,将被调用的函数的定义放在主调函数之前,就可以不必另加类型说明。

注意:

(1) 函数的"定义"和"说明"是两个不同的内容。"定义"是指对函数功能的确立,包括指定函数名、返回值类型、形参类型、函数体等,它是一个完整的、独立的函数单位。在一个程序中,一个函数只能被定义一次,而且是在其他任何函数之外进行。

而"说明"(有的书上也称为"声明")则是把函数的名称、返回值类型、参数的个数、类型和顺序通知编译系统,以便在调用该函数时系统对函数名称正确与否、参数的类型、数量及顺序是否一致等进行对照检查。在一个程序中,除上述可以省略函数说明的情况外,所有调用函数都必须对被调用函数进行说明,而且是在调用函数的函数体内进行。

(2) 在对库函数进行调用时,不需要再做说明,但必须把该函数相应的头文件用 #include 命令包含在源文件前部。

6.2.3 函数的参数传递

在调用函数时,主调函数和被调用函数之间在大多数情况下是有数据传递关系的。这就是前面提到的有参函数。在定义函数时,函数名后面括号中的变量名称为形式参数(简称形参),在调用函数时,函数名后面括号中的表达式称为实际参数(简称实参)。

形参出现在函数定义中,其作用域是本函数体。实参出现在主调函数中,进入被调函数后,实参变量便不能使用。形参和实参的功能都是用于数据传送。在函数调用时,主调函数把实参的值传送给被调函数的形参从而实现主调函数向被调函数的数据传送。

在 C 语言中,实参向形参传送数据的方式是"值传递"。形参变量与实参变量的值在函数间传递的过程类似于日常生活中的"复印"操作:甲方委托乙方办理业务,并为乙方复印了一份文件的复印件,乙方凭复印件办理业务并将结果汇报给甲方。在乙方办理业务的过程中,可能在复印件上进行涂改、增删、加注释、盖章等操作,但乙方对复印件的任何修改都不会影响甲方手中的原件。

值传递的优点就在于,被调用的函数不可能改变主调函数中变量的值,而只能改变它的临时副本。这样就可以避免被调用函数的操作对调用函数中的变量产生副作用。

例 6-4 调用函数时的数据传递。

```
#include "stdio.h"
int max(int x,int y)
/*定义有参函数 max,x 和 y 为形参,接收来自主调函数的原始数据*/
{
    int z;
    z=x>y?x:y;
    return(z);                          /*将函数的结果返回主调函数*/
```

```
}
void main()
{
    int a,b,c;
    printf("input integer a,b:");
    scanf("%d,%d",&a,&b);
    c=max(a,b);                    /* 主函数内调用功能函数 max,实参为 a 和 b */
    printf("max is %d\n",c);
}
```

运行情况如下：

```
input integer a,b: 4,5↙
max is 5
```

程序从主函数开始执行,首先输入 a、b 的数值 4 和 5,接下来调用函数 max(a,b)。具体调用过程如下：

(1) 给形参 x,y 分配内存空间。

(2) 将实参 a 的值传递给形参 x,b 的值传递给形参 y,于是 x 的值为 4,y 的值为 5。

(3) 执行函数体。给函数体内的变量分配存储空间,即给 z 分配存储空间,执行算法实现部分得到 z 的值为 5,执行 return 语句返回 main() 函数,返回时要完成以下功能：

① 将返回值返回主函数,即将 z 的值返回给 main()函数。

② 释放函数调用过程中分配的所有内存空间,即释放 x、y、z 的内存空间。

③ 结束函数调用,将流程控制权交给主调函数。

(4) 继续执行 main()函数的后续语句。

说明：

(1) 函数中的形参变量,在未出现函数调用时,它们并不占内存中的存储单元。只有在发生函数调用时函数中的形参才被分配内存单元。在调用结束后,形参所占的内存单元也被释放。

(2) 实参可以是常量、变量或表达式,例如：

```
max(4,a+b);
```

但要求它们有确定的值。在调用时将实参的值赋给形参变量(如果形参是数组名,则传递的是数组首地址,而不是变量的值)。

(3) 实参与形参的类型相同或赋值兼容。

(4) C 语言规定,实参变量对形参变量的传递是"值传递",即单向传递,只由实参传给形参,而不能由形参传回来给实参。在内存中,实参单元对形参单元是不同的单元。如图 6-3 所示。调用结束后,形参单元被释放,即形参 x、y 占用的存储单元被释放。实参单元仍保留并维持原值。

若形参的值如果发生改变,并不会改变主调函数的实参的值。例如,若在执行函数过程中 x 和 y 的值变为 12 和 21,而 a 和 b 仍为 4 和 5,如图 6-4 所示。

分析下列 C 程序(程序中 swap(x,y)函数的功能是实现变量 x 与 y 值的交换)。

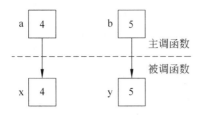
图 6-3　实参传值给形参

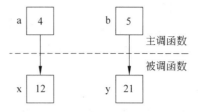
图 6-4　实参值不随形参值改变

例 6-5　函数参数的传递举例。

```c
#include "stdio.h"
void swap(int x,int y)                    /*定义函数 swap()*/
{
    int t;
    t=x;
    x=y;
    y=t;
}
void main()
{
    int x,y;                              /*实参*/
    printf("input x,y:");
    scanf("%d,%d",&x,&y);
    swap(x,y);                            /*调用函数*/
    printf("\noutput x,y:%d,%d\n",x,y);
}
```

程序运结果如图 6-5 所示。

图 6-5　例 6-5 的运行结果

从运行结果可见,swap()函数使 x 和 y 的值交换了。但在最后的 main()函数中,输出的值还是输入的 4 和 5。没有达到交换 x 和 y 值的目的。请读者分析其原因。

6.3　函数的传址引用

6.3.1　地址的存储与使用

一般来说,程序中所定义的任何变量经相应的编译系统处理后,每个变量都占据一定数目的内存单元,不同类型的变量所分配的内存单元的字节数是不一样的。例如在 C 语言中，一个字符型变量占 1B 的存储空间；一个整型变量占 4B 的存储空间；一个单精度实型变量占 4B 的存储空间。内存区每个字节的空间都有一个编号，这就是"地址"。

变量所占内存单元的首字节地址称作变量的地址。在程序中一般是通过变量名来对内存单元进行存取操作，其实程序经过编译后已经将变量名转换为变量的地址，由此可知，程序在执行过程中，对变量的存取实际上是通过变量的地址来进行的。

在 C 语言中，可以通过变量名直接存取变量的值，这种方式称为"直接访问"方式。例如：

```
int x=3,y;                    /*定义了整型变量 x 和 y,为 x 赋初值 3*/
y=x+1;                        /*取出变量 x 所占内存单元中的内容(值为 3)进行计算,然后
                                将计算结果(即表达式的值)存放到变量 y 的内存单元中*/
```

还可以采用间接访问的方式将变量的地址存放在另一个变量中。一个变量的地址称为该变量的指针。存放变量地址的变量就称为指针变量。指针变量的值（即指针变量中存放的值）就是指针（地址）。当要存取一个变量值时，首先从存放变量地址的指针变量中取得该变量的存储地址，然后再从该地址中存取该变量值。例如：

```
int x, *px;                   /*定义了整型变量 x,还定义了一个用于存放整型变量所占内
                                存地址的指针变量 px*/
px=&x;                        /*将 x 所占的内存地址赋给指针变量 px*/
*px=3;                        /*在 px 所指向的内存地址中赋以整型值 3*/
```

的效果等价于

```
int x;
x=3;
```

假设编译时系统分配 2000～2003 这 4B 存储空间给 x，3000～3003 这 4B 存储空间给 px，则内存单元中存储的数据如图 6-6 所示。

地址是指针变量的值，称为指针。指针变量也简称指针，因此，指针一词可以指地址值、指针变量，应根据具体情况加以区分。

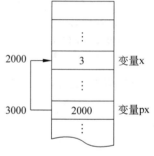

图 6-6　内存用户数据区

赋值语句

```
px=&x;
```

和

```
*px=3;
```

中用到了两个运算符 & 和 *，关于这两个运算符的使用，将在 6.3.2 节进行详细说明。

6.3.2　指针说明和指针对象的引用

指针说明（定义）是说明指针变量的名字和所指对象的类型。例如：

```
int *px;                      /*说明 px 是一个整型指针*/
```

指针的类型是指指针所指对象的数据类型，例如 px 是指向整型变量的指针，简称整型

指针,整型指针是基本类型的指针之一。除各种基本类型之外,C语言还允许使用指向数组、函数、结构、联合甚至是指针的指针。指针的类型多种多样,说明的语法各不相同且比较复杂。指针说明的形式如下:

类型区分符　＊指针变量名,…;

例如:

```
int * pi
```

说明标识符 pi 是指向整型变量的指针。

与指针变量相关的运算符有下面两个。

(1) ＆：取地址运算符。

(2) ＊：指针运算符或间接访问运算符。

＆ 和 ＊ 这两个运算符的优先级别相同,按自右向左的方向结合。

例如,px＝＆x 中,＆x 表示取变量 x 的地址。＆ 是单目运算符,该表达式的值为操作数变量的地址,称为 px 指向 x 或 px 是指向 x 的指针;被 px 指向的变量 x 称为 px 的对象。"对象"就是一个有名字的内存区域即一个变量。

赋值语句 ＊px＝3 中运算符 ＊ 反映指针变量和它所指变量之间的联系。它是 ＆ 的逆运算,也是单目运算符,它的操作数是对象的地址,＊ 运算的结果是对象本身。例如 px 是指向整型变量 x 的指针,则 ＊(＆x)和 ＊px 都表示一个整型对象 x,即

```
* (&px)=3;
* px=3;
x=3;
```

上面这 3 个操作的效果相同,都是将 3 存入变量 x 所占的内存单元中。

下列语句表明如何说明一个简单的指针,如何使用 ＆ 和 ＊ 运算符及如何引用指针的对象。

```
int x=1,y=2, * px;          /*定义了整型变量 x,y 和整型指针 px,px 可以指向 x,y * /
px=&x;                      /* 使 px 指向 x * /
y= * px;                    /* 使 y 的值为 1,因为 * px= * (&x)=x=1 * /
```

＆ 和 ＊ 两个运算符的使用需要注意以下几点。

(1) ＆ 运算符只能作用于变量,包括基本类型的变量、数组元素、结构变量或结构的成员,不能作用于数组名、常量、非左值表达式或寄存器变量。例如,若

```
double r,a[20];
int i;
register int k;
```

则 ＆r、＆a[0]、＆a[i]是正确的,而 ＆(2＊r)、＆a、＆k 是非法操作。

(2) 如果 px 指向 x,则 ＊px 可以出现在 x 可以出现的任何位置,因为 ＊px 即表示 x。例如:

```
y= * px+1;                  //等价于 y=x+1;
( * px)++;                  //等价于 x++;
* px=y;                     //等价于 x=y;
```

```
scanf("%d", px);                    //等价于 scanf("%d",&x);
```

注意：其中 px 已经表示 x 的地址，在它的前面不能再使用取地址运算符 &。

（3）px 也可以指向数组 a 中的一个元素。

```
px=&a[0];                    /* 或 px=a;使 px 指向数组 a 的第 0 个元素 */
px=&a[1];                    /* 使 px 指向数组 a 的第 1 个元素 */
```

（4）如果已经执行了语句

```
px=&x;
```

则 & * px 表示先进行 * px 运算，就是变量 x，再执行 & 运算。因此 & * px 和 &x 相同，表示变量 x 的地址。

（5）* &x 表示先进行 &x 运算，得到变量 x 的地址，再进行 * 运算，即 &x 所指向的变量。* &x 和 * px 的作用是一样的，等价于变量 x，即 * & x= x。

注意：& * x 是不合法的，因为 x 不是指针，不能进行间接的访问。

（6）(* px)++ 相当于 x++。如果没有括号，即成为 * px++，那么因为 ++ 和 * 为同一优先级别，结合方向为自右向左，因此它表示先对 px 进行 * 运算，得到 x 的值，然后使 px 的值增 1，这样 px 就不再指向 x 了。

下面举一个指针变量应用的例子。

例 6-6　输入 a 和 b 两个整数，按从小到大的顺序输出 a 和 b。

```
#include "stdio.h"
void main()
{
    int a,b, * p1, * p2, * p;
    printf("请输入两个整数(用逗号分隔):\n");
    scanf("%d,%d",&a,&b);
    p1=&a;
    p2=&b;                    /* 把变量 a、b 的地址赋给指针 p1、p2 */
    if(a>b)                   /* 如果 a>b,则交换两个指针的内容 */
    {
        p=p1;
        p1=p2;
        p2=p;
    }
    printf("a=%d,b=%d\n",a,b);
    printf("min=%d,max=%d\n", * p1, * p2);      /* 输出 p1、p2 所指向的地址中的内容 */
}
```

运行情况如下：

```
6,4↙
a=6,b=4
min=4,max=6
```

交换前的情况如图 6-7(a)所示，交换后的情况如图 6-7(b)所示。

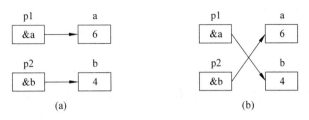

图 6-7　交换前后变量值的变化情况

注意：变量 a 和 b 并未交换，p1 和 p2 的值发生了改变。这个问题的算法是不交换整型变量的值，而是交换两个指针变量的值。

下面是指针变量的几点说明：

(1) 指针变量名前的"＊"表示该变量为指针变量，而指针变量名不包含"＊"。

(2) 指针变量只能指向同一类型的变量。例如下列用法是错误的：

```
int * p;
float y;
p=&y;
```

这是因为指针变量 p 只能指向整型变量。

(3) 只有当指针变量指向确定地址后才能被引用。例如下列用法是错误的：

```
int * p;
* p= 5;
```

这是因为虽然已经定义了整型指针变量 p，但还没有让该指针变量指向某个整型变量之前，如果要对该指针变量所指向的地址赋值，就有可能破坏系统程序或数据，因为该指针变量中的随机地址有可能是系统所占用的。可以做如下修改：

```
int * p, x;
p=&x;
* p=5;
```

(4) 指针的类型可以为 void ＊，它代替传统 C 中的 char ＊作为一般指针类型，例如在传统 C 中标准库函数 malloc() 的返回值说明为 char ＊，在标准 C 中被说明为 void ＊。

(5) 一种类型的指针赋给另一类型的指针时必须用类型强制符来转换。例如：

```
int * pi;
char buf[100], * bufp=buf;    /＊使 bufp 指向字符数组 buf＊/
pi=(int * ) bufp;             /＊ bufp 经强制类型转换赋给 pi,使 pi 也指向 buf＊/
```

用 bufp 访问 buf 时每次存取一个字符，用 pi 访问 buf 时每次存取一个整型长度决定的字节。例如：

```
char buf[10]={'a','b','c','d','e','f'};
char * bufp=buf;
pi= (int * )bufp;
bufp++;
pi++;
```

```
printf("%c,%c", * bufp, * pi);
```

则输出结果如下:

```
b, e
```

（6）任何指针可以直接赋给 void 指针,反之,需要经过强制类型转换。例如:

```
int x, * pi=&x;
void * p;
```

则

```
p=pi;
```

或

```
pi=(int * )p;
```

是正确的指针赋值语句。

例 6-7 定义一个 swap()函数,然后在主函数中调用此函数实现对主调函数中变量值的交换。

```
#include "stdio.h"
void swap(int * x,int * y)
{
    int t;
    t= * x;
    * x= * y;
    * y=t;
}
void main()
{
    int a,b;
    printf("input a,b:");
    scanf("%d,%d",&a,&b);
    swap(&a,&b);
    printf("\noutput a,b:%d,%d\n",a,b);
}
```

由于在程序的 swap()函数中,参数 x、y 是指针类型,接收的值是对应实参 a、b 的地址。在 swap()函数中,通过 * x 访问到的是 a 的内容, * y 访问到的是 b 的内容,交换的就是主调函数中变量(即实参)a、b 的值,所以可以在 swap()函数中实现对实参 a 与 b 的交换。

6.4　局部变量与全局变量

在讨论函数的形参变量时曾经提到,形参变量只在被调用期间才分配内存单元,调用结束立即释放。这一点表明形参变量只有在函数内才是有效的,离开该函数就不能再使用了。

这种变量有效性的范围称变量的作用域。变量的作用域也称为可见性。不仅对于形参变量,C 语言中所有的变量都有自己的作用域。变量说明的方式不同,其作用域也不同。C 语言中的变量,按作用域范围可分为两种:局部变量和全局变量。

6.4.1 局部变量

在一个函数或复合语句内定义的变量,称为局部变量,局部变量也称为内部变量。局部变量仅在定义它的函数或复合语句内有效。例如函数的形参是局部变量。

编译时,编译系统不为局部变量分配内存单元。在程序的运行中,当局部变量所在的函数被调用时,编译系统会根据需要临时分配内存,函数调用结束,局部变量的空间被释放。

```
int f1(int a)          /* 函数 f1 */
{
     int b,c;              ⎫
}                          ⎬ a,b,c 作用域
int f2(int x)          /* 函数 f2 */
{
     int y;                ⎫
}                          ⎬ x,y 作用域
void main()
{
     int m,n;              ⎫
}                          ⎬ m,n 作用域
```

在 f1() 函数内定义了 3 个变量,a 为形参,b、c 为一般变量。在 f1() 函数的范围内变量 a、b、c 有效,或者说变量 a、b、c 的作用域限于 f1() 函数内。同理,x、y、z 的作用域限于 f2() 函数内,在 f2() 函数内有效。m、n 的作用域限于 main() 函数内,在 main() 函数内有效。

说明:

(1) 主函数中定义的变量只能在主函数中使用,不能在其他函数中使用。同时,主函数中也不能使用其他函数中定义的变量。因为主函数也是一个函数,与其他函数是平行关系。

(2) 形参变量是属于被调函数的局部变量,实参变量是属于主调函数的局部变量。

(3) 允许在不同的函数中使用相同的变量名,它们代表不同的对象,分配不同的单元,互不干扰,也不会发生混淆。

(4) 在复合语句中也可定义变量,其作用域只在复合语句范围内。例如:

```
void main()
{                                          ⎫
   int a,b;                                 ⎪
   …                                        ⎪
     {                          ⎫           ⎪
          int s;                ⎪           ⎬ a,b 在此范围内有效
          s=a+b;                ⎬ s 在此范围内有效
     }                          ⎭           ⎪
   …                                        ⎪
}                                          ⎭
```

变量 s 只在复合语句(分程序)内有效,离开该复合语句该变量就无效,释放内存单元。

6.4.2 全局变量

全局变量又称为外部变量,是在函数外部定义的变量。它不属于任何一个函数,仅属于一个源程序文件,其作用域是整个源程序文件,可以被本文件中的所有函数共用。

在函数中使用全局变量时,一般应做全局变量说明。只有在函数内经过说明的全局变量才能使用。但在一个函数之前定义的全局变量,在该函数内使用可不再加以说明。例如:

```
int m=1,n=2;          /*外部变量*/
float ff(int x);      /*定义函数 ff*/
{
    int y,z;
    ...
}
char c1,c2;           /*外部变量*/
char f1(int x,int y)  /*定义函数 f1*/
{
    int i,j;
    ...
}
int main ()           /*主函数*/
{
    int a,b;
    ...
    return 0;
}
```

全局变量 c1 c2 的作用域

全局变量 m,n 的作用域

其中,m、n、c1 和 c2 都是全局变量,但它们的作用域不同。在 main()函数和 f1()函数中可以使用全局变量 m、n、c1 和 c2,但在 ff()函数中只能使用全局变量 m 和 n,而不能使用 c1 和 c2,这是因为全局变量的作用域是从定义点开始到本文件尾。

在一个函数中既可以使用本函数中的局部变量,又可以使用有效的全局变量,打个通俗的比方:国家有统一的法律和法令,各地方还可以根据需要制定地方的法律、法令,一个地方的居民既遵守国家统一的法律法令,又要遵守本地方的法律法令。而另一个地方的居民则应遵守国家统一的和该地方的法律法令。

说明:

(1) 对于局部变量的定义和说明,可以不加区分,而对于外部变量则不然,外部变量的作用域是从定义点到本文件结束。如果定义点之前的函数需要引用这些外部变量,则需要在函数内对被引用的外部变量进行说明。

外部变量的定义和外部变量的说明并不是一回事。外部变量定义必须在所有的函数之外且只能定义一次。其一般形式如下:

类型说明符 变量名 1,变量名 2,…,变量名 n;

例如:

```
int   a,b;
```

外部变量说明出现在要使用该外部变量的各个函数内，在整个程序内可能出现多次，外部变量说明的一般形式如下：

extern 类型说明符 变量名 1,变量名 2,…,变量名 n;

外部变量在定义时就已分配了内存单元，可进行初始赋值，而外部变量说明不能再赋初始值，只是表明在函数内要使用某外部变量。

（2）使用全局变量的作用是增加了函数间数据联系的渠道。由于同一个文件中的所有函数都能引用全局变量的值，因此如果在一个函数中改变了全局变量的值，就能影响其他函数，相当于各个函数间有直接的传递通道。由于函数的调用只能带回一个返回值，因此有时可以利用全局变量增加函数联系的渠道，从函数得到一个以上的返回值。

例如：

```
#include <stdio.h>
int x,y;                        /*定义全局变量*/
void swap()                     /*定义函数 swap()*/
{
    int t;
    t=x;
    x=y;
    y=t;
}
void main()
{
    printf("input x,y:");
    scanf("%d,%d",&x,&y);
    swap();                     /*调用函数*/
    printf("\noutput x,y:%d,%d\n",x,y);
}
```

程序运行情况：

```
input x,y: 3,6↙
output x,y: 6,3
```

从运行结果看，该程序达到了交换 x 和 y 值的目的，原因是 swap()函数中的变量 x、y 与主函数中的变量 x、y 分别是同一个变量。

（3）虽然外部变量可加强函数模块之间的数据联系，但是又使函数要依赖这些变量，因而使得函数的独立性降低。从模块化程序设计的观点来看，这是不利的，因此尽量不要使用全局变量。

（4）在同一个源文件中，允许全局变量和局部变量同名。但在局部变量的作用域内，全局变量被"屏蔽"，不起作用。例如：

```
int a=5,b=6;                    /*a、b 为全局变量*/
```

```
int max(int a,int b)              /*形参 a、b 为局部变量*/
{
    int s;
    s=a>b?a:b;                              形参 a,b 作用域
    return (s);
}
void main()
{
    int a=12;                    /*a 为局部变量*/     局部变量 a 作用域
    printf("%d",max(a,b));
}
```

运行结果如下：

12

max()函数中的 a、b 不是全局变量 a、b，它们的值是由实参传给形参的，全局变量 a、b 在 max()函数范围内不起作用。最后 4 行是 main()函数，它定义了一个局部变量 a，因此全局变量 a 在 main()函数范围内不起作用，而全局变量 b 在此范围内有效。因此 printf()函数中的 max(a,b)相当于 max(12,6)，程序运行后得到结果为 12。

6.5　变量的存储类型

6.5.1　存储类型区分符

从变量的作用域（空间）角度来分，可以分为全局变量和局部变量。从变量值存在的时间（生存期）角度来分，可以分为静态存储变量和动态存储变量。所谓静态存储方式是指在程序运行期间分配固定的存储空间的方式，而动态存储方式则是在程序运行期间根据需要进行动态的分配存储空间的方式。

图 6-8 为内存中的供用户使用的存储空间的情况。这个存储空间可以分为 3 个部分：程序区、静态存储区和动态存储区。

图 6-8　内存中存储空间

数据被分别存放在静态存储区和动态存储区中。全局变量存放在静态存储区中，在程序开始执行时给全局变量分配存储区，程序执行完毕就释放。在程序执行过程中它们占据固定的存储单元，而不是动态地分配和释放的。

在动态存储区中存放以下数据。

（1）函数形参变量。在调用函数时给形参变量分配存储空间。

（2）局部变量（未加 static 说明的局部变量，即自动变量）。

（3）函数调用时的现场保护和返回地址等。

对以上这些数据，在函数调用开始时分配动态存储空间，函数结束时释放这些空间。在程序执行过程中，这种分配和释放是动态的，如果在一个程序中两次调用同一函数，分配给此函数中局部变量的存储空间地址可能是不相同的。一个程序包含若干个函数，每个函数中的局部变量的生存周期并不等于整个程序的执行周期，它只是其中的一部分。根据函数调用的需要，动态地分配和释放存储空间。

在 C 语言中每一个变量和函数有两个属性：数据类型和数据的存储类型。因此在介绍了变量的存储类型之后，对一个变量的说明不仅应说明其数据类型，还应说明其存储类型。所以变量说明的完整形式应如下：

存储类型说明符 数据类型说明符 变量名 1,变量名 2,…,变量名 n;

例如：

```
static int a,b;          /* a,b 为静态整型变量 */
auto char c1,c2;         /* c1,c2 为自动字符变量 */
extern int x,y;          /* x,y 为外部整型变量 */
```

数据类型读者已熟悉（例如整型、字符型等）。存储类型指的是数据在内存中存储的方法。存储方法分为两大类：静态存储类和动态存储类。具体包含 4 种：自动的(auto)、静态的(static)、寄存器的(register)和外部的(extern)。自动变量和寄存器变量属于动态存储方式，外部变量和静态变量属于静态存储方式。

6.5.2　自动变量

如果不对函数中的局部变量，做特别说明（说明为静态的存储类别），都会为其在动态存储区中动态分配存储空间进行存储。这些分配和释放存储空间的工作是由编译系统自动处理的，因此这类局部变量称为自动变量。自动变量用关键字 auto 做存储类型的说明。例如：

```
int f(int x)                /*定义 f()函数,x 为形参 */
{
    auto int m,n=3;         /*定义 m,n 为自动变量 */
    …
}
```

x 是形参，m、n 是自动变量，对 n 赋初值 3。执行完函数后自动释放其所占的存储单元。auto 也可以省略，auto 不写则隐含确定为"自动存储类型"，它属于动态存储类型。前面介绍的函数中定义的变量都没有说明为 auto，都隐含确定为自动变量在函数体中。例如：

```
auto int m,n=3;
int m,n=3;
```

二者等价

自动变量具有以下特点：

(1) 自动变量的作用域仅限于定义该变量的个体内。在函数中定义的自动变量，只在该函数内有效。在复合语句中定义的自动变量只在该复合语句中有效。例如：

```
int f (int a)
{
    auto int x,y;
    {
        auto char c;        c 的作用域    a,x,y 的作用域
    }
    …
}
```

（2）自动变量属于动态存储方式，只有在使用它，即定义该变量的函数被调用时才给它分配存储单元，开始它的生存期。函数调用结束，释放存储单元，结束生存期。因此函数调用结束之后，自动变量的值不能保留。在复合语句中定义的自动变量，在退出复合语句后也不能再使用，否则将引起错误。例如：

```
void main()
{
    auto int a;
    printf("\ninput a number:\n");
    scanf("%d",&a);
    if (a>0)
    {
        auto int s,p;
        s=a+a;
        p=a*a;
    }
    printf("s=%d p=%d\n",s,p);
}
```

程序在编译时会出现错误：

```
error C2065: 's' : undeclared identifier
error C2065: 'p' : undeclared identifier
```

其中，s、p 是在复合语句内定义的自动变量，只能在该复合语句内有效。而程序的第 12 行却是退出复合语句之后用 printf 语句输出 s、p 的值，因此会引起错误。

（3）由于自动变量的作用域和生存期都局限于定义它的个体内（函数或复合语句内），因此不同的个体中允许使用同名的变量而不会混淆。即使在函数内定义的自动变量也可与该函数内部的复合语句中定义的自动变量同名。例如：

```
#include "stdio.h"
void main()
{
    auto int a,s=10,p=10;
    printf("input a number:\n");
    scanf("%d",&a);
    if(a>0)
    {
        auto int s,p;
        s=a+a;
        p=a*a;
        printf("s=%d p=%d\n",s,p);
    }
    printf("s=%d p=%d\n",s,p);
}
```

程序运行结果：

```
input a number:
3↙
s=6 p=9
s=10 p=10
```

本程序在 main() 函数和复合语句内两次将变量 s、p 定义为自动变量。按照 C 语言的规定，在复合语句内，应由复合语句中定义的 s、p 起作用，故 s 的值为 a+a，p 的值为 a * a。退出复合语句后的 s、p 应为 main() 所定义的 s、p，其值在初始化时给定，均为 10。从输出结果可以分析出，两个 s 和两个 p 虽然变量名相同，但却是两个不同的变量。

6.5.3 静态变量

1. 静态局部变量

若希望函数中局部变量的值在函数调用结束后不消失，即其占用的存储单元不释放，在下一次该函数调用时，该变量存有上一次函数调用结束时的值，则应该指定该局部变量为静态局部变量，用 static 加以说明。例如：

```
#include "stdio.h"
int f(int a)
{
        auto int b=0;
        static int c=2 ;
        b=b+1;
        c=c+1;
        return(a+b+c);
}
void main()
{
        int a=1,i;
        for(i=0;i<3;i++)
            printf("%3d",f(a));
}
```

运行结果如下：

```
5  6  7
```

在第 1 次调用 f() 函数时，b 的初值为 0，c 的初值为 2，第 1 次调用结束时 b=1、c=3、a+b+c=5。由于 c 是局部静态变量，在函数调用结束后，它并不释放，仍保留 c=3。在第 2 次调用 f() 函数时 b 的初值为 0，而 c 的初值为 3（上次调用结束时的值）。

静态局部变量属于静态存储方式，具有以下特点。

（1）静态局部变量需要在函数内定义，不像自动变量那样随时调用，退出函数时自动消失。静态局部变量始终存在着，也就是说它的生存期为整个源程序。

（2）局部静态变量是在编译时赋初值的，即只赋初值一次，在程序运行时它已有初值，以后每次调用函数时不再重新赋初值而只是保留上次函数调用结束时的值。对自动变量赋初值，不是在编译时进行，而在函数调用时进行的，每调用一次函数重新赋一次初值，相当于执行一次赋值语句。

（3）静态局部变量的生存期虽然为整个源程序，但是其作用域仍与自动变量相同，即只能在定义该变量的函数内使用。退出该函数后，尽管该变量还继续存在，但不能使用它。

（4）若在定义局部变量时不赋初值，则对静态局部变量来说，编译时自动赋以初值 0（对数值型变量）或空字符（对字符变量）。而对自动变量来说，如果不赋初值则它的值是一个不确定的值。这是由于每次函数调用结束后存储单元已释放，下次调用时又重新另分配存储单元，而所分配的单元中的值是不确定的。

可以看出，静态局部变量虽然离开定义它的函数后不能使用，但如再次调用定义它的函数时，它又可继续使用，而且保存了前次被调用后留下的值。因此，当多次调用一个函数且要求在调用之间保留某些变量的值时，可考虑采用静态局部变量。

2. 静态全局变量

静态全局变量只允许被本源文件中的函数引用。在一个含有多个源程序文件的工程中，有时在程序设计中有这样的需要，希望某些全局变量只限于被本文件引用而不能被其他文件引用。这时可以在定义外部变量时前面加一个 static 说明。举例如下。

文件 f1.c：

```
static int a;
void main()
{
    ...
}
```

文件 f2.c：

```
extern int a;
void fun(n)
{
    int n;
    a=a*n;
}
```

在 f1.c 中定义了一个全局变量 a，但它有 static 说明，因此只能用于本文件，虽然在 f2.c 文件中用了

```
extern int a;
```

但 f2.c 文件中无法使用 f1.c 中的全局变量 a，这种加上 static 说明，只能用于本文件的外部变量（全局变量）称为静态全局变量或函数外部静态变量。

在程序设计中，常由若干人分别完成各个模块，各人可以独立地在其设计的文件中使用相同的外部变量名而互不相干。这就为程序的模块化、通用性提供方便。一个文件与其他

文件没有数据联系,可以根据需要任意地将所需的若干文件组合,而不必考虑变量有否同名和文件间的数据交叉。不用时对文件中所有外部变量都加上 static,成为静态外部变量,以免被其他文件误用。

注意:对全局变量加 static 说明,并不意味着这时才是静态存储(存放在静态存储区中),两种形式的全局变量都是静态存储方式,只是作用范围不同而已,都是在编译时分配内存的。

3. 静态局部变量和静态全局变量

静态局部变量和静态全局变量同属静态存储方式,但两者区别较大。

(1) 定义的位置不同。静态局部变量在函数内定义,静态全局变量在函数外定义。

(2) 作用域不同。静态局部变量属于内部变量,其作用域仅限于定义它的函数内;虽然生存期为整个源程序,但其他函数是不能使用它的。

静态全局变量在函数外定义,其作用域为定义它的源文件内;生存期为整个源程序,但其他源文件中的函数也是不能使用它的。

(3) 初始化处理不同。静态局部变量仅在第 1 次调用它的函数中被初始化,在再次调用它的函数中,不必再初始化,其中已存有一次调用结束时的值。静态全局变量是在函数外定义的,不存在静态局部变量的“重复”初始化问题,其当前值由最近一次给它赋值的操作决定。

6.5.4 外部变量

外部变量是在函数外部定义的全局变量,编译时分配在静态存储区。全局变量可以为程序中各个函数所引用。

一个 C 程序可以由一个或多个源程序文件组成。如果程序只由一个源文件组成,使用全局变量的方法前面已经介绍。如果由多个源程序文件组成,那么如果在一个文件中要引用在另一文件中定义的全局变量,应该在需要引用它的文件中,用 extern 进行说明——允许被其他源文件中的函数引用。例如:

```
extern 数据类型 变量名;
```

在编译和连接时,系统会由此知道 power 是一个已在别处定义的全局变量,并将在另一个文件中定义的全局变量的作用域扩展到本文件,在本文件中可以合法地引用全局变量 power。

例 6-8 程序的作用是,给定 b 的值,输入 a 和 m,求 $a \cdot b$ 和 a^m 的值。

文件 6-1.c:

```
#include "stdio.h"
int a;                        /*定义全局变量*/
void main()
{
    int power(int);
    int b=3,c,d,m;
    printf("enter the number a and its power m:");
```

```
    scanf("%d,%d",&a,&m);
    c=a*b;
    printf("%d*%d=%d\n",a,b,c);
    d=power(m);
    printf("%d^%d=%d",a,m,d);
}
```

文件 6-2.c：

```
extern int a;                    /*声明 a 为一个已定义的全局变量*/
int power(int n)
{
    int i,y=1;
    for(i=1;i<=n;i++)
        y*=a;
    return(y);
}
```

运行情况如下：

```
enter the number a and its power m:2,3↙
2*3=6
2^3=8
```

程序说明：程序中，6-2.c 文件中的开头有一个 extern 说明(注意这个说明不是在函数的内部。函数内用 extern 说明使用本文件中的全局变量的方法，前面已做了介绍)，它说明了在本文件中出现的变量 a 是一个已经在其他文件中定义过的全局变量，本文件不必再次为它分配内存。

本来全局变量的作用域是从它的定义点到文件结束，但可以用 extern 说明将其作用域扩大到有 extern 说明的其他源文件。假如一个 C 程序有 5 个源文件，只在一个文件中定义了外部整型变量 a，那么其他 4 个文件都可以引用 a，但必须在每一个文件中都加上一个语句

```
extern int a;
```

进行说明。在各文件经过编译后，将各目标文件链接成一个可执行的目标文件。

注意：使用这样的全局变量要十分慎重，因为在执行一个文件中的函数时，可能会改变该全局变量的值，进而影响到另一个文件中函数的执行结果。

6.5.5 寄存器变量

变量(包括静态存储方式和动态存储方式)的值一般存放于内存中。当程序中用到哪一个变量的值时，由控制器发出指令将其从内存送到运算器中。经过运算器进行运算后，如果需要存放，再从运算器将数据送到内存存放。因此，当对一个变量频繁读写时，必须反复访问内存储器，花费大量的存取时间。为了解决这个问题，C 语言提供了另一种变量，即寄存器变量。这种变量存放在 CPU 的寄存器中，使用时，不需要访问内存，而是直接从寄存器

中读写,提高了效率。寄存器变量的说明符是 register。例如:

```c
#include "stdio.h"
int f(int n)
{
    register int i,f=1;          /ﾟ定义寄存器变量ﾟ/
    for(i=1;i<=n;i++)
        f=f*i;
    return (f);
}
void main()
{
    int i;
    for(i=1;i<=5;i++)
        printf("%d!=%d\n",i,f(i));
}
```

程序运行结果:

```
1!=1
2!=2
3!=6
4!=24
5!=120
```

程序中将局部变量 f 和 i 定义为寄存器变量,当 n 的值越大,节约的执行时间越多。对于循环次数较多的循环控制变量和循环体内反复使用的变量一般均可定义为寄存器变量。

对寄存器变量的说明:

(1) 只有局部自动变量和形式参数才可以定义为寄存器变量。因为寄存器变量属于动态存储方式。凡需要采用静态存储方式的变量不能定义为寄存器变量。

(2) 对寄存器变量的实际处理,随系统而异。例如在微型计算机上,MS C 和 Turbo C会将寄存器变量当作自动变量处理。

(3) 由于 CPU 中寄存器的个数是有限的,因此允许使用的寄存器数目是有限的,不能定义任意多个寄存器变量。

提示:当今的优化编译系统能够自动识别使用频繁的变量,并将其放入寄存器中,不需要程序设计者指定,因此在实际工作中用 register 声明变量是不必要的。读者对它有一定的了解即可。

6.5.6　存储类型小结

通过上述讨论可知,对一个数据的定义,需要指定两种属性:数据类型和存储类型,分别用两个关键字(数据类型标识符和存储类别标识符)进行定义。

从不同角度进行归纳如下。

1. 从变量的作用域角度分类

变量从作用域角度可分为局部变量和全局变量,如图 6-9 所示。

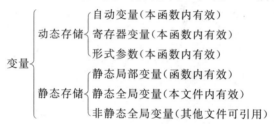

图 6-9　变量按作用域分类

2. 从变量的生存期分类

从变量的生存期来区分有动态存储和静态存储两种类型。静态存储是程序整个运行时间都存在,而动态存储则是在调用函数时临时分配单元,如图 6-10 所示。

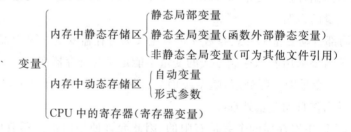

图 6-10　变量按生存期分类

3. 按变量值存放的位置分类

按变量值存放位置的不同,可分为内存中静态存储区、内存中动态存储区和 CPU 中的寄存器中的变量,如图 6-11 所示。

内存中静态存储区{静态局部变量 / 静态全局变量(函数外部静态变量) / 非静态全局变量(可为其他文件引用)}

变量{内存中动态存储区{自动变量 / 形式参数}}

CPU 中的寄存器(寄存器变量)

图 6-11　变量按存放的位置分类

4. 关于作用域和生存期的概念。

从前面叙述可以知道,对一个变量的性质可以从两个方面分析,一是从变量的作用域,一是从变量值存在时间的长短,即生存期。前者是从空间的角度,后者是从时间的角度。二者有联系但不是同一回事。图 6-12 是作用域的示意图,图 6-13 是生存期的示意图。

如果一个变量在某个文件或函数范围内是有效的,则称该文件或函数为该变量的作用域,在此作用域内可以引用该变量,所以又称变量在此作用域内"可见",这种性质又称为变量的"可见性",例如变量 a、b 在 fl()函数中"可见"。如果一个变量值 i 在某一时刻是存在的,则认为这一时刻属于该变量的"生存期",或称该变量在此时刻"存在"。表 6-1 表示各种

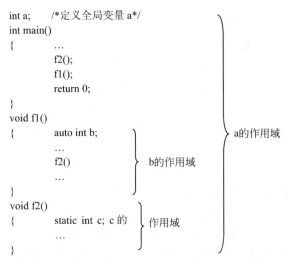

图 6-12　变量作用域的示意图

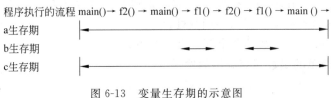

图 6-13　变量生存期的示意图

类型变量的作用域和存在性的情况。

表 6-1　各种类型变量的作用域和存在性的情况

变量的存储类型	函　数　内		函　数　外	
	作用域	存在性	作用域	存在性
自动变量和寄存器变量	√	√	×	×
静态局部变量	√	√	×	√
静态全局变量	√	√	√（只限本文件）	√
非静态全局变量	√	√	√	√

6.6　函数的嵌套与递归调用

6.6.1　函数的嵌套调用

　　C 语言的函数定义都是互相平行、独立的,也就是说在定义函数时,一个函数内不能包含另一个函数。C 语句不能嵌套定义函数,但可以嵌套调用函数,所谓函数的嵌套调用,是指在执行被调用函数时,被调用函数又调用另一个函数。这与其他语言的子程序嵌套调用的情形是类似的,其关系如图 6-14 所示。

　　图 6-14 表示的是两层嵌套,算上 main()函数共 3 层函数,其执行过程如下:

　　① 执行 main()函数的开头部分;

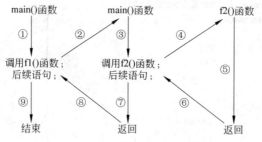

图 6-14 函数的嵌套调用

② 遇到函数调用 f1() 函数的操作语句,流程转去 f1() 函数;

③ 执行 f1() 函数的开头部分;

④ 遇到调用 f2() 函数的操作语句,流程转去 f2() 函数;

⑤ 执行 f2() 函数,如果再无其他嵌套的函数,则完成 f2() 函数的全部操作;

⑥ 返回调用 f2() 函数处,即返回 f1() 函数;

⑦ 继续执行 f1() 函数中尚未执行的部分,直到 f1() 函数结束;

⑧ 返回 main() 函数中调用 f1() 函数处;

⑨ 继续执行 main() 函数的剩余部分直到结束。

下面举一个简单的函数嵌套调用的例子。

例 6-9 计算 $s = 1^k + 2^k + 3^k + \cdots + N^k$。

```c
#include "stdio.h"
#define K 4
#define N 5
int f1(int n,int k)              /* 计算 n 的 k 次方 */
{
    int p=n;
    int i;
    for(i=1;i<k;i++)
        p*=n;
    return (p);
}
long f2 (int n,int k)            /* 计算 1 的 k 次方至 n 的 k 次方之和 */
{
    int sum=0;
    int i;
    for(i=1;i<=n;i++)
        sum +=f1(i, k);
    return sum;
}
void main()
{
    printf("Sum of %d powers of integers from 1 to %d =",K,N);
    printf("%d\n",f2(N,K));
}
```

运行情况如下：

Sum of 4 powers of integers from 1 to 5 = 979

程序中，fl()和f2()函数均为整型，都在主函数之前定义，所以不必在主函数中对fl()和f2()函数加以说明。在主函数中，调用f2()函数求 $s = 1^k + 2^k + 3^k + \cdots + N^k$ $(i = 1 \cdots n)$ 的值。在f2()函数定义中发生对fl()函数的调用，这时是把 i 和 k 的值作为实参去调用fl()函数，在fl()函数中完成求 i^k 的计算。fl()函数执行完毕，把 p 的值（即 i^k）返回给f2()函数，再由f2()函数通过循环实现求和，计算结果再返回主函数。至此，由函数的嵌套调用实现了题目的要求。

6.6.2 函数的递归调用

1. 递归函数的概念

递归是一种常用的程序设计技术，C语言中允许函数递归调用。递归是在连续执行某一个处理过程时，该过程中的某一步要用到它自身的上一步（或上几步）的结果。在一个程序中，若存在程序自己调用自己的现象就是构成了递归。递归又分为直接递归和间接递归。

一个函数在它的函数体内直接或间接地调用它自身，称为递归调用，如图 6-15 所示。这种函数称为递归函数。递归函数的特点是在函数内部直接或间接地调用自己。

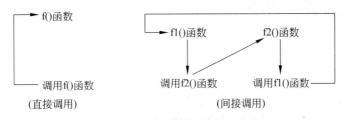

图 6-15　函数的递归调用

对一些问题本身蕴含了递归关系且结构复杂，用非递归算法实现可能使程序结构非常复杂，而用递归算法实现，可使程序简洁，提高程序的可读性。但递归调用会增加存储空间和执行时间上的开销。

2. 递归调用

C语言允许函数的递归调用。在递归调用中，调用函数又是被调用函数。执行递归函数将反复调用其自身。每调用一次就进入新的一层。在图 6-15 中，在调用函数 f() 函数的过程中，又要调用 f() 函数，这是直接调用本函数。在调用 fl() 函数过程中要调用 f2() 函数，而在调用 f2() 函数过程中又要调用 fl() 函数，这是间接调用本函数。

从图 6-15 中可以看到，这两种递归调用都是无终止的自身调用。显然，程序中不应出现这种无终止的递归调用，而只应出现有限次数的、有终止的递归调用。为了防止递归调用无终止地进行，必须在函数内有终止递归调用的手段。常用的办法是加条件判断，满足某种条件后就不再做递归调用，然后逐层返回。

编写递归程序的思路如下：可将递归问题分为如下两类。

(1) 数值问题，编写数值问题的程序，关键在于找出所要解决问题的递归算法。

(2) 非数值问题，编写非数值问题的程序，要将所要解决的问题分成两部分：

① 明确解法最基本部分；

② 原问题性质相同的小问题。

按照缩小问题规模的思路分解原问题,反复递归调用函数自身,以解决原问题。

下面通过例题学习编写递归程序的思路。

例 6-10 用递归法计算 $n!$。

程序分析:用递归法计算 $n!$ 可用下述公式表示:

$$n! = \begin{cases} 1, & n = 0,1 \\ n \cdot (n-1)!, & n > 1 \end{cases}$$

按公式可进行编程求解 $n!$。

```c
#include "stdio.h"
float ff(int n)
{
    float f;
    if(n<0)
        printf("n<0,input error");
    else if(n==0||n==1)
        f=1;
    else
        f=ff(n-1) * n;
    return(f);
}
void main()
{
    int n;
    float y;
    printf("please input a integer number:");
    scanf("%d",&n);
    y=ff(n);
    printf("%d!=%10.0f\n",n,y);
}
```

运行结果如下:

```
Please input an integer number:
5↙
5!=    120
```

说明:

程序中给出的 ff( ) 函数是一个递归函数。主函数调用 ff( ) 函数后即进入 ff( ) 函数执行,如果 n<0、n==0 或 n==1 时都将结束函数的执行,否则就递归调用 ff( ) 函数自身。由于每次递归调用的实参为 n−1,即把 n−1 的值赋予形参 n,最后当 n−1 的值为 1 时再做递归调用,形参 n 的值也为 1,将使递归终止。然后可逐层退回。

本例也可以不用递归的方法来完成。如可以用递推法,即从 1 开始乘以 2,再乘以 3⋯直到 n。递推法比递归法更容易理解和实现。但是有些问题则只能用递归算法才能实现。典型的问题是 Hanoi 塔问题。

编写递归程序有一定的难度,所以应当掌握递归的基本概念和递归程序的执行过程。

编写递归程序应注意两点：一是找出正确的递归算法；二是确定算法的递归结束条件。

例 6-11 Hanoi 塔问题。这是一个典型的只能用递归方法(而不可能用其他方法)解决的问题。问题是这样的：古代有一个梵塔，塔内有 3 个底座 A、B、C，开始时 A 座上有 64 个盘子，盘子大小不等，大的在下，小的在上，如图 6-16 所示。有一个老和尚想把这 64 个盘子从 A 移到 C 座，但每次只允许移动一个盘，且在移动过程中在 3 个座上都始终保持大盘在下，小盘在上。在移动过程中可以利用 B 座，要求编程序输出移动的步骤。

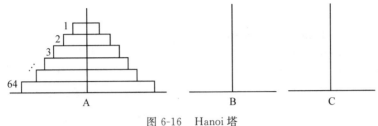

图 6-16　Hanoi 塔

程序分析：设 A 上有 n 个盘子。

如果 $n=1$，则将圆盘从 A 直接移动到 C。

如果 $n=2$，则操作如下。

(1) 将 A 上的 $n-1$(等于 1)个圆盘移到 B；

(2) 再将 A 上的一个圆盘移到 C；

(3) 最后将 B 上的 $n-1$(等于 1)个圆盘移到 C。

如果 $n=3$，则操作如下。

(1) 将 A 上的 $n-1$(等于 2，令其为 n')个圆盘移到 B(借助于 C)，步骤如下：

① 将 A 上的 $n'-1$(等于 1)个圆盘移到 C；

② 将 A 上的一个圆盘移到 B；

③ 将 C 上的 $n'-1$(等于 1)个圆盘移到 B。

(2) 将 A 上的一个圆盘移到 C；

(3) 将 B 上的 $n-1$(等于 2，令其为 n')个圆盘移到 C(借助 A)，步骤如下：

① 将 B 上的 $n'-1$(等于 1)个圆盘移到 A；

② 将 B 上的一个盘子移到 C；

③ 将 A 上的 $n'-1$(等于 1)个圆盘移到 C。

到此，完成了 3 个圆盘的移动过程。

从上面分析可以看出，当 n 大于或等于 2 时，移动的过程可分解为 3 个步骤：

第 1 步，把 A 上的 $n-1$ 个圆盘移到 B；

第 2 步，把 A 上的一个圆盘移到 C；

第 3 步，把 B 上的 $n-1$ 个圆盘移到 C。

其中第 1 步和第 3 步是类同的。

当 $n=3$ 时，第 1 步和第 3 步又分解为类同的 3 步，即把 $n'-1$ 个圆盘从一个座移到另一个座上，这里的 $n'=n-1$。显然这是一个递归过程，据此算法可编程如下：

```c
#include "stdio.h"
void move(char getone,char putone)               /*定义 move 函数*/
{
```

```
        printf("%c--->%c\n",getone,putone);
    }
    void hanoi(int n,char one,char two,char three)   /*定义 hanoi 函数*/
                                            /*将 n 个盘从 one 借助 two,移到 three*/
    {
        if(n==1)
            move(one,three);
        else
        {
            hanoi(n-1,one,three,two);
            move (one,three);
            hanoi(n-1,two,one,three);
        }
    }
    void main()
    {
        int m;
        printf("Input the number of diskes: ");
        scanf("%d",&m);
        printf("The step of moving %3d diskes\n",m);
        hanoi(m,'A','B','C');
    }
```

程序运行结果:

```
Input the number of diskes: 3↙
The step to moving 3 diskes:
        A--->C
        A--->B
        C--->B
        A--->C
        B--->A
        B--->C
        A--->C
```

注意：本程序中 move()函数只是打印出移动盘子的方案(从哪一个座移到哪一个座),并未真正移动盘子。

6.7　编译预处理

编译预处理是指在系统对源程序进行编译之前,对程序中某些特殊的命令行的处理,预处理程序将根据源代码中的预处理命令修改程序,使用预处理功能,可以改善程序的设计环境,提高程序的通用性、可读性、可修改性、可调试性、可移植性和方便性,易于模块化。

预处理程序的位置在主函数之前,定义一次,可在程序中多处展开和调用,它的取舍决定于实际程序的需要。预处理程序一般包括,宏定义、宏替换、文件包含(又称头文件)、条件编译。其处理过程如图 6-17 所示。

注意：预处理命令是一种特殊的命令,为了区别一般的语句,必须以"#"开头,结尾不

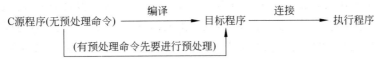

图 6-17　C 程序的编译和链接过程

加分号。预处理命令可以放在程序中的任何位置,其有效范围是从定义开始到文件结束。

6.7.1　宏定义

人们常说的宏,是借用汇编语言中的概念,引用宏定义的目的是为了在 C 语言中做一些定义和扩展,即用一个名字(宏名)来代表一个字符串。

宏定义可以分为符号常量(不带参数)和带参数的两种。也可以使用 ♯ undef 命令终止宏定义的作用域。

1. 符号常量(不带参数)的宏定义

用一个指定的标识符(即名字)来代表一个字符串,其一般形式如下:

♯define 标识符 字符串

其中,define 为宏定义命令,“标识符”为所定义的宏名,“字符串”可以是常数、表达式、格式串等。

宏定义的功能是在进行编译前,用字符串原样替换程序中的标识符。

宏定义的作用如下:

(1) 便于对程序进行修改。

(2) 提高源程序的可移植性。

(3) 减少源程序中重复书写字符串的工作量。

例 6-12　输入圆的半径,求圆的周长、面积和球的体积。要求使用无参宏定义圆周率。

```
#include "stdio.h"
#define PI 3.1415926                    /＊ PI 是宏名,3.1415926 用来替换宏名的常数 ＊/
void main()
{
    double radius,length,area,volume;
    printf ("Input a radius: ");
    scanf ("%lf",&radius);
    length=2＊PI＊radius;                    /＊引用无参宏求周长＊/
    area=PI＊radius＊radius;                 /＊引用无参宏求面积＊/
    volume=PI＊radius＊radius＊radius＊3/4;  /＊引用无参宏求体积＊/
    printf("length=%.2lf,area=%.2lf,volume=%.2lf\n", length, area, volume);
}
```

程序运行情况:

```
Input a radius: 3↙
length=18.85,area=28.27,volume=63.62
```

说明:

(1) 为了和变量名加以区别,宏名一般用大写字母表示。但这并非是规定,也可使用小写字母。

（2）宏定义是用宏名替换一个字符串，不管该字符串的词法和语法是否正确，也不管它的数据类型，即不做任何检查。如果有错误，只能由编译程序在编译宏展开后的源程序时发现。

（3）在宏定义时，可以使用已经定义的宏名。即宏定义可以嵌套，可以层层替换。例如：

```
#include "stdio.h"
#define R 3.0
#define PI 3.14159
#define L 2 * PI * R
#define S PI * R * R
void main()
{
    printf("L=%f\nS=%f\n",L,S);
}
```

替换为

```
printf("L=%f\nS=%f\n", 2 * PI * R, PI * R * R);
printf("L=%f\nS=%f\n",2 * 3.14159 * 3.0,3.14159 * 3.0 * 3.0);
```

（4）在程序中，用双引号括起来的宏名被认为是一般字符，并不进行替换。例如：

```
#define PAI 3.1415
printf(" PAI * r * r =%f ",s);                    /* 并不用 3.1415 替换 PAI */
```

（5）宏定义是专门用于预处理命令的一个专用名词，它与定义变量的含义不同，只做字符替换，不分配内存空间。

2. 带参数的宏定义

C 语言允许宏带有参数。在宏定义中的参数称为形式参数，在宏调用中的参数称为实际参数。对带参数的宏，在调用中，不是进行简单的字符串替换，还要进行参数替换。即不仅要宏展开，而且要用实参去替换形参。

带参宏定义的一般形式如下：

```
#define 宏名(形参表) 字符串
```

其中，字符串中包含有括号中所指定的参数。

带参宏调用的一般形式如下：

```
宏名(实参表);
```

例如：

```
#define M(y) y * y+3 * y                          /* 宏定义 */
k=M(5);                                           /* 宏调用 */
```

在宏调用时，用实参 5 去替换形参 y，经预处理宏展开后的语句为

```
k=5 * 5+3 * 5;
```

说明：

（1）在宏定义中的形参是标识符，而宏调用中的实参可以是表达式。

例如：

```
#include "stdio.h"
#define SQ(y) (y)*(y)
void main()
{
    int a,sq;
    printf("input a number: \n");
    scanf("%d",&a);
    sq=SQ(a+1);
    printf("sq=%d\n",sq);
}
```

本例中第 1 行为宏定义,形参为 y。程序第 7 行宏调用中实参为 a+1,是一个表达式,在宏展开时,用 a+1 替换 y,再用(y)*(y)替换 SQ,得到语句

```
sq=(a+1)*(a+1);
```

这与函数的调用是不同的,函数调用时要把实参表达式的值求出来后再赋予形参。而宏替换中对实参表达式不做计算直接地照原样替换。

(2) 在带参宏定义中,形式参数不分配内存单元,因此不必做类型定义,而宏调用中的实参有具体的值,要用它们去替换形参,因此必须做类型说明,这与函数中的情况不同。在函数中,形参和实参是两个不同的量,有各自的作用域,调用时要把实参值赋予形参,进行"值传递",而在带参宏中,只进行符号替换,不存在值传递的问题。

(3) 在定义有参宏时,在所有形参和整个字符串外,均应加一对括号。

例如:求 10 /(3×3)的值的语句

```
#define SQ(x) x*x                    /* 宏定义 */
printf("%f\n",10/SQ(3));            /* 宏调用 */
```

替换后应为

```
printf("%f\n",10/3*3 );
```

显然这是一个错误的结果。宏定义应改为

```
#define SQ(x) (x*x)
```

替换后应为

```
printf("%f\n",10/(3*3));
```

(4) 定义带参宏时,宏名与左括号之间不能留有空格。否则,C 编译系统将空格以后的所有字符均作为替换字符串,而将该宏视为无参宏。

(5) 带参的宏和带参函数很相似,但有本质上的不同。宏仅仅是对应串的替换(对应的参数也只是替换),没有计算功能,在(1)中可以看到。而函数调用使程序流程转到的变化,使程序执行相应的函数语句。

(6) 宏定义也可用来定义多个语句,在宏调用时,把这些语句又替换到源程序内。例如:

```
#define SSSV(s1,s2,s3,v) s1=l*w;s2=l*h;s3=w*h;v=w*l*h;
void main()
{
    int l=3,w=4,h=5,sa,sb,sc,vv;
    SSSV(sa,sb,sc,vv);
    printf("sa=%d\nsb=%d\nsc=%d\nvv=%d\n",sa,sb,sc,vv);
}
```

程序第 1 行为宏定义,用宏名 SSSV 表示 4 个赋值语句,4 个形参分别为 4 个赋值符左部的变量。在宏调用时,把 4 个语句展开并用实参替换形参。使计算结果送入实参之中。

(7) 较长的定义在一行中写不下时,可在本行末尾使用反斜杠表示续行。宏替换不占运行时间,只占编译时间。而函数调用则占运行时间。

一般用宏来代表简短的表达式比较合适。有些问题,用宏和函数都可以。

3. 取消宏定义(♯undef)

宏定义的作用范围是从宏定义命令开始到程序结束。如果需要在源程序的某处终止宏定义,则需要使用♯undef 命令取消宏定义。取消宏定义命令♯undef 的用法格式如下:

#undef 标识符

其中,"标识符"是指定义的宏名。

例如:

```
#include "stdio.h"
#define PI 3.14159
void main()
{
    float r=10.0;
    float b,c,d;
    b=PI*r;
    #undef PI                                /*取消了宏定义*/
    c=PI*r*r;
    d=PI*r*r*r;
    printf("r=%6.2f\n",r);
    printf("b=%6.2f\nc=%6.2f\nd=%6.2f\n",b,c,d);
}
```

由于程序在第 8 行取消了宏定义,宏定义 PI 的有效范围为第 2～7 行,因此运行时会出现:"'PI' : undeclared identifier"的出错信息。这时,只要将♯undef PI 后面使用过的 PI,全部写成 3.14159 即可。

6.7.2 文件包含

文件包含是指一个源文件可以将另一个源文件的全部内容包含进来,即将另外的文件包含到本文件之中。C 语言提供了♯include 命令用来实现文件包含的操作。文件包含命令行的一般形式为

#include "包含文件名"

或

```
#include<包含文件名>
```

它们的区别如下。

(1) 使用双引号时,包含文件名中可以包含文件路径。运行时,系统首先到当前目录下查找被包含文件,如果没找到,再到系统指定的"包含文件目录"(由用户在配置环境时设置)去查找。

(2) 使用大于小于号时,系统会直接到指定的"包含文件目录"去查找。一般地说,使用双引号比较保险。

文件包含命令的功能是把指定的文件插入该命令行位置取代该命令行,从而把指定的文件和当前的源程序文件连成一个源文件。

在程序设计中,文件包含是很有用的。一个大的程序可以分为多个模块,由多个程序员分别编程。有些公用的符号常量或宏定义等可单独组成一个包含文件(也称为头文件,常以.h 为后缀),在其他文件的开头用包含命令包含该文件即可使用。这样,可避免在每个文件开头都去书写那些公用量,从而节省时间,减少出错。例如,编写一个头文件 bj.h 存入当前目录下的代码如下:

```
/* 编制包含文件,并将其复制到 C 语言目录中,包含文件名为 bj.h */
#define START   {
#define OK    }
#define MAX(x,y) x>y?x:y;
```

编写另一程序 file.c:

```
/* 当前程序 */
#include "bj.h"
void main()
START
    float x=50.0, y=10.0;
    long lx=25,ly=38;
    printf("float max=%f \ n", MAX(x,y));
    printf("long max=%ld\n",MAX(x,y));
OK
```

运行程序 file.c 的结果如下:

```
float max=50.0
long max=38
```

头文件除了可以包含公用的符号常量、宏定义外,也可以包含结构体类型定义和全局变量定义等。

说明:

(1) 在包含文件中不能有 main() 函数。

(2) 编译预处理时,预处理程序将查找指定的被包含文件,并将其复制到 #include 命令出现的位置上。

(3) 一个 include 命令只能指定一个被包含文件,若有多个文件要包含,则需用多个

include 命令。

(4) 文件包含允许嵌套，即在一个被包含的文件中又可以包含另一个文件。

6.7.3　条件编译

一般情况下，源程序中所有的行都参加编译。如果用户希望某一部分程序仅在满足某条件时才进行编译，否则不编译或按条件编译另一组程序，这时就要用到条件编译。预处理程序提供了条件编译的功能。可以按不同的条件去编译不同的程序部分，因而产生不同的目标代码文件。这对于程序的移植和调试是很有用的。

进行条件编译的宏指令主要有 #if、#ifdef、#ifndef、#endif、#else 等。它们按照一定的方式组合，构成了条件编译的程序结构。下面分别介绍。

形式1：

```
#ifdef 标识符
    程序段 1
#else
    程序段 2
#endif
```

其功能是，如果标识符已被 #define 命令定义过则对程序段 1 进行编译；否则对程序段 2 进行编译。

如果没有程序段 2(它为空)，本格式中的 #else 可以没有，即可以写为

```
#ifdef 标识符
    程序段
#endif
```

格式中的"程序段"可以是语句组，也可以是命令行。

形式2：

```
#ifndef 标识符
    程序段 1
#else
    程序段 2
#endif
```

其功能是，如果标识符未被 #define 命令定义过则对程序段 1 进行编译，否则对程序段 2 进行编译。这与第一种形式的功能正相反。

形式3：

```
#if 常量表达式
    程序段 1
#else
    程序段 2
#endif
```

其功能是，如果常量表达式的值为真(非 0)，则对程序段 1 进行编译，否则对程序段 2 进行编译。因此可以事先给定一定条件，使程序在不同条件下，完成不同的功能。

例 6-13 条件编译示例。

```
#include "stdio.h"
#define R 1
#define PI 3.14159
void main()
{
    float r,s1,s2;
    printf ("input a number:\n");
    scanf("%f",&r);
    #if R
        s1=PI * r * r;
        printf("area of round is: %f\n",s1);
    #else
        s2=r * r;
        printf("area of square is: %f\n",s2);
    #endif
}
```

程序运行情况：

Input a number : 2✓
area of round is : 12.57

本例中采用了第 3 种形式的条件编译。在程序第一行宏定义中，定义 R 为 1，因此在条件编译时，常量表达式的值为真，故计算并输出圆面积 s1。

上面介绍的条件编译当然也可以用条件语句来实现。但是用条件语句将会对整个源程序进行编译，生成的目标代码程序很长，而采用条件编译，则根据条件只编译其中的程序段 1 或程序段 2，生成的目标程序较短。如果条件选择的程序段很长，采用条件编译的方法是十分必要的。

6.8 错 误 解 析

（1）函数首行加分号。例如：

```
void func(int n);
{
    ...
}
```

解决方法：严格区分函数的声明，函数的调用和函数的实现三者之间的关系以及区别。正确使用这 3 种形式。

（2）函数返回多个值。例如：

```
int maxMin(int x,int y)
{
```

```
    int max,min;
    ...
    return max,min;
}
```

解决方法：对于返回具有某种数据类型的值的函数，仅能返回一个值而非多个。因此要考虑函数的功能确定是否恰当，或者根据后续知识重新考虑问题。

（3）定义指针变量而没有赋值。例如：

```
int a=10;
int * p;
* p=11;
```

解决方法：对于指针在定义时就要考虑它的指向，如果指针在定义时没有明确的指向就是指针悬空，这常会造成很多意想不到的错误。因此在定义指针时就养成为指针赋值的习惯。

（4）指针在定义后如果要重新赋值时使用*。例如：

```
int a =10;
int b=43;
int * p=&a;
...
* p =&b;
```

解决方法：理解星号的多重含义，如果在定义时星号出现在数据类型后面其含义是指针声明的标示；而在指针声明之后再次出现则表示间接访问。如果是要为指针变量再次赋值而非间接访问，直接使用指针变量的变量名即可。

练 习 6

一、选择题

1. 以下正确的说法是（   ）。
    A. 用户若需调用标准库函数，调用前必须重新定义
    B. 用户可以重新定义标准库函数，若如此，该函数失去原有含义
    C. 系统根本不允许用户重新定义标准库函数
    D. 用户若需调用标准库函数，调用前不必使用预编译命令将该函数所在文件包括到用户源文件中

2. 以下函数的正确定义形式是（   ）。
    A. double fun(int x,int y)   B. double fun(int x;int y)
    C. double fun(int x,int y);   D. double fun(int x,y);

3. 在 C 语言中，以下正确的说法是（   ）。
    A. 实参和与其对应的形参各占用独立的存储单元
    B. 实参和与其对应的形参共占用一个存储单元
    C. 只有当实参和与其对应的形参同名时才共占用存储单元
    D. 形参是虚拟的，不占用存储单元

4. 若调用一个函数，且此函数中没有 return 语句，则正确的说法是（   ）该函数。

A. 没有返回值　　　　　　　　　B. 返回若干个系统默认值

C. 能返回一个用户所希望的函数值　　D. 返回一个确定的值

5. C 语言规定,简单变量做实参时,它和对应形参之间的数据传递方式是(　　)。

A. 地址传递

B. 单向值传递

C. 由实参传给形参,再由形参传回给实参

D. 由用户指定传递方式

6. C 语言规定,函数返回值的类型是由(　　)。

A. return 语句中的表达式类型所决定

B. 调用该函数时的主调函数类型所决定

C. 调用该函数时系统临时决定

D. 在定义该函数时所指定的函数类型所决定

7. 在 C 语言程序中,以下正确的描述是(　　)。

A. 函数的定义可以嵌套,但函数的调用不可以嵌套

B. 函数的定义不可嵌套,但函数的调用可以嵌套

C. 函数的定义和函数的调用均不可以嵌套

D. 函数的定义和调用均可以嵌套

8. 以下不正确的说法为(　　)。

A. 在不同函数中可以使用相同名字的变量

B. 形式参数是局部变量

C. 在函数内定义的变量只在函数范围内有效

D. 在函数内的复合语句中定义的变量在本函数范围内有效

二、程序设计题

1. 设计一个函数,实现将两个整数交换的功能,在主函数中调用此函数。

2. 设计一个函数,判断一个整数是否为素数,如果为素数,则返回 1,否则返回 0。在主函数中调用此函数找出 $500\sim1200$ 的所有素数。

3. 设计一个函数,求如下级数,在主函数中输入 n,并输出结果。

$$S = 1 + \frac{1}{1+2} + \frac{1}{1+2+3} + \cdots + \frac{1}{1+2+\cdots+n}$$

4. 编写函数 fun(n),n 为一个三位自然数,判断 n 是否为水仙花数,若是返回 1,否则返回 0。在主函数中输入一个三位自然数,调用函数 fun(num),平输出判断结果。

水仙花数是指一个 n 位数（$n \geqslant 3$）,它的每个位上的数字的 n 次幂之和等于它本身。（例如:$1^3 + 5^3 + 3^3 = 153$）

5. 闰年是为了弥补因人为历法规定造成的年度天数与地球实际公转周期的时间差而设立的。补上时间差的年份,即有闰日的年份为闰年。公历闰年的简单计算方法(符合以下条件之一的年份即为闰年):

(1) 能被 4 整除而不能被 100 整除。

(2) 能被 100 整除也能被 400 整除。

编写函数,计算该日是本年的第几天,在主函数中输入年月日,调用该函数,并输出结果。

第7章 数　　组

在以前的章节中所使用的变量有两个共同特征：一是每个变量每次仅能存储一个事先所定义的数据类型的数值；二是这些变量所存储的值不可以再分解为其他类型。以往所定义的变量类型均是基本数据类型，与基本数据类型相对的是构造数据类型。构造数据类型是根据已定义的一个或多个数据类型用构造的方法来定义的。每个"成员"都是一个基本数据类型或又是一个构造类型。

在程序设计中，为了处理上的方便，把具有相同类型的若干变量按一定顺序组织起来，这些按顺序排列的同种数据元素的集合称为数组，其中的每一个变量被称为数组元素，这种数据结构类似于高中学习到的数例。数组元素用数组名和下标来确定。在 C 语言中，数组属于构造数据类型。一个数组可以分解为多个数组元素，这些数组元素可以是基本数据类型也可以是构造类型。本章将学习数组的相关知识。

本章知识点：

（1）一维数组定义和数组元素的引用。

（2）一维数组与指针运算。

（3）二维数组的定义和数组元素的引用。

（4）二维数组与指针运算。

（5）动态数组的使用。

7.1　一维数组的定义及使用

7.1.1　一维数组的定义

一维数组是指使用一个列表名存储的一组具有相同数据类型的值的列表。与其他程序设计语言相同，C 语言将这个列表名称为数组名。如图 7-1 所示，将 6 个整型数据作为成绩存放在列表名为 grades 的列表中。对于 grades 列表中的每个元素不用单独定义，可以将这些元素定义为一个单元，使用共同的变量名来存储。

在 C 语言中，一维数组的定义形式如下：

类型说明符 数组名[常量表达式]；

grades
100
91
86
53
78
65

图 7-1　一个成绩单列表

其中，类型说明符是任意一种基本数据类型或构造数据类型。数组名是用户定义的标识符，该标识符遵循用户自定义标识符的命名规则。方括号中的常量表达式表示数据元素的个数，也称为数组长度。数组的定义与变量的定义一样，都是为所定义的对象分配存储空间。在程序的运行过程中，所定义的对象的存储空间一旦分配就不能更改。

图 7-1 中的数组 grades 可以定义为

```
int grades[6];
```

一个好的编程习惯是在定义数组前先定义一个字符常量来表示数组元素的个数。按照这种习惯,数组 grades 可以改写为

```
#define NUM 6            /*定义一个字符常量用以表示数组元素的个数*/
int grades[NUM];         /*定义一个整型数组,其大小为 NUM*/
```

数组 grades 所具有的 6 个数组元素为 grades[0]、grades[1]、grades[2]、grades[3]、grades[4]和 grades[5]。

图 7-2 为数组 grades 的逻辑存储方式。对于数组 grades 中的每个数组元素按照顺序依次存储,即在 NUM 个存储单元中,第一个存储单元存储第 1 个数组元素(下标为 0),第二个存储单元存储第 2 个数组元素,依次类推直至第 NUM 个存储单元存储第 NUM 个数组元素(下标为 NUM-1)。顺序存储是数组的一个基本特性,这个特性提供了一个简单的存储机制来存储具有线形结构特征的数据。

图 7-3 指出了数组中的每个数组元素在内存中的存储位置(假设数组的起始地址是 200)。数组名和下标(索引值)指出了每个数组元素在数组中的位置。虽然编译器为数组中的第一个元素指定的索引值看起来有些奇怪,但是这样做可以增加获取数组元素的速度。从内部机制来说,计算机将索引值作为数组起始位置的偏移量。图 7-4 说明了索引值告诉计算机从数组的起始位置跨越了多少数组元素到达了目标。

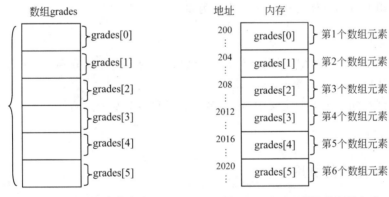

图 7-2 grades 的逻辑存储方式　　　　图 7-3 grades 的物理存储方式

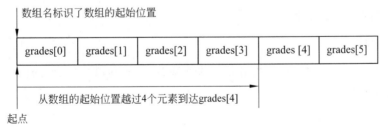

图 7-4 获取 grades[4]示意图

综上所述,关于数组的定义要注意以下几点:

(1) 数组名的命名规则遵循用户自定义标识符的命名规则。

(2) 说明数组大小的常量表达式必须为整型,并且只能用方括号括起来。

(3) 说明数组大小的常量表达式中可以是符号常量、常量,但不能是变量;如下面程序

```
#include "stdio.h"
void main( )
{
    int num = 6;
    int array[num];
}
```

在编译过程中会出现未知数组大小的错误。

(4) 数组名不能与其他变量名相同,例如,下面程序:

```
#include "stdio.h"
#define NUM 6            /*定义一个字符常量用以表示数组元素的个数*/
void main()
{
    int sum;
    int sum[NUM];
}
```

在编译时会出现错误。

(5) 数组元素的下标是从 0 开始的。例如:

```
int array[3];
```

说明了一个长度为 3 的整型一维数组,在这个数组中的 3 个元素分别为 array[0]、array [1]、array [2],其中并不包含元素 array[3]。

(6) 允许在同一个类型定义中,定义多个数组和多个变量。例如:

```
int a,b,c[10],d[20];
```

7.1.2　一维数组的引用

数组必须先定义再使用。在 C 语言中,数组元素只能逐个引用,不能一次引用数组中的全部元素。

数组元素的使用形式如下:

数组名[下标]

例 7-1　定义一个具有 10 个数组元素的整型数组 array,数组元素的值与其下标相同,并将这些数组元素输出。

```
#include "stdio.h"
#define NUM 5            /*定义一字符常量用以表示数组元素的个数*/
void main()
{
```

```
int array[NUM];    /*定义一个整型数组,其大小为 NUM*/
for(int i=0;i<NUM;i++)
{
    array[i]=i;                              /*数组元素的赋值*/
    printf("array[%d]=%d\n",i,array[i]); /*输出数组元素*/
}
}
```

程序的运行结果如下：

```
array[0]=0
array[1]=1
array[2]=2
array[3]=3
array[4]=4
```

C 语言并不检查数组下标是否越界,这样可以提高程序运行效率,也可以为指针操作带来更多的方便。这样的好处为程序员提供了很大的灵活性,更易于写出高效的代码。如果定义一个数组 a[N](N 为一符号常量),其下标有效范围为[0,($N-1$)]。若要引用下标 N,编译器并不提示错误的,但是这样也潜在的隐含着一些隐患。

例 7-2 根据以下程序分析运行结果。

```
#include "stdio.h"
void main()
{
    int i;
    int a[3]={1,2,3};
    for (i=1; i<=3; i++)
    {
        a[i]=0;
        printf("a[%d]=%d\n",i,a[i]);
    }
}
```

分析如下：

假设计算机为变量 i 分配的内存位置为 0x0013ff7c,数组 a 中各元素所分配的内存位置如下。

a[0]地址：0x0013ff70

a[1]地址：0x0013ff74

a[2]地址：0x0013ff78

当 i = 1 时,a[1]的值为 0;i 自增运算后的值为 2,a[2]的值为 0;i 再次自增运算后的值为 3,此时,程序将找到数组元素 a[3]所在的内存位置(即本例中分配给变量 i 的内存单元 0x0013ff7c),并写入 0,从而导致变量 i 的值为 0。接着到 for()循环中去判断条件 i≤3,因为 i 的值又被置为 0;i≤3 成立,导致再次开始执行循环。这样程序将陷入死循环。这就是 C 语言中数组不检查数组下标所造成的隐患。

数组元素的使用方法与同类型的变量使用方法完全相同。在可以使用某种类型变量的地方都可以使用该种类型的数组元素。

7.1.3 一维数组的初始化

1. 全部元素初始化

正如变量可以在定义时被初始化一样，数组也可以这样做，其区别在于：变量初始化时仅仅需要一个值数而组初始化需要一系列的值。这一系列的值位于一对花括号内，值与值之间使用逗号分隔开来。例如：

```
int array[5] ={0,1,2,3,4};
```

初始化列表给出的值依次赋值给数组的各个元素，array[0]被赋值为 0，array[1]被赋值为 1，…，array[4]被赋值为 4。

如果初始值的个数大于数组定义中定义的数组的长度，则为语法错误。例如：

```
int array[5] ={0,1,2,3,4,5 };
```

是不合法的。

对数组元素完成初始化操作后，在程序中还可以用其他方式（如赋值语句等）重新赋值。例如：

```
array[0] =25;
array[3] =sizeof(double);
array[4] =i++;
```

若对所有元素赋一样的值，也必须一个一个地赋值。例如：

```
int a[5]={2,2,2,2,2};
```

不能写成：

```
int a[5]={5 * 2};
```

2. 部分元素初始化

在对数组进行初始化操作时，也可以仅对部分数组元素进行初始化操作，例如：

```
int grades[6] ={98,87,100};
```

该语句相当于仅仅对数组 grades 的前 3 个数组元素进行了赋值操作，即 grades[0]＝98、grades[1]＝87、grades[2]＝100，而 grades[3]、grades[4]、grades[5]将被自动赋值为 0。因为编译器只知道初始值不够，但它无法知道缺少的是哪些值，所以允许省略最后几个初始值。

若被定义的数组长度与提供初始值的个数不相同时，数组长度不能省略。若打算定义数组长度为 10，但是仅仅提供了 5 个初始值，就不能省略数组长度，而必须写成：

```
int array[10] ={0,1,2,3,4};
```

数组 array 的前 5 个数组元素 array[0]，…，array[4]分别被初始化为 0，…，4，而数组 array 的后 5 个数组元素 array[5]，…，array[9]分别被初始化为 0。

3. 自动计算数组长度的初始化

当对全部数组元素进行初始化操作时,可以不指定数组长度。例如,

```
int array[5] ={0,1,2,3,4};
```

就可以写成

```
int array[ ] ={0,1,2,3,4};
```

这是因为虽然数组的定义中并没有给出数组的长度,但是编译器具有把所容纳的所有初始值的个数设置为数组长度的能力。

4. 静态存储的数组的自动初始化操作

一维静态存储的数组定义形式如下:

```
static 类型说明符 数组名 [常量表达式];
```

例如:

```
static int array[5];
```

一维静态存储的数组只在程序开始执行之前初始化一次。程序并不需要执行指令把这些值放到合适的位置,因为它们一开始就在那里了,这是由链接器完成的。链接器用包含可执行程序的文件中合适的值对数组元素进行初始化。如果数组未被初始化,数组元素的初始值将会自动设置为 0。当这个文件载入到内存中准备执行时,初始化后的数组值和程序指令一样也被载入到内存中。因此,当程序执行时,静态数组已经初始化完毕。

但是,对于自动变量而言,在默认情况下是未初始化的。如果自动变量的定义中给出初始值,每次当执行流进入自动变量定义所在的作用域时,变量就被一条隐式的赋值语句初始化。

例 7-3 定义一个具有 10 个整型数据的一维静态存储的数组,每行输出 5 个数组元素。

```
#include "stdio.h"
#define N 10
void main()
{
    static int array[N];          /*定义一个具有 N 个数组元素的静态存储数组 array */
    for(int i=0;i<N;i++)
    {
        if((i+1)%6==0)            /*每行输出 5 个数组元素 */
            printf("\n");
        printf("%5d",array[i]);   /*输出数组元素 */
    }
    printf("\n");
}
```

程序的运行结果如下:

```
0    0    0    0    0
0    0    0    0    0
```

5. 利用输入数逐个输入数组中的各个元素

```
for(int i=0;i<N;i++)
{
    printf("Enter array[%d]:\t",i);
    scanf("%d",&array[i]);
}
```

7.1.4 程序举例

例 7-4 编写程序实现求取一个具有 10 个数组元素的一维整型数组 array[10] = {98, 124,58,78, 90,587,21,0,−65,106}中的最大值以及最大值所在的位置。

例题分析：要求数组中的最大值，可以使用数组中的某个数组元素值和其他元素相比较得到。使用程序实现就要第一两个变量，一个用来存储以比较的数组元素的最大值，另一个用来存储最大值所在的位置。为了实现方便且便于理解，通常将存储最大值的变量的初始值设置为数组第一个元素的值，相应地，将存储最大值所在位置的变量的初始值设置为0。使用循环结构访问数组中的每个数组元素，使用访问到的数组元素的值和现有的最大值进行比较，若该数组元素的值比现有的最大值大，则修改最大值，同时更改当前最大值所在的位置，否则进行下一个数组元素的比较。

```
#include "stdio.h"
#define N 10
void main()
{
    int array[N] ={98,124,58,78,90,587,21,0,-65,106};
    int max=array[0];            /* 将最大值初始化为数组的第一个元素 */
    int location =0;
    for(int i=1;i<N;i++)
        if(max<array[i])         /* 用当前访问到的数组元素和 max 比较 */
        {                        /* 如果当前访问到的数组元素大于 max */
                                 /* 则修改 vmax 和 location 的值 */
            max=array[i];
            location=i;
        }
    for(i=0;i<N;i++)
        printf("%5d",array[i]);
    printf("\n");
    printf("最大值为:%d,是数组中的第%d个元素。\n",max,location+1);
}
```

程序的运行结果如图 7-5 所示。

例 7-5 编程实现在一维整型数组 array[10] = {−65,0,21 ,58,78,90,98,106,124, 587}中查找是否存在 125,如果有输出该数在数组中的位置,如果没有输出"不存在"。

例题分析：如果要查找某数值是否存在于数组中，就要将数组中的每个元素与给定值相比较，在程序实现时就是使用循环结构依次取数组中的元素与给定值进行比较，若存在则

图 7-5 例 7-4 的运行结果

终止程序的执行,返回该数值在数组中的位置,如果不存在则进行下一个数组元素的比较。

```c
#include "stdio.h"
#define N 10
void main()
{
    int array[N]={-65,0,21,58,78,90,98,106,124,587};
    int location=0;
    for(int i=0;i<N;i++)
        if(array[i]==90)
        {
            location=i;
            break;
        }
    if(i==N)                    /* 如果没有找到所给定的值,则退出循环,此时 i 的值为 10 */
        printf("不存在!\n");
    else
        printf("125 在数组中的位置是:%d\n",location+1);
}
```

7.2　一维数组与指针运算

7.2.1　一维数组的数组名

在讨论一维数组和指针前,就不得不说一维数组的数组名,先看以下两个定义:

```c
int s;
int num[5];
```

变量 s 是一个变量,因为它是一个单一的值且这个数值是整型的。num 是一个数组,因为它是一组值的集合。当数组名和下标值一起使用,就可以标识数组中某个特定的值。例如 num[2]表示数组 num 中的第 3 个值。数组 num 中每个特定的值都是一个标量,用于任何可以使用标量的地方。

num[2]的类型是整型数据,那么 num 的类型又是什么呢?它所表示的又是什么呢?在 C 语言中,在几乎所有使用数组名的表达式中,数组名的值是一个指针常量,也就是数组中第一个数组元素的地址。num 的类型取决于数组元素的类型,数组元素的类型是 int 类型,那么 num 的类型就是"指向 int 的常量指针"。因此一维数组的数组名表示的是该数组中第一个数组元素的存储地址,数组名的类型是"指向数组元素存储类型的常量指针"。不要将数组等同于指针,这是因为数组具有一些和指针完全不同的特征。例如,数组具有确定数量的数组元素,而指针是一个标量值。

数组名是一个指针常量,而不是指针变量,因此数组名的值是不能修改的。这是因为数组名这一指针常量指向内存中数组的起始位置,如果修改这个指针常量,唯一可行的操作就是把整个数组移动到内存的其他位置。但是,在程序完成链接后,内存中数组的位置是固定的,所以当程序运行时再想移动数组就为时已晚。

下面,再看一个例子:

```
int num[5];
int grade[5];
int * ptr;
...
ptr = &num[0];
...
ptr = &grade[3];
```

&num[0]是指向数组 num 第 1 个数组元素(下标为 0)的地址,也可是说是指向数组 num 的第 1 个数组元素的指针。而 &num[0]的值正是数组名本身的值,因此和

```
ptr = &num[0];
```

下面这条语句所执行的任务是一样的:

```
ptr = num;
```

这条赋值语句说明了数组名的真正含义。如果数组名表示整个数组,这条语句就表示将整个数组复制到一个新的数组中。但是实际情况并不是这样的,而是被赋值的是一个指针的副本,ptr 指向数组 num 的第 1 个数组元素。因此表达式

```
grade = num;
```

是非法的。也就是说不能使用赋值运算符把一个数组中的所有元素复制到另一个数组中,而必须使用循环结构,一次复制一个数组元素来实现。

下面这条语句:

```
num = ptr;
```

根据定义可以看出 ptr 是一个指针变量,这条语句看似能完成某种形式上的赋值操作,把 ptr 的值赋给 num,实际上这个赋值是非法的!请务必牢记:数组名是一个指针常量,不能被赋值!

7.2.2 一维数组的下标与指针

现有语句

```
int num[5];
```

那么 *(num+2)表示什么呢?

先分析 num+2 所表示的含义:num 的值是数组的起始地址,也就是第 1 个元素的地

址。那么 2 是什么呢？是在 num 的数值上再加上 2 吗？答案是否定的。所加的 2 表示数组 num 第 1 个元素向后移动两个整型长度的运算，换句话说，num+2 表示以数组 num 的第一个元素为基准，向后移动两个数组元素的长度后所指向的数组元素的存储地址，也就是说这个 2 可以看作是偏移量，若数组 num 的起始地址为 200，则 num+2 的值不是 202，而是 200+2×4=208，是第 3 个元素的地址。

num+2 的含义搞清楚了，再通过间接访问操作运算符" * "访问这个新的存储空间取得这个存储空间中所存储的数据，即 * (num+2)。这个过程看上去很熟悉，因为这和前面的数组下标的引用过程完全一样的。因此 num[2]和 * (num+2)是等价的。请牢记在 C 语言中下标引用和间接访问表达式是一样的。

例 7-6　编程实现一维数组 array[10] = {98,124,58,78,90,587,21,0,−65,106}的求和，要求使用间接访问表达式表示数组元素。

```c
#include "stdio.h"
#define N 10
void main()
{
    int array[N] ={98,124,58,78,90,587,21,0,-65,106};
    int sum =0;
    for(int i=0;i<N;i++)
        sum+= * (array+i);
    printf("sum =%5d\n",sum);
}
```

现有以下程序段：

```c
#define  N   10
...
int array[N];
int * ptr =array+5;
```

那么 array[i]同 * (array+i)(0<=i<=N−1)是等价的。在指针进行加法时所加的整数指的都是偏移量。在执行 * ptr = array+5 后所得到的结果为 ptr 指向 array[5]。图 7-6 说明了这个执行过程：

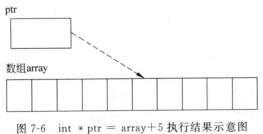

图 7-6　int * ptr = array+5 执行结果示意图

在下面涉及 ptr 的表达式中，它们的含义是什么呢？

ptr：它在执行后就是 array+5，它的等价于

```
&array[5];
```

*ptr：间接访问它所在存储空间中的数据，也就是 array[5]，它的等价于

```
* (array+5);
```

ptr[0]：也许有人认为 ptr 不是一个数组，这种写法是错误的。应牢记，在 C 语言中下标引用和间接访问表达式是一样的。其等价表达式为 *（ptr＋0），去掉加号和 0，也就是 *ptr。

ptr＋2：ptr 指向 array[5]，这个加法运算产生的指针指向的元素就是 array[5]后移两个数组元素的位置的数组元素，它的等价表达式是 array＋7 或者 &array[7]。

*ptr＋2：这个式子中有两个运算符，间接访问运算符 * 的优先级高于加法运算符＋，所以这个表达式的含义是间接访问的结果再加上 2，它的等价表达式是 array[5]＋2。

*（ptr＋2）：括号迫使 ptr＋2 先执行，它的等价表达式是 array[7]。

ptr[2]：把这个下标表达式转换为以其对应的间接访问表达式形式，它和 *（ptr＋2）是一样的，因此它的等价表达式是 array[5＋2]。

ptr[－1]：下标是负值！这是合法的。下标引用和间接访问表达式等价，只要把它转换成间接访问表达式，即 ptr[－1]＝ptr＋（－1）＝array＋5＋（－1）＝array＋4，因此它的等价表达式是 array＋4 或者是 &array[4]。

ptr[5]：这个看似正常的表达式其实存在着严重的问题。它的等价表达式是 array[10]，这已经越界了。

指针表达式和下标表达式可以互换使用，对于大多数人来讲，下标更容易理解，但是这个选择可能会影响程序的执行效率。也就是说指针有时会比下标更有效率。

为了说明效率这个问题，就需要研究两个循环，它们执行相同的任务。现使用下标表达式，将数组中的所有元素都赋值为 0。

```
int array[10];
for(int i=0;i<10;i++)
    array[i]=0;
```

为了对下标表达式求值，编译器在程序中插入指令，取得 i 的值，然后把它与整型数据在内存中的存储长度相乘，这个乘法计算要花费一定的时间和存储空间。

使用指针表达式实现上述任务：

```
int array[10];
for(int * ptr=array;ptr<array+10;ptr++)
    * ptr=0;
```

尽管这里不存在下标，但是还是存在乘法运算，这个乘法运算出现在 for 语句的调整部分，1 这个值必须与整型数据在内存中的存储长度相乘，然后再与指针相加。但有重大的区别：循环每次执行时，执行乘法的都是两个相同的数字（1 和整型数据在内存中的存储长度）。这个乘法只在编译时执行一次，程序在运行时并不执行乘法。因此使用指针在绝大多数情况下，程序将会更快一些。

指针和数组并不是相等的。例如：

```
int array[10];
int *ptr;
```

array 和 ptr 都具有指针值，它们都可以进行间接访问和下标引用操作。但是它们还是有很大区别的。定义一个数组时，编译器根据定义所指定的元素数量为数组保留内存空间，然后再创建数组名，它的值是一个常量，指向这段空间的起始位置。定义一个指针变量，编译器只为指针本身保留内存空间，它并不为任何整型值分配内存空间。而且指针变量并未被初始化，未指向任何现有的内存空间，如果它是一个自动变量，它甚至根本不被初始化。图 7-7 说明了它们之间的区别。

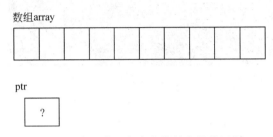

图 7-7　定义数组与定义指针变量的区别

程序执行完上述语句后，表达式 * array 是完全合法的，但是表达式 * ptr 却是非法的。* ptr 将访问内存中某个不确定的位置，或者导致程序终止。表达式 ptr＋＋可以通过编译，但是 array＋＋却不能通过编译，因为 array 是一个常量。

例 7-7　编写程序，实现一维数组 a[10] 元素值循环右移 3 位（要求用指针实现）。

例如，当数组的原值为 1 2 3 4 5 6 7 8 9 10 时，结果为 8 9 10 1 2 3 4 5 6 7。

```
#include "stdio.h"
#define N 10
#define RM 3
void main()
{
    int a[N],i;
    printf("移动前：\n");
    for(i=0;i<N;i++)
    {
        a[i]=i+1;
        printf("%5d",a[i]);
    }
    printf("\n");
    int temp,*p;
    for(i=0;i<RM;i++)
    {
        temp=*(a+N-1);
        for(p=a+N-1;p>a;p--)
            *p=*(p-1);
        *p=temp;
```

```
    }
    printf("移动后: \n");
    for(i=0;i<N;i++)
        printf("%5d",a[i]);
    printf("\n");
}
```

程序的运行结果如图 7-8 所示。

图 7-8　例 7-7 的运行结果

7.2.3　作为函数参数的一维数组的数组名

一维数组的数组名的值是一个指向该数组第一个元素的指针,当一个一维数组的数组名作为函数参数传递给另外一个函数时,实质上传递的是一份该指针的副本。函数通过这个指针副本所执行的间接访问操作,就可以修改和调用程序中实参数组元素。

例 7-8　数组名作为函数的参数举例。

```
#include "stdio.h"
#define N 5
void ff(int * p,int n)
{
    p[2]=99;
    p[3]=100;
}
void main()
{
    int array[N]={12,0,3,45,98};
    int * ptr;
    printf("数组原来的值是: ");
    for(ptr=array;ptr<array+N;ptr++)
        printf("%5d", * ptr);
    printf("\n");
    ff(array,N);
    printf("数据最后的值是: ");
    for(ptr=array;ptr<array+N;ptr++)
        printf("%5d", * ptr);
    printf("\n");
}
```

程序运行结果如图 7-9 所示。

图 7-9　例 7-8 的运行结果

　　主函数中定义了一个具有 5 个整型数组元素的一维数组 array,这 5 个数组元素分别
被赋值为 12,0,3,45 和 98,而 ff() 函数的功能是把数组的第 3、4 个元素的值分别修改为
99、100。ff() 函数有两个参数:第一个参数是一个整型指针变量 p,用来接收数组的首地
址;第二个参数是一个整型变量 n,用来接收数组的大小。在程序的执行过程中,主函数
调用 ff(),将 array 作为实参传递给形参 p,即 p＝array,将 N 作为实参传递给形参 n,即
n＝N。

　　在 ff() 函数中的语句:

```
p[2]=99;
```

　　其实是通过 p 得到数组 array 的地址,然后再间接访问第 3 个元素,即 ＊(p＋2),等价
于 ＊(array＋2)。所以在 ff() 函数中,是可以修改对应实参数组 array 元素的值。

　　一般来说,数组名用作函数参数时,有以下 4 种情况:

　　(1) 实参与形参都用数组名。例如:

```
void main()              定义 output()函数:
{
    int array[10];       void output(int p[ ],int n)
        …                {
    output(array,10);        …
        …
}                        }
```

　　形参 int p[ ] 表示 p 所指向对象的指针变量,int p[ ] 等价于 int ＊p。

　　由于形参数组名接收了实参数组的首地址,因此可以理解在函数调用期间,形参数组与
实参数组共用实参数组的内存空间。

　　(2) 实参用数组名,形参用指针变量。例如:

```
void main()              定义 output()函数:
{
    int array[10];       void output (int ＊p,int n)
    …                    {
    output (array,10);       …
        …
}                        }
```

　　函数开始执行时,p 指向 array[0],即 p＝＆array[0]。通过 p 值的改变,可以指向数组
array 中的任一元素。

（3）实参与形参都用指针变量。例如：

```
void main()                        定义 output()函数:
{
    int array[10], * ptr=array;    void output (int * p,int n)
    ...
    output (ptr,10);               {
    ...                                ...
}                                  }
```

如果实参用指针变量,则这个指针变量必须有一个确定的值。先使实参指针变量 ptr 指向数组 array,ptr 的值是 &array[0],然后将 ptr 的值传给形参指针变量 p,p 的初始值也是 &array[0]。通过 p 值的改变可以使 p 指向数组 array 的任意一个元素。

（4）实参用指针变量,形参用数组名。例如,

```
void main()                        定义 output()函数:
{
    int array[10], * ptr=array;    void output (int p[],int n)
    ...
    output (ptr,10);               {
    ...                                ...
}                                  }
```

实参 ptr 为指针变量,它使指针变量 ptr 指向数组 array。形参为数组名 p,实际上将 p 作为指针变量处理,可以理解为形参数组 p 和 array 数组共用同一段内存单元。在函数执行过程中可以使 p[i] 的值变化,而它也就是 array[i]。

实参数组名代表一个固定的地址,或者说是指针型常量,而形参数组并不是一个固定的值,作为指针变量,在函数调用时,它的值等于实参数组首地址,但在函数执行期间,它可以再被赋值。

例 7-9 编程实现在一维数组 array[8] = { 168,158,64,109,172,122,152,191}中删除 152,要求使用函数实现该功能,并输出删除前后的数组。

例题分析:要在数组中删除某个元素,就是使用其后存储空间中的数据将该存储位置上的数据覆盖掉,然后依次使用后一数据将前一数据覆盖掉,直至到数组的最后一个数据。而后将数组的长度减 1。

```
#include "stdio.h"
#define N 8
void delArray(int * p,int n,int x)
{
    int location=0;
    for(int * ptr=p,i=0;ptr<p+n && i<n;ptr++,i++)
        if(* ptr==x)
            location=i;
    for(i=location;i<n-1;i++)
        * (p+i)= * (p+i+1);
```

```
}
void output(int * p,int n)
{
    for(int * ptr=p,i=0;ptr<p+n &&i<n;ptr++,i++)
        printf("%5d", * ptr);
    printf("\n");
}
void main()
{
    int array[N]={168,158,64,109,172,122,152,191};
    printf("删除前：\n");
    output(array,N);
    delArray(array,N,152);
    printf("删除后：\n");
    output(array,N-1);
}
```

7.3　二维数组的定义及使用

如果某个数组的维数不止一个，这个数组就被称为多维数组。在多维数组中，二维数组是最常用的，本节将介绍二维数组的定义和使用方法。

7.3.1　二维数组的定义

二维数组的定义形式如下：

类型说明符 数组名[常量表达式 1][常量表达式 2];

同一维数组的定义方法一样，类型说明符是任意一种基本数据类型或构造数据类型。数组名是用户定义的标识符，该标识符遵循用户自定义标识符的命名规则。方括号中的常量表达式为整型常量或者计算的结果为整型数值的表达式。常量表达式 1 设置二维数组的行数，常量表达式 2 设置二维数组的列数。

定义一个 2 行 3 列的整型数组 array，其定义如下：

int array[2][3];

数组 array 所具有的数据元素为 array[0][0]、array[0][1]、array[0][2]、array[1][0]、array[1][1]、array[1][2]，其逻辑结构示意图如图 7-10 所示。

由此可见，与一维数组一样，二维数组元素中的各维下标也都是从 0 开始的。

在 C 语言中，二维数组在内存中的存储形式是以行序 R 为主序存储的，即按照第 1 行，第 2 行，…，第 $(R-1)$ 行的顺序依次存储。例如，在图 7-11 所示的数组 array 中，先存储的是第 1 行的 3 个元素 array[0][0]、array[0][1]、array[0][2]，然后再存储第 2 行的 3 个元素 array[1][0]、array[1][1]、array[1][2]。

| array[0][0] |
| array[0][1] |
| array[0][2] |
| array[1][0] |
| array[1][1] |
| array[1][2] |

| array[0][0] | array[0][1] | array[0][2] |
| array[1][0] | array[1][1] | array[1][2] |

图 7-10　array 的逻辑结构示意图　　　　图 7-11　array 的物理结构示意图

7.3.2　二维数组元素的引用

同一维数组一样，二维数组也必须先定义再使用。使用时只能逐个引用二维数组中的元素；不能一次引用二维数组中的全部元素。二维数组元素的引用形式如下：

数组名[行下标][列下标]

说明：

（1）下标可以是整型常量或者是表达式。例如：

```
array[1][2],array[2-1][1*1]
```

（2）数组元素可以出现在表达式中，也可以被赋值。例如：

```
array[1][1]=100;
array[1][2]==array[0][0]/4;
```

（3）在引用数组元素时，注意下标值必须在定义的数组大小范围内。例如：

```
int matrix[4][5];
```

在引用时，若使用了 matrix[4][5] = 88;则该引用超越了数组的定义范围，即出现了越界访问。这一点与一维数组相同。

7.3.3　二维数组的初始化

二维数组在定义时可以在类型说明符前面使用关键字 static 修饰，使该数组成为静态存储的数组，此时数组中的每个元素的初始值均为 0。如果在定义二维数组时没有全部初始化数组中的元素，则没有被初始化的数组元素被赋值为 0。在二维数组初始化时通常使用一下两种方法：

1. 使用初始化列表

编写初始化列表有两种形式：第一种是给出一个长长的初始值列表，例如：

```
int matrix[2][3] ={1,2,3,4,5,6};
```

二维数组的存储顺序是根据最右侧的下标率先变化的原则确定的，所以这条初始化语句等价于下列赋值语句：

```
matrix[0][0] =1; matrix[0][1] =2; matrix[0][2] =3;
matrix[1][0] =4; matrix[1][1] =5; matrix[1][2] =6;
```

第二种方法是基于二维数组实际上是复杂元素的一维数组这个概念。例如：

```
int two_dim[4][3];
```

可以把 two_dim 视为包含 4 个元素的一维数组。为了初始化这个包含 4 个元素的一维数组，使用一个包含 4 个初始值的初始化列表：

```
int two_dim[4][3]={■,■,■,■};
```

但是，该数组的每个元素实际上都是包含 3 个元素的整型数组，所以每个 ■ 的初始化列表都应该是一个由一对花括号包围的 3 个整型值，将 ■ 使用这类列表替换，产生如下代码：

```
int two_dim[4][3]={  {0,1,2},
                     {3,4,5},
                     {6,7,8},
                     {9,10,11}
                  };
```

如果没有花括号，只能在初始化列表中省略最后几个初始值。因为中间元素的初始值不能省略。使用这种方法可以为二维数组中的部分数组元素赋值，每个子初始列表都可以省略尾部的几个初始值，同时每一维初始列表各自都是一个初始化列表。例如：

```
int two_dim[4][3]={  {0,1},
                     {3},
                     {},
                     {9,10,11}
                  };
```

就等价于下列赋值语句：

```
two_dim[0][0]=0; two_dim[0][1]=1; two_dim[0][2]=0;
two_dim[1][0]=3; two_dim[1][1]=0; two_dim[1][2]=0;
two_dim[2][0]=0; two_dim[2][1]=0; two_dim[2][2]=0;
two_dim[3][0]=9; two_dim[3][1]=10; two_dim[3][2]=11;
```

2. 自动计算数组长度

在二维数组中，只有第一维才能根据初始化列表默认地提供，第二维必须显式地写出，这样编译器就能推断出第一维的长度。例如：

```
int two_dim[][3]={  {0,1},
                    {3},
                    {},
                    {9,10,11}
                 };
```

编译器只要统计一下初始化列表中所包含的初始值的个数，就能推断出第一维的长度为。

因此在初始化二维数组时：

（1）当为全部数组元素赋初值时，说明语句中可以省略第一维的长度说明（但方括号不能省略）。例如下列两个语句是等价的：

```
int array[2][3]={1,2,3,4,5,6};
int array[ ][3]={ 1,2,3,4,5,6};
```

（2）在分行赋初值时也可以省略第一维的长度说明。例如下列两个语句是等价的：

```
int array[3][3]={{1,2},{},{7}};
int array[ ][3]={ {1,2},{},{7}};
```

除了使用上述两种方法，还可以使用输入函数 scanf() 为每个数组元素赋值。

例 7-10 现有 3 行 5 列的二维整型数组 matrix，每个数组元素是其行坐标与列坐标的平方和，编程将该二维数组输出，要求输出的也是 3 行 5 列。

例题分析：由于该题目的每个数组元素有一定的规律，因此可以使用循环结构实现，输出时要在每行输出结束的时候换行。

```
#include "stdio.h"
#define R 3
#define C 5
void main()
{
    int matrix[R][C];              /* 定义一个二维数组 */
    int i,j;
    for(i=0;i<R;i++)               /* 控制行 */
        for(j=0;j<C;j++)           /* 控制列 */
            matrix[i][j]=i*i+j*j;
    /* 以下双重循环用于输出该二维数组 */
    for( i=0;i<R;i++)
    {
        for(j=0;j<C;j++)
            printf("%5d",matrix[i][j]);
        printf("\n");
    }
    printf("\n");
}
```

程序的运行结果如下：

```
0  1  4  9
1  2  5  10
4  5  8  13
```

7.3.4 二维数组应用举例

例 7-11 已知一个二维整型数 matrix[3][4]={21,32,43,56,12,89,76,70,234,30,54,88}，求该二维数组中的最大值以及最大值所在的行号和列号。

例题分析：对于求二维数组的最大值问题，一般的解决方案是以该数组的第一个数组元素为最大值变量的初始值，然后依次与每个数组元素进行比较，如果比最大值变量大，则更改最大值变量，并记录下所在的行号和列号，直至比较完所有的数组元素。该方法也适用于求二维数组的最小值问题。

```
#include "stdio.h"
#define R 3
#define C 4
void main()
{
    int i,j,row,colum,max;
    int matrix[R][C]={21,32,43,56,12,89,76,70,234,30,54,88};
    max=matrix[0][0];                /* 把第一个元素的值给 max */
    row=0;
    colum=0;
    for(i=0;i<R;i++)                 /* for 循环次数控制行 */
        for(j=0;j<C;j++)             /* for 循环次数控制列 */
            if(matrix[i][j]>max)     /* 循环一次,数组元素的值与 max 比较 */
            {
                max=matrix[i][j] ;   /* 比较后的大数给 max */
                row=i;               /* 把当时比较后大的元素的行给 row */
                colum=j;             /* 把当时比较后大的元素的列给 colum */
            }
    printf("max=%d\nrow=%d\ncolum=%d\n",max,row,colum);
}
```

例 7-12 编程实现求两个矩阵的乘积矩阵 $C=AB$，已知：$A=\begin{bmatrix} 2 & 4 & 6 & 8 \\ 1 & 3 & 6 & 5 \end{bmatrix}$，$B=\begin{bmatrix} 1 & 2 & 3 \\ 4 & 5 & 6 \\ 7 & 8 & 9 \\ 10 & 11 & 12 \end{bmatrix}$，求矩阵 C。

例题分析：线性代数中的矩阵就是 C 语言中的二维数组，因此要想实现两个矩阵的乘积就必须满足第一个矩阵的列数与第二个矩阵的行数相等，然后使用线性代数中的矩阵乘法法则进行编程实现。

```
#include "stdio.h"
#define L 2
#define M 4
#define N 3
void main()
{
    int i,j,k,c[2][3];
    int a[L][M]={2,4,6,8,1,3,6,5};
    int b[M][N]={1,2,3,4,5,6,7,8,9,10,11,12};
```

```
        for(i=0;i<L;i++)                    /* 矩阵相乘,外 for 循环 2 次表示行 */
            for(j=0;j<N;j++)                /* 内循环 3 次表示每行几列 */
            {
                c[i][j]=0;
                for(k=0;k<M;k=k+1)
                    c[i][j]=c[i][j]+a[i][k]*b[k][j];        /* 求某一项的值 */
            }
        for(i=0;i<L;i=i+1)                  /* 输出每个新的数组元素 */
        {
            for(j=0;j<N;j=j+1)
                printf("%6d",c[i][j]);
            printf("\n");
        }
    }
```

例 7-13 将一个二维数组行和列元素互换,存到另一个二维数组中。

例题分析:对于二维数组行列呼唤的问题,实际上是再次定义一个二维数组,新二维数组的行数是原数组的列数,新二维数组的列数是原二维数组的行数,然后再使用循环结构根据新、老数组的关心进行处理。

```
#include "stdio.h"
#define R 2
#define C 3
void main()
{
    int array[R][C]={{1,2,3},{4,5,6}};
    int matrix[C][R],i,j;
    printf("array:\n");
    for(i=0;i<R;i++)
    {
        for(j=0;j<C;j++)
        {
            printf("%5d",array[i][j]);
            matrix[j][i]=array[i][j];
        }
        printf("\n");
    }
    printf("matrix:\n");
    for(i=0;i<C;i++)
    {
        for(j=0;j<R;j++)
            printf("%5d",matrix[i][j]);
        printf("\n");
    }
}
```

7.4　二维数组与指针运算

7.4.1　二维数组与元素指针

此处的元素指针指的是指向二维数组最基本的元素的指针,例如:

```
int matrix[3][4];
int i * p;
```

表示 p 是整型指针,与数组 matrix 的基本元素类型是一样的,p 可以指向 matrix 的基本元素,例如:

```
p=& matrix[0][0];
```

表示 p 指向 matrix 的第 1 个元素,如图 7-12 中的粗实线框所示的元素,p+6 表示指向 p 向后偏移 6 个元素的地址,即 &matrix[1][2],图 7-12 中的粗虚线框所示。

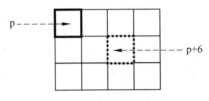

图 7-12　matrix 示意图

若有

```
#define R 10
#define C 10
int a[R][C];
int * p;
p=&a[0][0];
```

则 &a[i][j]的值与 p+i * C+j 的值一样。例如图 7-12 中的 & matrix[1][2]与 p+1 * 4+2(即p+6)的值是相等的。

例 7-14　用元素指针输出两维数组各元素的值。

方法 1:利用 p+i 的形式。

```
#include "stdio.h"
void main()
{
    int matrix[3][4]={1,2,3,4,5,6,7,8,9,10,11,12};
    int * p,i;
    p=&matrix[0][0];
    for(i=0;i<12;i++)
    {
        printf("%5d", * (p+i));
        if ((i+1)%4==0)
```

```
            printf("\n");
        }
    }
```

程序中的 * (p+i)可以写为 p[i]，具体原因在一维数组中已讲解。可以看到，通过与第 1 个元素的偏移量，两维数组可以当成一维数组来使用。

特别说明：此处的偏移量是指以行序为主的偏移量。

方法 2：利用 p+i * C+j 的形式。

```
#include "stdio.h"
#define R 3
#define C 4
void main()
{
    int matrix[R][C]={1,2,3,4,5,6,7,8,9,10,11,12};
    int * p,i,j;
    p=&matrix[0][0];
    for(i=0;i<R;i++)
    {    for(j=0;j<C;j++)
            printf("%5d", * (p+i * C+j));
        printf("\n");
    }
}
```

程序中 * (p+i * C+j)的第 1 个星号表示间接访问运算，第二个星号表示乘法运行，千万不能写成 p[i][j]。这是因为 p 是整型指针，只能进行一次间接访问运算，它后面只能跟上一对中括号([ ])。

7.4.2　二维数组与行指针

一维数组的数组名是一个指针常量，它的类型是"指向元素类型的指针"，它指向数组的第一个元素。二维数组的数组名也差不多简单，唯一的区别是二维数组的第一维的元素实际上是另一个数组。例如：

```
int matrix[3][4];
```

该语句创建了 matrix，matrix 可以看作是一个一维数组，包含了 3 个元素，只是每个元素恰好是包含 4 个整型元素的数组。matrix 这个名字的值是一个指向它的第一个元素的指针，因此 matrix 是一个指向包含 4 个整型元素的数组的指针。

下标引用实际上只是间接访问表达式的一种伪装形式，即使在二维数组中也是如此。matrix 的类型实际上是"指向包含 4 个整型元素的数组的指针"，它的值是包含 4 个整型元素的第一个子数组 matrix[0]的首地址，如图 7-13 所示。

matrix+1 也是一个"指向包含 4 个整型元素的数组的指针"，但是它指向 matrix 的另一行如图 7-14 所示。

假定数组 matrix 的起始地址是 2000，即 matrix 的值是 2000，也就是它的第一个元素

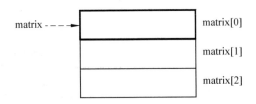

图 7-13 matrix 指向示意图

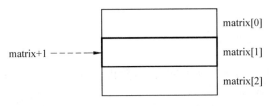

图 7-14 matrix+1 指向示意图

matrix[0](matrix[0]是两维数组 matrix 的第一个元素,同时它包含有 4 个元素)的地址,则 matrix+1 的值是:2000+4*4=2016,4*4 的含义是包含 4 个元素,每个元素占 4B 空间,所以 matrix+1 比 matrix 多 16B 内容。可以看出,matrix+i 表示的是第 i 行(整行)的地址,因此这样的指针也称行指针。例如:

```
int matrix[3][4];
int (*pp)[4];
```

根据类型定义,由于小括号把 *pp 括起来,pp 先和 * 结构,表示 pp 是指针,然后再与中括号结合,表示指针指向的是数组,最后与 int 结构,表示数组的每个元素是指针。整体来说,pp 是一个指向包含 4 个整型元素数组的指针,简称数组指针。若此类型的指针与两维数组配合使用,它可以指向某一行,即称为行指针。注意:此处的小括号不能省略,若省略,其含义就大不一样了。例如:

```
int *pa[4];
```

表示 pa 先和中括号结合,表示 pa 是一个数组,然后再与 int * 结合,表示每个元素是整型指针,整体来说,表示 pa 是一个含有 4 个整型指针元素的数组。

经过以上的分析,可以看出 matrix 表示第一个元素(即第 1 行,matrix[0])的地址,它包含 4 个元素,与 pp 的性质一样,所以可以把 matrix 的值(或者是 matrix+i 的值)赋值给 p,即 pp 指向了两维数组的某一行。需要注意的是:此处是某一行,这一行是一个整体,包含若干整型元素。

```
pp=matrix+1;
```

表示 pp 指向第 2 行,如图 7-15 所示。

由于数组 matrix 的 4 个元素 matrix[i]分别表示一维数组,即表示某行一维数组的第一个元素(这个元素是个整型数据)的首地址,matrix[i]等价于 *(matrix+i)。由于这是一个整型数据的地址,可以用一个整型指针来指向。

若有

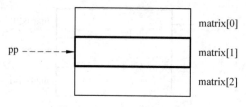

图 7-15　pp 指向的示意图

```
int matrix[3][4];
int * p;
p=matrix[i];
```

则表示 p 指向了第 i+1 行第 1 个元素的地址,等价于 p=& matrix[i][0];这一点与 7.4.1 节中讲的元素指针是一样的。

假设 pp=matrix,通过以上的讲解,可以得到以下结论。

(1) matrix+i、pp+i:表示第 i+1 行的行地址。

(2) matrix[i]、pp[i]:表示第 i+1 行的第 1 个元素的地址。这个写法可以改为 * (matrix+i)和 * (pp+i)。

(3) matrix[i]+j、pp[i]+j:表示第 i+1 行的第 j+1 个元素的地址。这个写法可以改为 * (matrix+i)+j 和 * (pp+i)+j,也可以改为 & matrix[i][j]和 &pp[i][j]。

(4) matrix[i][j]、pp[i][j]:表示第 i+1 行的第 j+1 个元素的值。这个写法可以改为 * (* (matrix+i)+j)和 * (* (pp+i)+j),也可以写为 * (matrix[i]+j)和 * (pp[i]+j),也可以写为(* (matrix+i))[j]和(* (pp+i))[j]。

例 7-15　利用行指针,求两维数组的所有元素之和。

```
#include "stdio.h"
#define R 3
#define C 4
void main()
{
    int matrix[R][C]={1,2,3,4,5,6,7,8,9,10,11,12};
    int (* pp)[4],i,j;
    int sum;
    sum=0;
    pp=matrix;
    for(i=0;i<R;i++)
        for(j=0;j<C;j++)
            sum=sum+pp[i][j];
    printf("%5d\n",sum);
}
```

例 7-16　编程实现求 3 行 3 列的二维数组的主对角线上元素的和,要求对二维数组的数组元素使用间接访问操作。

```
#include "stdio.h"
```

```
#define N 3
void main()
{
    int matrix[N][N]={1,2,4,8,16,32,64,128,256};
    int sum=0;
    for(int i=0;i<N;i++)
        for(int j=0;j<N;j++)
            if(i==j)
                sum+=*(*(matrix+i)+j);
    printf("sum =%d\n",sum);
}
```

7.4.3 作为函数参数的二维数组的数组名

作为函数参数的二维数组名的传递方式和一维数组名相同——实际传递的是个指向数组第一个元素的指针。但是两者之间的区别在于：二维数组的每个元素本身是另一个数组。下面的例子说明了它们之间的区别：

```
int array[10];
...
function1(array);
```

实参 array 的类型是指向整型的指针，所以 function1() 函数的原型可以是下面两种中的任何一种：

```
void function1(int p[]);
void function1(int *p);
```

p 也是整型指针，与 array 的含义一样，所以是可以的。

现在来看二维数组：

```
int matrix[3][4];
...
function2(matrix);
```

实参 matrix 的类型是指向包含 4 个整型元素的数组的指针，那么 function2() 函数的原型应该是怎样的呢？可以使用下面两种形式中的任何一种：

```
void function2(int (*mat)[4]);
void function2(int mat[][4]);
```

在这个函数中，mat 的第一个下标根据包含 4 个元素的整型数组的长度进行调整。

1. 用二维数组的数组名作为函数的形参或者实参进行数组首地址传递

例 7-17 编写一个通用函数，求 N 行 N 列的二维数组中所有元素的平均值，主函数中使用 matrix[4][4]={12,20,32,42,54,78,89,69,20,5,6,8,10,48,72,66}进行调用。

程序如下：

```
#include "stdio.h"
```

```
#define N 4
double avg2D(int mat[][N])
{
    double sum=0;
    int i,j;
    for(i=0;i<N;i++)
        for(j=0;j<N;j++)
            sum+=mat[i][j];
    double avg =sum/(N*N);
    return avg;
}
void main()
{
    int matrix[N][N]={12,20,32,42,54,78,89,69,20,5,6,8,10,48,72,66};
    int i,j;
    for(i=0;i<N;i++)
    {
        for(j=0;j<N;j++)
            printf("%4d",*(*(matrix+i)+j));
        printf("\n");
    }
    printf("\n 该二维数组的平均值是:%.2f\n",avg2D(matrix));
}
```

2. 用行指针变量作为函数的参数

二维数组可以看成是由多个一维数组构成的,即每行是一个一维数组,行指针就是指向一行数组元素的起始地址。例如:

```
int array[4][4],(*p)[4];
p=a;
```

其中,p 表示一个指向一维数组的行指针变量,p++表示指向下一行的起始地址,即指针变量 p 的增值为行元素的长度。

例 7-18 编写一个通用函数,求 N 行 N 列的二维数组中所有元素的最大值,主函数中使用 matrix[4][4]={12,20,32,42,54,78,89,69,20,5,6,8,10,48,72,66}进行调用。

程序如下:

```
#include "stdio.h"
#define N 4
int max2D(int (*p)[N])
{
    int max=**p;
    int i,j;
    for(i=0;i<N;i++)
        for(j=0;j<N;j++)
```

```
            if(* (* (p+i)+j)>max)
                max = * (* (p+i)+j);
        return max;
    }
void main()
{
    int matrix[N][N]={12,20,32,42,54,78,89,69,20,5,6,8,10,48,72,66};
    int i,j;
    for(i=0;i<N;i++)
    {
        for(j=0;j<N;j++)
            printf("%4d", * (* (matrix+i)+j));
        printf("\n");
    }
    printf("\n 该二维数组的最大值是:%d\n",max2D(matrix));
}
```

3. 以二维数组的第一个基本元素的地址为实参,形参使用指针形式

在 C 中,二维数组的存储结构是以行序为主序的线性存储结构,因此可以以二维数组的第一个元素的地址为基准,依次确定每个数组元素的存储位置。假设 R 行 C 列的二维数组 array,则数组元素 array[i][j] 的存储地址为(以该数组第一个元素的地址为基准):array[0]+C*i+j,通过间接访问操作,array[i][j] 可以表示为 *(array[0]+C*i+j)。

例 7-19 编写一个通用函数,该函数可以实现求数值型二维数组的左上三角各元素的平方根的和(即先对左上三角各元素求平方根,然后再对平方根求和)。编写主程序调用该函数,计算数组 A 的左上三角元素的平方根的和(结果保留 2 位小数)。

左上三角的含义:左上部分(包含对角线元素),下面的二维数组的 0 元素区域即为上三角。

```
0  0  0  0  0
0  0  0  0  7
0  0  0  3  8
0  0  5  9  3
0  2  4  6  7
```

程序如下:

```
#include "stdio.h"
#include "math.h"
#define R 5
#define C 5
double calculation(double * p,int r,int c)
{
    double sum =0;
    for(int i=0;i<r;i++)
        for(int j=0;j<r-i;j++)
            sum+=sqrt(* (p+c * i+j));
```

```
        return sum;
}
void main()
{
    double a[5][5]={32,   45,   56,   77 , 30,
                    34 , 74 , 85 , 54 , 87,
                    56 , 15 , 36 , 89 , 67,
                    10 , 54 , 83 , 12 , 59,
                    98 , 87 , 74 , 48 , 62};
    printf("%.2f\n",calculation(a[0],R,C));
}
```

7.5　使用内存动态分配实现动态数组

　　程序中需要使用各种变量来保存被处理的数据和各种状态信息,变量在使用前必须先被定义且分配存储空间(包括内存地址起始地址和存储单元大小)。C语言里的全局变量、静态局部变量的存储是在编译时确定的,其存储空间的实际分配在程序开始执行前就完成。对于局部自动变量,在执行进入变量定义所在的函数或者符合语句时为它们分配存储单元,这种变量的大小也是静态确定的。

　　以静态方式安排存储的好处主要是实现比较方便,效率高,程序执行过程中需要做的事情比较简单。但这种做法也有局限性,某些问题不好解决。例如输入一些数据求其平均值,每次输入的数据的个数可能都不一样,可能的办法是先定义一个很大的数组,以确保输入的数据个数不超过数组所能容纳的范围。但这个很大的数组也有可能超出范围,或者使用过少造成存储空间的浪费和降低程序执行效率。

　　通常情况下,运行中的很多存储要求在编写程序时无法确定,因此需要一种机制,可以根据运行时的实际存储需要分配适当的存储空间,用于存放那些在程序运行中才能确定存储大小的数据。C语言提供了动态存储管理机制,允许程序动态申请和释放存储空间。

　　在C语言中只要有两种方法使用内存:一种是由编译系统分配的内存区;另一种是用内存动态分配方式,留给程序动态分配的存储空间。动态分配的存储空间在用户的程序之外,即不是由编译系统分配的,而是由用户在程序中通过动态分配获取的。使用动态内存分配能有效地使用内存,而且同一段内存可以有不同的用途,使用时申请,使用完释放。

7.5.1　动态内存分配的步骤

　　动态内存分配的步骤如下:
　　(1)了解需要多少内存空间;
　　(2)利用C提供的动态分配函数来分配所需要的内存空间;
　　(3)使指针指向获得的存储空间,以便用指针在该空间内实施运算或操作;
　　(4)使用完毕所分配的内存空间后,释放这一空间。

7.5.2　动态内存分配函数

　　在进行动态存储空间分配的操作中,C提供了一组标准函数,定义在stdlib.h中。

1. 动态存储分配函数 malloc()

函数原型:

```
void * malloc(unsigned size)
```

功能:在内存的动态存储区中分配一个连续空间,其长度为 size。如果申请成功返回一个指向所分配内存空间的起始地址的指针,否则返回 NULL(值为 0)。malloc()函数的返回值为(void *)类型(这是通用指针的一个重要用途)。在具体的使用中,将 malloc()函数的返回值转换到特定指针类型,赋值给一个指针。

调用形式:

```
(类型说明符 *) malloc (size);
```

其中,"类型说明符"表示把该区域用于何种数据类型。(类型说明符 *)表示把返回值强制转换为该类型指针。"size"是一个无符号数。例如:

```
pc=(char *) malloc (100);
```

表示分配 100B 的内存空间,并强制转换为字符数组类型,函数的返回值为指向该字符数组的指针,把该指针赋予指针变量 pc。通常采用以下方式调用该函数:

```
int size=50;
int * p = (int * )malloc(size * sizeof(int));
if(p==NULL)
{
    printf("Not enough space to allocate!\n");
    exit(-1);
}
```

在调用 malloc()函数时,最好利用 sizeof()函数来计算存储块的大小,不要直接写整数,因为不同平台的数据类型所占存储空间大小可能不相同。每次动态分配都必须检查是否成功,并考虑到意外情况的处理。此外,虽然这里存储空间是动态分配的,但它的大小在分配后也是确定的,请注意不要越界使用。

2. 分配调整函数 realloc()

函数原型:

```
void * realloc(void * ptr,unsigned size)
```

功能:更改以前的存储分配空间。ptr 必须是以前通过动态存储分配得到的指针,参数 size 为现在需要的存储空间的大小。如果调整失败,返回 NULL,同时原来 ptr 指向存储空间的内容不变。如果调整成功,返回一片能存储大小为 size 的存储空间,并保证该空间的内容与原存储空间一致。如果 size 小于原存储空间的大小,则内容为原存储空间前 size 范围内的数据;如果新存储空间更大,则原有数据存储在新存储空间的前一部分。如果分配成功,原存储空间就不允许再通过 ptr 使用,也不能再释放 ptr。

3. 动态存储释放函数 free()

函数原型:

```
void free(void * ptr)
```

功能：释放 ptr 所指向的一块内存空间，ptr 是一个任意类型的指针变量，它指向被释放区域的首地址。被释放区应是由 malloc() 函数所分配的区域。调用形式如下：

```
free(ptr);
```

4. 计数动态存储分配函数 calloc()

函数原型：

```
void * calloc(unsigned n,unsigned size)
```

功能：在内存的动态存储空间中分配 n 个连续空间，每个存储空间的长度为 size。如果申请成功，则返回一个指向被分配存储空间的起始地址的指针，否则返回 NULL(值为 0)。

例 7-20 集合 array1＝{12,45,69,7,10}，若要将数据 100 追加在该集合中，请编程实现该过程。输出追加前后集合中的数据。

例题分析：在为 array1 分配空间的时候可以使用 malloc() 函数进行分配，以便为其使用 realloc() 函数进行扩充。

```
#include "stdio.h"
#include "stdlib.h"
#define N 5
void main()
{
    int * array1 = (int * )malloc(N * sizeof(int));
    int i;
    * (array1)=12;
    * (array1+1)=45;
    * (array1+2)=69;
    * (array1+3)=7;
    * (array1+4)=10;
    printf("追加前的集合 array1: \n");
    for(i=0;i<N;i++)
        printf("%5d",* (array1+i));
    printf("\n");
    int * p=(int * )realloc(array1,(N+1) * sizeof(int));
    if(p==NULL)
    {
        printf("Not enough space to allocate!\n");
        exit(-1);
    }
    * (p+N)=100;
    printf("追加后的集合 array1: \n");
    for(i=0;i<=N;i++)
        printf("%5d",* (p+i));
    printf("\n");
```

```
        free(p);
}
```

7.6 错 误 解 析

1. 没有理解数组元素的下标是从 0 开始的,造成数组元素使用的错误

例如:

```
int array[5];
for(int i=1;i<=5;i++)
    array[i] =i * i;
```

解决方法:牢记在 C 语言中,数组的下标是从 0 开始,并准确理解下标的含义是以数组的第一个元素为基准偏移了多少个数组元素达到所要使用的数组元素。

2. 在定义数组是没有整体初始化,而在定义之后初始化

例如:

```
int array[5];
array[5] ={1,2,3,4,5};
```

这种错误产生的原因在于定义时数组名后方括号中的数据表示数组的大小,而在其他地方数组名后方括号中的数据仅为数组的下标。解决方法:牢记数组在定义时可以整体初始化,除此之外只能逐一赋值。

3. 越界使用数组元素

例如:

```
int array[5];
for(int i=0;i<=5;i++)
    array[i] =i * i;
```

虽然这在编译过程中并不出现任何错误信息或者警告信息,但是数组元素的下标是从 0 开始的,数组元素下标的最大值是 4。解决方法:这种错误是最不容易发现的,因此在编写程序时就要养成时刻关注数组下标的习惯,并牢记数组下标的最大值是数组长度减去 1。

4. 数组元素没有初始化就使用其值

例如:

```
int array[5];
for(int i=0;i<5;i++)
    printf("%5d",array[i]);
```

数组元素在本质上也是变量,因此在使用前也要注意数组元素是否有值。解决方法:在数组元素输出异常时,先考虑是否对数组元素进行了赋值操作。

5. 对一维数组的数组名进行赋值操作

例如:

```
int array[3] ={1,2,3};
```

```
int * p =array;
...
array =p;
```

错误的原因在于没有搞清楚一维数组名的含义。解决方法：对于数组名只能作为常量使用,不能对其进行赋值操作。

6. 函数参数类型不匹配

例如：

```
void main()
{
    int matrix[2][2]={1,2,3,4};
    ...
    func(matrix);
    ...
}
void func(int * * mat)
{
    ...
}
```

错误的原因在于没有理解二维数组的数组名的含义。解决方法：func()函数实现部分把 mat 声明为一个指向整型指针的指针,它和指向整型数组的指针不是一回事。准确理解二维数组的数组名的含义。

7. 使用数组名作为 realloc()的参数

例如：

```
int array[3] ={1,2,3};
...
int * p =(int * )realloc(array,(3+10) * sizeof(int));
```

错误的原因在于没有理解 realloc()函数的参数要求。解决方法：realloc()函数的第一个参数只能使用指向由 malloc()函数所动态分配的存储空间的指针。

练 习 7

一、选择题(每题仅有一个正确答案,请将答案填写在括号内)

1. 在 C 语言中,引用数组元素时,其数组下标的数据类型允许的是(　　)。

    A. 整型常量 　　　　　　　　　　　　B. 整型表达式

    C. 整型常量或整型表达式 　　　　　　D. 任何类型的表达式

2. 以下对一维整型数组 a 的正确说法是(　　)。

    A. int a(10);

    B. int n=10,a[n];

    C. int n;scanf("%d",&n);int a[n];

    D. #define SIZE 10

```
        int a[SIZE];
```

3. 若有说明：int a[10];则对 a 数组元素的正确引用是(   )。

  A. a[10]   B. a[3.5]   C. a(5)   D. a[10−10]

4. 以下能对二维数组 a 正确初始化的语句是(   )。

  A. int a[2][ ]={{1,0,1},{5,2,3}};

  B. int a[ ][3]={{1,2,3},{4,5,6}};

  C. int a[2][4]={{1,2,3},{4,5},{6}};

  D. int a[ ][3]={{1,0,1},{ },{1,1}};

5. 若二维数组 a 有 m 列,则计算任意元素 a[i][j] 在数组中位置的分式为(   )。

  A. i∗m+j   B. j∗m+i   C. i∗m+j−1   D. i∗m+j+1

6. 下面程序有错误的行是(   )。

```
    #include <stdio.h>
1   int main()
2   {
3     int a[3]={1};
4     int i;
5     scanf("%d",&a);
6     for(i=1;i<3;i++)
7         a[0]=a[0]+a[1];
8     printf("a[0]=%d\n",a[0]);
9     return 0;
10  }
```

  A. 3   B. 6   C. 7   D. 5

7. 已有以下数组定义和 f() 函数调用的语句,则在 f() 函数的说明中,对形参数组 array 的正确定义方式为(   )。

```
int a[3][4];
f(a);
```

  A. f(int array[][6])   B. f(int array[3][])

  C. f(int array[][4])   D. f(int array[2][5])

8. 若使用一维数组名作为函数实参,则以下正确的说法是(   )。

  A. 必须在主调函数中说明此数组的大小

  B. 实参数组类型与形参数组类型可以不匹配

  C. 在被调函数中,不需要考虑形参数组的大小

  D. 实参数组名与形参数组名必须一致

二、程序设计题

1. 从键盘输入 10 名学生的计算机程序设计的考试成绩,显示其中的最低分,最高分及平均成绩,要求使用指针实现。

2. 编程实现在数组 array[12] = {96,35,12,58,78,90,587,21,0,−65,106,52}中查找 90 是否在该数组中,若在该数组中,输出 90 在该数组中的位置,否则输出"90 不在数组

array 中",要求：使用指针在函数中实现查找的功能,在主函数中调用这函数。

3. 读入 $m \cdot n$(可认为 10×10)个实数放到 m 行 n 列的二维数组中,求该二维数组各行平均值,分别放到一个一维数组中,并打印一维数组。

4. 编程从键盘输入一个 5 行 5 列的二维数组数据,并找出数组中的最大值及其所在的行下标和列下标;最小值及其所在的行下标和列下标。输出格式为

最大值形式：Max=最大值,row=行标,col=列

要求使用指针实现查找最大值和最小值的功能,在主函数中调用这两个函数。

5. 集合 array=｛12,45,69,7,10,89,70,24｝,若将数据 100 追加在该集合中,请使用动态分配函数编程实现该过程。输出追加前后集合中的数据。

第8章 常用算法

本章主要讲述了非数值和数值的常用算法。在非数值算法中,以一维数组为基础,讲述了常用的排序算法和查找算法。在数值算法中,讲述了方程的求解算法和求积分算法。通过本章的学习,读者可更好地把学到的知识(例如判断、循环、函数和数组)与实际应用结合起来,提高解决实际问题的能力。

本章知识点:

(1) 算法的基本概念。

(2) 排序算法。

(3) 查找算法。

(4) 方程求解。

(5) 求定积分的方法。

8.1 算法的概念

算法的广义定义是,为解决一个实际问题而采取的方法和步骤称为算法(Algorithm),即算法是问题解决方法的描述。在日常生活中做任何一件事情,都是按照一定规则,一步一步地进行,例如到商场购物,基本的方法与步骤是挑选商品、询问价格、交款提货,这就是在实现解决"购物"问题的算法。又如,在工厂中生产一部机器,要先把零件按一道道工序进行加工,然后把各种零件按一定法则组装成一部完整机器,它们的工艺流程就是算法。

计算机解决问题的方法和步骤,就是计算机的算法。要用计算机解决某个实际问题,就需要为计算机设计好解决该问题的方法和步骤,而且这个方法和步骤要符合计算机运算的特点和能力。要把算法"告诉"给计算机,就需要编写能描述该算法的计算机程序,程序是用程序设计语言对算法的实现,是一种计算机可以识别、接受的算法的描述形式,算法是程序设计的核心。在设计计算机算法时,不但要考虑算法的可执行性(能够被执行)和执行的有限性(能够在有限个执行步骤中得到运算结果),还要考虑其是否易于利用程序设计语言来实现。

通常,根据所处理的对象和用途可将算法分为两大类:数值算法和非数值算法。计算机用于解决数值计算,例如科学计算中的数值积分、解线性方程等的计算方法,就是数值计算的算法;用于解决非数值计算如用于管理、文字处理、图像图形等的排序、分类、查找,就是非数值计算的算法。

8.1.1 算法描述

描述算法有多种不同的工具,采用不同的算法描述工具对算法的质量有很大的影响。描述一个算法可以采用自然语言、计算机程序设计语言、流程图、N-S图、伪代码语言等。

用自然语言描述算法,虽然通俗易懂,但文字冗长,书写不便,特别是文字的"二义性"会导致描述不清,因此在实际的程序设计工作中并不采用。

流程图是一种直观易懂的描述方法。该方法用一些规定的框图、流程线和框图中的说明文字、算式等来表示各种类型的操作与步骤,既符合计算机程序的特点,又比较容易理解和掌握。N-S图的基本单元是矩形框,它只有一个入口和一个出口。长方形框内用不同形状的线来分割,可表示顺序结构、选择结构和循环结构。

所谓伪代码语言是一种用高级程序语言和自然语言组成的面向读者的语言。不同的描述方法可以满足不同的需求。例如一个在计算机上运行的程序(程序也是算法)必须用严格的程序语言(或机器语言或汇编语言)来编写;而一个为了阅读或交流的算法可以用伪代码语言或流程图来描述。

8.1.2　算法的特性

算法有 5 个特性。

(1) 有穷性。算法中执行的步骤总是有限次数的,不能无休止地执行下去。

(2) 确定性。算法中的每一步操作的内容和顺序必须含义确切,不能有二义性。

(3) 可行性。算法中的每一步操作都必须是可执行的,也就是说算法中的每一步都能通过手工或机器在有限时间内完成,这称为有效性。

(4) 有输入。一个算法中有零个或多个输入。这些输入数据应在算法操作前提供。

(5) 有输出。一个算法中有一个或多个输出。算法的目的是用来解决一个给定的问题,因此,它应向人们提供产生的结果,否则,就没有意义了。

8.1.3　算法的评估

对于解决同一个问题,往往能够编写出许多不同的算法。例如对于一批数据的排序问题,有很多种排序方法。进行算法评估的目的既在于从解决同一问题的不同算法中选择出较为合适的一种,也在于知道如何对现有算法进行改进,从而设计出更好的算法。一般从以下几个方面对算法进行评价。

1. 正确性

正确性是设计和评估一个算法的首要条件,如果一个算法不正确,其他方面也就无法谈起。一个正确的算法是指在合理的数据输入下,能在有限的运行时间内得出正确的结果。一般可通过对典型的、苛刻的几组输入数据进行分析和调试来测试算法的正确性。

2. 可读性

算法主要是为了人的阅读和交流,其次才是机器运行。可读性好有助于人对算法的理解,难读的程序易于隐藏较多错误,难以调试和修改。

3. 效率和存储量要求

效率指的是算法的运行时间,对于同一个问题如果有多个算法可以解决,执行时间短的算法效率高。存储量的要求指算法执行过程中所需要的最大存储空间,这两者都与问题的规模有关。对 100 个数排序和对 10 000 个数排序所花费的时间和占用的空间显然不一样。

4. 简单性

最简单和最直接的算法往往不是最有效的,但算法的简单性使得证明其正确性比较容易,同时便于编写、修改、阅读和调试,不过对于那些需要经常使用的算法来说,有效性比简单性更为重要。

以上4个方面往往是相互矛盾、相互影响的,不能孤立地看某一方面。如果追求较短的运行时间,可能带来占用较多的存储空间和编写出较烦琐的算法;追求算法的简单性时,可能需要占用较长的运行时间和较多的存储空间等。所以,在设计一个算法时,要从四个方面综合考虑。还要考虑到算法的使用频率以及所使用机器的软硬件环境等诸多因素,这样才能设计出好的算法。

8.2 排 序 算 法

在很多没有规律的数据中查找需要的数据是非常困难的,效率也非常低下,为了方便数据的使用,提高查找效果,数据在使用之前要排序。例如,一个班的学生名册是安排姓名排序的,这样给出一个姓名,用户可以有个大概的定位并能迅速找到相应的信息。特别是在7.3节中讲的半查找,效率是非常高的,它的前提是数据得有序。下面讲常用的排序方法。

8.2.1 冒泡排序算法

冒泡排序算法是一种形象的称呼,说明在排序过程中数据将依据值的大小向两端移动,就像水中的气泡向水面移动时一样,大数移动得快,小数移动得慢。排序过程可描述如下(以非降序,即通常所说的升序为例)。

(1) 从第1个数开始到第 N 个数,依次比较相邻的两个数,即将第 i 个数和第 $i+1$ 个数比较,若 a$[i]$>a$[i+1]$,就交换它们的位置。称此 $N-1$ 次比较为一趟比较。

这一趟比较完成,最大的数值肯定排到了最后的位置,也就是说最大的数已定好了位置。

可以看到,大数向后移动得很快,而小数向前移动得很慢,这一趟只向前移动了一个位置。图8-1是以"98 124 58 78 90 587 21 0 −65 106"这些数据为例进行第一趟比较时各数据变化的过程。

图8-1可知通过冒泡排序法的第一趟比较,最大的数587"下沉"到最后。冒泡排序法第1趟比较后的结果是:98,58,124,78,90,21,0,−65,106,587。

(2) 若要第二大的数"下沉"到倒数第二个位置,可以再使用一次冒泡排序法对前 $N-1$ 个数进行排序(不用再管第 N 个数了,因为它已经排序到位),需要 $N-2$ 次比较。这称之为冒泡排序法的第2趟比较交换,其结果为 58,98,78,90,21,0,−65,106,124。可以看到,第二大的数已排序到位。

(3) 类似地,按照这样的方法,对这10个数据进行9趟比较就可以使该数组从大到小排位前9位的数据分别排序到位,剩下的一个最小的数−65"浮"在第一个位置,也有序了。

从上面的分析可以看出:第1趟排序时,N 个元素共进行 $N-1$ 次比较,比较运算"a$[j]$>a$[j+1]$"中,j 是从 $0,1,2,\cdots,N-2$ 的,即第一次比较是 a$[0]$>a$[1]$,最后一次是 a$[N-2]$>a$[N-1]$。

第2趟排序时,是对前 $N-1$ 元素进行比较的,需要 $N-2$ 次比较,其中 j 是从 $0,1,2,\cdots,N-3$ 的。

98	124	58	78	90	587	21	0	−65	106	原始的 10 个数
98 不用交换	124	58	78	90	587	21	0	−65	106	第1次比较不用交换位置
98	124 需要交换	58	78	90	587	21	0	−65	106	第2次比较需要交换位置
98	58	124 需要交换	78	90	587	21	0	−65	106	第3次比较需要交换位置
98	58	78	124 需要交换	90	587	21	0	−65	106	第4次比较需要交换位置
98	58	78	90	124 不用交换	587	21	0	−65	106	第5次比较不用交换位置
98	58	78	90	124	587 需要交换	21	0	−65	106	第6次比较需要交换位置
98	58	78	90	124	21	587 需要交换	0	−65	106	第7次比较需要交换位置
98	58	78	90	124	21	0	587 需要交换	-65	106	第8次比较需要交换位置
98	58	78	90	124	21	0	−65	587 需要交换	106	第9次比较需要交换位置
98	58	78	90	124	21	0	−65	106	587	第10次比较交换后的数据

图 8-1　冒泡排序法的第一趟比较交换过程示意图

类似地,可以得出规律:在进行第 i 趟排序时(i 从 1 开始),共需要进行 $N-i$ 次比较,在比较运算时,第一个数 $a[j]$ 的下标 j 是从 $0,1,2$,到 $N-i-1$。由此,可以得出冒泡排序的循环规律。

```
for(i=1;i<=N-1;i++)                 /* 比较的趟数,第从 1 趟到第 N-1 趟 */
    for( j=0;j<=N-i-1;j++)          /* 每趟比较的次数,注意不要使数组元素越界 */
        if (a [j]>a[j+1])
            a[j]↔a[j+1];
```

例 8-1　编程实现:使用冒泡排序法对具有 10 个数组元素的一维整型数组 array[10]=
{98,124, 58,78,90,587,21,0,−65,106}按照由小到大的排序进行排序,输出排序前后的数组。

```
#include "stdio.h"
#define N 10
void main()
{
    int a[N] ={98,124,58,78,90,587,21,0,-65,106};
    int temp;                       /* 定义临时存储空间,供交换位置使用 */
    int i,j;
    printf("排序前数组元素为:\n");
```

```
    for(i=0;i<N;i++)
        printf("%5d",a[i]);
    for(i=1;i<=N-1;i++)                    /* 比较趟数 */
        for(j=0;j<=N-i-1;j++)              /* 每趟比较的次数,注意不要使数组元素越界 */
            if(a[j]>a[j+1])
            {
                temp=a[j];
                a[j]=a[j+1];
                a[j+1]=temp;
            }
    printf("\n排序后数组元素为:\n");
    for(i=0;i<N;i++)
        printf("%5d",a[i]);
    printf("\n");
}
```

程序的运行结果如图 8-2 所示。

图 8-2　例 8-1 的运行结果

8.2.2　选择排序算法

它的工作原理是每一次从待排序的数据元素中选出最小(或最大)的一个元素,存放在序列的起始位置,直到全部待排序的数据元素排完。下面以每次选出最小的元素来说明选择排序的思路。

例如,对给定的 5 个数:25 56 23 48 12,按从小到大的排序要求,排序过程如下。

(1) 找第 1 个最小的数要进行 4 次比较。用第 1 个元素与后面的 4 个元素进行比较,以找出最小值并放到第 1 个位置。

比较操作:25<56,不交换;25>23,交换;23<48,不交换;23>12,交换。

结果:12　56　25　48　23。

(2) 找第 2 个最小的数要进行 3 次比较。由于最小值已排好序,从第 2 个元素开始,重得上面的过程。

比较操作:56>25,交换;25<48,不交换;25>23 交换。

结果:12　23　56　48　25。

(3) 类似的,找第 3 个最小的数要进行 2 次比较。

比较操作:56>48,交换;48>25,交换。

结果:12　23　25　56　48。

(4) 找第 4 个最小的数要进行 1 次比较。

比较操作：56＞48，交换。

结果：12　23　25　48　56。

总结规律：第 i（为了方便与下标结合，i 从 $0,1,2,\cdots,N-2$，共 $N-1$ 个值）趟比较时，是为了把 a$[i]$ 这个元素的值放到位，它需要和它后面的所有元素进行比较（这些元素的下标从 $i+1$ 到 $N-1$），即

```
for(i=0;i<=N-2;i++)
    for(j=i+1;j<=N-1;j++)
        if(a[i]>a[j])
            a[i]↔a[j];
```

选择排序算法的流程图如图 8-3 所示。

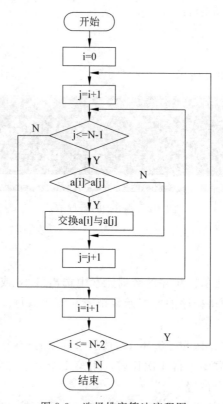

图 8-3　选择排序算法流程图

例 8-2　编程实现：使用选择排序法对具有 10 个数组元素的一维整型数组 array$[10]=$ {98,124,58,78,90,587,21,0,-65,106} 按照由小到大的排序进行排序，输出排序前后的数组。

选择排序的程序如下：

```
#include "stdio.h"
#define N 10
void main()
{
    int a[N]={98,124,58,78,90,587,21,0,-65,106};
    int temp;                        /* 定义临时存储空间,供交换位置使用 */
```

```
    int i,j;
    printf("排序前数组元素为:\n");
    for(i=0;i<N;i++)
        printf("%5d",a[i]);
    for(i=0;i<=N-2;i++)
        for(j=i+1;j<=N-1;j++)
         if(a[i]>a[j])
         {
             temp=a[i];
             a[i]=a[j];
             a[j]=temp;
         }
    printf("\n排序后数组元素为:\n");
    for(i=0;i<N;i++)
        printf("%5d",a[i]);
    printf("\n");
}
```

在该程序执行时,有两个值得注意的问题:

(1) 一趟比较过程中,有可能要进行多次交换。

(2) 即使数组 A 中的数据在给定时就已经符合了排序要求,但内循环体的比较操作仍然要执行 $N \cdot (N-1)/2$ 次。

为了克服这两个问题,提高运行效率,提出两种解决方案:其一是改善本算法,其二是设计新的排序算法。首先看改进本算法的简单分析:

若在程序中增加一个变量 p,用于在一趟比较过程中仅记录最小数的位置,在一趟比较完成后再判别 p 的值确定是否进行交换操作,就可以减少交换操作,提高程序运行效率。

假定数组 a 和变量 i、j、p 等均已经定义并赋值,实现改进后的算法的程序段如下:

```
…
#include "stdio.h"
#define N 10
void main()
{
    int a[N]={98,124,58,78,90,587,21,0,-65,106};
    int temp;                    /*定义临时存储空间,供交换位置使用*/
    int i,j,p;
    printf("排序前数组为:\n");
    for(i=0;i<N;i++)
        printf("%5d",a[i]);
    for(i=0;i<=N-2;i++)          /*外层循环控制查找第 i+1 个最小数并放置它到 i 位置*/
    {
        p=i;                     /*一趟比较前,假定第 i+1 个数是最小数,并记下其位置*/
        for(j=i+1;j<=N-1;j++)    /*内层循环控制第 i+1 个最小数的查找过程*/
            if(a[p]>a[j])        /*若第 j+1 个数比第 i+1 个数小则记下新的位置号*/
                p=j;
```

```
        if(p!=i)                    /*一趟比较完成后,判定比较前的假定是否正确*/
        {
            temp=a[i];              /*若p<>i,即最小数不是第i个数,则交换*/
            a[i]=a[p];
            a[p]=temp;
        }
    }
    printf("\n排序后数组元素为:\n");
    for(i=0;i<N;i++)
        printf("%5d",a[i]);
        printf("\n");
}
...
```

上述的算法说明和程序举例都是以"从小到大"为条件的,请读者参照写出实现"从大到小"排序的算法描述和程序段(注意算法中比较"条件"的描述)。

8.2.3 插入排序算法

若数组 a 中 T 个数据已为有序存放,实现存入第 $T+1$ 个数后数组中的数据仍符合原排列次序要求的算法称为插入算法。仍以从小到大排序为例,插入算法可描述如下:

(1) 读入数 X。

(2) 若 X 值不是结束标志,且 T 值小于数组下标取值的上界 M,则继续执行步骤(3),否则转步骤(6)。

(3) 将 X 和已有的数逐个进行比较,查找应插入存放 X 的位置 K。

(4) 将位置 K 腾空出来,即把从位置 K 到位置 T 间所存放的数据后移一位。

(5) 将 X 放到位置 K,记录数组中有效数据个数的计数变量增值。

(6) 为观察插入运算结果,输出插入 X 后的数组内容。

例 8-3 一维整型数组 array 的长度为 10,先仅有前 9 个数据按从小到大的顺序排列依次为 $-65,0,21,58,78,90,98,106,124$。将 88 插入该数组中,且插入后的数据依然按从小到大的顺序排列。

```
#include "stdio.h"
#define N 10
void main()
{
    int x=88;
    int i;
    int location;
    int a[N]={-65,0,21 ,58,78,90,98,106,124};
    printf("插入前: \n");
    for(i=0;i<N-1;i++)
            printf("%5d",a[i]);
    printf("\n");
    location=-1;                  /*最初假定插入的位置是在第1个元素的前面,下标为-1*/
```

```
    for(i=0;i<N-1;i++)            /* 从下标 0 开始,确定需要插入元素的位置 */
        if(a[i]<x)
            location=i;
    for(i=N-1;i>location;i--)  /* 把从插入位置开的元素向后移动一个位置 */
        a[i]=array[i-1];
    a[location+1]=x;              /* 把 x 插入到 location 位置 */
    printf("插入后:\n");
    for(i=0;i<N;i++)
        printf("%5d",a[i]);
}
```

以上讲了 3 种简单的排序算法,其他的排序方法还有堆排序、归并排序、选择排序、计数排序、基数排序、桶排序、快速排序等。插入排序,堆排序,选择排序,归并排序和快速排序,冒泡排序都是比较排序,它们通过对数组中的元素进行比较来实现排序,其他排序算法则是利用非比较的其他方法来获得有关输入数组的排序信息。

排序算法的稳定性:假定在待排序的元素序列中,存在多个具有相同值的元素,若经过排序,这些记录的相对次序保持不变,即在原序列中,a[i]=a[j],且 a[i]在 a[j]之前,而在排序后的序列中,a[i]仍在 a[j]之前,则称这种排序算法是稳定的;否则称为不稳定的。读者可以分析上述 3 种排序算法的稳定性。

8.2.4　基于二维数组的排序

本节在学习了一维数组查找和排序算法的基础上,建立二维数组的排序和查找算法的概念,为进一步的学习打下基础。

基于二维数组的排序算法,为按行排序和按列排序两种。所谓按行排序,就是按某一行元素的大小对列进行排序;所谓按列排序,就是按某一列元素的大小对行进行排序。如有某班学生的成绩单如表 8-1。

表 8-1　学生成绩单(每行为一个学生的各科成绩)

学号	高数	英语	物理	体育	总 分
20001	98.4	89.4	78.3	70.0	
20002	95.5	92.4	83.1	75.0	
20003	75.5	82.4	87.1	85.0	
20004	85.5	72.4	73.1	75.0	
20005	87.3	77.3	72.6	95.9	
...	...	...	...	...	

将表 8-1 中的数据对应存入二维数组 double a[31][9],并设定第 1 列为学号(由于学号没有小数,可以显示时设置为 0 位小数),第 2~8 列为各科成绩,第 9 列为各学生的总成绩;最后一行(即数据的第 31 行,a[30])存放各科的平均成绩。

依据表 8-1,可以提出按总成绩高低排序、按物理成绩排序、按总成绩和英语成绩排序

（即对总成绩相同的学生再按英语成绩排序）等多种要求。实际上，这就是要按列对行进行排序。

同理，也可以提出按某学生的成绩对课程次序排序、按各科平均成绩对课程次序排序等多种排序要求。实际上，这就是要求按某行对列进行排序。

为了进行排序，就必须给定排序的比较条件和比较对象，把排序要求中指定的比较对象称为排序关键字。

若排序关键字只有一个，则两维数组的排序过程和一维数组的排序过程非常类似，不同的一点仅仅是在需要交换元素时交换的是一行或一列数据。

例 8-4　以表 8-1 中的数据为例，先求每个学生的总成绩，再按总成绩排降序。

为了降低赋初值的篇幅，本例仅以 5 个人（即 5 行）的学号、高数、英语、物理、体育、总分这 6 列数据为基础进行讲解。定义数据 double a[5][6]，第一列 a[j][0]（0<=j<=4）表示学号，最后一列 a[j][5]（0<=j<=4）表示总成绩。

程序如下：

```
#include "stdio.h"
void print_a(double a[][6],int r)                    //输出数组
{
    int i,j;
    for(i=0;i<r;i++)
    {
        printf("%6.0lf",a[i][0]);                    //a[i][0]没有小数,单独输出
        for(j=1;j<=5;j++)
            printf("%6.1lf",a[i][j]);
        printf("\n");
    }
}
void sort(double a[][6],int r,int k)
// 利用冒泡排序算法,对含有 r 行、6 列的二维数组按第 k 列的值进行按行排序
{
    double b[6];                    //数组 b 是用来交换数据 a 的两行元素时用到的临时数组
    int i,j,t;
    for(i=1;i<=r-1;i++)
        for(j=0;j<=r-i-1;j++)
            if(a[j][k]>a[j+1][k])                    //交换数组 a 的两行 a[j]和 a[j+1]的值
            {
                for (t=0;t<6;t++)
                    b[t]=a[j][t];
                for (t=0;t<6;t++)
                    a[j][t]=a[j+1][t];
                for (t=0;t<6;t++)
                    a[j+1][t]=b[t];
            }
}
void main()
```

```
{
    double a[5][6]={{20001,98.4,89.4,78.3,70.0},
                    {20002,95.5,92.4,83.1,75.0},
                    {20003,75.5,82.4,87.1,85.0},
                    {20004,85.5,72.4,73.1,75.0},
                    {20005,87.3,77.3,72.6,95.9}};
    int i,j;
    for(i=0;i<5;i++)
    {
        a[i][5]=0;
                                //a[i][5]表示第 i 个人的总成绩,初始化后求各成绩的和
        for(j=1;j<=4;j++)
            a[i][5]=a[i][5]+a[i][j];
    }
    printf(" 学号 高数 英语 物理 体育 总分 \n");
    printf("排序前的数组为: \n");
    print_a(a,5);
    sort(a,5,5);                //对数组 a 按第 6 列(下标是 5)进行排序
    printf("排序后的数组为: \n");
    print_a(a,5);
}
```

程序的运行结果如图 8-4 所示。

若排序关键字为多个时,就有主关键字和次关
键字之分,排序时将先按主关键字排序,再分段对
主关键字相同的元素行(或列)按次关键字排序。
例如按总成绩对学生排序之后,对获得某个总成绩
值的学生可能有多个学生,这时可以按高数课程的
成绩再对这些相同总成绩的学生进行排序,则高数
成绩就是整个排序要求的次关键字。当然还可能
用到更多级的次关键字。

图 8-4　例 8-4 的运行结果

8.3　查 找 算 法

查找是在大量的信息中寻找一个特定的信息元素,在计算机应用中,查找是常用的基本
运算。常用的查找算法有顺序查找、二分查找、分块查找、哈希表查找等。

8.3.1　顺序查找

顺序查找也称为线形查找,从数据的一端开始,顺序扫描,依次将扫描到的元素值与给
定值 k 相比较,若相等则表示查找成功;若扫描结束仍没有找到元素等于 k 的结点,表示查
找失败。

图 8-5 是在数组 a 中顺序查找 X 是否存在的流程图。

例 8-5 用顺序查找在数组中查找 X 是否存在。

```c
#include "stdio.h"
#define N 10
void main()
{
  int x;
    int i,found;
    int position;
    int a[N]={-65,0,21,58,78,90,98,106,124};
    x=58;
    for(i=0;i<=N-1;i++)
        if(a[i]==x)
        {
            found=1;
            position=i;
            break;
        }
    if(i==N)
        found=0;
    if(found)
        printf("%d 存在,位置是%d.\n",x,position+1);
    else
        printf("%d 不存在.\n",x);
}
```

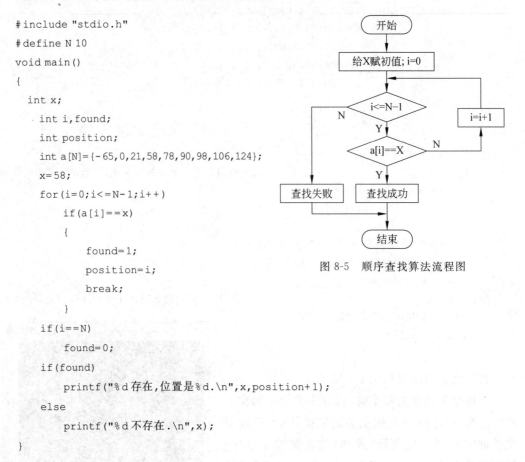

图 8-5　顺序查找算法流程图

8.3.2　二分查找

二分查找,也叫折半查找,要求数组中的元素升序或降序排列。它的思想是,首先将数组中间位置元素与查找值 x 比较,如果两者相等,则查找成功;否则利用中间位置将数组分成前、后两个子数组,如果中间元素的值大于查找关键字,则进一步查找前一子数组,否则进一步查找后一子数组。重复以上过程,直到找到满足条件的记录,使查找成功,或直到子数组不存在为止,此时查找不成功。

例 8-6 在一个已从小到大排好序的数组 a[10]={−65,0,21,58,78,90,98,106,124,587}中折半查找是否存在 125,如果存在,输出该数在数组中的位置,否则输出"不存在"。

用变量 bottom、top 和 mid 分别表示查找数据下界、上界和中间位置,mid=(bottom+top)/2,要查找的数为 x,算法如下。

(1) x==a[mid],则已找到退出循环,否则进行下面的判断。

(2) x<a[mid],x 的取值范围必为 bottom~mid−1,即 top=mid−1。

(3) x>a[mid],x 的取值范围必为 mid+1~top,即 bottom=mid+1。

(4) 在确定了新的查找范围后,重复进行以上比较,直到找到 125 或者 bottom>top。

可见折半查找法每进行一次,查找范围就缩小一半。使用折半查找法的基本思想,编程实现在一维整型数组中查找指定 x 的程序如下：

```c
#include "stdio.h"
#define N 10
void main()
{
    int array[N]={-65,0,21 ,58,78,90,98,106,124,587};
    int x=106;                      /* 待查找的数据 */
    int position;                   /* 记录待查找数组在数组中的位置 */
    int bottom=0;                   /* 下界 */
    int top=N-1;                    /* 上界 */
    int mid;                        /* 中间位置 */
    int found=0;            /* 用于标示待查找的数据是否找到,若找到则 flag 置为 1 */
    while(bottom<=top)
    {
        mid=(bottom+top)/2;
        if(array[mid]==x)
        {
            position=mid;
            found=1;
            break;
        }
        else if(array[mid]>x)
            top=mid-1;
        else
            bottom =mid+1;
    }
    if(found)
        printf("%d 在数组中的位置是：%d\n",x,position+1);
    else
        printf("不存在！\n");
}
```

注意：折半查找法的应用条件是一维数组的数据有序排列。

8.3.3　基于二维数组的查找算法

二维数组的基本查找算法仍然是顺序查找算法,若数组元素已经按某行或按某列完成了排序,则同样可按某行或按某列进行二分查找。顺序查找的关键是要完成对数组中所有元素的查对和比较。本节仅说明顺序查找算法在二维数组查找中的应用。

例 8-7　以例 8-4 的数组为基础,进行查找：查找总成绩高于 333 的人。

```c
#include "stdio.h"
void print_a(double a[][6],int r)
{
```

```
        int i,j;
        for(i=0;i<r;i++)
        {
            printf("%6.0lf",a[i][0]);              //a[i][0]没有小数,单独输出
            for(j=1;j<=5;j++)
                printf("%6.1lf",a[i][j]);
            printf("\n");
        }
}
void main()
{
    double a[5][6]={{20001,98.4,89.4,78.3,70.0},
                    {20002,95.5,92.4,83.1,75.0},
                    {20003,75.5,82.4,87.1,85.0},
                    {20004,85.5,72.4,73.1,75.0},
                    {20005,87.3,77.3,72.6,95.9}};
    int i,j;
    for(i=0;i<5;i++)
    {
        a[i][5]=0;                          //a[i][5]表示第 i 个人的总成绩,初始化后求各成绩的和
        for(j=1;j<=4;j++)
            a[i][5]=a[i][5]+a[i][j];
    }
    printf(" 学号 高数 英语 物理 体育 总分 \n");
    printf("原始的数组为: \n");
    print_a(a,5);
    printf("总分大于 333 的人: \n");
    for(i=0;i<5;i++)                         //对数组 a 的每一行进行判断
        if (a[i][5]>333)                     //若总分即 a[i][5]>333,则输出
        {
            printf("%6.0lf",a[i][0]);
            for(j=1;j<=5;j++)
                printf("%6.1lf",a[i][j]);
            printf("\n");
        }
}
```

程序的运行结果如图 8-6 所示。

例 8-8 若二维数组中的某个元素即是所在行的最大值,又是所在列的最小值,或该元素即是所在行的最小值,又是所在列的最大值,则称该元素为该数组中的一个鞍点。一个二维数组中可能没有鞍点,也可能有多个鞍点。设计程序统计二维数组中的鞍点个数并输出各鞍点的元素值及其位置信息。

```
#include "stdio.h"
```

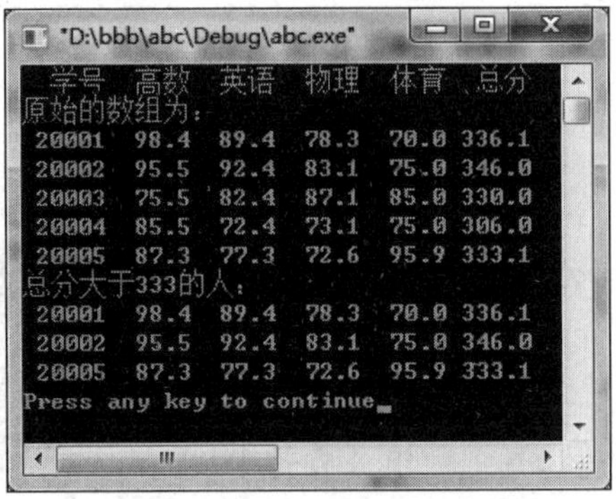

图 8-6　例 8-7 的运行结果

```c
void print_a(int a[][5],int r)                    //输出数组
{
    int i,j;
    for(i=0;i<r;i++)
    {
        for(j=0;j<5;j++)
            printf("%6d",a[i][j]);
        printf("\n");
    }
}
void main()
{
    int a[5][5]={{34,56,89,78,70},
                 {95,92,83,75,89},
                 {65,62,77,35,61},
                 {85,72,78,75,65},
                 {87,77,79,95,90}};
    int i,j,c,flag,max,k;
    printf("原始数组为:\n");
    print_a(a,5);
    for(i=0;i<5;i++)                              //对第 i 行进行查找
    {
        max=a[i][0];
        c=0;
        for(j=0;j<5;j++)                          //找出第 i 行上的最大值 a[i][c]
            if(a[i][j]>max)
            {
                max=a[i][j];
                c=j;
            }
        flag=1;                                   //假设 a[i][c]是 c 列上的最小值
        for(k=0;k<5;k++)
            if (a[k][c]<a[i][c])      //若有 a[k][c]<a[i][c],则表示 a[i][c]不是最小值
```

```
            flag=0;                          //把 flag 置为 0,表示假设不成立
        if(flag)
            printf("a[%d][%d]=%d 是一个鞍点.\n",i,c,a[i][c]);
    }
}
```

程序的运行结果如图 8-7 所示。

8.3.4　其他查找方法

分块查找也称为索引查找,是把数组分成若干块,在
每个块中,数据元素的存储顺序是任意的,所有的块必须
按值的大小有序排列并建立一个按值递增顺序排列的索
引表,索引表中的一项对应线性表中的一个块,索引项包
括两个内容:

图 8-7　例 8-8 运行结果

① 键域存放相应块的最大关键字;
② 链域存放指向本块第一个结点的指针。

分块查找分两步进行,先确定待查找的结点属于哪一块,然后在块内查找结点。

哈希表查找是通过对元素值进行运算,直接求出结点的地址,是值到地址的直接转换方
法,不用反复比较。假设 f 包含 n 个结点,R_i 为其中某个结点($1 \leqslant i \leqslant n$),$\text{key}_i$ 是其关键字
值,在 key_i 与 R_i 的地址之间建立某种函数关系,可以通过这个函数把关键字值转换成相应
结点的地址,有 $\text{addr}(R_i) = \text{H}(\text{key}_i)$,$\text{addr}(R_i)$ 为哈希函数。

8.4　基本数值算法

8.4.1　基本数值算法概述

在工程计算中,有许多问题往往归结为求一元非线性方程的实根、求函数的定积分、求
线性方程组的解。而即使对于求一元方程实根这类问题,也只有在少数简单的情况下,才可
以用传统的方法得到根的数学表达式。对于需要计算定积分的问题,多数情况下是得不到
一般数学方法所需的函数表达式,或难以找到原函数。线性方程组的求解更是让人望而生
畏,往往因为计算机工作量太大而无法实施。对这些问题,都可以利用数值方法来求解,在
计算机中实现的数值方法也称为数值算法。数值算法内容十分丰富,本节介绍几种常用数
值算法。

8.4.2　求一元非线性方程实根

最常用的方法有迭代法、牛顿法和二分法。

1. 求解一元非线性方程实根的普通迭代法

(1) 方法简介。

设函数 $f(x)$ 在 $[a, b]$ 上连续,不难把方程 $f(x) = 0$ 写成与其等价的形式:

$$x = g(x)$$

迭代法就是在这种形式上进行的。

为了得到以上方程实根的近似值,通常是先用图解的方法或其他估算方法选取一个粗略的近似根 x_0,把 x_0 代入式 $x = g(x)$ 中,右边求得数值 $g(x_0)$,命它为 x_1,作为方程左边的值。即:$x_1 = g(x_0)$。

再利用 x_1 进行迭代法,得 $x_2 = g(x_1)$。

如此往复,就得到一个数列 $x_n = g(x_{n-1})$ $(n = 1,2,3,4,\cdots)$。

如果这个数列收敛,即有极限 x^* 存在,则 x^* 即为方程的根。

由于数列是由函数 $g(x)$ 产生的,所以它的收敛与否与 $g(x)$ 的具体形式有关。可以证明,当 $g(x)$ 的导函数 $g'(x)$ 在根 x^* 附近的绝对值小于 1 时,即 $|g'(x)| < 1$ 时,可以保证数列 $x_n = g(x_{n-1})$ $(n = 1,2,3,4,\cdots)$ 是收敛的。

(2) 普通迭代法程序示例。

例 8-9 已知方程 $f(x) = x + \ln x - 2$ 在区间 $[1,2]$ 上有唯一的一个实根,用迭代法求此根的近似值。

解题步骤如下:

① 首先把所给方程化成便于进行迭代的形式:$x = 2 - \ln x$。

② 由于用迭代法求一个给定的一元非线性方程的根总是求的近似根,所以通常总要提出一定的精度(近似程度)标准,该精度要求就是终止迭代过程的判定条件。在数列收敛的前提下,只要 $|x_{n+1} - x_n|$ 充分小,即对于预先给定的精度 eps,只要有 $|x_{n+1} - x_n| \leqslant eps$,就可以终止迭代过程。

```
#include "stdio.h"
#include "math.h"
void main()
{
    double x1,x2,eps;
    int i;                          /* i 用来统计迭代的次数 */
    eps=1e-6;                       /* 当两次计算时的差值小于此数时,循环停止 */
    printf("input x[1~ 2]:");
    scanf("%lf",&x1);
    i=1;
    x2=2-log(x1);
    while(fabs(x2-x1)>eps && i<=1000)
    {
        i++;
        x1=x2;
        x2=2-log(x1);
    }
    if(i<1000)
        printf("方程的根为: %.4lf,迭代了%d次。\n",x2,i);
    else
        printf("已迭代了 1000 次,没有达到精度要求!\n");
}
```

图 8-8 是程序两次运行的结果,可以看出,两次输入的值相差很大,但经过迭代运算后,

其结果是一样的。只不过迭代的次数不一样。

(a) 输入1.8的运行结果　　　　　　　(b) 输入1.01的运行结果

图 8-8　例 8-9 的运行结果

迭代循环的条件中添加了 $i \leqslant 1000$，可以避免当 $g(x)$ 不符合收敛条件时造成计算机一直循环下去，简单说，就是为了避免死循环。

2. 求解一元非线性方程实根的牛顿切线法

（1）方法简介。牛顿切线法本质仍属迭代法，由于它具有特殊的迭代格式，即 $g(x)$ 的特定形式，所以决定了它比普通迭代法有高一阶的收敛速度。如果把普通迭代法称为一阶收敛，即线性收敛，那么牛顿迭代法称为二阶收敛或平方收敛。

牛顿切线法求实根的方法可以简单说明如下：

如果把方程 $f(x) = 0$ 以其等价形式：$x = x - f(x)/f'(x)$（其中 $f'(x) \neq 0$）来代替，那么可以得到如下迭代格式：

$$x_{n+1} = x_n - f(x_n)/f'(x_n), \quad n = 0, 1, 2, 3, \cdots$$

事实上，该迭代式很容易用几何的方法得到，如图 8-9 所示。

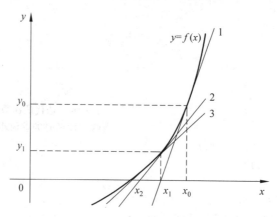

图 8-9　牛顿迭代法示意图

只要过曲线 $y = f'(x)$ 上的一点 $(x_0, f(x_0))$ 做曲线的切线 1，就得到切线与 x 轴的一个交点 x_1；过曲线 $y = f'(x)$ 上的一点 $(x_1, f(x_1))$ 做曲线的切线 2，就得到切线与 x 轴的一个交点 x_2；继续做切线 3，…，每次都可以得到与 x 轴的新交点 x_{n+1}。由直线的点斜式可以得到切线方程如下：

$$y - f(x_n) = f'(x_n)(x - x_n)$$

把直线与 x 轴交点的坐标 $(x_{n+1}, 0)$ 代入上式即得

$$0 - f(x_n) = f'(x_n)(x_{n+1} - x_n)$$

对此式移项整理即得式：

$$x_{n+1} = x_n - f(x_n)/f'(x_n)$$

写成 $g(x)$ 的形式，就是牛顿切线法的求根迭代公式：

$$g(x) = x_n - f(x_n)/f'(x_n)$$

这种 $g(x)$ 的特定形式决定了它有较高的收敛速度，这从图 8-9 上也可以看出来。利用牛顿迭代法也有几点注意事项。

① 关于初始近似值的选取。当 $f(x)$ 在 $[a,b]$ 上二阶连续可微时，常用下述方法判别收敛性和选取初始近似值 x_0。即如果在区间 $[a,b]$ 上如下条件成立：

$f''(x)$、$f'(x)$ 在 $[a,b]$ 上不变号；

$f(a)f(b)<0$，$f(b)f'(b)>0$（或 $f(a)f'(a)>0$）；

那么当 $x_0=b$ 或 $x_0=a$ 时，牛顿格式收敛。

② 使用时 x_0 应选的尽量靠近 x^*。

③ 当 $f'(x)$ 不易求得时，不宜采用此方法。

（2）牛顿切线法程序示例。

例 8-10 已知方程 $f(x)=x^3+4x^2-10$ 在 $[1,2]$ 上有唯一的一个实根，试用牛顿法求此根的近似值。设精度为 10^{-6}。

解题步骤如下：

① 关于算法的数学式子和初值处理。由 $f(x)=x^3+4x^2-10$ 求其导函数，得

$$f'(x) = 3x^2 + 8x$$

选初始近似值为 $x_0=1.5$。

② 程序设计分析。由于在公式中用到了两个计算函数，原函数和导函数，为了写程序方便，更为了提高程序的可维护性，把它们定义为自定义函数（见下面的程序代码清单）。这样在所求函数变化时，仅需要改写这两个自定义函数中的赋值语句，而实现迭代运算的程序部分则不需要做任何改动。

③ 编制程序代码。程序清单如下：

```
#include "stdio.h"
#include "math.h"
double f(double x)                    //定义原函数
{
    return x*x*x+4*x*x-10;
}
double f1(double x)                   //定义导函数
{
    return 3*x*x+8*x;
}
void main()
{
    int i;
    double x1,x2,eps=1e-6;
    printf("input x1[1~ 2]:");
    scanf("%lf",&x1);
    i=1;
```

```
    x2=x1-f(x1)/f1(x1);                    //为 while 语句的首次执行条件做好准备
    while(fabs(x1-x2)>eps && (i<100))
    {
        i=i+1;                             // 迭代次数统计
        x1=x2;                             //将上次计算结果作为本次计算的初值
        x2=x1-f(x1)/f1(x1);
        printf("i=%d,x1=%.6lf,x2=%.6lf\n",i,x1,x2);        //输出中间过程
    }
    if(i<100)
        printf("函数根为:%.6lf,共迭代了%d次。\n",x2,i);
    else
        printf("已迭代了 100 次,没有达到精度要求!");
}
```

程序的运行结果如图 8-10 所示。

3. 求解一元非线性方程实根的二分法

二分法实际上是一种搜索算法,就是利用一般二分法在求根区间上查找根。

(1) 方法简介。若函数 $f(x)$ 在 $[a,b]$ 上连续,且在区间的两端点处有 $f(a)f(b)<0$,并且假定其在求根区间 $[a,b]$ 内只有一个根,则可以用把区间 $[a,b]$ 逐渐分半的方法求此根的近似值。这种方法叫求根的二分算法。

现结合图 8-11 说明方法的基本思想和计算步骤:

图 8-10　例 8-10 的运行结果

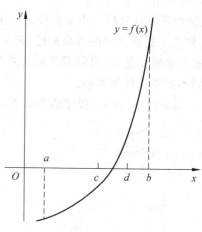

图 8-11　二分法示意图

① 先算出区间 $[a,b]$ 中点的坐标 $c=(a+b)/2$,然后执行步骤②。

② 判断 c 是否为函数 $f(x)$ 的满足一定精度的根,即 $|f(c)|<$eps 是否成立,若成立则结束二分计算过程,转步骤④,否则根一定落在半区间 $[a,c]$ 或 $[c,b]$ 中,继续执行步骤③。

③ 若 $f(c)\cdot f(b)<0$ 则根在区间 $[c,b]$ 上,即需要修改求根区间,使 $a=c$;否则根在区间 $[a,c]$ 上,也要修改求根区间,使 $b=c$。修改求根区间后,转步骤①。

④ 输出求根结果,结束二分算法过程。

(2) 算法的优点及应注意的问题。二分法的优点是程序简单,且只要函数 $f(x)$ 连续,有了区间的两端点就可以计算,不用选取初始近似值 x_0,也不需要对函数式子做任何处理。

对于偶重根的情况,二分法将不能使用,因为这时在根的邻域不存在 $f(a)\cdot f(b)<0$ 这个条件。

另外一种情况是,函数曲线在与 x 轴的交点处的夹角接近或等于 $90°$ 时,函数值的变化将十分剧烈,仅通过判定函数值控制算法结束将变的不够可靠。对此,可把判定区间大小作为判别算法结束的一个辅助条件,即当求根区间小于或等于某个给定值时也要结束算法过程。请参看本例的程序清单。

(3) 采用二分法求函数根的程序举例。

例 8-11　用二分法求方程 $x^3-x-1=0$ 在区间 $[1,1.5]$ 上根的近似值,精确到 10^{-5}。

```c
#include "stdio.h"
#include "math.h"
double f(double x)
{
    return x*x*x-x-1;
}

void main()
{
    double a,b,c,eps=1e-5;
    printf("input a,b:");
    scanf("%lf,%lf",&a,&b);
    c=(a+b)/2;
    printf("c=%.6lf\n",c);
    while(fabs(a-b)>eps && fabs(f(c))>eps)
    {
        if(f(c)*f(b)<0)
            a=c;
        if(f(a)*f(c)<0)
            b=c;
        c=(a+b)/2;
        printf("c=%.6lf\n",c);
    }
    printf("函数根为:%.6lf,该点的函数值为%.6lf。\n",c,f(c));
}
```

本程序运行的结果如图 8-12 所示。

4. 其他的求一元非线性方程近似根的算法

还有许多求一元非线性方程近似根的数值算法,例如弦位迭代法、加速迭代收敛的 δ^2 法等。可阅读有关参考资料,在具体实际工程的计算中,常常选用不同的算法计算相同的问题,以便于对比分析,找到最可靠、最真实的结果。

8.4.3　求一元函数定积分的数值

在高等数学中,要计算函数 $f(x)$ 在区间 $[a,b]$ 上的定积分:

$$I=\int_a^b f(x)\mathrm{d}x$$

图 8-12　例 8-11 的运行结果

需要先求得函数 $f(x)$ 的一个原函数 $F(x)$，再利用下面的牛顿—莱布尼兹公式来确定积分值。

$$I = F(b) - F(a)$$

这种经典的积分方法只能适用于原函数易求的情况，对于 $f(x)$ 的原函数 $F(x)$ 不易得到，甚至连 $f(x)$ 的解析表达式都不存在的情况下（例如 $f(x)$ 是以列表形式给出的），就无法计算定积分的值。为了解决这类问题，就提出了基于数值积分算法。

1. 求一元函数定积分的矩形法

（1）矩形算法简介。若函数 $f(x)$ 在积分区间 $[a,b]$ 上连续，并把积分区间 $[a,b]$ n 等分，即得到 n 份小面积元素。n 的值足够大时，每个小面积元素即可被看作为一个矩形，它的宽度 h 为 $(b-a)/n$，高度则可为该面积元素两个端点处的函数值中的任一个。所以对于第 i 个小面积元素，若取前端点处的函数值，其面积为 $h \cdot f(a+(i-1)h)$；若取后端点处的函数值，则面积为 $f(a+ih)$，如图 8-13 所示。

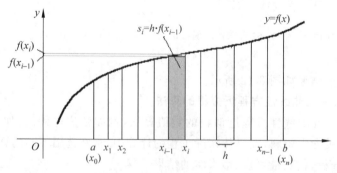

图 8-13　矩形法求积分示意图

由上述矩形法求积分的基本思路，就不难写出求 n 个小面积和的表达式：

$$S = h \cdot f(a) + h \cdot f(a+h) + h \cdot f(a+2h) + \cdots + h \cdot f(a+(n-1)h)$$

整理上式，得

$$S = h - (f(a) + f(a + h) + f(a + 2h) + \cdots + f(a + (n-1)h))$$

整理并简记为

$$I = \int_a^b f(x)\mathrm{d}x \approx h \sum_{i=0}^{n-1} y_i, \quad h = (b-a)/n$$

即得到了利用矩形法求函数定积分的数值算法的一般公式。

从该计算公式可以看出,在等距结点的情形下,计算只与积分端点与结点处的函数值有关,而与中间的一些结点值无关。

这一点很值得关注。因为在大量实验过程中,可以通过各种方法记录实验过程,例如,随时间推移高温物体冷却的过程,随温度变化某溶液浓度的变化等,但是却无法得到精确描述这些过程的数学表达式。

这种只能用数字序列或数字点对表示的、确定的函数关系,被称为离散函数。要求它们的积分,上述的数值积分计算公式就显得十分重要:只要能按自变量的某个确定的步长记录被观察对象的值,把记录所得的数据序列代入上述数值积分公式就可以得到所求的积分。

(2)矩形求积分算法的应用举例。

例 8-12 编写用矩形法求积分 $\int_a^b \mathrm{e}^{-x^2}\mathrm{d}x$ 的程序,并计算给定条件 $a = 0, b = 1, n = 1000$,$n = 10000, n = 100\,000$ 时的近似值。

程序代码如下:

```
# include "stdio.h"
# include "math.h"
double f(double x)
{
    return exp(-x * x);
}
void main()
{
    double a,b,h,s;
    int i,n;
    a=0;
    b=1;
    n=100000;
    h=(b-a)/n;
    s=0;
    for(i=0;i<=n-1;i++)
        s=s+f(a+i * h);
    s=s * h;
    printf("结果为:%.6lf。\n",s);
}
```

程序运行后,在3个文本框中分别输入积分的上限、下限和曲顶矩形数,然后单击"计算"按钮,即可在"积分结果"文本框中显示积分值。单击"清除"按钮,可在文本框中输入新的参数,重新计算。当下限和上限值固定时,曲顶矩形数越多,积分结果越精确。曲顶矩形数为 1000、10 000 和 100 000 时,结果如图 8-14 所示。

(a) n 为1000时的运行结果

(b) n 为10000时的运行结果

(c) n 为100000时的运行结果

图 8-14　例 8-12 的运行结果

为了验证矩形积分算法的效果,读者可以用一个比较容易求积分的例子(例如:
$I = \int_1^2 x^2 + 3x\mathrm{d}x$,与用数学方法计算的结果进行比较。

2. 求一元函数数值积分的梯形法

(1) 算法介绍。梯形法是对矩形法的改进。梯形法的名字也是根据求积分所用的小面积元素的几何图形得到的。参看图 8-15,把各小面积元素顶部曲线两端用直线连接起来,就得到一个个小梯形。把这些小梯形面积相加就得到函数 $f(x)$ 在 $[a,b]$ 区间的积分的近似值。

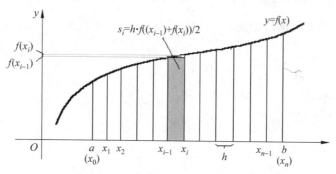

图 8-15　梯形法示意图

由图 8-15 不难写出基本的求和式子如下:

$I = h \cdot [f(x_0) + f(x_1)]/2 + h \cdot [f(x_1) + f(x_2)]/2 + h \cdot [f(x_2) + f(x_3)]/2 + \cdots + h \cdot [f(x_{i-1}) + f(x_i)]/2 + h \cdot [f(x_i) + f(x_{i+1})]/2 + \cdots + h \cdot [f(x_{n-1}) + f(x_n)]/2$

整理上式,得

$$I = h \cdot [f(x_0) + f(x_1) + f(x_1) + f(x_2) + f(x_2) + f(x_3) + \cdots + f(x_{i-1}) + f(x_i) + f(x_i) + f(x_{i+1}) + \cdots + f(x_{n-1}) + f(x_n)]/2$$

可见在括号内,除了 $f(x_0)$ 和 $f(x_n)$ 外,其余各项都有相同的另一项,所以将 $f(x_0)$ 和 $f(x_n)$ 提出括号,将 1/2 乘入括号,即可得到如下的梯形法求积分公式:

$$I = h \cdot \{[f(x_0) + f(x_n)]/2 + f(x_1) + f(x_2) + \cdots + f(x_i) + \cdots + f(x_{n-1})\}$$

简记为

$$I = \int_a^b f(x)\mathrm{d}x \approx h\left[0.5(y_0 + y_1) + \sum_{i=1}^{n-1} y_i\right]$$

从梯形法求积分公式也可以看出,当步长 h 给定后,积分值的计算也只与各结点处的函数有关。且除了在积分区间的两端点处的函数值要特别处理外,其他计算和矩形法也十分相似。

（2）梯形求积分算法的应用举例。

例 8-13　利用梯形法编写程序，重新完成例 8-12 中所要求的计算。

程序代码如下：

```
#include "stdio.h"
#include "math.h"
double f(double x)
{
    return exp(-x * x);
}
void main()
{
    double a,b,h,s;
    int i,n;
    a=0;
    b=1;
    n=100000;
    h=(b-a)/n;
    s=(f(a)+f(b))/2;
    for(i=1;i<=n-1;i++)
        s=s+f(a+i * h);
    s=s * h;
    printf("结果为:%.6lf。\n",s);
}
```

上述程序是一个通用程序，只要改变积分函数，即可求不同函数的积分。例如，只要把函数 f() 改为

```
double f(double x)
{
    return sin(x);
}
```

就可求出下述定积分：$I = \int_a^b \sin(x)\mathrm{d}x$ 的值。

由程序也可以看到，梯形法和矩形法在经过数学处理之后，公式十分相似，程序的区分也不大，但是梯形法的程序执行效率要高于矩形法。请有目的地比较两者在相同等分份数的条件下的计算精度。

练　习　8

1. 举例简述算法的概念。

2. 利用 scanf() 函数为一维数组赋值，并在输入过程中利用插入排序算法完成数组内容的排序操作。

3. 编写程序，利用迭代算法计算如下方程在指定区间上的近似根，精确到 10^{-6}。

(1) $x - 2^{-x} = 0 (0.3 \leqslant x \leqslant 1)$。

(2) $\sin x - x/2 = 0 (0.5 \leqslant x \leqslant 2.0)$。

4. 编写程序,利用牛顿切线法计算如下方程在 $x_0 = 1.5$ 附近的近似根,精确到 10^{-6}。
$$2x^3 - 4x^2 + 3x - 6 = 0$$

5. 编写程序,利用二分法计算如下方程在区间 $[-10, 10]$ 上的近似根,精确到 10^{-6}。
$$2x^3 - 4x^2 + 3x - 6 = 0$$

6. 利用矩形法求 $\int_1^2 e^{-x+3} dx$ 的值。

7. 利用梯形法求 $\int_2^5 e^{-3x+1} \sin(x) dx$ 的值。

第9章 字符数组与字符串

在第 7 章介绍数组时,主要介绍了如何使用数值数组方便地完成许多编程工作,在各种编程语言中,字符串都占据着十分重要的地位,C 语言中并没有提供"字符串"类型,而是以特殊字符数组的形式来存储和处理字符串,这种字符串必须以空字符'\0'结尾。对于存储在字符数组中字符串,可以用数组元素的形式来逐个处理每个字符,也可以利用字符串库函数来整体处理字符串。本章将扩展数组知识,探讨通过各种方法利用字符数组来输入、处理和输出字符串。

本章知识点:
(1) 字符数组的定义与赋值。
(2) 字符数组的初始化与引用。
(3) 字符串的定义及输入与输出。
(4) 字符串的处理与字符串处理函数。
(5) 字符串与指针的运算。

9.1　字　符　数　组

用于存放字符型数据的数组称为字符数组。在 C 语言中,字符数组中的一个元素只能存放一个字符。字符数组也有一维、二维、多维之分,可以使用前面章节介绍的数组定义的方法定义和使用字符数组。但字符数组通常用于存放字符串,又有其特殊性。

9.1.1　字符数组的定义与赋值

1. 字符数组的定义
字符数组的定义与一般数组相同。字符数组的定义格式如下:

存储种类 char 数组名[常量表达式];　　　　　　　　　　/*一维字符数组*/
存储种类 char 数组名[常量表达式 1][常量表达式 2];　　　/*二维字符数组*/

例如:

char s[50];

定义了一个一维字符数组 s,共有 50 个字符元素,占用了 50B 的内存。

char str[5][20];

定义了一个 5 行 20 列的二维字符数组,共 100 个字符元素,占用了 100B 的内存。

2. 字符数组的赋值
在数组定义后对数组赋值,只能通过对其中的每个元素逐个赋值的方式进行。例如:

```
char c[9] ,char s[2][3];
c[0]='G';c[1]='o';c[2]='o';c[3]='d';c[4]=' ';c[5]='b';c[6]='y';c[7]='e';c[8]=
'!';
s[0][0]='h'; s[0][1]='e'; s[0][2]='l'; s[1][0]='l'; s[1][1]='o'; s[1][2]='!';
```

用多条赋值语句来依次给一维、二维数组各个元素赋值,赋值以后数组的状态如图 9-1 所示。

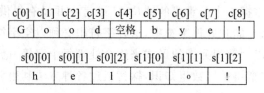

图 9-1　一维字符数组 c 和二维字符数组 s 的赋值

若定义之后在赋值语句中只给部分元素赋值,则剩余没有赋值的数组元素为随机字符。例如:

char c[14];c[0]= 'G',c[1]= 'o',c[2]= 'o',c[3]= 'd',c[4]= '',c[5]= 'b',c[6]= 'y',c[7]= 'e',c[8]='!';c[9]~c[13]的值为随机字符。

如果数组内的元素具有某种规律性,还可以使用循环语句来为字符数组赋值。这种赋值方式比较简洁。

例如:把一个数组赋值为'a'~'z'。

```
#define N 26
void main()
{
    int i;
    char str[N];
    for(i=0;i<N;i++)
        str[i]='a'+i;
}
```

由于字符型和整型通用,也可使用整型数组来存储字符。但由于 int 型数据类型占用 4B 的存储空间,而 char 型占用 1B 的存储空间,因此,使用 int 型数组会浪费空间。

例如:

```
int s[10];
s[0]='c';                                        /＊合法,但浪费存储空间＊/
```

9.1.2　字符数组的初始化

在定义字符数组时,对字符数组进行初始化,有两种形式:

1. 字符初始化

用字符为字符数组初始化,具体有 3 种情况:

(1)初始化所有元素。在花括号中依次列出各个字符,字符之间用逗号隔开。例如:

```
char c[9]={'G', 'o', 'o'; 'd', ' ', 'b', 'y'`,'e', '!'};
```

则 c[0]='G',c[1]='o',c[2]='o',c[3]='d',c[4]='`',c[5]= 'b',c[6]='y',c[7]='e',c[8]=
'!'。

又如：

```
char diamond[][5]={{' ',' ','*',' ',' '},{' ','*','*','*',' '},{'*','*','*',
'*','*'}};
```

（2）初始化部分元素。初始化时仅列出数组的前一部分元素的初始值，则其余元素的初值由系统自动置 0。例如：

```
char c[14]={'G', 'o', 'o', 'd', ' ', 'b', 'y','e', '!'};
```

则 c[0]='G',c[1]='o',c[2]='o',c[3]='d',c[4]= ' ',c[5]= 'b',c[6]='y',c[7]='e',c[8]=
'!',c[9]～c[13]的初值为'\0'（ASCII 为 0）。初始化后数组的状态如图 9-2 所示。

G	o	o	d	空格	b	y	e	!	\0	\0	\0	\0	\0

图 9-2　字符数组 c 的初始化

（3）不指定数组大小。在定义一维数组时，若列出了所有数组元素的初值，则也可不指定数组的大小。例如：

```
char c[ ]={'G', 'o', 'o', 'd', ' ', 'b', 'y','e', '!'};
```

2. 字符串初始化

字符串初始化即用双引号括起来的一个字符串（字符串常量）作为字符数组的值。例如：

```
char s[14]={ "Good bye! "};
```

可以进一步简写成

```
char s[14]="Good bye! ";
```

注意：字符串初始化与用字符初始化不同，系统会在字符串常量后自动添加一个字符串结束标记'\0 '，初始化后数组的状态如图 9-3 所示。

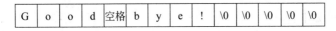

G	o	o	d	空格	b	y	e	!	\0	\0	\0	\0	\0

图 9-3　字符数组 s 的初始化

图 9-3 中数组的前 9 个字符为'G'、'o'、'o'、'd'、' '、'b'、'y'、'e'、'!'，第 10 个字符为'\0'，后 4 个元素也设定为空字符。

当用字符串给字符数组初始化时可以不指定字符数组的大小。例如：

```
char s[ ]="Good bye! ";
```

注意：此时数组 s 的元素个数为 10，比实际字符串中的字符个数大 1，用于在字符串后自动增加的一个结束符('\0')。

对应二维数组也是可以直接用字符串来初始化的。例如：

```
char t[] [10]={ "China", "America", "Japan", "Russia"};
```

所定义的二维字符数组有 4 行，其赋值细节如图 9-4 所示。

C	h	i	n	a	\0	\0	\0	\0	\0
A	m	e	r	i	c	a	\0	\0	\0
J	a	p	a	n	\0	\0	\0	\0	\0
R	u	s	s	i	a	\0	\0	\0	\0

图 9-4　二维字符数组 t 的初始化

用字符串给字符数组初始化是最常用的方法。与用字符初始化的方法相比，它的表达简捷、可读性强，尤其便于后续数据处理。之所以便于后续数据处理，主要得益于系统在字符串常量后自动增加一个字符串结束符'\0'，为其后对这些字符串数据的处理，设置了明确的数据处理边界。

需说明的是，字符数组并不要求它的最后一个字符为'\0'，甚至可以不包括'\0'。下面形式的定义是合法的：

```
char c[9]={'G', 'o', 'o','d', ' ', 'b', 'y','e', '!'};
```

是否需要加'\0'，可根据需要来决定。但由于系统对字符串常量会自动增加一个'\0'，因此，若使用字符来为字符数组初始化，为了便于后续数据处理以及测定字符串的实际长度，可以在最后一个字符后再添加一个字符串结束符。例如：

```
char c[10]={'G', 'o', 'o','d', ' ', 'b', 'y','e', '!', '\0'};
```

9.1.3　字符数组的引用

对于一般数组元素的引用，只能逐个引用数组元素而不能一次引用整个数组，而对字符数组除外，可以单个引用，也可以一次引用一个字符串。

1. 逐个引用字符数组中的单个字符

同数值型数组元素的引用形式一样，可以引用字符数组中的任一个元素，得到一个字符。

具体引用形式如下：

数组名[下标]

例如：

```
c[2]='a'+2;
c[0]=c[2]+3;
```

2. 将字符数组作为字符串来处理

在一次引用整个字符数组时，只需使用数组名即可。注意，此时的字符数组中必须包含'\0'，因为它是字符串的结束标志。例如：

```
char a[ ]={ "Hello"};
printf("%s\n",a);                            /*用%s格式符输出时,printf()函数中的输出项 a 是数组名 */
```

在内存中,数组 a 的状态如图 9-5 所示。在遇到字符'\0'时,表示整个字符数组(字符串)输出结束。其输出结果如下:

```
Hello
```

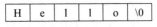

图 9-5   数组 a 存储示意图

上例中输出结果中不包括字符串结束标志'\0',且如果数组长度大于字符串实际长度时,也只输出到'\0'结束,若包含有多个'\0',则以第一个为准。例如:

```
char a[20 ]={"Hello\0abc"};
printf("%s\n",a);
```

输出结果也是"Hello"5 个字符,遇到'\0'表示串结束,后面的"abc"就不再输出。

例 9-1 按数组元素输入与输出字符。

```
#include "stdio.h"
void main()
{
    char f[10];
    int k;
    for (k=0;k<10;k++)
        scanf("%c",&f[k]);                      /*从键盘输入每个数组元素 */
    for(k=0;k<10;k++)
        putchar(f[k]);
}
```

注意:在输入时,输入 10 个字符后再按回车键,不要一个字符一回车,因为回车键也是字符。

例 9-2 输出一个三角图形。

```
#include "stdio.h"
void main()
{
    char diamond[][5]={{' ',' ','*',' ',' '},{' ','*','*','*',' '},{'*','*','*',
    '*','*'}};
    int i,j;
    for(i=0;i<3;i++)                           /*外循环控制行数 */
    {
        for(j=0;j<5;j++)                       /*内循环控制每行的列数 */
            printf("%c",diamond[i][j]);        /*输出各数组元素内容 */
        printf("\n");
    }
}
```

9.2 字　符　串

9.2.1　字符串的定义及其输入与输出

1. 字符串的定义

字符串是用双引号括起来的一个字符序列，由零个或若干个字符构成。字符串可以包括字母、数字、专用字符和转义字符等。C语言中字符串通常以字符串常量的形式出现。例如字符串"good bye!"、"CHINA"、"＄123.45"都是字符串常量。注意不要将字符常量与字符串常量混淆。'a'是字符常量，"a"是字符串常量，二者不同。假设 c 被指定为字符变量：

```
char c;
c='a';
```

是正确的。而

```
c="a";
```

是错误的。c＝"CHINA"，也是错误的。不能把一个字符串赋给一个字符变量。

'a'和"a"究竟有什么区别。C语言的语法规定，在每一个字符串的结尾加一个"字符串结束标志"，以便系统据此判断字符串是否结束。C规定以字符'\0'作为字符串结束标志。'\0'是一个 ASCII 码为 0 的字符，从 ASCII 代码表中可以看到 ASCII 码为 0 的字符是"空操作字符"，即它不引起任何控制动作，也不是一个可显示的字符。如果有一个字符串，"CHINA"实际上在内存中是

它的长度不是 5 个字符，而是 6 个字符，最后一个字符为'\0'。但在输出时不输出'\0'。例如在 printf("How do you do! ")中，输出时一个一个字符输出，直到遇到最后的'\0'字符，停止输出。注意，在写字符串时不必加'\0'，'\0'字符是系统自动加上的。字符串"a"，实际上包含两个字符：'a'和'\0'。

在 C 语言中没有专门的字符串变量，字符串如果需要存放在变量中，需要用字符数组来存放，即字符串是一种字符型数组。字符串在计算机内存储是依次存储字符串各个字符的 ASCII 码，并且在尾部存储 ASCII 码是 0 的字符'\0'即字符串结束标志字符，以此表示字符串的结束。

对于字符数组，存放字符和存放字符串在输入与输出等方面是有些不同的。

2. 字符串的输入与输出

字符串的输入、输出可以采用逐个字符的输入、输出方式来实现，也可采用整体输入、输出方式。

可以使用的输入与输出函数如表 9-1 所示。

表 9-1 列出的函数中，gets()和 puts()函数用于字符串整体的输入与输出，getchar()函数和 putchar()函数用于单个字符的输入与输出。scanf()和 printf()函数通常情况下可以代替 gets()函数和 puts()函数，用于字符串整体的输入与输出。在程序中调用这些函数时需包含头文件

stdio. h。

表 9-1 标准字符串及字符输入与输出库函数

输 入 函 数	输 出 函 数
gets()	puts()
scanf()	printf()
getchar()	putchar()

一般情况下,字符串整体输入、输出的时候比较多,下面详细介绍整个字符串的输入与输出的函数。

(1) gets()函数。

调用格式:

gets(字符数组名);

功能:接收键盘的输入,将输入的字符串存放在字符数组中,直到遇到回车符时返回。但是回车换行符'\n'不会作为有效字符存储到字符数组中,而是转换为字符串结束标志'\0'来存储。gets()函数能接收包含空格字符的字符串。例如:

```
char str[80];
gets(str);
```

当输入:

Good␣morning!↙(␣表示空格,↙表示回车)

后,str 中的字符串将是"Good morning"。

注意:用于接受字符串的字符数组定义时的长度应足够长,以便保存整个字符串和字符串结束标志。否则,函数将把超过字符数组定义的长度之外的字符顺序保存在数组范围之外内存单元中,从而可能覆盖其他内存变量的内容,造成程序出错。

(2) scanf()函数。scanf()函数在输入字符串时使用格式控制符%s,并且与%s对应的地址参数应该是一个字符数组,任何时候都会忽略前导空格,读取输入字符并保存到字符数组中,直到遇到空格符或回车符输入操作便终止了。scanf()函数会自动在字符串后面加'\0'。例如:

```
char str[15];
scanf("%s",str);                              //不要写成 &str,因为 str 是地址
```

当输入

Good morning!↙

后,str 中的字符串将是"Good"。这一点要注意与 gets()函数的区别,如图 9-6 所示。

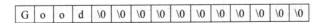

图 9-6 数组 str 的存储示意图

这是由于系统把空格符作为输入的字符串之间的分隔符,因此只将空格前的 Good 这 4

个字符送到 str 中。由于把"Good"作为一个字符串处理,故在其后加'\0'。

利用 scanf()函数可以连续输入多个字符串,输入时,字符串间用空格分隔。例如:

```
char str1[10],str2[10];
scanf("%s%s",str1,str2);
```

当输入

```
Good morning!↙
```

后,str1 中的字符串是"Good",str2 中的字符串是"morning!"。

输入后 str1、str2 数组状态见图 9-7。数组中未被赋值的元素的值自动置为'\0'。

| G | o | o | d | \0 | \0 | \0 | \0 | \0 | \0 |

| m | o | r | n | i | n | g | \0 | \0 | \0 |

图 9-7　数组 str1 与数组 str2 的存储示意图

为了避免输入的字符串长度超过数组的大小,可以在调用 scanf()函数时使用%ns 格式控制符,整数 n 表示域宽限制,如果没有遇到空格字符,那么读入操作将在读入 n 个输入字符之后停止。例如:

```
char str1[10];
scanf("%9s",str);
```

将会读入字符串到字符数组 str 中,最多可读入 9 个非空格字符到 str 中,str 中的最后一个数据单元用于存放字符串结束标志'\0'。

表 9-2 给出了 gets()函数和 scanf()函数输入字符串的区别。

表 9-2　使用 gets()函数和 scanf()函数输入字符串的区别

gets()函数	scanf()函数
输入的字符串中可包含空格字符	输入的字符串中不可包含空格字符
只能输入一个字符串	可连续输入多个字符串(使用%s%s)
不可限定字符串的长度	可限定字符串的长度(使用%ns)
遇到回车符结束	遇到空格符或回车符结束

(3) puts()函数。

调用格式:

```
puts(字符数组名);
```

功能:将字符串中的所有字符输出到终端上,输出时将字符串结束标志'\0'转换成换行符'\n'。使用 puts()函数输出字符串时无法进行格式控制。例如:

```
char str[]="Good morning!";
puts(str);
puts("Good afternoon!");
```

(4) printf()函数。printf()函数在输出字符串时使用%s格式控制符,并且与%s对应的地址参数必须是字符串第一个字符的地址,printf()函数将依次输出字符串中的每个字符直到遇到字符'\0'('\0'不会被输出)。例如:

```
char s[]="I love china!";
printf("the string is:%s\n",s);
printf("the second word is:%s\n",&s[2]);
printf("the last word is:%s\n","china");
```

输出结果如下:

the string is: I love china!
the second word is: love china!
the last word is: china

当然,用printf()函数输出字符串时还可以定义更多的格式。%ns可以同时指定字符串显示的宽度。如果字符串的实际长度小于n个字符,不足部分填充空格。n为正数,则在左端补空格,及字符串右对齐。n为负数,则字符串左对齐。如果字符串的实际长度大于n个字符,则显示整个字符串。例如:

```
printf(">>%13s<<\n", "China!");
printf(">>%-13s<<\n", "China!");
printf(">>%13s<<\n", "I love China!");
```

输出结果如图9-8所示。

图9-8　串输出结果

9.2.2　字符串的处理与字符串处理函数

计算机所处理的信息中有相当一部分是非数值型的数据。例如,对学生信息的处理中,学生的姓名、性别、联系电话、爱好、家庭住址等都用字符型或字符串数据来表示,那么对这些非数值型数据的处理必定要用到字符串的一些操作。

1. 字符串的处理

在C语言中,不能通过运算符直接对字符串进行求长、复制、连接、比较、查找等操作。要进行这些操作,既可以利用系统提供的标准库函数来实现,也可利用数组自己编写代码来完成。利用数组编写代码来逐个字符的处理字符串,有助于更好地理解库函数的工作情况。

例9-3　编写字符串复制函数strcopy(),把字符串string1内容复制给字符串string2。

```
#include "stdio.h"
#define N 81
//复制 string1 到 string2 中
void strcopy(char string2[],char string1[])
 /*形参为数组,接收实参传递的地址*/
{
    int i=0;                          /*数组下标*/
    while(string1[i]!='\0')           /*检查字符串是否结束*/
    {
        string2[i]=string1[i];        /*复制数组元素*/
```

```
        i++;
    }
    string2[i]='\0';                        /*字符串结束*/
}
void main()
{
    char str1[N];                           /*在 DOS 模式下一行最多 80 个字符*/
    char str2[N];                           /*存放要复制的字符串*/
    printf("Input the string:");
    gets(str1);                             /*输入字符串*/
    strcopy(str2,str1);                     /*实参为两个数组名*/
    puts(str2);                             /*输出字符串*/
}
```

说明：在上段代码中，字符数组名 str1、str2 作为实参传递给 strcopy()形参数组，字符数组 string1 中的每个元素被复制给字符数组 string2，直到遇到串结束标志'\0'为止。因字符数组 string1 中的'\0'并没有复制给 string2，最后一条语句给 string2 增加了一个元素'\0'。程序运行后，输入的字符串被成功复制给另外一个字符串。

函数 strcopy 可写成下面形式：

```
void strcopy(char string2[],char string1[])
{
    int i=0;
    while(string1[i])
    {
        string2[i]=string1[i];
        i++;
    }
    string2[i]='\0';                        /*字符串结束*/
}
```

上面代码可被进一步简化：

```
void strcopy(char string2[],char string1[])
{
    int i=0;
    while(string2[i]=string1[i])
            i++;
}
```

简化后的程序中没有语句

```
string2[i]='\0';
```

这是因为在 while 的条件判断中已经把 string1[i]的'\0'赋值给 string2[i]了。也就是说，在最后一次循环的判断中，先把'\0'赋值给了 string2[i]，使式子的值为 0，导致条件不成立而退出循环。

上例中通过数组逐个处理字符,进行了字符串的处理(复制)。也可以这种方式(逐个处理字符)来进行字符串的输入与输出。

2. 字符串处理函数

C 语言函数中提供了相当多的字符串处理函数,熟练掌握这些函数的使用,非常方便于编程。在使用字符串处理函数时,应包含头文件 string.h。

(1) 字符串求长度 strlen()。

调用格式:

```
strlen(字符串的地址);
```

功能:返回字符串中包含的字符个数(不包含'\0'),即字符串的长度。注意,字符串的长度是指从给定的字符串的起始地址开始到第一个'\0'为止。例如:

```
char str[]="I love china!";
printf("%d",strlen(str));           /*输出结果为 13*/
printf("%d",strlen(&str[7]));

                                    /*输出结果为 6,从下标为 7 的字符开始的字符串*/
```

又如:

```
char str[ ]="I love\0china!";
printf("%d",strlen(str));           /*输出结果为 6*/
printf("%d",strlen(&str[7]));       /*输出结果为 6*/
```

(2) 字符串连接 strcat()。

调用格式如下:

```
strcat(字符数组 1,字符串 2);
```

功能:将字符串 2 连接到字符串 1 的后面(包含字符串结束标志'\0'),并返回字符串 1 的地址。其中,字符串 2 没有变,而字符数组 1 中的字符将增加了。注意,字符数组 1 的长度必须足够大,以便能容纳被连接的字符串;字符串 2 可以是字符数组名,也可以是字符串常量。例如:

```
char s1[20]="earth", s2[10]="man",s3[20]="note";
printf("%s\n",strcat(s1,s2));       /*输出结果为:earthman*/
strcat(s3,"book");                  /*s3 中的新串为:notebook*/
printf("%s\n",s3);                  /*输出结果为:notebook*/
```

(3) 字符串复制。字符串的复制需使用 strcpy()和 strncpy()函数。下面分别来介绍 strcpy()和 strncpy()函数。

① strcpy()函数。

调用格式如下:

```
strcpy(字符数组 1,字符串 2);
```

功能:字符串 2 复制到字符数组 1 中去(包括字符串 2 结束标志'\0')。字符数组 1 必须是一个字符数组变量,且其长度必须足够大,以便能容纳字符串 2,字符串 2 可以是字符数

组名,也可以是字符串常量。例如:

```
char s1[7]="bright",s2[10]="red\0 car", s3[10];
printf("%s\n",strcpy(s1,s2));              //输出结果: red
strcpy(s3,"car");                          /* 把"car"复制到 s3 中 * /
printf("%s\n",s3);                         /* 输出结果: car * /
```

② strncpy()函数。

调用格式如下:

```
strnpy(字符数组 1,字符串 2,长度 n);
```

功能:将字符串 2 的前 n 个字符串复制到字符数组 1 中去,仅仅复制了 n 个字符,并不会在末尾加'\0'。因此 strncpy 函数可以实现字符串的部分复制。当 n 大于或等于字符串 2 的长度时,strncpy 等价于 strcpy。需要注意的是,需要人工在末尾添加'\0'。例如:

```
char str[20];
strncpy(str,"abcdefgh",4);     /* 将"abcdefgh"的前 4 个字符复制到 str 中,并加'\0' * /
str[4]='\0';                   /* 需要人工加上串的结束标志'\0' * /
printf("%s",str);              /* 将输出 abcd * /
```

(4) 字符串比较 strcmp()。

调用格式:

```
strcmp(字符串 1,字符串 2);
```

功能:比较字符串 1 和字符串 2 的大小。若字符串 1 等于字符串 2,则返回 0;若字符串 1 大于字符串 2,则返回正整数;若字符串 1 小于字符串 2,则返回负整数。

字符串之间比较的规则:将两个字符串从左到右逐个字符(按字符 ASCII 码值)做比较,直至出现一对不同的字符或遇到字符串结束标志'\0'为止。若两个字符串中的字符都相同,则认为两个字符串相等;若两个字符串不等,则以最先出现的两个不同字符的比较结果作为字符串的比较结果。

(5) 其他常用的字符或字符串处理函数。

表 9-3 列出了其他一些常用的字符串处理库函数。

表 9-3　字符串处理函数

函数的用法	函数的功能	需要的头文件
strchr(字符串,字符)	在字符串中查找第一次出现指定字符的位置	string. h
strstr(字符串 1,字符串 2)	查找字符串 2 在字符串 1 中第一次出现的位置	string. h
strlwr(字符串)	将字符串中的所有字符转换成小写字符	string. h
strupr(字符串)	将字符串中的所有字符转换成大写字符	string. h
atoi(字符串)	将字符串转换成整型	stdlib. h
atol(字符串)	将字符串转换成长整型	stdlib. h
atof(字符串)	将字符串转换成浮点数	stdlib. h

注意：库函数并非 C 语言本身的组成部分，而是人们为了使用方便而编写的公用函数，每个系统提供的函数数量和函数名、函数功能、参数等都可能有所不同，使用时应查阅 C 编译系统提供的库函数手册。

9.2.3　字符串与指针运算

字符串本质上是以'\0'结尾字符数组。字符串在内存中的起始地址（即第一个字符的地址）通常称为字符串的指针，可以定义一个字符指针变量指向一个字符串。

1. 字符串的表示

在 C 语言中，既可以用字符数组来表示字符串，也可用字符指针来表示字符串。例如，可以用字符数组 str 表示字符串，例如：

```
char str[ ]="Good morning!";
```

说明一个字符数组时，也可以用标准输入函数从外部设备输入一个字符串，例如：

```
char astr[20];
scanf("%s",astr);
```

用字符指针变量 p 来表示字符串通常有两种形式。

形式 1：

```
char *p="Good morning!";                /*定义的同时赋值*/
```

形式 2：

```
char *p;
p="Good morning!";                      /*先定义再赋值*/
```

用字符指针变量表示字符串，就是将字符串的首地址赋给了字符指针变量，如图 9-9 所示。

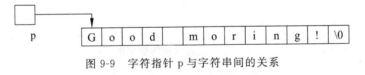

图 9-9　字符指针 p 与字符串间的关系

注意：数组是有空间的，它的空间可以用来存储内容；而指针只能指向某个已经存在的字符串，它没有存放字符串需要的空间。

2. 字符串的引用

当利用字符指针变量表示字符串时，可逐个引用字符串中的字符，也可整体引用字符串。

例 9-4　使用字符指针变量逐个引用字符串中的字符。

```
#include "stdio.h"
void main()
{
```

```
    char * p="I love china!";
    for(; * p!='\0';p++)
        printf("%c", * p);
}
```

例 9-5 使用字符指针变量整体引用字符串。

```
#include "stdio.h"
void main()
{
    char * p="I love china!";
    printf("%s",p);
}
```

注意：通过字符数组名或字符指针变量可以输出一个字符串，而对一个数值型数组，则不可能用数组名输出它的全部元素。

3. 字符指针作为函数参数

将字符串从一个函数传递给另一个函数时，可用地址传递的方法，即用字符数组名作为参数，也可用指向字符的指针变量作为参数。在被调用的函数中可以改变字符串的内容，在主调函数中可以得到改变了的字符串，这一点与数值型数组的传递性质相同。

例 9-6 编写函数，从一个字符串中寻找某一个字符第一次出现的位置。

```
#include "stdio.h"
int index(char * s,char ch)        /* 形参 s 接收的是地址,ch 接收的是值 * /
{
    int i=1;
    while( * s!='\0')               /* 查找字符,只要不到串尾,就执行循环 * /
    {
        if( * s==ch)
            return i;              /* 指针 s 所指向的当前字符为要寻找的字符,返回其位置 * /
        else
        {
            i++;
            s++;                   /* 代表位置的变量增 1 * /
        }
    }
    return 0;                       /* 没有找到该字符,返回 0 * /
}
void main()
{
    int place;
     char c,str[20]="string";
    printf("Input a char:");
    scanf("%c",&c);                 /* 输入要找的字符 * /
    place=index(str,c);             /* str 作为实参,传递是地址,c 作为实参,传递的是值 * /
    printf("address is:%d\n",place);
}
```

例 9-7 实参是字符数组名,形参为字符指针变量。实际上实参也可用字符指针变量,例如:

```
char * str="string";
```

形参也可用字符数组,例如:

```
int index(char s[],char ch);
```

归纳以上情况,作为函数参数,有以下几种情况,如图 9-10 所示。

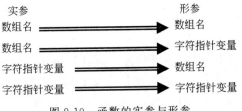

图 9-10　函数的实参与形参

4. 字符指针变量与字符数组的比较

字符指针变量和字符数组都能实现字符串的存储和处理,但二者是有区别的。例如:

```
char message1[81]="this is a string ";
char message2="this is a string ";
```

它们的存储情况如图 9-11 所示。

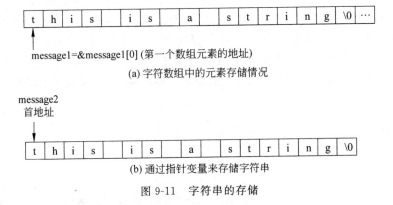

图 9-11　字符串的存储

从存储方面来说,为 message1 和 message2 分配的存储空间是不同的。由图 9-11 可知,经过初始化后,在计算机中存储了两个字符串。对于字符数组 message1,系统给其分配了 81B 的内存空间,只有前面的 17B 的内存被放置了字符。若在 message1 中再存储新的字符串,则原先的字符串将被覆盖。message2 是字符指针变量,初始化后 message2 中存放了计算机中存储的字符串的第一个字符的地址,如图 9-11(b)所示,message2 中存放了字符 t 的地址。若将一个新的字符串赋给 message2,则 message2 指向了新串(即存放了新串的第一个字符的地址),而原先的字符串仍存放在内存中。

注意:此时原先 message2 所指的旧串已丢失(已不知其在内存中首地址)。若想仍能找到旧串,需设两个字符指针变量,分别指向两个串。

基于以上内容可总结出字符指针变量和字符数组几个不同点。

（1）存储内容不同。字符指针变量中存储的是字符串的首地址，而字符数组中存储的是字符串本身（数组的每个元素为一个字符）。

（2）赋值方式不同。对于字符指针变量，可采用下面的赋值语句：

```
char * p;
p="this is a string ";
```

虽然字符数组在定义时可初始化，但是不能使用赋值语句整体赋值。例如：

```
char array[20];
array="this is a string";
```

是不行的。因为 array 是地址常量，不可赋值。而且"this is a string"的值是该字符串常量在内存中的地址，本身并不是字符序列。指针变量 p 则可以存放字符串的首地址。

（3）地址常量与地址变量的不同。指针变量的值可以改变，字符指针变量也不例外；而数组名则代表了数组的起始地址，是一个地址常量，是不能改变的。

9.3　字符数组与字符串应用举例

例 9-8　输入一行由字母和空格组成的字符串，统计该串中的单词的个数。（设单词之间用一个或多个空格分隔，但第一个单词之前和最后一个单词之后可能没有空格）

分析：按照题意，连续的一段不含空格的字符串就是单词。将连续的若干个空格作为出现一个空格，那么单词的个数可以由空格出现的次数（连续的若干个空格看作一次空格，一行开头的空格不计）来决定。如果当前字符时非空格字符，而它的前一个字符时空格，则可看作是"新单词"开始，累计单词个数的变量加 1；如果当前字符时非空格字符，而前一个字符也是非空格字符，则可看作是"旧单词"的继续，累计单词个数的变量取值保持不变。

```
# include "stdio.h"
# define N 81
void main()
{
    char str[N];                /* 在 DOS 模式下一行最多 80 个字符 */
    char ch;
    int i,num=0,word=0;         /* word 作为一个标志位 */
    printf("Input the string:");
    gets(str);                  /* 输入字符串 */
    for(i=0;(ch=str[i])!='\0';i++)
    {
        if(ch==' ')
            word=0;             /* 当前字符为空格时,置 word=0 */
        else if(word==0)
        {
            word=1;             /* 新单词开始 */
```

```
            num++;
        }
    }
    printf("There are %d words in the line.\n",num);
}
```

说明：

① for 中的条件(ch＝str[i])！＝'\0'表示先将 str[i]的值赋予变量 ch,然后再判断 ch 的值是否为'\0'。

② 由于要输入一个句子(中间有空格),所以必须调用 gets()函数,而不能用 scanf() 函数。

③ 开始时 word 的值是 0,表示遇到了空格,这时 num 加 1,并将 word 置 1,表示计数完毕,等到下一个空格。当遇到空格时,将 word 置 0,准备计数。这样循环往复,一直到完成计数的认为。

例 9-9 输入 3 个字符串,要求从小到大顺序输出。

分析：题目中要求输入 3 个字符串,没有规定是否可以输入空格作为字符串的一部分,这时最好使用 gets()函数,字符串要排序要用到 strcmp()函数。

```
#include "stdio.h"
#include "string.h"
void main()
{
    char string[50],str1[50],str2[50],str3[50];
    printf("Input the string:\n");
    gets(str1);                 /*输入字符串*/
    gets(str2);                 /*输入字符串*/
    gets(str3);                 /*输入字符串*/
    if(strcmp(str1,str2)>0)
    {
        strcpy(string,str1);    /*复制字符串*/
        strcpy(str1,str2);      /*复制字符串*/
        strcpy(str2,string);    /*复制字符串*/
    }
    if(strcmp(str1,str3)>0)
    {
        strcpy(string,str1);
        strcpy(str1,str3);
        strcpy(str3,string);
    }
    if(strcmp(str2,str3)>0)
    {
        strcpy(string,str2);
        strcpy(str2,str3);
        strcpy(str3,string);
```

```
        }
        printf("\nIndex order:\n%s\n%s\n%s\n",str1,str2,str3);
    }
```

当然,本题目也可采用二维字符数组来处理。现设一个二维字符数组 str[3][50],在 C 语言中可把其当成 3 个一维字符数组 str[0],str[1],tr[2]来处理,则可使用 gets()函数读入 3 个字符串,分别放到 3 个一组字符数组中,再利用字符串比较函数得出大小,并排序,输出结果。请读者自己完成。

例 9-10 从字符串 str 中的指定位置 position 处删除一个字符。字符串处理功能通过调用函数 del()实现。

分析:可利用指针指向字符串,通过指针的移动定位到指定位置来删除一个字符.

```
#include "stdio.h"
#include "string.h"
#define N 81
void del(char * p, int position)        /* p 接收的是地址,position 接收的是值 */
{
    p=p+position-1;                     /* p 指向要删除的字符 */
    while( * p!='\0')                    /* 移动字符,只要不到串尾,就执行循环 */
    {
        * p= * (p+1);                    /* 把后一个元素的值赋值给当前元素 */
        p++;
    }
}
void main()
{
    void del(char * p,int position);
    char str[N], * ptr=str;
    int position;
    printf("Input the first string:");
    gets(ptr);
    printf("Input the position:");
    scanf("%d",&position);              /* 输入要删除字符的位置 */
    del(ptr,position);
    puts(str);
}
```

本题目若改为,从字符串 str 中删除一个指定字符 x,则如何实现,请读者自己完成。

9.4　错误解析

1. 利用关系运算符(==)比较字符串是否相等

字符串之间比较大小不能用"==",一般用 strcmp()函数。

2. 利用赋值号(=)来复制字符串

字符串的复制需要使用 strcpy()或 strncpy()函数,不能直接用赋值运算符。

例如:

```
char str[2];
str="china";                              //错误,应改为 strcpy(str,"china");
```

3. 显示一个没有以\0结尾的字符串

C 语言规定,字符串必须以\0结尾,但在编程的过程中往往会疏忽这一点,结果导致在显示字符串时出现了一些其他的字符。例如:

```
char str[5]={'c', 'h', 'i', 'n', 'a'};
printf("%s",str);
```

字符数组 str 没有元素为\0的单元,printf()函数将从'c'开始显示字符,直到遇到'\0'为止。因而,在显示完字符'a'后,并没有结束操作,将继续显示'a'后面的字符(已不属于 str 中的元素),这些字符是随机的,一直到遇到'\0'为止。故所显示的字符除了 china 外,还可能有其他的一些字符。为避免出现上述情况,通常可以如下来定义字符数组:

```
char str[6]={'c', 'h', 'i', 'n', 'a', '\0'};
```

或

```
char str[ ]="china";
```

4. 接收字符串时 使用了取地址运算符(&)。例如:

```
char str[20];
scanf("%s ",&str);                        //错误
```

数组名是一个地址常量,本身代表了数组的首地址,因此在 str 前加 & 是不对的。正确的写法是

```
scanf("%s",str);
```

5. 输入字符串的长度超过了字符数组的长度(数组越界)

定义的字符数组容纳不下实际的字符串,例如:

```
char str[6]="abcdefg";                    //错误
```

当利用 scanf()或 gets()函数来接收字符串输入时,定义字符数组长度太小而造成越界。

6. 用%s 输入带空格的字符串

使用%s 格式控制符进行输入操作时,它是以空格或回车作为结束输入的标志。从第一个有效字符起,向对应的字符数组中依次输入字符,直到遇到空格字符或回车(空格或回车后面的字符将不会送到字符数组中去),在字符串末尾添加空字符,即完成了一个字符串的输入。例如:

```
char str[ 20];
scanf("%s ",str);
```

运行时通过键盘输入

```
Hello World↙
```

后,实际只存储了"Hello"到字符数组 str 中。

7. 不能正确区分下列两种初始化语句

```
char str[]={'c', 'h', 'i', 'n', 'a', '\0'};        //正确
char * ptr={'c', 'h', 'i', 'n', 'a', '\0'};        //错误
```

定义字符数组后,系统就在内存中开辟相应的存储空间用来存储初始化字符,数组名代表这个存储空间的首地址。定义指针变量后,系统只开辟存放一个字符地址的存储空间,这个地址空间不可能存放初始化的字符,因此第 1 条语句是正确的,第 2 条语句是错误的。如果用字符串常量初始化上述两条语句,则它们是正确的。

```
char str[ ]="china";                               //正确
char * ptr="china";                                //正确
```

8. 直接给字符指针输入字符串

```
char str[81];
scanf("%s",str)                                    //正确
char * ptr;
scanf("%s",ptr);                                   //错误
```

直接用字符指针变量和%s 格式符就不能完成输入操作,这时因为,字符指针变量只有首地址,而没有存储空间,因此不可能存储输入的字符。修改的办法就是使字符指针变量指向一个连续的存储空间。

```
char str[81];                                      //定义一个连续的存储空间
char * ptr;
ptr=str;                                           //是指针变量指向这个连续的存储空间
scanf("%s",ptr);
```

练 习 9

一、填空题

1. 字符数组,即 char 型数组,是用以存放＿＿＿＿＿＿的数组容器。

2. 判断字符变量 ch 的值是否为小写字母的表达式是＿＿＿＿＿＿。

3. 可以实现字符串复制功能的函数有＿＿＿＿＿＿函数和＿＿＿＿＿＿函数。

4. 若有定义 char a[ ]＝"2009\01\09ABC\0DEF",则 sizeof(a) 的值是＿＿＿＿＿＿,strlen(a) 的值是＿＿＿＿＿＿。

5. 若已有定义:

```
char s[20];
```

请完整写出用 scanf() 函数为 s 赋值的语句:＿＿＿＿＿＿＿＿＿＿＿＿＿。

6. 下程序的输出结果是＿＿＿＿＿＿。

```
#include "stdio.h"
```

```
void main()
{
    char s[ ]="abcdef";
    s[3]='\0';
    printf("%s\n",s);
}
```

二、编程

1. 输出一串字符,将其中的英文字母加密解密,非英文字母不变。

2. 编写一程序实现将用户输入的字符串以反向形式输出。例如,当输入的字符串是"abcdefg"时,输出为"gfedcba"。

3. 从键盘读入一个字符串(该串在输入时以回车结束,且均为小写字母),求每个字母出现的次数。

4. 从键盘输入一个字符串,要求在输入的字符串中每两个字符之间插入一个空格,例如原串为"aabbcc",要求输出的新串为"a a b b c c"。(要求用函数调用实现,且要求用指针变量作为形参)

5. 编程判断输入的一串字符是否为"回文"。所谓"回文"是指顺序读和逆序读都一样的字符串。例如,"12321"和"abcdcba"都是回文。

6. 不用 strcat()函数,编程实现字符串连接函数 strcat()的功能,将字符串 t 连接到字符串 s 的尾部。

7. 编程实现字符串循环左移 4 位。

8. 字符串中的大写字母变成对应的小写字母,同时将其中的小写字母变成对应的大写字母,其他字符不变。字符串由键盘读入。

9. 有一个字符串包含 n 个字符。编写一个函数将此字符串中从第 m 个字符开始的全部字符复制成为另一个字符串。

第 10 章　结构和联合

到目前为止,已经介绍了 C 语言中整型、实型、字符型等的基本类型,也介绍了数组和指针这两种派生类型。本章将主要介绍 C 语言中的构造数据类型:结构体、联合以及用户自定义类型等。

本章知识点:
(1) 结构体的定义、变量的说明和引用。
(2) 联合定义、变量的说明和引用。

10.1　结构类型的定义与引用

实际问题中,一组数据往往具有不同的数据类型。例如,在学生登记表中,姓名应为字符型;学号可为整型或字符型;年龄应为整型;性别应为字符型;成绩可为整型或实型。显然不能用一个数组来存放这一组数据。因为数组中各元素的类型和长度都必须一致,以便于编译系统处理。为了解决这个问题,C 语言中给出了另一种构造数据类型——结构(Structure)或称结构体。它相当于其他高级语言中的记录。

10.1.1　结构类型的定义

结构是一种构造类型,它是由若干成员组成的。每一个成员可以是一个基本数据类型又是一个构造类型。与在说明和调用函数之前要先定义函数一样,结构既然是一种构造而成的数据类型,那么在说明和使用之前必须先定义它,也就是构造它。

定义一个结构的一般形式如下:

```
struct 结构名
{
    成员列表
};
```

成员列表由若干个成员组成,每个成员都是该结构的一个组成部分。对每个成员也必须进行类型说明,其形式如下:

```
类型说明符 成员名;
```

成员名的命名应符合标识符的书写规定。例如:

```
struct stu
{
    int num;
    char name[20];
    char sex;
```

```
    float score;
};
```

在这个结构定义中,结构名为 stu,该结构由 4 个成员组成。第 1 个成员为 num,整型变量;第 2 个成员为 name,字符数组;第 3 个成员为 sex,字符变量;第 4 个成员为 score,实型变量。应注意在括号后的分号是不可少的。结构定义之后,即可进行变量定义。凡定义为结构 stu 的变量都由上述 4 个成员组成。由此可见,结构是一种复杂的数据类型,是数目固定、类型不同的若干成员的集合。

定义结构变量有以下 3 种方法。以上面定义的 stu 为例来加以说明。

1. 先定义结构,再说明结构变量

例如:

```
struct stu
{
    int num;
    char name[20];
    char sex;
    float score;
};
struct stu student1, student 2;
```

说明了两个变量 student1 和 student2 为 stu 结构类型。也可以用宏定义使一个符号常量来表示一个结构类型。

例如:

```
#define STU struct stu
STU
{
    int num;
    char name[20];
    char sex;
    float score;
};
STU student1, student2;
```

2. 在定义结构类型的同时说明结构变量

例如:

```
struct stu
{
    int num;
    char name[20];
    char sex;
    float score;
} student1, student2;
```

这种形式的说明的一般形式如下：

```
struct 结构名
{
    成员列表
}变量名列表;
```

3. 直接说明结构变量,而不要结构类型名

例如：

```
struct
{
    int num;
    char name[20];
    char sex;
    float score;
} student1, student2;
```

这种形式的说明的一般形式如下：

```
struct
{
    成员列表
}变量名列表;
```

第 3 种方法与第 2 种方法的区别在于第 3 种方法中省去了结构名,而直接给出结构变量。以上 3 种方法中说明的 student1、student2 变量都具有如图 10-1 所示的结构。

图 10-1　结构变量示意图

说明了 student1、student2 变量为 stu 类型后,即可向这两个变量中的各个成员赋值。在上述 stu 结构定义中,所有的成员都是基本数据类型或数组类型。

成员也可以又是一个结构,即构成了嵌套的结构。例如,图 10-2 给出了另一个数据结构。

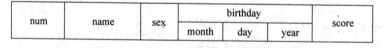

图 10-2　嵌套的结构变量示意图

按图 10-2 可给出以下结构定义：

```
struct date
{
    int month;
    int day;
    int year;
};
```

```
struct
{
    int num;
    char name[20];
    char sex;
    struct date birthday;
    float score;
} student1, student2;
```

首先定义一个结构 date,由 month(月)、day(日)、year(年)3 个成员组成。在定义并说明变量 student1 和 student2 时,其中的成员 birthday 被说明为 date 结构类型。成员名可与程序中其他变量同名,互不干扰。

10.1.2　结构变量的引用

定义了结构体变量以后,便可以引用这个变量。

引用时应遵循以下规则。

(1) 不能将一个结构体变量作为一个整体进行输入和输出。只能对结构体变量中的各个成员(该成员是基本数据类型)分别进行输入和输出。

例如,已定义 student1 和 student2 为结构体变量并且它们已有值。不能这样引用

```
printf("%d,%s,%c,%d,%f",student1);
```

也不能用以下语句整体读入结构体变量,例如:

```
scanf("%d,%s,%c,%d,%f",&student1);
```

但可以通过赋值语句,把一个结构体变量的值赋给同类型的结构体变量中。例如:

```
student2=student1;
```

则 student2 和 student1 具有相同的内容。

引用结构体变量中成员的方式为

结构体变量名.成员名

例如:

```
student1.num                        即第 1 个人的学号
student2.sex                        即第 2 个人的性别
```

如果成员本身又是一个结构则必须逐级找到最低级的成员才能使用。只能对最低级的成员进行赋值、存取以及运算。

例如:

```
student1.birthday.month
```

可以对变量的成员赋值,例如:

```
student1.num=200201001
```

（2）对结构体变量的成员可以像普通变量一样进行各种运算。例如：

```
student2.score=student1.score;
sum=student1.score+student2.score;
student1.age++;
```

由于"."运算符的优先级最高，因此 student1.age＋＋是对 student1.age 进行自加运算，而不是先对 age 进行自加运算。

（3）可以引用结构体变量成员的地址，也可以引用结构体变量的地址。例如：

```
scanf("%d",& student1.num);              (输入 student1.num 的值)
printf("%o",&student1);                  (输出 student1 的首地址)
```

结构体变量的地址主要用作函数参数，传递结构体的地址。

（4）结构体变量的初始化和其他类型变量一样，对结构体变量可以在定义时指定初始值。例如：

```
struct stu
{
    int num;
    char name[15];
    char sex;
    int age;
    int score;
}student1={200201001, "zhangsan",'M',18,86};
```

经过初始化后

```
student1.num=200201001
student1.name="zhangsan"
student1.sex='M'
student1.age=18
student1.score=86.0
```

例 10-1 用输入语句或赋值语句来完成给结构变量赋值并输出其值。

```
#include "stdio.h"
void main()
{
    struct stu
    {
        int num;
        char * name;
        char sex;
        float score;
    } student1, student2;
    student1.num=102;
    student1.name="Zhang ping";
```

```
    printf("input sex and score\n");
    scanf("%c %f",&student1.sex,&student1.score);
    student2=student1;
    printf("Number=%d\nName=%s\n",student2.num,student2.name);
    printf("Sex=%c\nScore=%f\n",student2.sex,student2.score);
}
```

程序运行如图 10-3 所示。

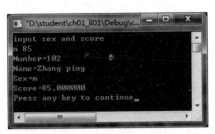

图 10-3　例 10-1 的运行结果

本程序中用赋值语句给 num 和 name 两个成员赋值,name 是一个字符串指针变量。用
scanf()函数动态地输入 sex 和 score 成员值,然后把 student1 的所有成员的值整体赋予
student2。最后分别输出 student2 的各个成员值。

10.2　结构数组的声明、引用和初始化

结构数组的每一个元素都是具有相同结构类型的下标结构变量。在实际应用中,经常
用结构数组来表示具有相同数据结构的一个群体。例如,一个班的学生档案,一个车间职工
的工资表等。

其定义和使用方法和结构变量相似,只需说明它为数组类型即可。

例如:

```
struct stu
    {
        int num;
        char * name;
        char sex;
        float score;
}student[5];
```

定义了一个结构数组 student,共有 student[0]～student[4]5 个元素。每个数组元素都具
有 struct stu 的结构形式。对结构数组可以进行初始化赋值。

例如:

```
struct stu
{
    int num;
    char * name;
```

```
    char sex;
    float score;
}student [5]={
    {101,"Li miao","M",45},
    {102,"Zhang ping","M",62.5},
    {103,"He fang","F",92.5},
    {104,"Cheng ling","F",87},
    {105,"Wang ming","M",58}
};
```

当对全部元素进行初始化赋值时，也可不给出数组长度。

例 10-2 计算学生的平均成绩和不及格的人数。

```
#include "stdio.h"
struct stu
{
    int num;
    char * name;
    char sex;
    float score;
}student [5]={
                {101,"Li miao",'M',45},
                {102,"Zhang ping",'M',62.5},
                {103,"He fang",'F',92.5},
                {104,"Cheng ling",'F',87},
                {105,"Wang ming",'M',58},
            };
void main()
{
    int i,c=0;
    float ave,s=0;
    for(i=0;i<5;i++)
    {
        s+=student [i].score;
        if(student [i].score<60)
            c+=1;
    }
    printf("s=%.2f\n",s);
    ave=s/5;
    printf("average=%.2f\ncount=%d\n",ave,c);
}
```

程序运行结果如图 10-4 所示。

本例程序中定义了一个外部结构数组 student，共 5 个元素，并进行了初始化赋值。在 main() 函数中用 for 语句将各元素的 score 成员值逐个相加并存于 s 之中，如果 score 的值小于 60（不及格）即计数器

图 10-4 例 10-2 的运行结果

· 288 ·

C加1,循环完毕后计算平均成绩,并输出全班总分、平均分及不及格人数。

例 10-3 建立同学通讯录。

```c
#include "stdio.h"
#define NUM 3
struct addr
{
    char name[20];
    char phone[10];
};
void main()
{
    struct addr txl[NUM];
    int i;
    for(i=0;i<NUM;i++)
    {
        printf("input name:\n");
        gets(txl[i].name);
        printf("input phone:\n");
        gets(txl[i].phone);
    }
    printf("name\t\t\tphone\n");
    for(i=0;i<NUM;i++)
        printf("%s\t\t\t%s\n",txl[i].name,txl[i].phone);
}
```

程序运行结果如图 10-5 所示。本程序中定义了一个结构 addr,它有两个成员 name 和 phone 用来表示姓名和电话号码。在主函数中定义 txl 为具有 addr 类型的结构数组。在 for 语句中,用 gets()函数分别输入各个元素中两个成员的值。然后又在 for 语句中用 printf()语句输出各元素中两个成员值。

图 10-5　例 10-3 的运行结果

10.3 联 合

联合与结构有一些相似之处,但两者有本质上的不同。在结构中各成员有各自的内存空间,一个结构变量的总长度是各成员长度之和。而在联合中,各成员共享一段内存空间,一个联合变量的长度等于各成员中最长的长度。

应该说明的是,这里所谓的共享不是指把多个成员同时装入一个联合变量内,而是指该联合变量可被赋予任一成员值,但每次只能赋一个值,赋入新值则冲去旧值。

一个联合类型必须经过定义之后,才能把变量说明为该联合类型。当一个联合被说明时,编译程序自动地产生一个变量,其长度为联合中最大的变量长度。

联合访问其成员的方法与结构相同。同样联合变量也可以定义成数组或指针,但定义为指针时,也要用"—>"符号,此时联合访问成员可表示成

联合名->成员名

10.3.1 联合的定义

联合也是一种新的数据类型,它是一种特殊形式的变量。联合变量定义与结构十分相似。其形式如下:

union 联合名

```
{
    成员表
};
```

成员表中含有若干成员,成员的一般形式如下:

类型说明符 成员名

成员名的命名应符合标识符的规定。

例如,定义一个名为 data 的联合变量。

```
union data
{
    char a;
    int b;
    float c;
};
```

该共用体的名称为 data,该共用体中有 3 个成员,分别为 a、b、c。它们占用同一个起始地址的存储空间,内存长度等于最长的成员的长度。

需要注意的是,联合定义之后,就可进行联合变量说明,被说明为 data 类型的变量可以存放字符型量 a、整型量 b 和存放浮点型量 c。要么赋予字符型量,要么赋予整型量,要么赋予浮点型量,不能给它们 3 者同时赋值。联合变量中存放的值是最后一次赋的值。另外,联合可以出现在结构内,它的成员也可以是结构。

例如：

```
Struct
{
    int age;
    char * addr;
    union{
            int i;
            char * ch;
        }x;
}y[10];
```

若要访问结构变量 y[1] 中联合 x 的成员 i，可以写成

```
y[1].x.i;
```

若要访问结构变量 y[2] 中联合 x 的字符串指针 ch 的第一个字符可写成

```
* y[2].x.ch;
```

若写成

```
y[2].x. * ch;
```

是错误的。

10.3.2 联合变量的说明

联合变量的说明和结构变量的说明方式相同，也有 3 种形式。即先定义再说明、定义同时说明和直接说明。

以联合变量 dep 为例，说明如下：

```
union dep
{
    int grade;
    char office[10];
};
union dep a,b;                          /* 说明 a,b 为联合 dep 类型 */
```

或

```
union department
{
    int grade;
    char office[10];
}a,b;                                   /* 同时说明 a,b 为联合 dep 类型 */
```

或

```
union
{
```

```
      int grade;
      char office[10];
  }a,b                              /*直接说明 a,b 为联合 dep 类型*/
```

经说明后的变量 a、b 均为联合 dep 类型。变量 a、b 的长度应等于 dep 的成员中最长的长度，即等于 office 数组的长度，共 10B 空间。变量 a、b 如赋予整型值时，只使用了 4B 空间，而赋予字符数组时，可用 10B 空间。

10.3.3 联合变量的使用

对联合变量的赋值、使用都只能是对变量的成员进行。联合变量的成员表示为

联合变量名.成员名

例如，a 被说明为 department 类型的变量之后，可使用 a. grade 或 a. office。由于 a. office 是数组，所以在使用时还要遵循数组的相关规定，不允许用联合变量名进行赋值或其他操作，也不允许对联合变量作初始化赋值，赋值只能在程序中进行一个联合变量，每次只能赋予一个成员值。一个联合变量的值就是联合变员的某一个成员值。

例 10-4　设有一个教师与学生通用的表格，教师数据有姓名、年龄、身份、教研室 4 项。学生有姓名、年龄、身份、班级 4 项。编程输入人员数据，再以表格输出。

```
#include "stdio.h"
#define N 3
void main()
{
  struct
  {
      char name[15];
      int age;
      char status;
      union
      {
          int grade;
          char office[20];
      } depa;
  }body[3];
  int i;
  for(i=0;i<N;i++)
  {
      printf("input name:\n");      /*提示语*/
      gets(body[i].name);           /*gets 函数接收带空格的姓名*/
      printf("input age:\n");
      scanf("%d",&body[i].age);
      getchar();                    /*吸收上一句输入的回车符*/
      printf("input status(s or t) :\n");
      body[i].status=getchar();
```

· 292 ·

```
    if(body[i].status=='s')
    {
        getchar();                      /*吸收上一句输入的回车符*/
        printf("input grade:\n");
        scanf("%d",&body[i].depa.grade);
        getchar();                      /*吸收上一句输入的回车符*/
    }
    else
    {
        getchar();                      /*吸收上一句输入的回车符*/
        printf("input office:\n");
        gets(body[i].depa.office);
    }
}
printf("name\t\tage status \tgrade/office\n");
for(i=0;i<N;i++)
    if(body[i].status=='s')
        printf("%-15s\t%3d%3c%20d\n",body[i].name,body[i].age,
        body[i].status,body[i].depa.grade);
    else
        printf("%-15s\t%3d%3c%20s\n",body[i].name,body[i].age,
        body[i].status,body[i].depa.office);
}
```

程序运行结果如图 10-6 所示。

图 10-6　例 10-4 的运行结果

本例程序用一个结构数组 body 来存放人员数据,该结构共有 4 个成员。其中成员项 depa 是一个联合类型,这个联合又由两个成员组成,一个为整型量 grade,一个为字符数组 office。在程序的第一个 for 语句中,输入人员的各项数据,先输入结构的前 3 个成员 name、age 和 status,然后判别 status 成员项,如果为"s"则对联合 depa.grade 输入(对学生赋班级编号)否则对 depa.office 输入(对教师赋教研组名)。程序中的第二个 for 语句用于输出各成员项的值。

说明:在处理结构体问题时经常涉及字符或字符串的输入,这时要注意以下两点。

(1) scanf()函数用%s 输入字符串遇到空格即结束,因此输入带空格的字符串可改用 gets()函数。

(2) 在输入字符类型数据时往往得到的是空白符(空格、回车等),甚至运行终止,因此需要进行相应的处理,即在适当的地方增加空输入语句

```
getchar();
```

以消除缓冲区中的空白符。

10.4 枚 举 类 型

之所以把枚举类型放到此处讲解,是因为它的定义方式与结构和联合比较类似,但在使用上根本是不同的。

如果一个变量只有几种可能的值,则可以定义为"枚举类型";所谓"枚举"就是把可能的值一一的列举出来,变量的值只限于列举出来的值的范围。

1. 枚举类型语法格式

enum 枚举类型{枚举成员列表};

例如:

enum Color{red,black,yellow,blue,white};

说明如下:

(1) enum 为关键字,Color 为该枚举类型的名字(其命名遵循标识符的命名规则);

(2) 花括号({ })中的 red、black、yellow、blue、white 称为枚举元素或枚举常量;

(3) 其中的枚举成员列表是以逗号(,)相分隔。

2. 枚举常量的值

默认情况下,枚举常量的值是从 0 开始依次递增的。若有定义:

enum Color{red,black,yellow,blue,white};

则枚举常量的默认值为 0、1、2、3、4。

当然,在枚举声明中,可以为枚举常量指定整数值,例如:

enum Color{red=10,black=20,yellow=30,blue=40,white=50};

也可以只对枚举类型中的一部分枚举元素赋值,这时该枚举元素后面的枚举元素会被赋予后续的值。例如:

```
enum Color{red,black=22,yellow,blue,white};
```

则

```
red=0,black=22,yellow=23,blue=24,white=25;
```

若有

```
int i;
i=black+2;
```

则 i 的值是 24。即枚举常量可参与整型的运算。

3. 枚举类型的输出和输出

由于枚举元素或枚举变量的值是整型,所以枚举元素是不能够直接输入、输出的。只能够通过格式控制"%d"进行。

例如:

```
printf("%d\n",yellow);
```

则结果为

```
23
```

若要输入枚举元素,则需要输入整型数值,再经过强制类型转换赋值给枚举变量。例如:

```
enum Color{red,black=22,yellow,blue,white}m;
int i;
scanf("%d",&i);
m= (enum Color)i;
```

4. 匿名的枚举类型

在定义时不写枚举类型的名字,例如:

```
enum {FALSE,TRUE};                              //FALSE 0, TRUE 1
```

5. 枚举类型的作用

使用枚举类型可提高程序的可读性和可维护性。例如,从键盘输入一个整数,显示与该整数对应的枚举常量的英文名称。

```
#include "stdio.h"
void main()
{
    enum weekday{sun,mon,tue,wed,thu,fri,sat} day;
    int k;
    printf("input a number(0--6)");
    scanf("%d",&k);
    day= (enum weekday)k;
    switch(day)
    {
```

```
        case sun: printf("Sunday\n");break;
        case mon: printf("Monday\n");break;
        case tue: printf("Tuesday\n");break;
        case wed: printf("Wednesday\n");break;
        case thu: printf("Thursday\n");break;
        case fri: printf("Friday\n");break;
        case sat: printf("Saturday\n");break;
        default: printf("Input error\n");break;
    }
}
```

10.5　定义类型说明符

C语言不仅提供了丰富的数据类型,而且还允许由用户自己定义类型说明符,也就是说允许由用户为数据类型取"别名"。类型定义符 typedef 即可用来完成此功能。例如,有整型量 a、b,其说明如下:

```
int a,b;
```

其中,int 是整型变量的类型说明符。int 的完整写法为 integer,为了增加程序的可读性,可把整型说明符用 typedef 定义为

```
typedef int INTEGER
```

这以后就可用 INTEGER 来代替 int 进行整型变量的类型说明了。

例如:

```
INTEGER a,b;
```

等效于

```
int a,b;
```

用 typedef 定义数组、指针、结构等类型将带来很大的方便,不仅使程序书写简单而且使意义更为明确,因而增强了可读性。

例如:

```
typedef char NAME[20];
```

表示 NAME 是字符数组类型,数组长度为 20。然后可用 NAME 说明变量,例如:

```
NAME a1,a2,s1,s2;
```

完全等效于

```
char a1[20],a2[20],s1[20],s2[20]
```

又如:

```
typedef struct stu
```

```
        {
            char name[20];
            int age;
            char sex;
        } STU;
```

定义 STU 表示 stu 的结构类型,然后可用 STU 来说明结构变量:

```
STU body1,body2;
```

typedef 定义的一般形式如下:

```
typedef 原类型名 新类型名
```

其中,"原类型名"中含有定义部分,"新类型名"一般用大写表示,以便于区别。

有时也可用宏定义来代替 typedef 的功能,但是宏定义是由预处理完成的,而 typedef 则是在编译时完成的,后者更为灵活方便。

使用 typedef 只是能为已经存在的类型指定一个新的名字,而不能定义新的类型。

10.6　应用程序举例

例 10-5　一个公司有 N 名员工,每个员工的数据包括职工号、姓名、生日和工资。使用结构体表示员工的信息,并用结构体数组来存放所有员工的数据。要求输入 N 名员工的信息,计算平均工资并输出工资最高的员工的数据;对上述的员工数据数组按工资从大到小排序并输出排序后各员工的信息。

```
#include "stdio.h"
#define N 3                                /* 员工个数 N */
float avesalary;
struct st
{
    int num;
    char name[20];
    char birth[20];
    float salary;
};
void input(struct st a[])                  /* 输入所有员工信息 */
{
    int i;
    for(i=0;i<N;i++)
    {
        printf("职工号 姓名    出生日期    工资:\n");
        scanf("%d%s%s%f",&a[i].num,a[i].name,&a[i].birth,&a[i].salary);
    }
}
void aves(struct st b[])                    /* 求出所有员工的平均工资 */
```

```
{
    int i;
    float total=0;
    for(i=0;i<N;i++)
        total=total+b[i].salary;
    avesalary=total/N;
}
void sort(struct st c[])                      /*按员工工资从高到低进行排序*/
{
    int i,j;
    struct st t;
    for(i=0;i<N-1;i++)
    for(j=0;j<N-1-i;j++)
        if(c[j].salary<c[j+1].salary)
        {
            t=c[j];
            c[j]=c[j+1];
            c[j+1]=t;
        }
}
void outputmax(struct st d[])                 /*输出最高工资的员工信息*/
{
    printf("最高工资的员工信息:职工号%d,姓名%s,出生日期%s,工资%.2f\n",
    d[0].num,d[0].name,d[0].birth,d[0].salary);
}
void outputall(struct st e[])                 /*输出所有员工信息*/
{
    int i;
    printf(" 职工号 姓名     出生日期     工资\n");
    for(i=0;i<N;i++)
        printf("%6d%10s%12s%8.2f\n",e[i].num,e[i].name,e[i].birth,e[i].salary);
}
void main()
{
    struct st s[N];
    input(s);
    printf("\n");
    aves(s);
    sort(s);
    printf("平均工资为:%.2f\n",avesalary);
    outputmax(s);
    printf("\n");
    printf("按工资排序后各员工信息:\n");
    outputall(s);
}
```

程序运行结果如图 10-7 所示。

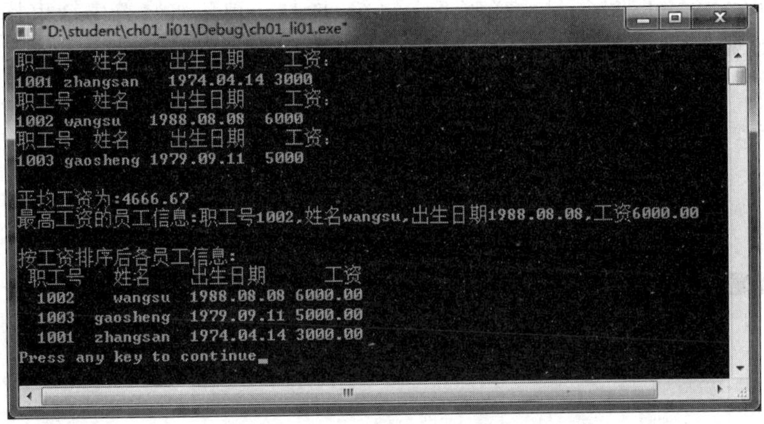

图 10-7　例 10-5 的运行结果

10.7　常见错误解析

结构体成员连续为字符串时,常常会出现一些问题,例如:

```
#include "stdio.h"
struct student
{
    char num[6];
    char name[10];
};
void main()
{
    student stu1;
    scanf("%s%s",stu1.num,stu1.name);
    printf("%s\n%s\n",stu1.num,stu1.name);
}
```

程序运行如图 10-8 所示。

(a)　　　　　　　　　　　　　　(b)

图 10-8　错误解析程序运行结果

若 num 对应输入的字符数小于 6 个,则得到图 10-8(a)所示的效果,与期望的运行结果是一样的。若 num 对应输入的字符数为 6 个,则得到图 10-8(b)所示的效果,与期望的运行结果不一样。

分析：char num[6]最多只能接收 6 个字符，而且必须包含字符串结束标志，这样字符串长度才满足要求，如果输入"100123 回车"，字符串中就没有结束标志了，所以后面的字符也跟着输出了。

解决方法：最长输入 5 个字符或改变字符数组长度。

练 习 10

一、选择题

1. 设有以下定义和语句，则输出的结果应为(　　　)。

```c
struct data
{
    char name[10];
    int age;
    int score;
} t;
printf("%d",sizeof(t));
```

  A. 16　　　　　　　B. 18　　　　　　C. 15　　　　　　D. 10

2. 下列程序的输出结果是(　　　)。

```c
struct abc
{
    int a;
    int b;
    int c;
};
void main()
{
    struct abc s[2]={{1,2,3},{4,5,6}};
    int t;
    t=s[0].a+s[1].b;
    printf("%d\n",t);
}
```

  A. 5　　　　　　　　B. 6　　　　　　C. 7　　　　　　　D. 8

3. 以下程序的输出结果是(　　　)。

```c
union myun
{
    struct
    {
        int x;
        int y;
        int z
```

```
            }u;
        int k;
    }a;
void main()
{
    a.u.x=4;
    a.u.y=5;
    a.u.z=6;
    a.k=0;
    printf("%d\n",a.u.x);
}
```

    A. 5   B. 6   C. 4   D. 0

二、编程题

1. 定义一个结构体变量（包括年、月、日）。计算该日在本年中是第几天。注意闰年问题。

2. 写一个 days() 函数实现上面的计算。由主函数将年、月、日传递给 days() 函数，计算后将日子数传回主函数输出。

3. 编写一个 print() 函数，输出 5 个学生的数据记录，每个记录包括 num、name、score[3]，用主函数输入这些记录，用 print() 函数输出这些记录。

4. 在上题的基础上，编写一个 input() 函数，用来输入 5 个学生的数据记录。

5. 有 10 个学生，每个学生的数据包括学号、姓名、3 门课的成绩，从键盘输入 10 个学生的数据，要求打印出 3 门课的平均成绩，以及平均成绩最高的学生的数据（包括学号、姓名、3 门课成绩、平均分数）。

6. 有 13 个人围成一圈，从第 1 个人开始顺序报号 1、2、3。凡是报到"3"的人，退出圈子。找出最后留在圈子中的人的原来序号。

第 11 章　指　　针

在前面的章节中已经学习了指针的定义、一维数组与指针运算、二维数组与指针运算以及字符串的指针等和指针相关的知识，初步了解了指针在 C 语言中的重要位置。在本章中会对指针进行更为全面的阐述，说明"指针是 C 语言的精华、重要特色，是设计系统软件的重要工具之一"。

本章知识点：

（1）一维数组的指针。

（2）二维数组的指针。

（3）指针数组。

（4）指向指针的指针。

（5）函数指针。

（6）指针函数。

（7）单链表的使用。

11.1　数组、地址与指针

11.1.1　数组、地址与指针的关系

从前面的学习中可知，许多指针运算都和数组有联系，实际上，在 C 语言中指针与数组的关系十分密切。因为数组中的元素是在内存中连续存放的，所以任何用数组下标完成的操作都可以通过指针的移动来实现。使用数组指针的主要原因是操作方便，编译后产生的代码占用空间少，执行速度快，效率高。

在前面曾提到过，数组名可以代表数组的首地址。因此，下面的两种表示是等价的：

a,&a[0]

即数组的首地址也就是数组中第 1 个元素的地址。由于在内存中数组中的所有元素都是连续排列的，即数组元素的地址是连续递增的，所以通过数组的首地址加上偏移量就可得到其他元素的地址。

但在 C 语言中，无论是整型数组还是其他类型的数组，C 语言的编译程序都会根据不同的数据类型，确定出不同的偏移量，因此，用户编写程序时不必关心其元素之间地址的偏移量具体是多少，只要把前一个元素的地址加 1（此处的 1 指的是一个元素的偏移量）就可得到下一个元素的地址。

例 11-1　利用数组的首地址和首元素输出数组中的元素。

程序如下：

```
#include "stdio.h"
```

```
void main()
{
    int i,a[4]={1,2,3,4};
    for(i=0;i<4;i++)
        printf("a[%d]=%d ",i,*(a+i));          /*数组名a表示数组的首地址*/
    printf("\n");
}
```

运行结果如下：

a[0]=1 a[1]=2 a[2]=3 a[3]=4

说明：如图 11-1 所示，数组名 a 表示该数组的首地址，通过数组名 a 可以得到其他元素的地址。C 编译程序把对一个数组的引用转换为一个指向这个数组首地址的指针，因此，一个数组的名字实际上是一个指针表达式，所以数组名 a 就是一个指向数组 a 中第 1 个元素的指针，当计算中出现 a[i]时，C 编译立刻将其转换成 * (a+i)，这两种形式在使用上是等价的，因此，上例中的 * (a+i)实际上就是 a[i]。

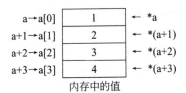

图 11-1   数组元素的不同访问方式

11.1.2   一维数组中的地址与指针

由数组的章节可知，可以通过数组的下标唯一确定了某个数组元素在数组中的顺序和存储地址，这种访问方式也称为"下标方式"。

例如：

```
int a[5] ={1, 2, 3, 4, 5}, x, y;
x=a[2];                        /*通过下标将数组 a 下标为 2 的第 3 个元素的值赋给 x,x=3*/
y=a[4];                        /*通过下标将数组 a 下标为 4 的第 5 个元素的值赋给 y,y=5*/
```

由于每个数组元素相当于一个变量，因此指针变量既然可以指向一般的变量，同样也可以指向数组中的元素，也就是可以用"指针方式"访问数组中的元素。

例如：

```
int a[ ] ={1, 2, 3, 4, 5};
int x, y, * p;                 /*指针变量 p*/
p =&a[0];                      /*指针 p 指向数组 a 的元素 a[0],等价于 p=a*/
x = * (p+2);                   /*取指针 p+2 所指的内容,等价于 x=a[2]*/
y = * (p+4);                   /*取指针 p+4 所指的内容,等价于 y=a[4]*/
printf ("* p=%d, x=%d, y=%d\n", * p, x, y);
```

其中，p＝&a[0]表示将数组 a 中元素 a[0]的地址赋给指针变量 p，则 p 就是指向数组首元素 a[0]的指针变量,&a[0]是取数组首元素的地址。

C语言中规定,数组第1个(下标为0)元素的地址就是数组的首地址,同时C中还规定,数组名代表的就是数组的首地址,所以,

```
p=&a[0];
```

等价于

```
p=a;
```

注意:数组名代表的一个地址常量,是数组的首地址,它不同于指针变量。

下面对数组元素的访问形式做一总结,主要有3种形式下标法、地址法和指针法。

(1) 下标法,即以 a[i]的形式存取数组元素。

(2) 地址法,用 *(a+i)的形式存取数组元素,这种方法和下标法实质上是一样的。

(3) 指针法,用一个指针指向数组的首地址,然后通过移动指针访问数组元素。

例 11-2 设一数组有 10 个元素,要求输出所有数组元素的值。

程序将分别采用下标法、地址法、指针法 3 种不同的方法实现对数组元素的访问。

方法 1:通过下标法存取数组元素,程序如下:

```
#include "stdio.h"
void main()
{
    int a[10]={1,2,3,4,5,6,7,8,9,10};
    int i;
    for (i=0;i<10;i++)
        printf("%d ",a[i]);          /* 通过数组下标访问数组元素 */
    printf("\n");
}
```

方法 2:通过数组名计算数组元素的地址存取数组元素把方法 1 中的

```
printf("%d ",a[i]);
```

改为

```
printf("%d ",*(a+i));
```

这种方法通过计算相对于数组首地址的偏移量得到各个数组元素的存储地址,再从该地址中存取数据。

方法 3:通过指针变量存取数组元素。

```
#include "stdio.h"
void main()
{
    int a[10]={1,2,3,4,5,6,7,8,9,10};
    int i,*p;
    for (p=a;p<(a+10);p++)
        printf("%d ",*p);            /* 通过指向数组元素的指针访问数组元素 */
```

```
    printf("\n");
}
```

这种方法通过先将指针指向数组的首地址,再通过移动指针,使指针指向不同的数组元素,最后从该地址存取数据。

在这 3 种方法中,第 1 种和第 2 种只是形式上不同,程序经编译后的代码是一样的,特点是编写的程序比较直观、易读性好、容易调试、不易出错;第 3 种使用指针变量直接指向数组元素,不需每次计算地址,执行效率要高于前两种,但初学者不易掌握、容易出错。在编写程序时使用哪种方法,可以根据实际问题来决定,当计算量不是特别大时,3 种方法的运行效率差别不大,在上述的例子中,3 种方法的运行效率几乎没有区别。

另外,指向数组元素的指针,也可以表示成数组的形式,也就是说,它允许指针变量带下标,例如 *(p+i) 可以表示成 p[i],例 11.2 还可以写成如下形式:

```
for (p=a,i=0;i<10;i++)
    printf("%d ",p[i]);
```

在使用这种方式时和使用数组名时是不一样的,如果 p 不指向 a[0],则 p[i] 和 a[i] 是不一样的。这种方式容易引起程序出错,一般不提倡使用。

例如,若

```
p=a+5;
```

则 p[2] 就相当于 *(p+2),由于 p 指向 a[5],所以 p[2] 就相当于 a[7]。而 p[−3] 就相当于 *(p−3),它表示 a[2]。

11.1.3　二维数组中的地址与指针

在 C 语言中,二维数组是按行优先的规律转换为一维线性存放在内存中的,因此,可以通过指针访问二维数组中的元素。

例如:

```
int a[M][N];
```

则将二维数组中的元素 a[i][j] 转换为一维线性地址的一般公式是

$$线性地址 = a + i \cdot N + j$$

其中,a 为数组的首地址,N 为二维数组的列数。

例如有如下程序段:

```
int a[4][3], * p;
p = &a[0][0];
```

其中,a 表示二维数组的首地址,即它的第 1 个元素(a[0])的地址,即 &a[0]),也就是第 1 行的地址,是把这一行的 3 个元素看成一个整体;a+1 表示第 2 行的地址。

a[0] 表示第 1 行第 1 个元素的起始地址,即 &a[0][0],a[1] 表示第 2 行第 1 个元素的起始地址,a[2] 和 a[3] 分别表示第 3 行和第 4 行第 1 个元素的起始地址。

数组元素 a[i][j] 的存储地址是 &a[0][0]+i*N+j。

若有

```
int a[3][4],(*p)[4];
p=a;
```

则开始时 p 指向二维数组第 0 行,当进行 p+1 运算时,根据地址运算规则,指针移动 16B,所以此时正好指向二维数组的第 1 行。和二维数组元素地址计算的规则一样,*p+1 指向 a[0][1],*(p+i)+j 则指向数组元素 a[i][j]。

例 11-3 给定某年某月某日,将其转换成这一年的第几天并输出。

问题分析:此题的算法很简单,若给定的月是 i,则将 $1,2,3,\cdots,i-1$ 月的各月天数相加,再加上指定的日。但对于闰年,二月的天数 29 天,因此还要判定给定的年是否为闰年。为实现这一算法,需设置一张每月天数列表,给出每个月的天数,考虑闰年非闰年的情况,此表可设置成一个 2 行 13 列的二维数组,其中第 1 行对应的每列(设 1~12 列有效)元素是平年各月的天数,第 2 行对应的是闰年每月的天数。程序中使用指针作为函数 day_of_year 的形式参数。

```
#include "stdio.h"
int day_of_year(int day_tab[][13],int year,int month,int day)
{
    int i,j;
    i=(year%4==0&&year%100!=0)||year%400==0;
    for(j=1;j<month;j++)
        day=day+*(*day_tab+i*13+j);
    return(day);
}
void main()
{
    int day_of_year(int day_tab[][13],int year,int month,int day);
    int day_tab[2][13]={{0,31,28,31,30,31,30,31,31,30,31,30,31},
        {0,31,29,31,30,31,30,31,31,30,31,30,31}};
    int y,m,d;
    scanf("%d,%d,%d",&y,&m,&d);
    printf("%d\n",day_of_year(day_tab,y,m,d));      /*实参为二维数组名*/
}
```

由于 C 语言对于二维数组中的元素在内存中是按行存放的,所以在 day_of_year() 函数中要使用公式 *day_tab+i*13+j 计算 main() 函数的 day_tab 中元素对应的地址。

11.2 指针数组与指向指针的指针

指针不仅可用于指向一个数组,还可用作数组的元素。一个数组的元素值为指针时构成指针数组,指针数组是一组有序的指针的集合。

11.2.1 指针数组

1. 指针数组的定义

指针数组是一种特殊的数组,指针数组的数组元素都是指针变量。指针数组的定义形式如下：

类型名称 * 数组名称[数组长度];

例如：

int * p[5];

因为下标运算符[ ]的优先级高于指针运算符 *，上述定义等价于

int * (p[5]);

说明：

(1) p 是一个含有 5 个元素的数组，数组元素为指向 int 型变量的指针。

(2) 指针数组的所有元素都必须是具有相同存储类型和指向相同数据类型的指针变量。

注意，语句

int * p[5];

与

int (* p)[5];

是有区别的。

int (* p)[5];

表示定义了一个指向数组的指针 p，p 指向的数组是一维的元素个数为 5 的整型数组。

int * p[5];

表示 p 是一个 5 个元素的数组，每个元素是一个指向整型数据的指针。

2. 指针数组的使用

指针数组最常用的是一维指针数组，常用于处理二维数组或多个字符串，尤其是字符串数组，用指针数组表示二维数组的优点是，二维数组的每一行或字符串数组的每个字符串可以具有不同的长度；用指针数组表示字符串数组处理起来比较灵活。

(1) 指针数组与二维数值数组。可把二维数值数组和与该二维数值数组行数相同的一维指针数组相关联，让指针数组的每个指针元素按顺序指向该二维数值数组的每一行，通过一维指针数组就可以和以二维数组名完全等价的方式表示二维数组中任意一个元素。例如以下程序段：

```
int a[3][4],* p[3];
int i;
…
for(i=0;i<3;i++)
    p[i]=a[i];
```

这段程序执行后内存存储情况如图 11-2 所示。

程序中按行下标顺序将二维数组每行的首地址赋给指针数组的各个元素，即 p[i]指向

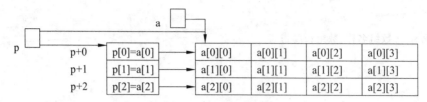

图 11-2　指针数组与二维数值数组关系图

a[i],同时意味着 p[i]指向 a[i][0]。根据数组的特性,指针数组名 p 就是指针数组在内存中的首地址,即 p 就是 p[0]的地址;因此,*(p+i)就是 p[i],即 a[i]。所以指针数组名 p 可以替代二维数组名 a 表示任意数组元素 a[i][j],具体的表示形式有 p[i][j]、*(p[i]+j)、*(*(p+i)+j)和(*(p+i))[j]。

例 11-4　输出一个 $N \times N$ 的矩阵,要求非对角线上的元素值为 0,对角线元素值为 1。如图 11-3 所示。

问题分析:

① 定义一个二维数组,存储矩阵的各元素值;

② 定义指针数组,和二维数组的各行元素相关联;

③ 通过指针数组访问二维数组各元素值;

④ 先将所有元素置 0,然后再将对角线上的元素置 1。如果当前元素的下标满足关系 i==j 或 j==n−1−i 时,说明此元素是主对角线或次对角线上的元素,则置 1。

图 11-3　例 11-4 的运行结果

程序如下:

```
#include "stdio.h"
#define N 10
void main()
{
    int bb[N][N], * p[N];
    int i,j,n;
    printf("input n:");
    scanf("%d",&n);
    for(i=0;i<n;i++)
        p[i]=bb[i];               /* 把每行的首地址赋给指针数组的各个元素 */
    for(i=0;i<n;i++)
        for(j=0;j<n;j++)
        {
            p[i][j]=0;
            if(i==j)
                p[i][j]=1;
            if(i==n-1-j)
                p[i][j]=1;
        }
```

```
printf("\n * * * the result * * * \n");
for(i=0;i<n;i++)
{
    printf("\n\n");
    for(j=0;j<n;j++)
        printf("% 6d",p[i][j]);
    printf("\n");
}
}
```

（2）指针数组处理字符串或字符串数组。指针数组最常见的用途就是构成由字符串组成的数组,简单地称为字符串数组。数组中的每个元素都是字符串,在 C 语言中,字符串实际上是指向第一个字符的指针,所以字符串数组中的每个元素实际上是指向字符串中第 1 个字符的指针。

例 11-5 输入一个表示月份的整数,输出该月的名字。

程序如下:

```
#include "stdio.h"
void main()
{
    int n;
    char * month_name[ ]={"Illegal month","January","February","March","April",
    "May","June","July","August","September","October", "November","December"};
    printf("input number of month:\n");
    scanf("%d",&n);
    if (n>=1 && n<=12)
        printf("% s\n",month_name[n]);
    else
        printf("% s\n",month_name[0]);
}
```

指针数组与字符串的联系如图 11-4 所示。

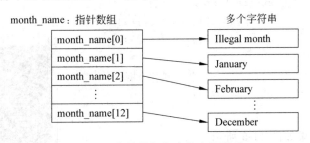

图 11-4 指针数组与字符串的联系

用指针数组表示字符串数组,实际上是可以将长度不同的字符数组(字符串)集中连续存放。

使用指针数组处理二维字符数组时,可以把它看成是由多个一维字符数组构成的,也就是说看成是多个字符串构成的二维字符数组或称为字符串数组。指针数组对于解决这类问题(当然也可以解决其他问题)提供了更加灵活方便的操作。

例 11-6 利用字符指针数组对字符串进行按字典排序。

问题分析：定义一个字符指针数组，包含 4 个数组元素。同时再定义一个二维字符数组其数组大小为 4×20，即 4 行 20 列，可存放 4 个字符串。若将各字符串的首地址传递给指针数组各元素，那么指针数组就成为名副其实的字符串数组。在字符串的处理函数中，strcmp(str1,str2)函数就可以对两个字符串进行比较，函数的返回值大于 0、等于 0、小于 0分别表示串 str1 大于 str2、str1 等于 str2、str1 小于 str2。再利用 strcpy()函数实现两个串的复制。下面选用冒泡排序算法。

程序如下：

```c
#include "stdio.h"
#include "stdlib.h"
#include "string.h"
void main()
{    char * ptr1[4],str[4][20],temp[20];
     /*定义指针数组、二维字符数组、用于交换的一维字符数组 */
     int i,j;
     for(i=0;i<4;i++)
         gets(str[i]);                /*输入 4 个字符串 */
     printf("\n");
     for(i=0; i<4; i++)
         ptr1[i] =str[i];
     printf("original string:\n");
     for(i =0; i <4; i ++)            /*输出原始各字符串 */
         printf("%s\n", ptr1[i]);
     printf("order string:\n");
     for(i=0; i<3; i++)               /*冒泡排序 */
         for(j=0; j<4-i-1; j++)
             if(strcmp(ptr1[j],ptr1[j+1])>0)
               {
                   strcpy(temp,ptr1[j]);
                   strcpy(ptr1[j], ptr1[j+1]);
                   strcpy(ptr1[j+1], temp);
               }
     for(i=0;i<4;i++)                 /*输出排序后的字符串 */
         printf("%s\n" , ptr1[i]);
}
```

程序的运行结果如图 11-5 所示。

图 11-5 例 11-6 的运行结果

11.2.2 指向指针的指针

指针变量也有地址，存放指针变量地址的指针变量称为指向指针变量的指针或称指针变量的指针、多级指针。指针变量的指针在说明时变量前有两个星号。例如：

```
char * * lineptr;
```

说明：lineptr 是指向一个字符指针变量的指针，因为单目运算符(*)是自右向左结合的运算符，因而说明符 * * lineptr 应说明为(* (* lineptr))。

下面举一简单例子说明指向指针的指针的用法。

例 11-7　使用指向指针的指针输出若干个字符串。

程序如下：

```
#include "stdio.h"
void main()
{
    int i;
    char * pArray[]={"How","are","you"};
    char * * p;
    p=pArray;
    printf("\n");
    for(i=0;i<3;i++)
        printf("%s ", * (p+i));
}
```

程序运行结果如下：

```
How are you
```

变量的内存情况如图 11-6 所示。

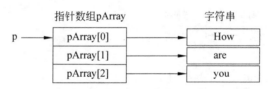

图 11-6　指向指针的指针与其指向元素的关系

说明：

(1) pArray 是指针数组，它的每个元素存放的是字符串的首地址（也就是串的第一个字符的地址），可以说，pArray 存放的是字符串"How"的地址的地址。与语句

```
char * * p;
```

相对应。

(2) 指向指针数据的指针变量也是一个变量，有自己的内存空间。它保存的也是一个指针值（指针的指针），是一个 unsigned int 型数，占 4B 的内存空间。

(3) 语句

```
p=pArray;
```

将指针数组的首地址（即第一个元素的指针）赋给 p，p 指向了指针数组的首地址。

(4) * p 的值为 pArray[0]的值，即字符串"How"的地址。

(5) 因为 * p 为指针型,即 unsigned int 型,占 4B 空间,p+1 指向 pArray[1]。即 * (p+1)的值为 pArray[1]的值。

例 11-8 例 11-7 还可以改写成如下程序段:

```c
#include "stdio.h"
void main()
{
    int i;
    char * pArray[]={"How","are","you"};
    char * * p;
    for(i=0;i<3;i++)
    {
        p=pArray+i;
        printf("%s ", * p);
    }
}
```

在 C 语言中,利用指针变量访问另一个变量称为间接访问。利用指针变量直接指向另一个变量称为单级间接访问,也叫"单级间址"。如果通过指向指针的指针来访问变量,则被称为二级间接访问或"二级间址"。从理论上讲,C 语言的间址方法可以延伸到更多的级。但实际上,间接访问级数太多时不容易理解,也容易出错,因此,在实际应用中很少有超过二级间址的。

多级间址的对应关系如图 11-7 所示。

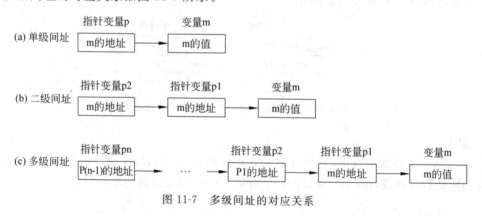

图 11-7 多级间址的对应关系

11.3 main()函数的参数

在以前的例子中,main()函数的形式参数列表都是空的。实际上,main()函数也可以带参数。带参数 main()函数的定义格式如下:

```c
int main(int argc, char * argv[])
{
    ...
}
```

argc 和 argv 是 main()函数的形式参数。这两个形式参数的类型是系统规定的。如果 main()函数要带参数，就是这两个类型的参数；否则 main()函数就没有参数。变量名称 argc 和 argv 是常规的名称，当然也可以换成其他名称。

main()函数由操作系统调用，它的实参来源于运行可执行 C 程序时在操作系统环境下输入的命令行，称为命令行参数。可执行的 C 程序文件的名字是操作系统的一个外部命令，命令名是由 argv[0]指向的字符串。在命令之后输入的参数由空格隔开的若干个字符串，依次由 argv[1]、argv[2]…所指示，每个参数字符串的长度可不同。参数的数目任意。操作系统的命令解释程序将此字符串的首地址构成一个字符指针数组，并将指针数组元素的个数(包括第 0 个元素)传给 main()函数的形参 argc(argc 的值至少为 1)；指针数组的首地址传给形参 argv，所以 argv 实际上是一个二级字符指针变量。

例 11-9 显示命令行参数的程序。

```c
#include "stdio.h"
void main(int argc, char * argv[ ])
{
    int i;
    for(i=1;i<argc;i++)
        printf("%s%c",argv[i],(i<argc-1)?' ':'\n');
}
```

经编译，连接生成的可执行文件的名字为 echo.exe，在操作系统环境下，输入下面的命令行并回车

```
echo How are you
```

则输出

```
How are you
```

程序的运行效果如图 11-8 所示。

在此程序中，argc 的值为 4，表示命令行有 4 个参数，分别用 argv[0]、argv[1]、argv[2]、argv[3]来指向；如图 11-9 所示。

图 11-8 例 11-9 的运行结果

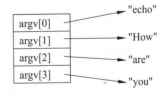

图 11-9 例 11-9 中参数值的示意图

例 11-10 利用命令行输入 a、b、c，求一元二次方程 $ax^2+bx+c=0(a\neq0)$ 的解。

这个题目在第 4 章讲过，当时是利用 scanf()函数输入 a、b、c 的值，现在得用命令行参数输入 a、b、c 的值，然后再求根。假设可执行文件的名字是 abc.exe，则命令行的内容需要 4 个参数：命令本身、a 的值、b 的值、c 的值，这 4 个参数分别对应 4 个字符串，分别用 argv[0]、 argv[1]、argv[2]、argv[3]来指向。

同时,由于接收到的参数都是字符串,而 a、b 是数值型的,需要通过 atof() 函数进行转换。

程序代码如下:

```c
#include "math.h"
#include "stdio.h"
void main(int argc, char * argv[])
{
    double a,b,c,deta,x1,x2,p,q;
    if (argc!=4)
    {
        printf("输入的参数个数不对!");
        return;
    }
    a=atof(argv[1]);                /* 第 2 个参数对应是 a 的值 */
    b=atof(argv[2]);                /* 第 3 个参数对应是 b 的值 */
    c=atof(argv[3]);                /* 第 4 个参数对应是 c 的值 */
    if (fabs(a)<=1e-6)
    {
        printf("输入的 a 为 0。");
        return;
    }
    deta=b*b-4*a*c;
    if (fabs(deta)<=1e-6)
        printf("x1=x2=%7.2f\n", -b/(2*a));
    else
    {
        if (deta>1e-6)
        {
            x1=(-b+sqrt(deta))/(2*a);
            x2=(-b-sqrt(deta))/(2*a);
            printf("x1=%.2f,x2=%.2f\n", x1, x2);
        }
        else
        {
            p=-b/(2*a);
            q=sqrt(fabs(deta))/(2*a);
            printf("x1=%.2f+%.2fi\n", p, q);
            printf("x2=%.2f-%.2fi\n", p, q);
        }
    }
}
```

以上这两个程序的运行方法是,把程序生成相应的可执行文件后,启动 DOS 模式,在 DOS 模式下转换到可执行文件对应的文件夹(如图 11-10 的位置是"D:\bbb\abc\Debug"), 然后输入相应的命令及参数。

图 11-10　例 11-10 的运行结果

11.4　函　数　指　针

在 C 语言中,指针不仅可以指向整型、字符型、实型等变量,还可以指向函数。一般来说,程序中的每一个函数经编译连接后,其目标代码在计算机内存中是连续存放的,函数体内第一个可执行语句的代码在内存的地址就是函数执行时的入口地址,一个函数的入口地址由函数名表示。

C 语言可以声明指向函数的指针,指向函数的指针是存放函数入口地址的变量,它可以被赋值,可以作为数组的元素,可以传给函数,也可以作为函数的返回值。如果把函数名赋给一个指向函数的指针,就可以用指向函数的指针来调用函数。

假设有一个 func()函数,则其内存映射方式如图 11-11 所示。

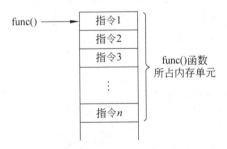

图 11-11　函数指针内存示意图

函数指针的说明形式:

[存储类型区分符] 类型区分符　(∗标识符)(参数表),…;

其中,"标识符"是指向函数的指针名,"(∗标识符)(参数表)"是函数指针说明符,例如:

```
int (*comp)(char *, char *);
```

说明：comp 是指向有两个 char* 参数的整型类型函数的指针，与指向数组的指针说明类似，说明符中用于改变运算顺序的（）不能省，如果写成 *comp()则 comp 成为指针函数。

关于函数指针有几点需要说明如下。

（1）向函数的指针变量一般形式为

数据类型 （*指针变量名）();

（2）函数的调用可以通过函数名调用，也可以通过函数指针调用。

（3）如果定义了 int (*p)()，则(*p)()表示定义一个指向整型函数的指针变量，但是它不固定指向哪一个函数，而只是表示定义了这样一个类型的变量，是专门用来存放函数的入口地址的。在程序中把哪一个整型函数的地址赋给它，它就指向哪一个函数。在一个程序中，一个指针变量可以先后指向返回类型相同的不同的函数。

（4）在给函数指针变量赋值时，只需给出函数名而不必给出参数。例如：

p=max;

表示指针 p 指向函数 max()的入口地址。不能写成

p=max(a,b);

的形式。

（5）用函数指针变量调用函数时，只需将(*p)代替函数名即可，在(*p)之后的括号中需要写上实参。例如下面程序中的(*process)(x,y)。

（6）对指向函数的指针变量，像 p++、p−−、p+n 等运算是无意义的。

函数指针主要应用于将函数名传给另一个函数，C 语言允许将函数的名字作为函数参数传给其他函数。由于参数传递是传值，相当于将函数名赋给形参，因此在被调用函数中，接收函数名的形参是指向函数的指针。

下列源程序演示了函数指针的定义和使用。

```
#include "stdio.h"
float add(float x,float y)
{
    return x+y;
}
void main()
{
    float (*p)(float,float);
    p=add;
    printf("2+3=%g\n",add(2,3));
    printf("2+3=%g\n",p(2,3));
    printf("2+3=%g\n",(*p)(2,3));
}
```

程序运行结果如下：

2+3=5

2+3=5

2+3=5

3 次调函数,其运行结果是一样的,也就是说,这 3 种调用方法是等价的。

例 11-11 利用同一个指针调用不用的函数。

```c
# include "stdio.h"
int add(int a,int b)
{
    return (a+b);
}
int sub(int a,int b)
{
    return (a-b);
}
void main()
{
    int a,b,k;
    int (* fp)(int,int);
    scanf("%d%d",&a,&b);
    fp=add;
    k=fp(a,b);
    printf("add 的结果为%d\n",k);
    fp=sub;
    k=fp(a,b);
    printf("sub 的结果为%d\n",k);
}
```

同样的函数调用语句

```c
k=fp(a,b);
```

执行了不同的函数,这是因为 fp 指向了不同的函数。

例 11-12 用函数指针数组来实现对一系列函数的调用。

```c
# include "stdio.h"
int add(int a,int b)
{
    return (a+b);
}
int sub(int a,int b)
{
    return (a-b);
}
int max(int a,int b)
{
```

```
    return (a>b?a:b);
}
int min(int a,int b)
{
    return (a<b?a:b);
}
void main()
{
    int a,b,i,k;
    int (*func[4])(int,int)={add,sub,max,min};
    printf("select operator(0-add,1-sub,2-max,3-min):");
    scanf("%d",&i);
    printf("input number(a,b):");
    scanf("%d%d",&a,&b);
    k=func[i](a,b);
    printf("the result:%d\n",k);
}
```

运行结果：

```
select operator(0-add,1-sub,2-max,3-min):1↙
input number(a,b): 100 50↙
the result:50
```

对语句

```
int (*func[4])(int,int)={add,sub,max,min};
```

进行说明：

（1）先看带标识符的小括号内的内容（*func[4]）：标识符 func 先和[4]结合，这是因为[]的优先级高于*，说明 func 是一个包含有 4 个元素的数组；再和*结合，说明每个元素是一个指针。

（2）再看后面的(int,int)，这是圆括号内带参数，说明指针指向的对象是函数，也就是说，数组 func 的每个元素的指针指向的是函数。

（3）接着看最前面的 int，说明函数返回值是 int。

到目前可以理解为，func 是一个包括 4 个指针元素的数组，每个指针指向一个带有两个 int 型的形参，并且返回值是 int 的函数。

（4）等号后面的内容{add,sub,max,min}是对 func 数组的 4 个元素进行初始化。也就是说，func[0]指向 add，func[0]指向 add，func[0]指向 add，func[0]指向 add。

11.5 指针函数

C 语言的函数可以返回除数组和函数外的任何类型数据和指向任何类型的指针，例如数组的指针、函数的指针，也可是 void 指针，返回指针的函数称为指针函数。

指针函数说明的一般形式如下：

[存储类型区分符] 类型区分符 ＊函数名(参数表),…;

其中,"＊函数名(参数表)"是指针函数说明符,例如:

```
int * a(int, int);
```

其中,a 是一个整型指针函数,它有两个参数,返回值是一个指向整型数据的指针。指针函数与以前讲过的整型函数类似,只不过指针函数返回的是一个指针(也就是地址),而整型函数返回的是一个整数。

注意：不可以将 int ＊a(int , int)写成 int (＊a)(int , int)二者说明的对象是完全不同的两个概念。后者表示 a 是一个指向函数的指针变量。

例 11-13　写一个指针函数 strstr(s,t),在字符串 s 中查找子串 t,如果找到,返回 t 在 s 中第一次出现的起始位置,否则返回 0。

```
char * strstr(char * s, char * t)   /*s 和 t 指向两个字符串 */
{
    char * ps=s, * pt,* pc;          /*ps 指向字符串 s */
    while(* ps!='\0')                /*当 ps 没有指向字符串结束符时,继续向后查找 */
    {
        /*如果两个指针所指字符相等,继续向后找 */
        for(pt=t,pc=ps; (* pt!='\0')&&(* pt== * pc); pt++,pc++)
            ;
        if (* pt=='\0')
            return ps;               /*如果 pt 指向字符串结束符,说明在字符串 s 中找到了字 */
                                     /*符串 t,则返回 ps,ps 指向当前串 s 的某一个位置 */
        ps++;
    }
    return 0;                        /*如果查找失败,返回 0 */
}
```

注意：其他函数调用 strstr()函数获取指针后,必须在适当的时候调用 free()函数来释放该指针。

例 11-14　输入长度不超过 80 个字符的一行正文和长度不超过 10 个字符的一个字符串,在输入行中查找字符串的第一次出现,若找到则输出这一行,否则输出未找到的信息。

主函数代码如下,子函数 strstr()的代码为例 11-13 中的函数代码。

```
#include "stdio.h"
#define strlen 80
char * strstr(char * s, char * t);  /*指针函数 strstr()的声明 */
void main()
{
    char str[strlen], substr[strlen], * ps;    /*声明字符数组及指针变量 */
    printf("Input string 1, string 2:\n");
    scanf("%s%s",str,substr);        /*输入主串及子串 */
    ps=strstr(str,substr);           /*调用 strstr()函数,查找子串在主串中的位置 */
    if(ps!=NULL)
```

```
        printf("offset %d\"%s\" in \" %s\"\n", ps-str, substr, str);
    else
        printf("\"%s\"not exist in \"%s\"\n",substr,str);
}
```

运行情况如下：

第 1 次运行（找到的情况）：

```
input string1, string 2:
abcdefgh  cde
offset 2 "cde" in "abcdefgh"
```

第 2 次运行（没有找到的情况）：

```
input string 1,string 2:
opqrst   rsq
"rsq" not exist in "opqrst"
```

如果一个函数返回一个指针，应注意不能返回 auto 类型的局部变量的地址，但是可以返回 static 型变量的地址。如下代码是错误的。

```
int * returndata(int n)
{
    int m[50];
    int i;
    if(n>50)
        return NULL;
    for(i=0;i<n;i++)
        scanf("%d",&m[i]);
    return m;
}
```

正确的代码应该为

```
int * returndata(int n)
{
    static int m[50];
    int i;
    if(n>50)
        return NULL;
    for(i=0;i<n;i++)
        scanf("%d",&m[i]);
    return m;
}
```

这是因为 auto 类型的局部变量的生存期仅限于某一时间段，当函数返回时，返回的指针所对应的内存单元将被释放掉，则返回的指针就无效。但对于 static 类型的局部变量来说，因为其生存期等同于全局变量的生存期，故函数返回时，返回的指针所对应的内存单元不会被释放,返回的指针也是有效的。

使用指针函数是一定要注意其返回值,要避免返回的指针所对应的内存空间因该指针函数的返回而被释放掉。

返回的指针通常有以下几种。

(1) 函数中动态分配的内存的首地址,通过 malloc()等函数实现。

(2) 通过指针形参所获得的实参的有效地址。

(3) 函数中的静态变量或全局变量所对应的存储单元的首地址。

11.6 链 表

11.6.1 链表的概念

链表是一种常用的数据结构。它是一种动态地进行存储分配的数据结构。它不同于数组,它不必事先确定好元素的个数,它可以根据当时的需要来开辟内存单元,它的各个元素不要求顺序存放,因此它能避免使用数组存放数据的一些不足之处。

11.6.2 链表的实现

链表是由若干个称为结点的元素构成的。每个结点包含有数据字段和链接字段。数据字段是用来存放结点的数据项;链接字段是用来存放该结点指向另一结点的指针。每个链表都有一个"头指针",它是存放该链表的起始地址,即指向该链表的起始结点,它是识别链表的标志,对某个链表进行操作,首先要知道该链表的头指针。链表的最后一个结点,称为"表尾",它不再指向任何后继结点,表示链表的结束,该结点中链接字段指向后继结点的指针存放 NULL。

链表可分为单向链表和双向链表。两者的区别仅在于结点的链接字段中,单向链表仅有一个指向后继结点的指针,而双向链表有两个指针,一个指向后继结点,另一个指向前驱结点。图 11-12 给出单向链表与双向链表的区别。

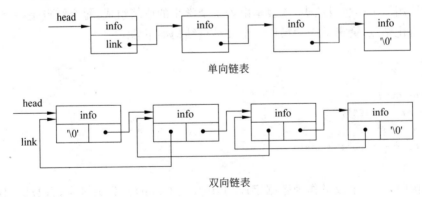

图 11-12 单向链表与双向链表的区别

链表这种数据结构必须用指针来实现,每个结点中链接字段要包含一个或两个指针,存放链接的结点地址。下面是单向链表和双向链表中结点的结构代码。

```
struct link1 {
    char c1[100]
    struct linkl * next;
};
struct link2{
    char c2[100]
    struct link2 * next;
    struct link2 * prior
};
```

其中,link1 是单向链表中结点的结构名,link2 是双向链表中结点的结构名。链表中的结点就具有这种结构类型的变量。这里仅是一个例子,实际上结点结构的数据字段比这还要复杂些。

由于单向链表比较简单些,本节只讨论单向链表的操作。

11.6.3 单向链表的操作

常用的链表操作有如下几种。

(1)链表的建立。链表建立是在确定了链表结点的结构之后生成一个含有若干结点的链表。

(2)链表的输出。链表的输出是将一个已建立好的链表中各个结点的数据字段部分地或全部地输出显示。

(3)链表的删除。链表的删除是指从已知链表中按指定关键字段删除结点或者整个链表。

(4)链表的插入。链表的插入是指将一个已知结点插入到已知链表中。插入时要指出按结点中哪一个数据字段进行插入,插入前一般要对已知链表按插入的数据字段进行排序。

(5)链表的存储。该操作是将一个已知的链表存储到磁盘文件中进行保存。

(6)链表的装入。该操作是将已存放在磁盘中的链表文件装入到内存中。

下面将通过例子来讲述上面 6 种操作如何实现。

这里使用一个学生成绩表,该表是由若干个学生的成绩组成,每个结点是一个学生的成绩。为了简化结点,突出链表的操作。定义结点结构如下:

```
struct student
{
    int num;
    char name[20];
    int score;
    struct student * next;
};
```

该结构中,有 3 个成员作为数据字段,其中学号(num)作为关键字,自身引用的指针作为链接字段,用来指出下一个结点位置。为简化结构内容只选用一门课程的成绩。

11.6.4 链表的建立

根据建立链表的顺序,可分为正序建立和倒序建立。

1. 正序建立

链表中建立各结点的顺序与输入数据的顺序是一致的。即先建立第 1 个结点,再建立第 2 个结点……直到最后一个结点。

假如输入一批学生的信息(以学号为 0 表示输入结束),正序建立相应的链表。

算法如下:

设置 3 个结构指针 head、p 和 q。head 是头指针,指向第一个结点;q 是指向已经建立好的部分链表的最后一个结点,以便向其后面链接新的结点;p 是临时结点指针,指向申请成功的单个结点,当其各数据成员有值后,链接到原来以建立好的部分链表最后一个结点(用 q 指向的)的后面,使其成为新的最后一个结点并更新 q 的值,使其指向这个点。

最初,链表是空的,即

head=NULL;

然后开始读入学号,若学号不是为,用内存分配函数 malloc( )开辟一个结点,并且使指针 p 指向这个结点,再从键盘上读入一个学生的数据赋给 p 所指向的结点。若这个结点是第一个结点,则需要 head 也指向此结点,并且 q 也指向此结点(因为到目前为止,这个头结点也是最后一个结点)以方便以后的添加。若这个结点不是第一个结点,则需要链接到 q 的后面,即

q->next=p;

然后把 q 指向新的尾结点(即 p)。

重复此过程,直到读入的学号为 0。

最后,给链表尾结点的 next 域赋值为 NULL,表示链表结束。

建立过程如图 11-13 所示。

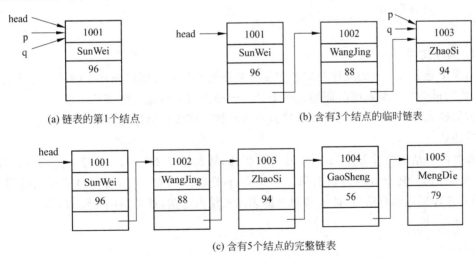

(a) 链表的第1个结点　　　　　　　　(b) 含有3个结点的临时链表

(c) 含有5个结点的完整链表

图 11-13　正向建立链表的过程示意图

在建立链表过程中形成的临时链表如图 11-13(b)所示,含有 3 个结点,最后一个结点的 next 域的值没有赋值,是链接下一个结点用的。在图 11-13(c)中,最后一个结点的 next 域的值是 NULL,一般用"^"表示。

正序建立链表的函数如下：

```c
struct student * creat_list()
{
    struct student * head, * p, * q;
    int tnum,n;
    head=NULL;
    n=0;                              //用来记数，表示第几个结点
    printf("Input num:");
    scanf("%d",&tnum);                //输入学号存到临时的变量中
    while(tnum!=0)
    {
        p=(struct student * )malloc(sizeof(struct student));
        p->num=tnum;
        printf("Input %d's name score node data:",tnum);
        scanf("%s%d",p->name,&p->score);
        n++;
        if(n==1)                      //如果是第一个结点，则需要改变 head 的值
            head=p;
        else                          //否则，把结点 p 链接到原来链表最后一个结点 q 的后面
            q->next=p;
        q=p;
        printf("Input num:");
        scanf("%d",&tnum);
    }
    q->next=NULL;                     // 把最后一个结点的 next 域的值置为 NULL，表示链表结束
    return(head);
}
```

2. 倒序建立

链表中建立各结点的顺序与输入数据的顺序是相反的。即最先建立的结点是链表的尾结点，然后再向这个结点的前面插入一个结点……直到最后建立链表的结点。

假如输入一批学生的信息（以学号为 0 表示输入结束），倒序建立相应的链表。

算法如下：

设置两个结构指针 head、p。head 是头指针，最初值是 NULL。在建立链表的过程中，head 永远指向已建立好的链表的第一个结点；p 是临时结点指针，指向申请成功的单个结点，当其各数据成员有值后，插入到原来链表的头结点之前，成为新的头结点，即

```c
p->next=head;
head=p;
```

倒序建立比正建立的算法要简单，其代码如下：

```c
struct student * creat_list_dx()
{
    struct student * head, * p;
```

```
        int tnum;
        head=NULL;
        printf("Input num:");
        scanf("%d",&tnum);                              //输入学号存到临时的变量中
        while(tnum!=0)
        {
            p=(struct student * )malloc(sizeof(struct student));        //新开辟一个结点
            p->num=tnum;
            printf("Input %d's name score node data:",tnum);
            scanf("%s%d",p->name,&p->score);
            p->next=head;                               //把新结点插入到 head 之前
            head=p;                                     //把 head 更新前移
            printf("Input num:");
            scanf("%d",&tnum);
        }
    return(head);
}
```

11.6.5 链表的输出

链表输出函数是将链表中从头到尾各结点的数据输出显示。

链表输出函数算法如下：首先要知道输出链表的头指针。假定有一个指向链表结点的结构指针，使它指向链表的第一个结点，即将头指针赋给它。输出 P 所指结点的数据内容。再使 P 后移一个结点，输出该结点数据，直到 p 的值为 NULL 结束。

链表输出函数内容如下：

```
void print_list(struct student * head)
{
    struct student * p;
    p=head;
    while(p)
    {
        printf("%6d %s %5d\n",p->num,p->name,p->score);
        p=p->next;
    }
}
```

说明：实际中在输出某个结点的数据时，可以根据需要输出结点的部分数据。

该函数形参 head 是用来接收实参传递来的该链表的头指针，可见链表输出函数是用来输出某个链表的从头开始的各个结点的数据。

11.6.6 链表结点的插入与删除

在链表使用的过程中，根据需要可能会在已经建立好的链表中的适当位置插入一个结点，也可能会对链表中的某个结点进行删除。

1．插入结点

设需要插入的结点为 p。根据需要插入的位置进行操作，若插入的位置是在头结点（head）之前，那么此操作会改动 head 的值，即

```
p->next=head;
head=p;
```

若插入的结点是在某一个结点（如 q）之后，不需要改动 head，只需要修改 p 和 q 的值即可，即

```
p->next=q->next;
q->next=p;
```

注意：这两个语句的顺序不能更换，如图 11-14 所示。

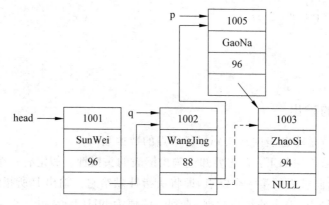

图 11-14　在 q 结点之后插入 p 的示意图

2．删除结点

若删除的结点为头结点，需要的语句如下：

```
p=head;
head=head->next;
free(p);
```

若删除的结点不是头结点（为了简单起见，假设删除的结点是 p，它的前趋结点是 q），需要的语句如下：

```
q->next=p->next;
free(p);
```

11.7　应用程序举例

例 11-15　已有定义 int a[10]={2,4,6,8,10,12,14,16,18}，要求通过指针完成在数组 a 中插入一个 x，使插入后仍然有序。

程序分析：

（1）在 main()函数中定义数组时，要多开辟一个用于存放插入数据的存储单元。如例

中定义含 10 个整型元素的一维数组 a 并初始化。

（2）在用户自定义函数 sort（）中，定义一个基类型为 int 的指针变量 p，并将数组 a 的首地址赋给指针 p。

（3）为了将 x 插入到数组中，应从有序数组中找到插入的位置，然后将该位置起以后的所有元素依次后移，将插入位置腾出来。

（4）最后把 x 插入到插入的位置。

源程序如下：

```c
#include "stdio.h"
void insert(int * p,int n,int x)
{
    int i,j;
    for(i=0;i<n;i++)
        if(*(p+i)>x)
            break;                  //找到插入点 i
    for(j=n-1;j>=i;j--)
        *(p+j+1)=*(p+j);            //将下标为 i 的元素及其后的各元素均后移一位
    *(p+i)=x;
}
void main()
{
    int a[10]={2,4,6,8,10,12,14,16,18};
    int i,x;
    printf("please input x:");
    scanf("%d",&x);
    insert(a,9,x);
    for(i=0;i<10;i++)
        printf("%4d",a[i]);
    printf("\n");
}
```

程序运行结果如图 11-15 所示。

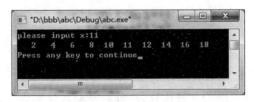

图 11-15　运行结果

例 11-16　写一个函数，求一个字符串的长度，在 main（）函数中输入字符串，并输出其长度。

程序分析：

（1）在自定义函数 length（）中定义一个基类型为字符的指针 p，用来接收字符串的首地址 str。

（2）用＊p！＝'\0'来判断字符串还没有结束。

（3）通过 length() 函数返回字符串的长度，并在 main() 函数中结束。

程序源代码：

```
#include "stdio.h"
int length(char * p)
{
    int n=0;
    while(* p)                          //当字符串还没有结束时做循环
    {
        n++;
        p++;
    }
    return n;
}
void main()
{
    int len;
    char str[20];
    printf("please input a string:\n");
    scanf("%s",str);                    //输入字符串 str
    len=length(str);                    //调用函数 length();
    printf("the string has %d characters.\n",len);
}
```

程序运行结果如图 11-16 所示。

图 11-16 例 11-13 的运行结果

11.8 错误解析

1. ＊和[ ]在定义时只是说明作用，不能误解为运算符

&、＊和[ ]是 C 语言提供的 3 种运算符，分别是取地址运算符、指针运算符和下标运算符，其中，& 与 ＊ 互为逆运算。在表达式中，它们的意义很明确，但是在定义中 ＊、[ ]只是起说明作用，不能看作运算符。例如：

```
int number=10,a;
int * pt=&number;
int * pt=a;
```

这里容易被后两个语句迷惑，如果指针的概念理解得不透彻，就不能准确判断哪句赋值正确。之所以迷惑,是因为把 * 当作了运算符,其实,在这里 int * 共同来修饰指针变量 pt,定义一个指向整型变量的指针变量,自然会把一个地址 &number 赋值给 pt。因此,上述后面两个赋值语句中,第一个是正确的。

2. 指针变量未初始化

指针在使用前必须初始化,给指针变量赋初值必须是地址值. 如果使用未初始化的指针,由于指针没有初值,它将得到一个不确定的值,同时它的指向也是不确定的,这样,指针就有可能指向操作系统或程序代码等致命地址,改写该地址的数据,破坏系统的正常工作状态。例如:

```
int a[6], i , * p;
for( i=0; i<6; i++)
    scanf("%d", p++);
```

应该在 for 语句前加上语句

```
p=a;
```

使 p 初始化。

3. 指针类型错误

```
void main()
{
    static int array[2][3]={3, 4, 5, 6, 7, 8};
    int * pt;
    for(pt=array; pt<array+6; pt++)
        printf("%d", * p);
}
```

在此例中定义的 array 是个二维整型指针,而 array[0] 是一个一维整型指针,尽管 array 和 array[0] 的值相同,但二者所指向不同,类型也不同,所以,在这里应该把

```
pt=array;
```

改成

```
pt= * array;
```

或者

```
pt= * array[0][0];
```

4. 用整数值直接给指针赋值

指针值就是指针所指向的地址,在程序运行中,指针的值其实就是一个整数值,绝不能在程序语句中把一个整数值当作指针的值直接赋给指针。例如:

```
int num;
int * pt;
num=19265;
pt=num;
```

最后一个语句目的是使指针指向地址 19265(十进制)，编译时系统会提示这个语句有错误。

5. 指针之间相互赋值

在 C 语言中，如果指针之间相互赋值不当，将会造成内存空间丢失的现象。例如：

```
#include "malloc.h"
void main()
{
    int * m, * n;
    m=( int * )malloc(sizeof( int));
    n=( int * )malloc(sizeof( int));
    * m=78;
    * n=82;
    m=n;
    printf("%d,%d", * m, * n);
}
```

在这个程序中，语句

```
m=n;
```

是将指针 n 的内容赋给了指针 m，使 m、n 都指向分配给 m 的内存空间，而原来分配给 m 的内存空间没有释放，不能被其他程序访问，从而使该内存空间成了无效内存块，即处于游离状态，而且后来指向 m 的内存单元又直接或间接地被反复调用，使内存变得紧张，最终会导致死机状态。要解决这个问题，在将一个指针赋给另一个指针前，应该先用 free()函数释放 m 所持有的内存空间，即在

```
m=n;
```

语句之前执行语句

```
free(m);
```

练　习　11

一、填空题

1. 指针变量是把内存中另一个数据的_____作为其值的变量。

2. 能够直接赋值给指针变量的整数是_____。

3. 如果程序中已定义 int k;，则

(1) 定义一个指向变量 k 的指针变量 p 的语句是_____。

(2) 通过指针变量，将数值 6 赋值给 k 的语句是_____。

(3) 定义一个可以指向指针变量 p 的变量 pp 的语句是_____。

(4) 通过赋值语句将 pp 指向指针变量 p 的语句是_____。

(5) 通过指向指针的变量 pp，将 k 的值增加一倍的语句是_____。

4. 当定义某函数时，有一个形参被说明成 int * 类型，那么可以与之结合的实参类型可

以是_____、_____等。

5. 以下程序的功能是将无符号八进制数字构成的字符串转换为十进制整数。例如输入的字符串为"556",则输出十进制整数366。请填空。

```c
#include "stdio.h"
void main()
{
    char * p,s[6];
    int n;
    p=s;
    gets(p);
    n=0;
    while(_____!='\0')
    {
        n=n*8+*p-'0';
        p++;
    }
    printf("%d \n",n);
}
```

二、选择题

1. 以下 count 函数的功能是统计 substr 在母串 str 中出现的次数。

```c
int count(char * str,char * substr)
{
    int i,j,k,num=0;
    for(i=0;  ①  ;i++)
    {
        for(  ②  ,k=0;substr[k]==str[j];k++,j++)
            if(substr[  ③  ]=='\0')
            {
                num++;
                break;
            }
    }
    return num;
}
```

① A. str[i]==substr[i]   B. str[i]!= '\0'

 C. str[i]== '0'   D. str[i]>substr[i]

② A. j=i+1   B. j=i   C. j=i+10   D. j=1

③ A. k   B. k++   C. k+1   D. ++k

2. 以下 Delblank()函数的功能是删除字符串 s 中的所有空格(包括 Tab、回车符和换行符)。

```c
void Delblank(char * s)
```

```
{
    int i,t;
    char c[80];
    for(i=0,t=0;  ①  ;i++)
        if(!isspace(  ②  ))
            c[t++]=s[i];
    c[t]='\0';
    strcpy(s,c);
}
```

① A. s[i]   B. ! s[i]   C. s[i]= '\0'   D. s[i]== '\0'

② A. s+i   B. * c[i]   C. * (s+i)= '\0'   D. * (s+i)

3. 以下 conj()函数的功能是将两个字符串 s 和 t 连接起来。

```
char * conj(char * s,char * t)
{   char * p=s;
    while(* s)  ①  ;
    while(* t)
    { * s=  ②  ;s++;t++;}
    * s='\0 ';
        ③      ;
}
```

① A. s——   B. s++   C. s   D. * s

② A. * t   B. t   C. t——   D. * t++

③ A. return s   B. return t   C. return p   D. return p—t

4. 下列程序的输出结果是_____。

```
#include <stdio.h>
void main()
{
    int * * k, * a,b=100;
    a= &b;
    k= &a;
    printf("%d\n", * * k);
}
```

　　A. 运行出错   B. 100   C. a 的地址   D. b 的地址

5. 下列程序的输出结果是_____。

```
#include <stdio.h>
fun(int * a,int * b)
{
    int * w;
    * a= * a+ * a;
    * w= * a;
    * a= * b;
```

```
    * b= * w;
}
void main()
{
    int x=9,y=5, * px=&x, * py=&y;
    fun(px,py);
    printf("%d, %d\n",x,y);
}
```

    A. 出错　　　　　　　B. 18，5　　　　　　C. 5，9　　　　　　D. 5，18

6. 若定义了以下函数：

```
void f(…)
{
    …
    p= (double * )malloc(10 * sizeof(double));
    …
}
```

p 是该函数的形参，要求通过 p 把动态分配存储单元的地址传回主调函数，则形参 p 的正确定义应当是_____。

    A. double * p　　　B. float * * p　　　C. double * * p　　　D. float * p

三、编程题

1. 编写函数，对传递进来的两个整型量计算它们的和与积之后，通过参数返回。

2. 编写一个程序，将用户输入的字符串中的所有数字提取出来。

3. 编写函数实现，计算字符串的串长。

4. 编写函数实现，将一个字符串中的字母全部转换为大写。

5. 编写函数实现，计算一个字符在一个字符串中出现的次数。

6. 编写函数实现，判断一个子字符串是否在某个给定的字符串中出现。

第 12 章　位　运　算

位运算是 C 语言中的一大难点,适合编写系统软件的需要。通过本章的学习,读者将进一步体会到 C 语言既具有高级语言的特点,又具有低级语言的功能,位运算可以高效解决实际应用中的一些问题,因而具有广泛的用途和很强的生命力。

本章知识点:
(1) 位运算的相关概念。
(2) 位运算的特殊应用。
(3) 位复合赋值运算符的含义及使用。

12.1　位运算的概念

程序中的所有数在计算机内存中都是以二进制的形式储存的。位运算说到底,就是直接对整数在内存中的二进制位进行操作。由于位运算直接对内存数据进行操作,不需要转成十进制,因此处理速度非常快。这里首先介绍 3 个概念:字节、位和补码。前面介绍的各种运算都是以字节作为最基本位进行的。但在很多系统程序中常要求在位(bit,b)一级进行运算或处理。C 语言提供了位运算的功能,这使 C 语言也能像汇编语言一样用来编写系统程序。参与运算的数以补码方式出现。参与位运算的只能是整型或字符型数据。

12.1.1　字节与位

在二进制数系统中,位也称为比特,每个 0 或 1 就是一个位,位是数据存储的最小单位。字节(Byte,B)是计算机信息存储的最小单位,1B=8b。计算机中的 CPU 位数指的是 CPU 一次能处理的最大位数。例如 32 位计算机的 CPU 一个机器周期内可以处理 32 位数据 0xFFFFFFFF。

一个英文的字符占用 1B 空间,而一个汉字以及汉字的标点符号、字符都占用 2B 空间。一个二进制数字序列,在计算机中作为一个数字单元,一般为 8 位二进制数。例如,一个 ASCII 码就占用 1B 空间。除此之外,常用的单位还有 KB、MB、GB、TB 等,此类单位的换算为

$$1KB = 1024B \qquad 1MB = 1024KB$$
$$1GB = 1024MB \qquad 1TB = 1024GB$$

12.1.2　补码

一个数据在计算机内部表示成二进制形式称为机器数。机器数有不同的表示方法,常用的有原码、反码、补码。数据的最右边一位是"最低位",数据最左边一位是"最高位"。

原码表示规则:用最高位表示符号位,用"0"表示正号,"1"表示负号,其余各位表示数值大小。

例如,假设某个机器数的位数为 8,则 56 的原码是 00111000,—56 的原码是 10111000。

反码表示规则:正数的反码与原码相同;负数的反码,符号位为"1"不变,数值部分按位取反,即 0 变为 1,1 变为 0。反码很少直接用于计算机中,它是用于求补码的过程产物。

例如,00111000 的反码为 00111000,10111000 的反码为 11000111。

补码的表示规则:正数的补码与原码相同;负数的补码是在反码的基础上加二进制"1"。

例如:00111000 的补码为 00111000,10111000 的补码为 11001000。

补码是计算机中一种重要的编码形式,采用补码后,可以将减法运算转化成加法运算,运算过程得到简化。正数的补码就是它所表示的数的真值,而负数的补码的数值部分却不是它所表示的数的真值。采用补码进行运算,所得结果仍为补码。一个数补码的补码就是它的原码。与原码、反码不同,数值 0 的补码只有一个,即$[0]_{补}$ = 00000000B。若字长为 8 位,则补码所表示的范围为 $-128 \sim 127$。进行补码运算时,所得结果不应超过补码所能表示数的范围。

在实际应用中,注意原码、反码、补码之间的相互转换,由于正数的原码、补码、反码表示方法均相同,当遇到正数时不需转换。进行转换时,首先判断其符号位,为负时,再进行转换。

例 12-1 已知某数 X 的原码为 10110110B,求 X 的补码和反码。

由$[X]_{原}$ = 10110110B 知,符号位为"1",X 为负数。求其反码时,符号位不变,数值部分按位求反;求其补码时,再在其反码的末位加 1。计算过程如下:

$$原码:1\ 0\ 1\ 1\ 0\ 1\ 1\ 0$$
$$反码:1\ 1\ 0\ 0\ 1\ 0\ 0\ 1$$
$$+\qquad\qquad\qquad\qquad 1$$
$$补码:1\ 1\ 0\ 0\ 1\ 0\ 1\ 0$$

求得:$[X]_{反}$ = 11001001B,$[X]_{补}$ = 11001010B。

例:已知某数 X 的补码为 11101100B,试求其原码。

由$[X]_{补}$ = 11101100B 知,符号位为"1",X 为负数。补码的补码就是原码,故求其原码表示时,符号位不变,数值部分按位求反,再在末位加 1。

$$补码:1\ 1\ 1\ 0\ 1\ 1\ 0\ 0$$
$$求反:1\ 0\ 0\ 1\ 0\ 0\ 1\ 1$$
$$+\qquad\qquad\qquad\qquad 1$$
$$原码:1\ 0\ 0\ 1\ 0\ 1\ 0\ 0$$

求得:$[X]_{原}$ = 1 0 0 1 0 1 0 0B。

例 12-2 利用二进制的补码,求 18−15 的值。

利用补码,减法运算就转化为加法实现,变成了求$[18-15]_{补}$,$[18-15]_{补}$ 等价为$[18]_{补}$ $+[-15]_{补}$,先求 −15 的补码,−15 的二进制原码表示为 10001111,则 −15 的补码为 11110001。

与 18 的补码相加:

$$
\begin{array}{ll}
00010010 & [18]_{补} \\
+\ 11110001 & [-15]_{补} \\
\hline
00000011 & [18]_{补}+[-15]_{补}
\end{array}
$$

舍去运算溢出的最高一位(模运算),结果为 00000011,符号位为"0",故为正数,正数的补码为其本身,转化为十进制为 3。

如果计算机的字长为 n 位,n 位二进制数的最高位为符号位,其余 $n-1$ 位为数值位,采用补码表示法时,可表示的数 X 的范围是 $-2^{n-1} \leqslant X \leqslant 2^{n-1}-1$,如当 $n=8$ 时,可表示的有符号数的范围为 $-128 \sim 127$。两个有符号数进行加法运算时,当运算结果超出可表示的有符号数的范围时,就会发生溢出,使计算结果出错。很显然,溢出只能出现在两个同符号数相加或两个异符号数相减的情况下。在计算机中,数据是以补码的形式存储的,所以补码在 C 语言的学习中有比较重要的地位,而学习补码必然涉及原码、反码。

12.2　二进制位运算

程序中的所有数据在计算机内存中都是以二进制的形式储存的。在 C 语言中,位运算就是指直接对整数或字符型数据在内存中的二进制位进行操作。很多系统程序中常要求在位一级进行运算或处理,C 语言提供了按位运算的功能,使其具有很强的优越性,也能像汇编语言一样用来编写系统程序。

12.2.1　二进制位运算

C 语言提供了如表 12-1 所示的 6 种位运算符。

表 12-1　位运算符

运算符	含　义	结合性	优先级
&	按位与	自左向右	8
|	按位或	自左向右	10
^	按位异或	自左向右	9
~	取反	自左向右	2
<<	左移	自左向右	5
>>	右移	自左向右	5

说明:

(1)"~"为单目运算符,其他均为双目运算符。

(2)运算数只能是整型或字符型的数据,不能为实型、结构体等类型的数据。

(3)两个不同长度的运算数进行位运算时,系统会将两个数按右端对齐,再将位数短的一个运算数往高位扩充,即无符号数和正整数左侧用 0 补全;负数左侧用 1 补全。

下面对各种位运算符的运算规则及其应用作一下介绍。

1. 按位"与"运算符(&)

运算规则:参与运算的两个数各对应的二进制位相"与",也就是说只有对应的两个二进制位均为 1 时,结果位才为 1,否则为 0。即 0&0=0,0&1=0,1&0=0,1&1=1。

例如 8&9 的运算如下:

$$00001000(\text{十进制 }8)$$
$$\&\ \underline{00001001(\text{十进制 }9)}$$
$$00001000$$

将二进制数 00001000 转换为十进制数为 8，所以 8&9 的结果为 8。因计算机中存储数据的补码形式，所以当两个整数相与的时候，也是以补码的形式进行。

例如，$-8\&9$ 运算如下：

$$11111000(\text{十进制}-8)$$
$$\&\ \underline{00001001(\text{十进制 }9)}$$
$$00001000$$

将二进制数 00001000 转换为十进制数为 8，所以 $-8\&9$ 的结果为 8。

按位与的应用：

（1）获取一个二进制数指定位的值。如有一个占 2B 空间的二进制数，想知道其第四位二进制数的值为 0 还是 1，只需将这个二进制数与 0000000000001000 进行 & 运算，如果运算后的结果为 0，说明这个二进制数第四位为 0，否则为 1。

例 12-3 输入一个 int 型数 m，将其对应的二进制数右侧第三位数取出。

分析：要取出 m 所对应的二进制数右侧第 3 位数，只需将其与二进制数 00000000 00000100 进行"与"运算，二进制数 00000000 00000100 对应十进制数为 4，如果运算后结果与 4 相等，那么这一位为 1，否则为 0。程序如下：

```
#include "stdio.h"
void main()
{
    int m,n,t=4;
    printf("please enter an integer:\n");
    scanf("%d,",&m);
    n=m&t;
    if(n==t)
        printf("the 3 right bit of m is :1\n");
    else
        printf("the 3 right bit of m is:0\n");
}
```

当输入 7 时，程序运行结果如图 12-1 所示。

当输入 8 时，程序运行结果如图 12-2 所示。

图 12-1 输入 7 时例 12-3 的程序运行结果

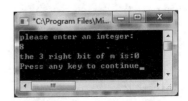

图 12-2 输入 8 时例 12-3 的程序运行结果

说明：当输入 7 时，m 的值为 7，对应的二进制数为 00000000 00000111，m&t 的结果为二进制 00000000 00000100（即十进制的 4），所以 n==t 条件成立。

当输入 8 时，m 的值为 8，对应的二进制数为 00000000 00001000，m&t 的结果为二进制 00000000 00000000（即十进制的 0），所以 n==t 条件不成立。

（2）定位清 0。如将一个二进制数的某一位清 0，只需将这个二进制数与一个其他位全部为 1，清 0 位为 0 的二进制数进行"与"运算即可。如有一个有符号的占 2B 空间的二进制数，想知道其第 4 位数的值是否为 0，正数只需将这个二进制数与 0111111111110111 进行"与"运算，负数与 1111111111110111 进行与运算。如果全部清 0，只需将这个数与全部为 0 的二进制数进行"与"运算即可。

例 12-4　一个 int 型数 $m=17$，将其对应的二进制数右侧第 5 位清 0，其他位不变。

分析：将 $m=17$ 对应的二进制数 00000000 00010001 与二进制数 01111111 11101111（十进制数为 32 751）进行"与"运算即可。程序如下：

```
#include "stdio.h"
void main()
{
    int m,n,t=32751;
    printf("Enter an integer:\n");
    scanf("%d,",&m);
    n=m&t;
    printf("%d 的右起第五位清 0 后的结果为:%d\n",m,n);
}
```

程序运行结果如图 12-3 所示。

图 12-3　例 12-4 的程序运行结果

例 12-5　输入一个 int 型数 m，将其对应的二进制数低 8 位清 0，其他位不变。

分析：一般整型 m 占 2B 空间，共 16 位，将低 8 位清 0，只需将 m 与二进制数 11111111 00000000（十进制数为 -256）进行"与"运算即可。程序如下：

```
#include "stdio.h"
void main()
{
    int m,n,t=-256;
    printf("Enter an integer:\n");
    scanf("%d,",&m);
    n=m&t;
    printf("%d的低 8 位清 0 后的值为:%d\n",m,n);
}
```

当输入 254 时,运行结果如图 12-4 所示。当输入 258 时,运行结果如图 12-5 所示。

图 12-4　输入 254 时例 12-5 的程序运行结果　　　图 12-5　输入 258 时例 12-5 的程序运行结果

说明：当输入 254 时,m 的值为 254,对应的二进制数为 00000000 11111110,m&t 的结果为二进制 00000000 00000000(即十进制的 0),当 $0 < m \leqslant 255$ 时,因为高 8 位全部为 0,所以结果为 0。

当输入 258 时,m 的值为 258,对应的二进制数为 00000001 00000010,m&t 的结果为二进制 00000001 00000000(即十进制的 256)。

2. 按位或运算符(|)

运算规则：参与运算的两个数对应的二进制位进行"或"运算,也就是说只有对应的两个二进制位均为 0 时,结果位才为 0,否则为 1。即 0|0=0,0|1=1,1|0=1,1|1=1。

例如 −8|9 运算如下：

$$\begin{array}{r} 11111000 \quad （十进制 -8） \\ |\quad 00001001 \quad （十进制 9） \\ \hline 11111001 \end{array}$$

将二进制数 11111001 转换为十进制数为 −7,所以 −8|9 的结果为 −7。

按位"或"的应用：利用按位"或"运算将一个数据指定位值为 1。要将一个二进制数的某个位值指定为 1,那么就将这个二进制数与一个二进制数(指定位为 1,其他位为 0)的数按位"或"就可以了。

例 12-6　输入一个 int 型数 m,将其对应的二进制数低 4 位置为 1,其他位不变。

分析：一般整型 m 占 2B 空间,共 16 位,将低 4 位置为 1,只需将 m 与二进制数 00000000 00001111(十进制数为 15)进行"或"运算即可。程序如下：

```c
#include "stdio.h"
void main()
{
    int m,n,t=15;
    printf("Enter an integer:\n");
    scanf("%d,",&m);
    n=m|t;
    printf("%d 的低四位设置为 1 后的值为：%d\n",m,n);
}
```

当输入 18 时,程序运行结果如图 12-6 所示。

说明：输入 18 时,m 的值为 18,对应的二进制数为 00000000 00010010,m|t 的结果为二进制 00000000 00011111(即十进制的 31)。

图 12-6　输入 18 时例 12-6 的程序运行结果

3. 按位异或运算符(^)

运算规则：参与运算的两个数对应的二进制位相"异或"，也就是说当二进制位"异或"运算时，结果为 1，否则为 0。即 $0\wedge0=0,0\wedge1=1,1\wedge0=1,1\wedge1=0$。

例如，$-8\wedge9$ 运算如下：

$$11111000（十进制-8）$$
$$\wedge \quad 00001001（十进制\ 9）$$
$$\overline{\quad\quad 11110001 \quad\quad}$$

将二进制数 11110001 转换为十进制数为 -15，所以 $-8\wedge9$ 的结果为 -15。

按位"异或"的应用：

(1) 定位翻转，也就是说使指定位的值发生变化，1 变成 0，0 变成 1。

例 12-7　输入一个 int 型数 m，将其对应的二进制数低四位翻转，其他位不变。

分析：一般整型 m 占 2B 空间，共 16 位，将低 4 位翻转，只需将 m 与二进制数 00000000 00001111(十进制数为 15)进行"异或"运算即可。程序如下：

```c
#include "stdio.h"
void main()
{
    int m,n,t=15;
    printf("Enter an integer:\n");
    scanf("%d,",&m);
    n=m^t;
    printf("%d的低四位翻转后的值为：%d\n",m,n);
}
```

当输入 18 时程序运行如图 12-7 所示。

图 12-7　输入 18 时例 12-7 的程序运行结果

说明：输入 18 时，m 的值为 18，对应的二进制数为 00000000 00010010，m^t 的结果为二进制 00000000 00011101(即十进制的 29)。

（2）不用临时变量，交换两个值。

例 12-8 输入两个 int 型数 m 和 n，不用其他变量，将 m 和 n 的值互换。程序如下：

```
#include "stdio.h"
void main()
{
    int m,n,t=15;
    printf("Enter two integers:\n");
    scanf("%d%d",&m,&n);
    printf("互换前:m的值为:%d,n的值为:%d\n",m,n);
    m=m^n;
    n=n^m;
    m=m^n;
    printf("互换后:m的值为:%d,n的值为:%d\n",m,n);
}
```

当输入 18 和 16 时，程序运行如图 12-8 所示。

图 12-8　输入 18 和 16 时例 12-8 的程序运行结果

说明：代码执行过程中，输入十进制数 18 对应二进制数 00000000 00010010 给 m，输入十进制数 16 对应二进制数 00000000 00010000 给 n，执行 m ＝ m^ n 后，m 的值变为00000000 00000010（十进制 2），再执行 n＝ n^m 后，n 的值变为 00000000 00010010（十进制18），再执行 n＝ m＝m^n 后，m 的值变为 00000000 00010000（十进制 16）。

（3）定位保留原值，也就是说保留指定位的值，使其不发生变化。利用保留原值位为 0的二进制数与其进行"异或"运算，此位的值不会发生变化。

4. 按位"取反"运算符（～）

运算规则：参与运算的一个数的各二进位按位取"反"，也就是说 0 变成 1，1 变成 0。即～0＝1，～1＝0。

按位取反的应用：适当地使用可增加程序的移植性。要将整数 a 的最低位置为 0，通常采用语句

```
a=a&~1;
```

来完成，因为这样对 a 是 16 位数还是 32 位数均不受影响。

例 12-9 输入一个 int 型数 m，将其对应的二进制数最低清 0，其他位不变。

分析：整型 m 占 2B 空间，共 16 位，将最低位清 0，需将 m 与二进制数1111111111111110（8 进制数为 0177776）进行"与"运算，如果 C 语言编译系统用 32 位存储m 变量，那么就要和八进制数 037777777776 进行"与"运算。为了改变这种不确定性，那么

341

就可以将变量与～1进行"与"运算。程序如下：

```c
#include "stdio.h"
void main()
{
    int m,n,t=15;
    printf("Enter an integer:\n");
    scanf("%d",&m);
    n=m&~1;
    printf("%d左侧最低位清 0 后的值为:%d.\n",m,n);
}
```

当输入 17 时,程序运行结果如图 12-9 所示。

图 12-9　输入 17 时例 12-9 的程序运行结果

说明：输入 17 时,m 的值为 17,对应的二进制数为 00000000 00010001,输出 n 的值为 16,对应二进制数为 00000000 00010000。

运算规则：将"<<"与算符左边的运算数的二进制位全部左移若干位,高位左移溢出部分丢弃,低位补 0。

例如：

```c
int a=14;
a=a<<2;
```

以上表达式就是将 a 的二进制数左移 2 位后,赋值给变量 a,因为 a 为一般整型,占 2B 空间,a＝14 的二进制数为 00000000 00001110,左移 2 位为[00]（舍去）00000000 001110 [00]（填补）。

左移运算的应用：当不超出数值的值域时,可以通过左移实现一个数据与 2^n 相乘的操作。左移 1 位相当于该数乘以 2；左移 n 位相当于该数乘以 2^n。但此结论只适用于该数左移时被溢出舍弃的高位中不包含 1 的情况。左移比乘法运算快得多,有的 C 语言编译系统自动将乘以 2 的运算用左移一位来实现。

例 12-10　输入一个 int 型数 m,输出 m 乘以 8 的值。

分析：一个数乘以 8 就是乘以 2^3,可以通过左移 3 位实现。程序如下：

```c
#include "stdio.h"
void main()
{
    int m,n,t=15;
    printf("Enter an integer:\n");
    scanf("%d",&m);
```

```
n=m<<3;
printf("%d乘以 8后的值为:%d.\n",m,n);
}
```

当输入 17 时程序运行结果如图 12-10 所示。

图 12-10　输入 17 时例 12-10 的程序运行结果

说明：输入 17 时,m 的值为 17,对应的二进制数为 00000000 00010001,输出 n 的值为 136,对应二进制数为 00000000 10001000。

5. "右移"运算符(＞＞)

运算规则：将"＞＞"与算符左边的运算数的二进制位全部右移若干位,低位右移部分丢弃。对于无符号数高位补 0。对于有符号数,如果原来符号位为 0(正数),则高位补 0。如果符号位为 1(负数),则高位补 0 或 1 由计算机系统决定。

右移运算的应用：右移一位相当于该数除以 2;右移 n 位相当于该数除以 2^n。

例 12-11　输入一个 int 型正数 m,输出 m 除以 8 的值。

分析：两个整数相除,得到的是商的整数部分,所以一个数除以 8 就是除以 2^3,可以通过右移 3 位实现。程序如下：

```
#include "stdio.h"
void main()
{
    int m,n,t=15;
    printf("Enter an integer:\n");
    scanf("%d",&m);
    n=m>>3;
    printf("%d除以 8后的值为:%d.\n",m,n);
}
```

当输入 17 时,程序运行如图 12-11 所示。

图 12-11　输入 17 时例 12-11 的程序运行结果

说明：输入 17 时,m 的值为 17,对应的二进制数为 00000000 00010001,输出 n 的值为 2,对应二进制数为 00000000 00000010。

12.2.2　位复合赋值运算符

C语言提供了如表12-2所示的5种位复合赋值运算符。

表12-2　位复合赋值运算符

运 算 符	含　　义	结 合 性	优先级
&=	先对右值按位与,再赋值	自右向左	15
|=	先对右值按位或,再赋值	自右向左	15
^=	先对右值按位异或,再赋值	自右向左	15
<<=	先对右值左移,再赋值	自右向左	15
>>=	先对右值右移,再赋值	自右向左	15

说明:

(1) 运算符为双目运算符。

(2) 右值只能是整型或字符型的数据,不能为实型、结构体等类型的数据。

(3) 左侧运算数必须是左值。

运算规则:位复合赋值运算符先对右值进行相应的位运算,然后再将运算结果赋值给运算符左侧的变量。

12.3　应用程序举例

例 12-12　输入一个数 m,输出其所对应二进制数的从右端开始的第 6~8 位。

分析:首先使 m 右移 5 位,使要取出的那几位移到最右端,再设置一个数 n 第 3 位全为 1,其余的位全为 0 的数,即将一个全 1 的数左移 3 位,这样右端低 3 位为 0,最后将 $m\&n$,将 m 的低 3 位取出。程序如下:

```c
#include "stdio.h"
void main()
{
    int m,n,p,t;
    printf("Please input m:\n");
    scanf("%d",&m);
    n=m>>5;
    p=~(~0<<3);
    t=n&p;
    printf("m=%d,t=%d\n",m,t);
}
```

当输入 416 时,程序运行如图 12-12 所示。

说明:输入 416,m 的值为 416,对应的二进制数为 00000001 10100000,m 左移 5 位后为 00000000 00001101。赋值给 n,p 的值二进制数为 00000000

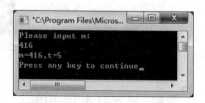

图 12-12　输入 416 时例 12-12 的程序运行结果

00000111,n&p 的值对应二进制数为 00000000 00000101,赋值给变量 t。

12.4 错误解析

(1) 位运算要求操作数的数据类型为整型。

(2) 左移运算将一个位串信息向左移指定的位,左端移出的位的信息就被丢弃,右端空出的位用 0 补充。例如 014<<2,结果为 060,即 48。

(3) 右移运算将一个位串信息向右移指定的位,右端移出的位的信息被丢弃。例如 12>>2,结果为 3。与左移相反,对于小整数,每右移 1 位,相当于除以 2。在右移时,需要注意符号位问题。对无符号数据,右移时,左端空出的位用 0 补充。对于带符号的数据,如果移位前符号位为 0(正数),则左端也是用 0 补充。如果移位前符号位为 1(负数),则左端用 0 或用 1 补充,取决于计算机系统。对于负数右移,称用 0 补充的系统为"逻辑右移",用 1 补充的系统为"算术右移"。

练 习 12

一、选择题

1. 以下运算符中优先级最低的是(　　　),优先级最高的是(　　　)。

　　A. && 　　　　　　　　B. & 　　　　　　　　C. || 　　　　　　　　D. |

2. 以下叙述中不正确的是(　　　)。

　　A. 表达式 a&=b 等价于 a=a&b 　　　　B. 表达式 a|=b 等价于 a=a|b

　　C. 表达式 a!=b 等价于 a=a!b 　　　　D. 表达式 a^=b 等价于 a=a^b

3. 若 x=2,y=3,则 x&y 的结果是(　　　)。

　　A. 0 　　　　　　　　B. 2 　　　　　　　　C. 3 　　　　　　　　D. 5

4. 在位运算中,操作数每左移一位,则结果相当于(　　　)。

　　A. 操作数乘以 2 　　　　　　　　B. 操作数除以 2

　　C. 操作数除以 4 　　　　　　　　D. 操作数乘以 4

二、填空题

(1) 设有 char a,b;若要通过 a&b 运算屏蔽掉 a 中的其他位,只保留第 2 和第 8 位(右起为第一位)。则 b 的二进制数是_____。

(2) 在测试 char 型变量 a 第 6 位是否为 1 的表达式是_____(设最右位是第 1 位)。

(3) 设二进制数 x 的值是 11001101。若想通过 x&y 运算使 x 中的低 4 位不变,高 4 位清 0,则 y 的二进制数是_____。

(4) 以下程序的运行结果是_____。

```
#include "stdio.h"
void main()
{
    char a=0x95,b,c;
    b=(a&0xf)<<4;
```

```
        c=(a&0xf0)>>4;
        a=b|c;
        printf("%x\n",a);
}
```

(5) 以下程序的运行结果是_____。

```
#include "stdio.h"
void main()
{
        unsigned a,b;
        a=0x9a;
        b=~ a;
        printf("a:%x\nb:%x=n",a,b);
}
```

(6) 以下程序运行的结果是_____。

```
#include "stdio.h"
void main()
{
        unsigned a=0112,x,y,z;
        x=a>>3;
        printf("x=%o,",x);
        y=~ (~ 0<<4);
        printf("y=%o,",y);
        z=x&y;
        printf("z=%o\n",z);
}
```

第13章 文件操作

文件是程序设计中的一个重要概念。本章将讨论 C 语言程序里的文件使用,并介绍文件读写函数的功能及各个参数的含义。通过本章学习,可清楚地认识 C 语言程序数据处理的方式,程序处理的数据从何而来,得到的结果送到哪里去? 利用文件可以存储需要输入的数据以及输出结果数据,并且可以脱离程序长期保存,提高了数据的独立性和共享性。如何利用读写函数解决这方面的问题。

本章知识点:

(1) 文件的概念。

(2) 文件的打开与关闭函数。

(3) 文件读、写函数的应用。

13.1 文件概述

文件是指有组织地存储在外部介质(内存以外的存储介质)上的数据的集合。每一个文件必须有一个文件名,一个文件名由文件路径、文件名主干和文件名后缀三部分组成。计算机系统都包括文件系统,按文件名对文件进行组织和存取管理。

任何应用软件的设计及应用,都离不开对数据的存储与调用,在 C 语言应用设计初期阶段,对数据的管理操作正处于文件管理阶段,因此 C 语言提供了强大的文件管理功能。在外部介质上写(存储)数据,首先必须建立一个文件,然后向它写入数据。要想获取保存在外部介质上的数据,首先必须找到指定的文件,然后再读取该文件中的数据。

在 C 语言程序中对文件名的应用,要注意以下两个方面。

(1) 用双反斜杠(\\)作为目录、子目录、文件之间的分隔符。因为单反斜杠(\)是转义字符的起始符,因此使用双反斜杠(\\)作为目录、子目录和文件之间的分隔符。如在 D 盘的 exam 文件夹中存储文件 test. txt,在 C 语言程序使用中要写成: D:\\exam\\test. txt。

(2) 文件名的命名,必须符合 C 语言标识符的命名规则。文件按照内容划分,有数据文件、源程序文件、可执行程序文件等,本章主要讨论数据文件。根据文件中数据的组织形式,可分为 ASCII 文件(也称为字符文件)和二进制文件。ASCII 文件又称文本(Text)文件,它以字节为单位将文本中每个字符转换成对应的 ASCII 代码并进行存储。二进制文件是把内存中的数据按其在内存中的存储形式原样输出到磁盘上存放。例如,整数 322 的 ASCII 文件形式如图 13-1 所示,二进制文件形式如图 13-2 所示。

00110011	00110010	00110010
3	2	2

图 13-1 ASCII 文件形式

00000001	01000010

图 13-2 二进制文件形式

从图 13-1 可以看出,表示整数 322,用 ASCII 文件形式,占用 3B 空间,1B 表示一个 ASCII 文件字符,输出时对每一个字符逐个进行处理,也便于输出字符,但花费将二进制转换为 ASCII 码的时间,而且占存储空间较多。从图 13-2 可以看出,表示整数 322,用二进制文件形式,占用 2B 空间,节省存储空间,同时无须进行转换,节省转换时间,但 1B 不对应一个字符,不能按字符形式直接输出。

C 语言把文件看作一个字节序列,即由一个一个字符(1B)的数据顺序组成,称为流(Stream),以字节为单位存取,用程序控制输入输出的数据流的开始和结束,不受物理符号(如回车换行符)控制,这种形式的文件称为流式文件。也就是说,C 语言中的文件并不是由记录组成的。那么一个 C 语言文件就是一个字节流或二进制流。

C 语言所使用的磁盘文件系统有两种:一种称为缓冲文件系统,也称为标准文件系统;另一种称为非缓冲文件系统。缓冲文件系统是指系统自动地在内存区为每一个正在使用的文件开辟一个缓冲区。首先从外部介质向内存读入数据时,一次从磁盘文件将一些数据输入到内存缓冲区(充满缓冲区),然后再从缓冲区逐个地将数据送给接收程序变量,最后将文件数据输出。由各个具体的 C 语言版本确定缓冲区的大小,一般为 512B。非缓冲文件系统是指由用户自己根据需要为每个文件设定缓冲区,不由系统自动设置。ANSI C 只采用缓冲文件系统,本章只介绍缓冲文件系统以及对它的读写。

正是由于缓冲区的存在,本章在讲文件操作时,最后一步需要把打开的文件关闭,以保证缓冲区中的数据及时写入文件。

13.2　文件的使用

在 C 语言中,对文件的读写都是通过调用库函数实现的,没有直接用于输入输出的关键字。C 语言定义了标准输入输出函数,进行文件的读写操作。标准输入输出函数是通过操作 FILE 类型(stdio.h 中定义的结构类型)的指针实现对文件的存取。

利用标准输入输出函数进行文件处理的一般步骤如下:

(1) 首先打开文件,建立文件指针或文件描述符与外部文件的联系。

(2) 通过文件指针或文件描述符进行读写操作。

(3) 关闭文件,切断文件指针或文件描述符与外部文件的联系。

在程序开始运行时,系统会自动打开以下 3 个标准流式文件:标准输入文件(stdin)、标准输出文件(stdout)、标准错误文件(stderr),它们隐含指向终端设备。

13.2.1　文件的声明

在缓冲文件系统中定义了一个"文件指针",它是由系统定义的结构体类型,并取名为 FILE(大写),所以也称为 FILE 类型指针。在 C 中的 stdio.h 文件中对该结构体类型的声明如下:

```
typedef struct {
    short       level;          /* fill/empty level of buffer */
    unsigned    flags;          /* File status flags */
    char        fd;             /* File descriptor */
```

```
unsigned char        hold;            /* Ungetc char if no buffer */
short                bsize;           /* Buffer size */
unsigned char        * buffer;        /* Data transfer buffer */
unsigned char        * curp;          /* Current active pointer */
unsigned             istemp;          /* Temporary file indicator */
short                token;           /* Used for validity checking */
}                    FILE;            /* This is the FILE object */
```

因这个文件类型在 stdio. h 文件中定义,所以首先要包含 stdio. h 文件,然后才能对文件进行操作。通常用 FILE 类型来定义指针变量,通过它来访问结构体变量。需要多少个文件,就定义多少个变量,系统就会为这些变量开辟如上所述的结构体变量。

定义文件类型指针变量的一般格式如下:

```
FILE * 变量名;
```

例如:

```
FILE * mp, * np, * tp;
```

表示定义了 3 个指针变量 mp、np、tp 都是指向 FILE 类型结构体数据的指针变量。

13.2.2　文件的打开与关闭

对文件进行读写操作包含打开文件、使用文件和关闭文件 3 个步骤。C 语言定义了标准输入输出函数库,用 fopen()函数来打开文件,用 fclose()函数来关闭文件。对于文件读操作可使用 fgetc()、fscanf()、fread()和 getw()函数;对于文件的写操作可使用 fputc()、fprintf()、fwrite()和 putw()函数。以下将逐一讲述这些函数的使用方法。

1. fopen()函数

函数的功能:以指定的"文件操作方式"打开"文件名"所指向的文件。

调用形式:

```
fopen("文件名","文件操作方式");
```

例如:在计算机 D 盘的 exam 文件夹中存储有数据文件 test. txt,若使用 fopen()函数打开该文件,可使用 fopen("D:\\exam\\test. txt","r"),该函数表示以"r"(只读方式,即只能读取文件数据,不能向文件写数据)方式打开文件 test. txt。

说明:

(1) 文件名要准确描述与文件相关的信息,即包含文件路径、文件名和文件后缀。当打开的文件存储于当前目录时,文件路径可以省略。

(2) 要理解每种文件操作方式的含义。例如,"r"打开一个文件时,该文件必须已经存在,且只能从该文件读取数据。文件操作方式的符号及其含义如表 13-1 所示。

① r 或 rb 或 r＋或 rb＋或 r＋b 操作方式只能对已经存在的文件进行操作,不能创建新文件。w 或 wb 或 w＋或 wb＋或 w＋b 操作方式创建新文件时,如果文件已经存在,将覆盖已有数据。a 或 ab 或 a＋或 ab＋或 a＋b 操作方式要先检查文件是否存在,若存在,则打开文件,若不存在,则新建文件。

表 13-1　文件操作方式的符号及其含义

文件操作方式符号	功　　能
r(只读)	打开一个文本文件,只能读取其中的数据
w(只写)	创建并打开一个文本文件,只能向其写入数据
a(追加)	打开或创建一个文本文件,在文件末尾添加数据
rb(只读)	打开一个二进制文件,只能读取其中的数据
wb(只写)	创建并打开一个二进制文件,只能向其写入数据
ab(追加)	打开或创建一个二进制文件,在文件的末尾添加数据
r+(读写)	打开一个文本文件,可读取或写入其中的数据
w+(读写)	创建并打开一个文本文件,可读取或写入其中的数据
a+(读写)	打开或创建一个文本文件,可读取或在文件末尾添加数据
rb+/r+b(读写)	打开一个二进制文件,可读取或写入其中的数据
wb+/w+b(读写)	创建并打开一个二进制文件,可读取或写入其中的数据
ab+/a+b(读写)	打开或创建一个二进制文件,可读取或在文件末尾添加数据

② 用以上方式打开二进制文件或文本文件是 ANSI C 的规定,但目前有些 C 语言编译器可能不完全提供这些功能,例如有的不能用 r+、w+、a+方式,有的只能用 r、w、a 方式等,使用 C 语言编译器时要注意这方面的规定。

fopen()函数返回值:当 fopen()函数执行成功时,返回一个 FILE 类型的指针值;当执行失败(不能实现打开文件任务)时,返回一个 NULL 值。

不能打开文件的原因可能是磁盘故障、磁盘已满无法建立文件、用“r”方式打开文件不存在等,在使用时,为了检测文件是否正常打开,通常会使用 fopen()函数的返回值,使用下面的方法打开文件。

```
FILE * mp;                              /* 定义一个文件指针变量 */
mp=fopen("d:\\exam\\test.txt","r");     /* 文件指针变量 mp 指向磁盘文件 */
if(mp==NULL)                            /* 以 mp 是否为空来判断文件是否正常打开 */
{
    printf("Can not open file test.txt!\n");
    exit(0);
}
```

如果执行 fopen()函数成功,则将文件的起始地址赋值给指针变量 mp;如果打开文件失败,则将返回值 NULL 赋值给 mp,输出错误信息提示“Can not open file test. txt!”,然后执行 exit(0)函数,它的作用是关闭所有文件,终止正在执行的进程,返回操作系统。待对程序进行检查,修正错误后,再运行程序。

2. fclose()函数

在完成一个文件的使用后,应该关闭它,防止文件被误用或数据丢失,同时及时释放内存,减少系统资源的占用。

功能：关闭文件指针变量所指向的文件，同时自动释放分配给此文件的缓冲区。

调用形式：

```
fclose(文件指针变量);
```

返回值：如果执行关闭文件操作成功，返回值为 0；关闭失败，则返回值为 EOF(−1)。

例如：关闭已打开的文件 D:\exam\test.txt。

```
FILE *mp;
mp=fopen("d:\\exam\\test.txt","r");
…
fclose(mp);
```

关闭 mp 所指向的文件，同时 mp 不再指向该文件。

13.2.3 文件的读写

打开文件的目的就是要向文件读或者写数据。根据读写内容形式的不同，分别定义了不同的函数进行操作。fputc() 和 fgetc() 函数是对单个字符进行操作，fputs() 和 fgets() 函数是对字符串进行操作，fprintf() 和 fscanf() 函数是进行格式化操作，fread() 和 fwrite() 函数是对数据块进行操作。

1. fputc() 函数

功能：将字符 ch 的值写到 mp 所指向的文件中。

调用形式：

```
fputc(ch,mp);
```

参数：ch 是要写入文件的字符，可以是字符常量，也可以是字符变量，很多地方将变量 ch 定义为整型变量，因为整型变量可以赋值为字符常量或变量；mp 是 FILE 类型的数据文件指针变量。

返回值：如果执行成功，返回值就是所写的字符；如果执行失败，返回值就是 EOF(−1)。

例 13-1 利用 fputc() 函数向磁盘文件 D:\exam\test.txt 写入 How are you!

```
#include "stdio.h"
#include "stdlib.h"
void main()
{
    FILE *mp;
    char ch;
    mp=fopen("D:\\exam\\test.txt","w");
    if(mp==NULL)
    {
        printf("Can not open the file test.txt!\n");
        exit(0);
    }
    ch=getchar();
    while(ch!='\n')              /*以输入回车符作为结束标识从键盘获取字符*/
```

```
    {
        fputc(ch,mp);                /* 利用 fputc()函数将 ch 字符写入 mp 指向的磁盘文件 */
        ch=getchar();
    }
    fclose(mp);
}
```

向程序运行窗口内输入 How are you!,如图 13-3 所示。在 D 盘 exam 文件夹下打开 test.txt 文件,可以看到文件的内容为"How are you!",如图 13-4 所示。

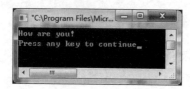

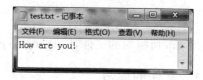

图 13-3 例 13-1 程序运行界面输入内容　　　图 13-4 例 13-1 写入 test.txt 的数据

说明:

(1) 文件指针变量 mp 实际指向的是文件的 FILE 结构体,每当成功执行一次语句

```
fputc(ch,mp);
```

数据文件指针就会自增 1,指向下一个字符,然后在向磁盘文件写入该字符。

(2) 所输入的字符并没有立即给变量 ch,而是当按回车键之后,就先把回车符送到缓冲区中,然后变量 ch 从缓冲区读数据,直到遇到回车符为止。因键盘为标准输入设备,可直接使用,无须执行打开操作。

(3) 文件 test.txt 的路径 D:\exam\test.txt,在程序中要写成 D:\\exam\\test.txt。

2. fgetc()函数

功能:从 mp 所指向的文件中读取一个字符。

调用形式:

```
fgetc(mp);
```

参数:mp 是 FILE 类型的数据文件指针变量。

返回值:如果执行成功,返回值就是读取的字符;如果执行时遇到文件结束符,返回值就是 EOF(−1)。

当函数读取字符遇到结束符时,函数的返回值就为−1。

例 13-2 利用 fgetc()函数读取磁盘文件 D:\exam\test.txt 中的内容,内容如图 13-4 所示。

```
#include "stdio.h"
#include "stdlib.h"
void main()
{
    FILE * mp;
    char ch;
```

```
mp=fopen("D:\\exam\\test.txt","r");
if(mp==NULL)
{
    printf("Can not open the file test.txt!\n");
    exit(0);
}
ch=fgetc(mp);                    /*利用 fgetc()函数获取文件内容*/
while(ch!=EOF)                   /*当遇到文件结束符时停止*/
{
    putchar(ch);                 /*利用 putchar()函数将 ch 输出到显示器*/
    ch=fgetc(mp);
}
putchar('\n');
fclose(mp);
}
```

说明：

（1）文件指针变量 mp 实际指向的是文件的 FILE 结构体，当 fgetc(mp)函数调用每执行成功一次，数据文件指针就会自增 1，指向下一个字符，然后再向磁盘文件读取该字符。

（2）因为只是读取 test.txt 文件中的内容，所以用只读(r)方式打开文件，为了避免误操作修改文件的内容，一定不要写成写(w)操作方式。

（3）在 while 循环中，每次从 test.txt 文件中读取一个字符，赋值给变量 ch，在显示器上显示该字符，当读取字符遇到文件结束标志时，fgetc(mp)的返回值为 EOF(即 -1)，循环结束。因显示器为标准输出设备，可直接使用，无须执行打开操作。

3. fputs()函数

功能：将 str 字符指针所指向的字符串（或字符数组中的所有字符、字符串常量），写到 mp 所指向的文件。其中字符串的结束符'\0'不写入。

调用形式：

```
fputs(str,mp);
```

参数：str 是字符串或字符数组；mp 是 FILE 类型的数据文件指针变量。

返回值：如果执行成功，返回值非负值；如果执行失败，返回值就是 EOF(-1)?

例 13-3 将利用键盘输入的字符串，保存到磁盘文件 D:\exam\test.txt 中。

```
#include "stdio.h"
#include "stdlib.h"
#include "string.h"
void main()
{
    FILE * mp;
    char str[100];
    if((mp=fopen("D:\\exam\\test.txt","w"))==NULL)
    {
```

```
        printf("Can not open the file text.txt!.\n");
        exit(0);
    }
    while(strlen(gets(str))>0) /* 当一行只输入回车键时停止 */
    {
        fputs(str, mp);                    /* 用 fputs()将字符串 str 写入 mp 指向的磁盘文件 */
        fputs("\n",mp);
    }
    fclose(mp);
}
```

在程序运行窗口中输入如图 13-5 所示内容。

在 D 盘的 exam 文件夹下打开 test. txt 文件如图 13-6 所示的数据。

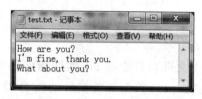

图 13-5　例 13-3 程序运行界面输入内容　　　图 13-6　例 13-3 写入 test. txt 的数据

说明：

（1）程序执行过程为，首先将键盘输入字符串保存到 str[]字符数组，然后再调用 fputs()函数将 str 字符串写到 D:\exam\test. txt 文件中。

（2）例题中 while 循环退出的条件是字符串的长度为 0，最后一行只输入一个回车符，这里系统是将回车符作为空白字符处理的，字符串长度为 0，按最后一个回车键后，将退出输入窗口。

（3）为了将输入的字符串区分开，因 fputs()函数不会自动在字符串后添加'\n'字符，故在循环中，每个字符串写入后，执行语句

```
fputs("\n",mp);
```

添加一个'\n'字符。

4. fgets()函数

功能：从 mp 所指向的文件中读取 $n-1$ 个字符，并在最后自动添加'\0'，将其放入 str 中。如果读入字符的个数不到 $n-1$ 个就遇到文件结束符 EOF 或换行符'\n'，则结束读入，同时将换行符'\n'读入到 str 中。

调用形式：

```
fgets(str,n,mp);
```

参数：str 是用于存放读取的字符串的字符数组（或字符指针指向字符数组）；n 是一个整型数据，表示放入 str 中字符的个数，其中包括 $n-1$ 个字符和自动添加的'\0'。mp 是 FILE 类型的数据文件指针变量。

返回值：如果执行成功，返回值为 str 的首地址；如果执行失败（出错或读到文件尾），返

回值就是 NULL。

例 13-4 将上述例题写入磁盘文件 D:\exam\test.txt 中内容(如图 13-6 所示)读取出来。

```c
#include "stdio.h"
#include "stdlib.h"
#include "string.h"
void main()
{
    FILE * mp;
    char str[100];
    mp=fopen("D:\\exam\\test.txt","r");
    if(mp==NULL)
    {
        printf("Can not open the file text.txt!\n");
        exit(0);
    }
    while(fgets(str, 100, mp)!=NULL)
    //利用 fgets()函数从 mp 指向的磁盘文件获取 100 个字符给字符数组 str
    //当获取内容为空时停止
        printf("%s",str);
    fclose(mp);
}
```

程序运行结果如图 13-7 所示。

说明:

(1) 程序执行过程,首先利用 fgets()函数将 mp 指向文件内容给数组 str,然后再利用 printf()函数将数组 str[]中的内容输出。

(2) 在语句

图 13-7 例 13-4 的运行结果

```c
printf("%s",str);
```

中没有'\n',而输出的每一段字符串也进行了换行,说明 fgets()函数读取字符串中的字符时,读取了每个字符串最后包含的'\n'字符。

5. fprintf()函数

功能:按照格式字符串的格式,将输出列表项中的内容输出到文件指针所指向的文件。

调用形式:

```c
fprintf(文件指针,格式字符串,输出列表项);
```

fprintf()函数与 printf()函数都是输出函数,只不过输出的位置不同,printf()函数是将数据输出到显示器,而 fprintf()函数是将数据输出到磁盘文件。

参数:格式字符串可参照 printf()函数的要求。

函数返回值:是写入文件的字符个数,现在需要在不向文件写内容(因内容改变)的情况下得到其返回值，例如：

```
int m=12;
char n='c';
FILE * mp;
...
fprintf(mp,"%d,%c",m,n);
```

以上程序是将整型变量 m 和字符型变量 n，按照"%d,%c"的格式输出到 mp 所指向的文件中。执行后输出到磁盘文件的内容如下：

```
12,c
```

例 13-5 从键盘输入 3 个学生姓名、学号和年龄，并把它们写到磁盘文件 D:\exam\student.txt 中。

```
#include "stdio.h"
#include "stdlib.h"
void main()
{
    FILE * mp;
    int ID;
    char name[20];
    int age;
    mp=fopen("D:\\exam\\student.txt","w");
    if(mp==NULL)
    {
        printf("Can not open the file student.txt.\n");
        exit (0);
    }
    printf("Please input ID,name,age:\n");
    scanf("%d %s %d",&ID,name,&age);
    while(ID!=0)
    {
        fprintf(mp,"%d %s %d\n",ID,name,age);
        printf("Please input ID,name,age:\n");
        scanf("%d %s %d",&ID,name,&age);
    }
    fclose(mp);
}
```

运行结果如图 13-8 所示。

在 D 盘的 exam 文件夹中查看 student.txt 文件，打开该文件，可看到如图 13-9 所示的数据。

说明：

(1) 在程序执行过程中，先把键盘输入的数据给定义的变量，然后再通过 fprintf()函数将变量的值写入磁盘文件。

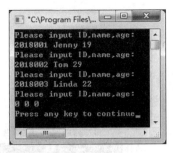

图 13-8　例 13-5 的运行结果　　　　　图 13-9　例 13-5 写入文件的数据

（2）程序是通过判断变量 ID 的值是否为 0 来控制循环的，所以在循环执行前要输入第一个学生的信息，且不能为 0，因为输入 3 个学生的信息，在输入第 4 个学生的信息时，第 1 个值（赋值给 ID 的值）要输入 0，这样 while 条件不成立，就退出循环。

（3）到磁盘文件下打开文件，可以验证输入的内容是否正确输入到文件中。因没有在 fprintf() 函数中输出"\n"，可以看到所有写入的数据都在一行上。

6. fscanf() 函数

功能：按照格式字符串的格式，将文件指针所指向的文件中的数据赋值给输入列表项。

调用形式：

fscanf(文件指针,格式字符串,输入列表项);

fscanf() 函数与 scanf() 函数都是输入函数，只不过获取数据的位置不同，scanf() 函数是从键盘获取数据，而 fscanf() 函数是从磁盘文件获取数据。

参数：格式字符串可参照 scanf() 函数的要求。

返回值：为整型数据，表示成功读入的参数的个数。

例如：假设 mp 文件中存储的数据为"25,t"

```
int m;
char n;
FILE * mp;
...
fscanf(mp,"%d,%c",&m,&n);
```

程序执行过程为，将文件中的整数 25 给变量 m，将文件中的字符常量 t 给字符变量 n。

例 13-6　将上个例题写入磁盘文件 D:\exam\student.txt 中的内容输出到显示器。

```
#include "stdio.h"
#include "stdlib.h"
void main()
{
    FILE * mp;
    int ID;
    char name[20];
    int age;
    mp=fopen("D:\\exam\\student.txt","r");
```

```
    if(mp==NULL)
    {
        printf("Can not open the file student.txt!\n");
        exit(0);
    }
    while(fscanf(mp,"%d %s %d",&ID,name,&age)!=EOF)
        printf("%d %s %d\n",ID,name,age);
    fclose(mp);
}
```

程序运行结果如图 13-10 所示。

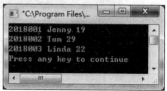

图 13-10　例 13-6 的程序运行结果

说明：在磁盘文件中存储的数据是在同一行上，而这里输出的信息是分行显示的，这是因为在 printf()函数中加入了"\n"进行换行。

7. fwrite()函数

功能：从 buf 所指向的数据存储区获取数据，向 mp 所指向的文件写入数据，每次写入 size 字节，写入 count 次。该函数以二进制形式对文件进行操作。

调用形式：

```
fwrite(buf,size,count,mp);
```

参数：buf 是一个指针，指向将要输出数据的存储区的起始地址；size 是指每次写的字节数；count 是指写入的次数；mp 是 FILE 类型的数据文件指针变量。

函数返回值：如果执行成功，返回值为 count 的值；如果执行写入的次数小于 count 次，那么返回实际的次数；如果函数调用失败，返回值就是 0。

例 13-7　从键盘输入 5 个学生的学号和两门课程的成绩，利用 fwrite()函数将数据写到磁盘文件 D:\exam\stu_grade.txt 中。

```
m\stu_grade.txt 中。
#include "stdio.h"
#include "stdlib.h"
struct student
{
    int sn;
    int grade1,grade2;
}stu[5];
void main()
{
    FILE * mp;
    int i;
    mp=fopen("D:\\exam\\stu_grade.txt","w");
    if(mp==NULL)
    {
        printf("Can not open the file stu_grade!\n");
        exit(0);
```

```
    }
    for (i=0;i<5;i++)
    {
        printf("Please the No.%d information:\n",i+1);
        scanf("%d %d %d",&stu[i].sn, &stu[i].grade1, &stu[i].grade2);
    }
    for (i=0;i<5;i++)
    {
        if(fwrite(&stu[i],sizeof(struct student),1,mp)!=1)
            printf("This file write error!\n");
    }
    fclose(mp);
}
```

程序运行输入 5 个学生的学号和两门课程的成绩,如图 13-11 所示。

程序运行过程中,首先把输入的数据给 stu[5]数组,然后再通过 fwrite()函数将数据写入磁盘文件 D:\exam\stu_grade.txt 中,可以通过打开磁盘文件 stu_grade.txt 来验证以下是否写入其中。由于该函数是以二进制形式对文件进行操作的,所以打开后的文件内容是看懂的,如图 13-12 所示。要想看它的真实内容,必须再用相应的 fread()函数把其中的内容读出来并以适当的方式显示。

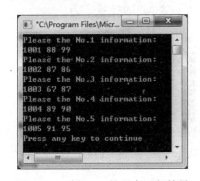

图 13-11　例 13-7 的程序运行结果

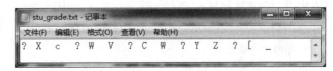

图 13-12　stu_grade.txt 的内容

8. fread()函数

功能:从 mp 所指向的文件读取数据,每次读取 size 字节,读取 count 次,将读取的数据存储到 buf 所指向的数据存储区。

调用形式:

```
fread(buf,size,count,mp);
```

参数:buf 是一个指针,指向将要读入数据的存储区的起始地址;size 是指每次读取的字节数;count 是指读取的次数;mp 是 FILE 类型的数据文件指针变量。

返回值:如果执行成功,返回值为 count 的值;如果执行写入的次数小于 count 次,那么返回实际的次数;如果函数调用失败,返回值就是 0。

例 13-8　利用 fread()函数验证例 13-7 中输入的内容是否写入磁盘文件 D:\exam\stu_grade.txt 中。

```
#include "stdio.h"
#include "stdlib.h"
struct student
{
    int sn;
    int grade1,grade2;
}stu[5];
void main()
{
    FILE * mp;
    int i;
    mp=fopen("D:\\exam\\stu_grade.txt","r");
    if(mp==NULL)
    {
        printf("Can not open the file stu_grade!\n");
        exit(0);
    }
    for (i=0;i<5;i++)
    {
        fread(&stu[i],sizeof(struct student),1,mp);
        printf("%d %d %d\n", stu[i].sn, stu[i].grade1, stu[i].grade2);
    }
    fclose(mp);
}
```

程序运行结果在屏幕上显示如图 13-13 所示。可以看出，以二进制存储在文件 stu_grade. txt 中的数据直接双击打开是看不懂的，需要通过 fread()函数读出。

图 13-13　例 13-8 的程序运行结果

9. putw()函数

putw()函数为非标准 C 语言所提供的函数，也就是说部分 C 语言编译系统提供此函数。

功能：从 mp 所指向的磁盘文件写入一个整数 i。

调用形式：

```
putw(i,mp);
```

参数：i 表示一个整型变量或常量；mp 是 FILE 类型的数据文件指针变量。

返回值：如果执行成功，返回值为 i 的值；如果执行失败，返回值就是 EOF。

10. getw()函数

getw()函数为非标准 C 语言所提供的函数，也就是说部分 C 语言编译系统提供此函数。

功能：从 mp 所指向的磁盘文件读取一个整数到内存。

调用形式：

```
getw(mp);
```

参数：mp 是 FILE 类型的数据文件指针变量。

返回值：如果执行成功,返回值为 i 的值;如果执行失败,返回值就是 EOF。

13.3 随机文件的读写

上面所讲的函数都是顺序读写一个文件,每完成一个字符的读写,文件指针就指向下一个字符。向文件读写字符的位置是由文件指针指向的位置决定的,下面介绍几个关于文件指针位置定位的函数,可以利用它们实现随机文件的读写。

1. fseek()函数

功能：将位置指针指向从起始点开始,移动到位移量所标识的位置。

调用形式：

`fseek(文件类型指针,位移量,起始点);`

参数：文件类型指针是一个 FILE 类型的数据文件指针变量;位移量是一个长整型数据,如果为正值,表示从"起始点"开始向文件末尾方向移动的字节数,如果为负值,表示从"起始点"开始向文件开头方向移动的字节数;起始点是指移动的起始位置,可以是数字或宏名代表,在 stdio.h 文件中定义,其含义如表 13-2 所示。

表 13-2　移动的起始位置说明

数　值	宏　名	含　义
0	SEEK_SET	文件开头
1	SEEK_CUR	当前位置
2	SEEK_END	文件末尾

返回值：如果执行成功,返回值为 0;如果执行失败,返回值就是非 0 值。

例如：

`FILE * mp;`

`...`

`fseek(mp,20L,0);`

表示将位置指针从文件开头位置向文件末尾位置移动 2B。

`fseek(mp,20L,1);`

表示将位置指针从当前位置向文件末尾位置移动 20B。

`fseek(mp,-20L,1);`

表示将位置指针从当前位置向文件开头位置移动 20B。

`fseek(mp,20L,2);`

表示将位置指针从文件末尾位置向文件开头位置移动 20B。

fseek()函数一般用于二进制文件,因为用于文本文件要进行字符转换,计算位置经常会发生混乱。

2. ftell()函数

功能：位置指针当前指向的位置。

调用形式：

```
ftell(文件类型指针);
```

参数：文件类型指针是一个 FILE 类型的数据文件指针变量。

返回值：如果执行成功,返回值为位置指针的值;如果出错(如文件不存在),返回值就是-1。

ftell()函数的返回值,常用来确定当前位置指针指向的文件是否存在。

例如：

```
FILE * mp;
int m;
...
m=ftell(mp);
if(m==-1)
    printf("FILE ERROR!");
```

通过把位置指针的值赋值给变量 m,利用其返回值,当 m=-1 时,表明位置指针指向文件出错,输出提示内容。

3. rewind()函数

功能：使位置指针当前指向文件开头。

调用形式：

```
rewind(文件类型指针);
```

参数：文件类型指针是一个 FILE 类型的数据文件指针变量。

返回值：无返回值。

4. feof()函数

功能：判断文件指针是否指向文件末尾。

调用形式：

```
feof(文件类型指针);
```

参数：文件类型指针是一个 FILE 类型的数据文件指针变量。

返回值：如果文件指针指向文件末尾,返回值为 1;如果文件指针未指向文件末尾,返回值为 0。

13.4 应用程序举例

例 13-9 利用键盘向磁盘文件 D:\exam\test3.txt 输入一篇英文文章,计算其中英文字母的个数及单词的个数。

分析：

(1) 向磁盘文件写入内容,可调用写入函数。这里要注意如何控制输入结束的算法。

假如用 puts()函数,可以通过计算最后输入字符串的长度来控制其结束。

(2)计算英文字母个数,设置一个计数器,通过与大写和小写字母进行比较,符合要求,计数器加 1。

(3)计算单词的个数,通过判断遇到单词结束符的方法计算单词的个数,也就是说在文章中一个单词是从遇到字母开始,到遇到空格、逗号(,)或句点(.)时结束的。

(4)在读取文件中的内容的时候,把遇到文件结束符(EOF)作为循环的结束的条件。

程序如下:

```
#include "stdio.h"
#include "stdlib.h"
#include "string.h"
void main()
{
    FILE * mp;
    char ch;
    char str[5000];
    int flag=1;                      /* 标点符号标记 */
    int count1=0;                    /* 单词计数器 */
    int count2=0;                    /* 字母计数器 */
    mp=fopen("D:\\exam\\test3.txt","w");
    if(mp==NULL)
    {
        printf("Can not open this file.\n");
        exit(0);
    }
    while(strlen(gets(str))>0)            /* 从键盘输入字母到磁盘文件 */
        fputs(str, mp);
    fclose(mp);
    mp=fopen("D:\\exam\\test3.txt","r");   /* 以"r"方式打开磁盘文件 */
    if(mp ==NULL)
    {
        printf("Can not read this file.\n");
        exit(0);
    }
    while((ch=fgetc(mp))!=EOF)             /* 逐个读取字符直到文件尾 */
    {
    if(ch==' '||ch==','||ch=='\n'||ch=='.')    /* 空格、逗号、换行、句号 */
            flag++;
        else
            if(flag)
            {
                flag=0;
                count1++;
            }                      //因标识初始值为 1,即遇到第一字母后就先记一个单词,
                                   //以后,前为(空格、逗号、换行、句号),后为字母,才计为单词
```

```
        if(('a'<=ch&&ch<='z')||('A'<=ch&&ch<='Z'))
            count2++;
        }
    fclose(mp);
    printf("The number of the words in this article is :%d.\n",count1);
    printf("the number of the character is:%d.\n",count2);
}
```

程序运行结果如图 13-14 所示。

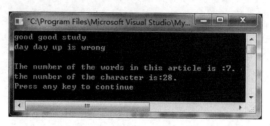

图 13-14　例 13-9 的程序运行结果

例 13-10　如果 D 盘 grade 文件夹中的 student.txt 文件存储了 10 个整型数据,将这 10 个整型数据中的偶数输出到 result.dat 中。

要求:使用函数 FUN() 判断一个数是否是偶数,并将该函数放在头文件 function.h 中以供主函数调用。

```
#include "stdio.h"
#include "stdlib.h"
#include "function.h"
#define N 10
void main()
{
    FILE * fp, * mp;
    fp = fopen("D:\\grade\\student.txt","r");
    if(fp==NULL)
    {
        printf("Can not open student.txt\n");
        exit(0);
    }
    mp = fopen("D:\\grade\\result.dat","w");
    if(mp==NULL)
    {
        printf("Can not open result.dat\n");
        exit(0);
    }
    int array[N];
    for(int i=0;i<N;i++)
    {
        fscanf(fp,"%d",&array[i]);
```

```
        printf("%d\n",array[i]);
    }
    for(i=0;i<N;i++)
        if(FUN(array[i]))
            fprintf(mp,"%d\n",array[i]);
    fclose(fp);
    fclose(mp);
}
```

头文件 function.h 的内容如下：

```
int FUN(int m)
{
    if(m%2==0)
        return 1;
    else
        return 0;
}
```

程序的原始数据和运行结果数据如图 13-15 和图 13-16 所示。

图 13-15　student.txt 的数据

图 13-16　result.dat 的数据

例 13-11　dat1.dat 存放的是一系列整型数据，求 dat1.dat 中的最小 3 个数的立方和（先求每个数的立方再求和），求得的和显示在屏幕上，并且将最小的 3 个数与所求得的结果输出到 dat6.dat 中。提示：先对 dat1.dat 中的数据进行排序，然后再进行计算。要求如下：

（1）使用下面的函数来实现，并把该函数放在头文件 ISmin.h 中以便在主函数中调用。

```
float intSumMin(int * p,int num)
{
//实现排序和求值
}
```

（2）主函数中使用的数组使用动态数组来创建。

（3）dat6.dat 在程序的执行过程中创建。

分析：本题可分为如下 7 个步骤来完成。

第 1 步：创建文件类型的指针。

```
FILE * fp,* mp;
```

第 2 步：建立文件类型指针与文件之间的关联 fopen()。

```
fp=fopen("文件名"."r");
fp=fopen("文件名","w");
```

第 3 步：判断是否成功建立关联。

```
if(fp==NULL)
{
    printf("Can not open 文件名!\n");
    exit(0);
}


if(mp==NULL)
{
printf("Can not open 文件名!\n");
    exit(0);
}
```

第 4 步：读取数据。

已知文件数据中记录的个数(N)。定义一维数组 array[N]

```
int array[N];
for(int i=0;i<N;i++)
    fscanf(fp,"%d",array+i);
```

对于不确定记录的个数,定义一个计数器 cnt,使用 while():

```
int cnt=0;
int * p=(int * )malloc(sizeof(int));
while(!feof(fp))
{
    fscanf(fp,"%d",p+cnt);
    cnt++;
    int * ptr=(int * )realloc(p,sizeof(int) * (cnt+1));
    p=ptr;
}
```

第 5 步：创建函数求解,通常情况下包含头文件。

第 6 步：向文件中写数据。

```
fprintf(mp,"%d------\n",??);
```

第 7 步：关闭文件。

```
fclose(fp);
fclose(mp);
```

主程序如下：

```c
#include "stdio.h"
#include "stdlib.h"
#include "ISmin.h"
void main()
{
    FILE * fp;
    fp=fopen("D:\\grade\\dat1.dat","r");
    if(fp==NULL)
    {
        printf("Can not read data from file dat1.dat!\n");
        exit(1);
    }
    int x,count=0;
    while(fscanf(fp,"%d",&x)!=EOF)
        count++;
    int * array;
    array = (int * )malloc(sizeof(int) * count);
    if(array==NULL)
    {
        printf("Can not allocate enough memory!\n");
        exit(0);
    }
    FILE * fp1;
    fp1=fopen("D:\\grade\\dat2.dat","w");
    if(fp1==NULL)
    {
        printf("Can not write data to file dat2.dat!\n");
        exit(1);
    }
    fp=fopen("D:\\grade\\dat1.dat","r");
    for(int i=0;i<count;i++)
        fscanf(fp,"%d",array+i);
    float sum=intSumMin(array,count);
    for(i=0;i<count;i++)
        fprintf(fp1,"%d\n", * (array+i));
    fprintf(fp1,"The sum=%.0f\n",sum);
    printf("result =%.0f\n",sum);
}
```

头文件 ISmin.h 的内容如下：

```c
#include "math.h"
float intSumMin(int * p,int num)
{
```

```
int i,*v=p,temp;
for(i=0;i<num;i++)
{
    for(v=p;v<p+num-1-i;v++)
        if(*v>*(v+1))
        {
            temp=*v;
            *v=*(v+1);
            *(v+1)=temp;
        }

}
float sum=(float)(pow(*v,3)+pow(*(v+1),3)+pow(*(v+2),3));
return sum;
}
```

13.5 错误解析

如何处理调用输入输出函数出错？前面介绍了使用函数的返回值进行判断,可以知道函数是否正确调用。另外还可以使用 ferror() 函数来检查,因为对一个文件每次调用输入输出函数,ferror() 函数均会产生一个返回值。

1. ferror()函数

功能：生成对文件进行输入输出操作的返回值。

调用形式：

```
ferror(文件类型指针);
```

参数：文件类型指针是一个 FILE 类型的数据文件指针变量。

返回值：如果对文件进行输入输出操作执行成功,返回一个非零值;如果对文件进行输入输出操作出错,返回值就是 0。

当对文件进行输入输出操作出现错误时,那么错误标志将一直保留,直到这个文件再调用其他输入输出函数、rewind() 函数或 clearerr() 函数。

2. clearerr()函数

功能：将文件的错误标志和文件结束标志置为 0。

调用形式：

```
clearerr(文件类型指针);
```

参数：文件类型指针是一个 FILE 类型的数据文件指针变量。

练 习 13

一、选择题

1. 若执行 fopen() 函数时发生错误,则函数的返回值是(　　　)。

A. 地址值　　　　　　　B. 0　　　　　　　　C. 1　　　　　　　D. EOF

2. 若以"a+"方式打开一个已存在的文件,则以下叙述正确的是(　　)。

    A. 文件打开时,原有文件内容不被删除,位置指针移到文件末尾,可执行添加和读操作

    B. 文件打开时,原有文件内容被删除,位置指针移到文件开头,可执行重新写和读操作

    C. 文件打开时,原有文件内容被删除,只可执行写操作

    D. 以上各种说法皆不正确

3. 当顺利执行了文件关闭操作时,fclose()函数的返回值是(　　)。

    A. −1　　　　　　　B. TURE　　　　　　C. 0　　　　　　　D. 1

4. 已知函数的调用形式为

```
fread(buffer,size,count,fp);
```

其中,buffer 代表的是(　　)。

    A. 一个整型变量,代表要读入的数据项总数

    B. 一个文件指针,指向要读的文件

    C. 一个指针,指向要读入数据的存放地址

    D. 一个存储区,存放要读的数据项

5. fscanf()函数的正确调用形式是(　　)。

    A. fscanf(fp,格式字符串,输出表列)

    B. fscanf(格式字符串,输出表列,fp)

    C. fscanf(格式字符串,文件指针,输出表列)

    D. fscanf(文件指针,格式字符串,输入表列)

6. fwrite()函数的一般调用形式是(　　)。

    A. fwrite(buffer,count,size,fp)

    B. fwrite(fp,size,count,buffer)

    C. fwrite(fp,count,size,buffer)

    D. fwrite(buffer,size,count,fp)

7. fgetc()函数的作用是从指定文件读入一个字符,该文件的打开方式必须是(　　)。

    A. 只写　　　　　　　　　　　　B. 追加

    C. 读或读写　　　　　　　　　　D. 答案 B 和 C 都正确

8. 若调用 fputc()函数输出字符成功,则其返回值是(　　)。

    A. EOF　　　　　　　B. 1　　　　　　　　C. 0　　　　　　　D. 输出的字符

二、编程题

1. 用键盘输入一个字符串,写到磁盘文件 test.txt 中。

2. 将已有两个文件 test1.txt 和 test2.txt 文件的数据合并后存放到文件 test3.txt 中。

3. 文件 student.dat 中存储了 10 个整型数据,将这十个整型数据中的偶数输出到 result.dat 中。

要求:使用函数 FUN()判断一个数是否是偶数,并将该函数放在头文件 function.h 中以供主函数调用。

第14章 绘制图形

在前面的章节中,所涉及的内容都是字符、数字、汉字等文本信息在屏幕上的显示,默认情况下每行显示 80 个字符,一屏幕显示 25 行。但在很多情况下,需要以像素的形式,以不同颜色、不同形状来表示程序的输出结果,而不仅仅局限于字符输出,这时候,就需要用到绘图功能了。在本章,讲述了绘图的相关概念、常用的绘图函数和基本的绘图方法,最后通过例子让读者了解和掌握绘图函数的使用。

本章知识点:
(1) 绘图的基本概念。
(2) EasyX 简介。
(3) 绘图函数。

14.1 绘图简介

绘图也称画图,基本意思是指用各种颜料,画笔等作画工具在纸上、墙壁上、画布等工具上画一些自己构思的图画出来。

在前面的章节中,程序的输出都是字符模式的。在这种模式下,显示缓冲区中存放的是显示字符的代码和属性,而显示屏幕被分为若干个字符显示行和列。图形模式(Graphics Mode)也称为 APA 模式(All Points Addressable Mode)。在这种模式下,显示缓冲区中存放的是显示器屏幕上的每个像素点的颜色或灰度值,而显示屏幕被划分为像素行和像素列。

目前,计算机绘图是通过下面的方式学习的。

(1) 对于使用 Visual C++ 6.0 的 C 语言学习者,Visual C++ 6.0 的编辑和调试环境都很优秀,并且 Visual C++ 6.0 有适合教学的免费版本。实际上,在 Visual C++ 6.0 下只能做一些文字性的练习题,想画条直线画个圆都很难,需要注册窗口类、建消息循环等,初学者会受到严重打击。初学编程想要绘图就得用 Turbo C,很是无奈。

(2) "计算机图形学"课程的重点是绘图算法,而不是 Windows 编程,所以许多老师不得不用 Turbo C 教学。Windows 绘图太复杂了,会偏离教学的重点,虽然可以使用 OpenGL,但是门槛依然很高。

基于以上原因,本章在 Visual C++ 6.0 的基础上,使用 EasyX(2014 冬至版)库的功能,用 Visual C++ 6.0 方便的开发平台和 Turbo C 简单的绘图功能来讲解绘图,即通过计算机屏幕在图形模式下绘制图形。

在屏幕上,最基本的元素是像素点,由像素点组成直线、圆,矩形等基本图形。每个像素点包含一些信息,例如显示的位置,显示的亮度、颜色等。在显示直线时,也有一些属性,例如直线的位置、粗线、颜色等。这些属性都可以通过函数来控制。可以说,屏幕上显示的图形正是通过 C 程序来控制像素显示的方式实现的。

例 14-1 用绘图函数绘制"机器猫"图案。

本程序虽然比较长,但没有判断、循环结构,也没有数组、结构体等复杂的数据结构,整体上还是比较简单的。

```c
#include "graphics.h"                          // 包含必要的头文件
#include "conio.h"
#define PI 3.14159265
void main()
{
    initgraph(800, 600);                       // 创建大小为 800 * 600 的绘图窗口
    setorigin(400, 300);                       // 设置原点(0, 0)为屏幕中央(Y 轴默认向下为正)
    setbkcolor(WHITE);                         // 使用白色填充背景
    cleardevice();                             //清屏

    // 画脸
    setfillcolor(RGB(7, 190, 234));            // 头
    setlinecolor(BLACK);
    fillroundrect(-135, -206, 135, 54, 248, 248);
    setfillcolor(WHITE);                       // 脸
    fillellipse(-115, -144, 115, 46);
    fillroundrect(-63, -169, 0, -95, 56, 56);  // 右眼
    fillroundrect(0, -169, 63, -95, 56, 56);   // 左眼
    setfillcolor(BLACK);
    solidcircle(-16, -116, 6);                 // 右眼球
    solidcircle(16, -116, 6);                  // 左眼球
    setfillcolor(RGB(201, 62, 0));             // 鼻子
    fillcircle(0, -92, 15);
    line(0, -77, 0, -4);                       // 人中
    arc(-108, -220, 108, -4, PI * 5 / 4, PI * 7 / 4);    // 嘴
    line(-42, -73, -90, -91);                  // 胡子
    line(42, -73, 90, -91);
    line(-41, -65, -92, -65);
    line(41, -65, 92, -65);
    line(-42, -57, -90, -39);
    line(42, -57, 90, -39);

    // 画身体
    line(-81, 32, -138, 72);                   // 手臂(上)
    line(81, 32, 138, 72);
    line(-96, 96, -116, 110);                  // 手臂(下)
    line(96, 96, 116, 110);
    line(-96, 85, -96, 178);                   // 腿外侧
    line(96, 85, 96, 178);
    arc(-10, 168, 10, 188, 0, PI);             // 腿内侧
    setfillcolor(WHITE);                       // 手
    fillcircle(-140, 99, 27);
    fillcircle(140, 99, 27);
    fillroundrect(-2, 178, -112, 205, 24, 24); // 脚
```

```
fillroundrect ( 2, 178, 112, 205, 24, 24);
setfillcolor(RGB(7, 190, 234));          // 身体填充蓝色
floodfill(0, 100, BLACK);
setfillcolor(WHITE);                     // 肚皮
fillcircle(0, 81, 75);
solidrectangle(-60, 4, 60, 24);          // 用白色矩形擦掉多余的肚皮
pie(-58, 23, 58, 139, PI, 0);            // 口袋

// 画铃铛
setfillcolor(RGB(169, 38, 0));           // 绳子
fillroundrect(-100, 23, 100, 42, 12, 12);
setfillcolor(RGB(245, 237, 38));         // 铃铛外形
fillcircle(0, 49, 19);
setfillcolor(BLACK);                     // 铃铛上的洞
solidellipse(-4, 50, 4, 57);
setlinestyle(PS_SOLID, 3);
line(0, 57, 0, 68);
setlinestyle(PS_SOLID, 1);               // 铃铛上的纹路
line(-16, 40, 16, 40);
line(-18, 44, 18, 44);
// 按任意键退出
_getch();
closegraph();
}
```

程序的运行结果如图 14-1 所示。

图 14-1　画机器猫程序运行结果

可以看出,绘图时,需要 3 个步骤:

(1) 先设置绘图窗口的大小、背景色、坐标等。

(2) 设置画图工具(例如线型、颜色等)进行画图。

(3) 关闭画图模式。

14.2　EasyX 的下载与安装

EasyX 是一个免费的绘图库,有了这个库,可以很方便地以 Turbo C 模式下的简单的绘图方式,在 Visual C++ 6.0 环境下完成各种绘图功能。此软件可以从网上下载和学习。

14.2.1　EasyX 的下载

(1) 打开浏览器,在地址栏中输入 http://www.easyx.cn/。

(2) 选择"下载"菜单项,如图 14-2 所示,列出了它的所有版本。

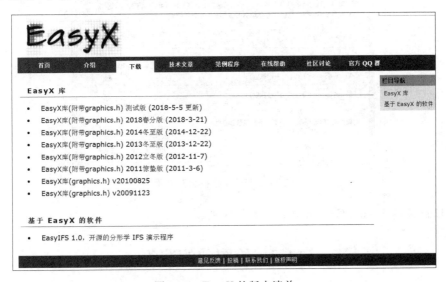

图 14-2　EasyX 的版本清单

(3) 选择"EasyX 库(附带 graphics.h) 2014 冬至版(2014-12-22)"下载。

(4) 下载后在本地是包含 1 个包含文件夹、1 个库文件夹、1 个安装文件和 1 个帮助文件的文件夹,如图 14-3 所示。

14.2.2　安装 EasyX

如图 14-3 中所示,双击 setup.hta 即可安装,在安装过程中,安装程序会检测系统已经安装的 Visual C++ 版本,并根据选择将对应的.h 和.lib 文件安装至 Visual C++ 的 include 和 lib 文件夹内。随后会出现如图 14-4 所的界面。

用户在安装此软件时,选择"安装",否则选择"卸载"。此时,选择"安装"。接着会出现安装完成的界面。EasyX 库采用静态链接方式,不会为程序增加任何额外的 DLL 依赖。

此软件安装完成后,在使用 Visual C++ 6.0 时,外观上没有变化。但在使用绘图时,与

图 14-3　下载后的内容

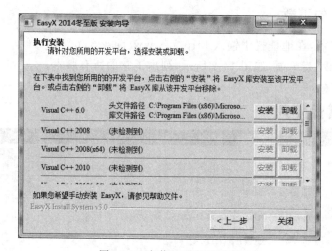

图 14-4　安装过程交互界面

不安装 EasyX 的 Visual C++ 6.0 有很大的区别。

14.3　绘图前的准备

启动 Visual C++ 6.0,创建一个控制台项目(Win32 Console Application),然后添加一个新的代码文件(.cpp),并引用 graphics.h 头文件就可以了。

例 14-2　简单的绘图例子。

```
#include "graphics.h"                    //就是需要引用这个图形库
#include "conio.h"
void main()
{
    initgraph(640, 480);                //这里和 TC 略有区别
    circle(200, 200, 100);              //画圆,圆心(200,200),半径 100
    getch();                            //按任意键继续
    closegraph();                       //关闭图形界面
}
```

程序的功能是初始了一个 640×480 像素的画布,然后以圆心坐标为(200,200)、半径

为 100,用默认的颜色画个圆。程序很简单吧。

14.3.1 颜色

EasyX 使用 24 位真彩色,表示颜色有以下几种办法。

(1) 用预定义颜色常量,如表 14-1 所示。

表 14-1 颜色常量定义表

常　量	值	颜色	常　量	值	颜色
BLACK	0	黑	DARKGRAY	0x555555	深灰
BLUE	0xAA0000	蓝	LIGHTBLUE	0xFF5555	亮蓝
GREEN	0x00AA00	绿	LIGHTGREEN	0x55FF55	亮绿
CYAN	0xAAAA00	青	LIGHTCYAN	0xFFFF55	亮青
RED	0x0000AA	红	LIGHTRED	0x5555FF	亮红
MAGENTA	0xAA00AA	紫	LIGHTMAGENTA	0xFF55FF	亮紫
BROWN	0x0055AA	棕	YELLOW	0x55FFFF	黄
LIGHTGRAY	0xAAAAAA	浅灰	WHITE	0xFFFFFF	白

(2) 用十六进制的颜色表示,形式如下:

0xbbggrr (bb=蓝,gg=绿,rr=红)

(3) 用 RGB 宏合成颜色。

(4) 用 HSLtoRGB、HSVtoRGB 转换其他色彩模型到 RGB 颜色。

例如设置前景色的方法:

```
setcolor(0xff0000);
setcolor(BLUE);
setcolor(RGB(0,0,255));
setcolor(HSLtoRGB(240,1,0.5));
```

14.3.2 坐标

在 EasyX 中,坐标分两种:逻辑坐标和物理坐标。

1. 逻辑坐标

逻辑坐标是在程序中用于绘图的坐标体系。坐标默认的原点在屏幕的左上角,x 轴向右为正,y 轴向下为正,度量单位是像素。

坐标原点可以通过 setorigin()函数修改;坐标轴方向可以通过 setaspectratio()函数修改;缩放比例可以通过 setaspectratio()函数修改。

在本章中,凡是没有注明的坐标,均指逻辑坐标。

2. 物理坐标

物理坐标是描述设备的坐标体系。坐标原点在屏幕的左上角,x 轴向右为正,y 轴向下为正,度量单位是像素。

坐标原点、坐标轴方向、缩放比例都不能改变。

14.3.3 设备

所谓设备,简单来说就是绘图表面。在 EasyX 中,设备分两种,一种是默认的绘图窗口,另一种是 IMAGE 对象。可通过 SetWorkingImage() 函数设置当前用于绘图的设备。

设置当前用于绘图的设备后,所有的绘图函数都会绘制在该设备上。

14.4 绘 图 函 数

在 C 语言中,绘图功能都是通过绘图函数来实现的。在 EasyX 中,函数共分以下几大类:

绘图环境相关函数、颜色模型、颜色及样式设置相关函数、绘制图形相关函数、文字输出相关函数、图像处理相关函数、鼠标相关函数、其他函数、graphics. h 新增函数。

下面讲解部分常用的绘图函数。

14.4.1 绘图环境相关函数

1. cleardevice() 函数
功能:清除屏幕内容。用当前背景色清空屏幕,并将当前点移至(0,0)。
2. closegraph() 函数
功能:关闭图形窗口。
3. initgraph() 函数
功能:初始化绘图环境。
调用形式:

```
HWND initgraph(int width, int height, int flag =NULL);
```

参数:width 表示绘图环境的宽度,height 表示绘图环境的高度。Flag 表示绘图环境的样式,默认为 NULL,也可为表 14-2 中的值。

表 14-2　绘图环境样式的值

值	含　义
NOCLOSE	禁用绘图环境的关闭按钮
NOMINIMIZE	禁用绘图环境的最小化按钮
SHOWCONSOLE	保留原控制台窗口

返回值是创建的绘图窗口的句柄。
例如:
(1) 创建一个尺寸为 640×480 的绘图环境:

```
initgraph(640,480);
```

(2) 创建一个尺寸为 640×480 的绘图环境,同时显示控制台窗口:

```
initgraph(640,480,SHOWCONSOLE);
```

（3）创建一个尺寸为 640×480 的绘图环境,同时显示控制台窗口,并禁用关闭按钮:

```
initgraph(640, 480, SHOWCONSOLE | NOCLOSE);
```

4. setorigin()函数
功能:设置坐标原点。

调用形式:

```
void setorigin(int x, int y);
```

参数:x 表示原点的 x 坐标(使用物理坐标),y 表示原点的 y 坐标(使用物理坐标)。

5. setaspectratio()函数
功能:设置当前缩放因子。

调用形式:

```
void setaspectratio(float xasp,float yasp);
```

参数:xasp 表示 x 方向上的缩放因子。例如绘制宽度为 100 的矩形,实际的绘制宽度为 100×xasp。yasp 表示 y 方向上的缩放因子。例如绘制高度为 100 的矩形,实际的绘制高度为 100×yasp。

说明:如果缩放因子为负,可以实现坐标轴的翻转。例如:执行

```
setaspectratio(1, -1)
```

后,可使 y 轴向上为正。

14.4.2 颜色模型相关宏及函数

1. RGB 宏
功能:用于通过红、绿、蓝颜色分量合成颜色。

调用形式:

```
COLORREF RGB(
BYTE byRed,                                    //颜色的红色部分
BYTE byGreen,                                  //颜色的绿色部分
BYTE byBlue                                    //颜色的蓝色部分
);
```

参数:byRed 表示颜色的红色部分,取值范围:0~255。byGreen 表示颜色的绿色部分,取值范围:0~255。byBlue 表示颜色的蓝色部分,取值范围:0~255。

返回值:返回合成的颜色。

2. GetBValue 宏
功能:返回指定颜色中的蓝色值。

调用形式:

```
BYTE GetBValue(COLORREF rgb);
```

参数：rgb 表示指定的颜色。

返回值：指定颜色中的蓝色值，值的范围为 0～255。

3. RGBtoGRAY()函数

功能：返回与指定颜色对应的灰度值颜色。

```
COLORREF RGBtoGRAY(
    COLORREF rgb
);
```

参数：rgb 表示原 RGB 颜色。

返回值：对应的灰度颜色。

14.4.3 图形颜色及样式设置相关函数

1. setbkcolor()函数

功能：设置当前绘图背景色。

调用形式：

```
void setbkcolor(COLORREF color);
```

参数：color 表示指定要设置的背景颜色。

说明："背景色"是调色板绘图模式下的概念，所谓的背景色，是调色板中编号为 0 的颜色，可以通过修改编号 0 的颜色达到随时修改背景色的目的。在调色板模式下，显存中保存的是每种颜色在调色板中的编号。在 EasyX 中，已经废弃了调色板模式。

真彩色绘图模式下没有调色板，显存中直接保存每个点的颜色，没有背景色的概念。

EasyX 采用真彩色绘图模式，同时使用背景色，目的有两个：

(1) 当文字背景不是透明时，指定文字的背景色。

(2) 执行 cleardevice()或 clearcliprgn()函数时，使用该颜色清空屏幕或裁剪区。

例 14-3 在蓝色背景下绘制红色的矩形。

```
include "graphics.h"
#include "conio.h"
void main()
{
    initgraph(640, 480);                //初始化绘图窗口
    setbkcolor(BLUE);                   //设置背景色为蓝色
    cleardevice();                      //用背景色清空屏幕
    setcolor(RED);                      //设置绘图色为红色
    rectangle(100, 100, 300, 300);      //画矩形
    getch();                            //按任意键退出
    closegraph();
}
```

2. setfillcolor()函数

功能：设置当前的填充颜色。

调用形式：

```
void setfillcolor(COLORREF color);
```

参数：color 表示填充颜色。

例如，设置蓝色填充：

```
setfillcolor(BLUE);
```

3．setlinestyle()函数

功能：设置当前画线样式。

调用形式：

```
void setlinestyle(int style,int thickness =1,const DWORD * puserstyle =NULL,
                  DWORD userstylecount =0);
```

参数：

(1) style：画线样式，由直线样式、端点样式、连接样式三类组成。可以是其中一类或多类的组合。同一类型中只能指定一个样式。

直线样式的值如表 14-3 所示。

表 14-3　直线样式的值

值	含　义
PS_SOLID	线形为————————————
PS_DASH	线形为— — — — — — — — — —
PS_DOT	线形为·········· ·
PS_DASHDOT	线形为— · — · — · — · — ·
PS_DASHDOTDOT	线形为— · · — · · — · ·
PS_NULL	线形为不可见
PS_USERSTYLE	线形样式为用户自定义，有参数 puserstyle 和 userstylecount 指定

(2) thickness：线的宽度，以像素为单位。

(3) puserstyle：用户自定义样式数组，仅当线形为 PS_USERSTYLE 时该参数有效。

数组第 1 个元素指定画线的长度，第 2 个元素指定空白的长度，第 3 个元素指定画线的长度，第 4 个元素指定空白的长度，以此类推。

(4) userstylecount：用户自定义样式数组的元素数量。

更为具体的设置和说明请参考帮助文件 EasyX 库自带的帮助文件 EasyX_Help. chm。

举例如下。

(1) 设置画线样式为点画线：

```
setlinestyle(PS_DASHDOT);
```

(2) 设置画线样式为宽度 3 像素的虚线，端点为平坦的：

```
setlinestyle(PS_DASH | PS_ENDCAP_FLAT, 3);
```

(3) 以下局部代码设置画线样式为宽度 10 像素的实线，连接处为斜面：

```
setlinestyle(PS_SOLID | PS_JOIN_BEVEL, 10);
```

（4）设置画线样式为自定义样式（画 5 个像素，跳过 2 个像素，画 3 个像素，跳过 1 个像素……），端点为平坦的：

```
DWORD a[4] = {5, 2, 3, 1};
setlinestyle(PS_USERSTYLE | PS_ENDCAP_FLAT, 1, a, 4);
```

4. setlinecolor( )函数

功能：设置当前画线颜色。

调用形式：

```
void setlinecolor(COLORREF color);
```

参数：color 表示要设置的画线颜色。

5. setfillstyle( )函数

功能：设置当前填充样式。

调用形式：

```
void setfillstyle(int style, long hatch = NULL, IMAGE * ppattern = NULL);
```

参数：

（1）style：指定填充样式。可以是以下宏或值，如表 14-4 所示。

表 14-4　填充样式的宏或值

宏	值	含　义
BS_SOLID	0	固实填充
BS_NULL	1	不填充
BS_HATCHED	2	图案填充
BS_PATTERN	3	自定义图案填充
BS_DIBPATTERN	5	自定义图像填充

（2）hatch：指定填充图案，仅当 style 为 BS_HATCHED 时有效。填充图案的颜色由函数 setfillcolor 设置，背景区域使用背景色还是保持透明由函数 setbkmode 设置。hatch 参数可以是以下宏或值，如表 14-5 所示。

表 14-5　hatch 参数的宏或值

宏	值	含　义
HS_HORIZONTAL	0	
HS_VERTICAL	1	
HS_FDIAGONAL	2	
HS_BDIAGONAL	3	

宏	值	含　义
HS_CROSS	4	╫╫╫╫╫╫╫╫╫╫╫╫╫╫╫╫╫╫╫╫╫╫╫╫╫╫╫╫
HS_DIAGCROSS	5	▨▨▨▨▨▨▨▨▨▨▨▨▨▨▨▨▨▨▨▨▨▨▨▨

（3）ppattern：指定自定义填充图案或图像，仅当 style 为 BS_PATTERN 或 BS_DIBPATTERN 时有效。

当 style 为 BS_PATTERN 时，ppattern 指向的 IMAGE 对象表示自定义填充图案，IMAGE 中的黑色（BLACK）对应背景区域，非黑色对应图案区域。图案区域的颜色由函数 settextcolor 设置。

当 style 为 BS_DIBPATTERN 时，ppattern 指向的 IMAGE 对象表示自定义填充图像，以该图像为填充单元实施填充。

举例如下。

（1）设置固实填充：

```
setfillstyle(BS_SOLID);
```

（2）设置填充图案为斜线填充：

```
setfillstyle(BS_HATCHED, HS_BDIAGONAL);
```

（3）设置自定义图像填充（由 res\\bk.jpg 指定填充图像）：

```
IMAGE img;
loadimage(&img, _T("res\\bk.jpg"));
setfillstyle(BS_DIBPATTERN, NULL, &img);
```

例 14-4　设置自定义的填充图案（小矩形填充），并使用该图案填充一个三角形：

```
#include "graphics.h"
#include "conio.h"
void main()
{
    initgraph(400, 300);                      //创建绘图窗口
    IMAGE img(10, 8);                         //定义填充单元
    //绘制填充单元
    SetWorkingImage(&img);                    //设置绘图目标为 img 对象
    setbkcolor(BLACK);                        //黑色区域为背景色
    cleardevice();
    setfillcolor(WHITE);                      //白色区域为自定义图案
    solidrectangle(1, 1, 8, 5);
    SetWorkingImage(NULL);                    //恢复绘图目标为默认绘图窗口
    setfillstyle(BS_PATTERN,NULL,&img);       //设置填充样式为自定义填充图案
    settextcolor(GREEN);                      //设置自定义图案的填充颜色
    //绘制无边框填充三角形
```

```
    POINT pts[] = { {50, 50}, {50, 200}, {300, 50} };
    solidpolygon(pts, 3);
    getch();                                      //按任意键退出
    closegraph();
}
```

程序的运行结果如图 14-5 所示。

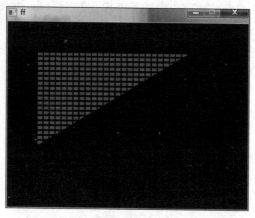

图 14-5　例 14-4 的运行结果

以下局部代码设置自定义的填充图案(圆形图案填充):

```
setfillstyle((BYTE * )"\x3e\x41\x80\x80\x80\x80\x80\x41");
```

以下局部代码设置自定义的填充图案(细斜线夹杂粗斜线图案填充):

```
setfillstyle((BYTE * )"\x5a\x2d\x96\x4b\xa5\xd2\x69\xb4");
```

14.4.4　图形绘制相关函数

前面讲述了对绘图环境、图形颜色、样式等设置的相关函数和宏。在设置好这些条件后,就可以绘制各种图形了,例如弧、圆、椭圆、直线、矩形等。下面分别介绍这些函数。

1. arc()函数
功能:画椭圆弧。
调用形式:

```
void arc(int left,int top,int right,int bottom,double stangle,
        double endangle);
```

参数:left 表示圆弧所在椭圆的外切矩形的左上角 x 坐标。top 表示圆弧所在椭圆的外切矩形的左上角 y 坐标。right 表示圆弧所在椭圆的外切矩形的右下角 x 坐标。bottom 表示圆弧所在椭圆的外切矩形的右下角 y 坐标。stangle 表示圆弧的起始角的弧度。endangle 表示圆弧的终止角的弧度。

2. circle()函数
功能:画圆。

调用形式：

```
void circle(int x,int y,int radius);
```

参数：x 表示圆的圆心 x 坐标。y 表示圆的圆心 y 坐标。radius 表示圆的半径。

3. ellipse() 函数

功能：画椭圆。

调用形式：

```
void ellipse(int left,int top,int right,int bottom);
```

参数：left 表示椭圆外切矩形的左上角 x 坐标。top 表示椭圆外切矩形的左上角 y 坐标。right 表示椭圆外切矩形的右下角 x 坐标。bottom 表示椭圆外切矩形的右下角 y 坐标。

说明：由于屏幕像素点坐标是整数，因此用圆心和半径描述的椭圆无法处理直径为偶数的情况。而该函数的参数采用外切矩形来描述椭圆，可以解决这个问题。

当外切矩形为正方形时，可以绘制圆。

4. line() 函数

功能：画线。还可以用 linerel 和 lineto 画线。

调用形式：

```
void line(int x₁,int y₁,int x₂,int y₂);
```

参数：x_1 表示线的起始点的 x 坐标。y_1 表示线的起始点的 y 坐标。x_2 表示线的终止点的 x 坐标。y_2 表示线的终止点的 y 坐标。

5. lineto() 函数

功能：从"当前点"开始画线。

调用形式：

```
void lineto( int x,int y);
```

参数：x 表示目标点的 x 坐标。y 表示目标点的 y 坐标。

6. pie() 函数

功能：画椭圆扇形。

```
void pie(int left,int top,int right,int bottom,double stangle,double endangle);
```

参数：left 表示扇形所在椭圆的外切矩形的左上角 x 坐标。top 表示扇形所在椭圆的外切矩形的左上角 y 坐标。right 表示扇形所在椭圆的外切矩形的右下角 x 坐标。bottom 表示扇形所在椭圆的外切矩形的右下角 y 坐标。stangle 表示椭圆扇形的起始角的弧度。endangle 表示椭圆扇形的终止角的弧度。

7. polygon() 函数

功能：画多边形。

调用形式：

```
void polygon(const POINT * points,int num);
```

参数：points 表示每个点的坐标，数组元素个数为 num。

该函数会自动连接多边形首尾。

例如，以下局部代码绘制一个三角形（两种方法）：

方法 1：

```
POINT pts[] = { {50, 200}, {200, 200}, {200, 50} };
polygon(pts, 3);
```

方法 2：

```
int pts[] = {50, 200, 200, 200, 200, 50};
polygon((POINT * )pts, 3);
```

8. putpixel() 函数

功能：这个函数用于画点。

调用形式：

```
void putpixel(int x, int y, COLORREF color);
```

参数：x 表示点的 x 坐标。y 表示点的 y 坐标。color 表示点的颜色。

9. rectangle() 函数

功能：画空心矩形。

调用形式：

```
void rectangle(int left,int top,int right,int bottom);
```

参数：left 表示矩形左部 x 坐标。top 表示矩形上部 y 坐标。right 表示矩形右部 x 坐标。bottom 表示矩形下部 y 坐标。

10. roundrect() 函数

功能：画空心圆角矩形。

调用形式：

```
void roundrect(int left,int top,int right,int bottom,int ellipsewidth,
               int ellipseheight);
```

参数：left 表示圆角矩形左部 x 坐标。top 表示圆角矩形上部 y 坐标。right 表示圆角矩形右部 x 坐标。bottom 表示圆角矩形下部 y 坐标。ellipsewidth 表示构成圆角矩形的圆角的椭圆的宽度。ellipseheight 表示构成圆角矩形的圆角的椭圆的高度。

11. solidcircle() 函数

功能：画填充圆（无边框）。

调用形式：

```
void solidcircle(int x,int y,int radius);
```

参数：x 表示圆心的 x 坐标。y 表示圆心的 y 坐标。radius 表示圆的半径。

说明：

该函数使用当前填充样式绘制无外框的填充圆。

12. fillcircle()函数

功能：画填充圆(有边框)。

调用形式：

```
void fillcircle(int x,int y,int radius);
```

参数：x 表示圆心的 x 坐标。y 表示圆心的 y 坐标。radius 表示圆的半径。

说明：该函数使用当前线形和当前填充样式绘制有外框的填充圆。

13. clearcircle()函数

功能：清空圆形区域。

调用形式：

```
void clearcircle(int x,int y,int radius);
```

说明：该函数使用背景色清空圆形区域。

14. moveto()函数

功能：移动当前点。有些绘图操作会从"当前点"开始，这个函数可以设置该点。还可以用 moverel 设置当前点。

调用形式：

```
void moveto(int x,int y);
```

参数：x 表示新的当前点 x 坐标。y 表示新的当前点 y 坐标。

14.4.5 文字输出相关函数

1. drawtext()函数

功能：在指定区域内以指定格式输出字符串。

调用形式：

```
int drawtext(LPCTSTR str,RECT * pRect,UINT uFormat);
int drawtext(TCHAR c,RECT * pRect,UINT uFormat);
```

参数：

(1) str：待输出的字符串。

(2) pRect：指定的矩形区域的指针。某些 uFormat 标志会使用这个矩形区域做返回值。详见后文说明。

(3) uFormat：指定格式化输出文字的方法。详见后文说明。

(4) c：待输出的字符。

返回值：函数执行成功时，返回文字的高度。如果指定了 DT＿VCENTER 或 DT_BOTTOM 标志，返回值表示从 pRect->top 到输出文字的底部的偏移量。如果函数执行失败，返回 0。

说明：表 14-6 中关于文字位置的描述，均是相对于 pRect 指向的矩形而言。

表 14-6 文字位置的描述

标　志	描　述
DT_BOTTOM	调整文字位置到矩形底部,仅当和 DT_SINGLELINE 一起使用时有效
DT_CALCRECT	检测矩形的宽高。如果有多行文字,drawtext 使用 pRect 指定的宽度,并且扩展矩形的底部以容纳每一行文字。如果只有一行文字,drawtext 修改 pRect 的右边以容纳最后一个文字。无论哪种情况,drawtext 都返回格式化后的文字高度,并且不输出文字
DT_CENTER	文字水平居中
DT_EDITCONTROL	以单行编辑的方式复制可见文本。具体地说,就是以字符的平均宽度为计算依据,同时用这个方式应用于编辑控制,并且这种方式不显示可见部分的最后一行
DT_END_ELLIPSIS	对于文本显示,如果字符串的末字符不在矩形内,它会被截断并以省略号标识。如果是一个单词而不是一个字符,其末尾超出了矩形范围,它不会被截断。字符串不会被修改,除非指定了 DT_MODIFYSTRING 标志
DT_EXPANDTABS	展开 TAB 符号。默认每个 TAB 占 8 个字符位置。注意,DT_WORD_ELLIPSIS、DT_PATH_ELLIPSIS 和 DT_END_ELLIPSIS 不能和 DT_EXPANDTABS 一起用
DT_EXTERNALLEADING	在行高里包含字体的行间距。通常情况下,行间距不被包含在正文的行高中
DT_HIDEPREFIX	Windows 2000/XP:忽略文字中的前缀字符(&),并且前缀字符后面的字符不会出现下画线。其他前缀字符仍会被处理
DT_INTERNAL	使用系统字体计算文字的宽高等属性
DT_LEFT	文字左对齐
DT_MODIFYSTRING	修改指定字符串为显示出的正文。仅当和 DT_END_ELLIPSIS 或 DT_PATH_ELLIPSIS 标志同时使用时有效
DT_NOCLIP	使输出文字不受 pRect 裁剪限制。使用 DT_NOCLIP 会使 drawtext 执行稍快一些
DT_NOPREFIX	关闭前缀字符的处理。通常,drawtext 解释前缀转义符 & 为其后的字符加下画线,解释 && 为显示单个 &。指定 DT_NOPREFIX,这种处理被关闭
DT_PATH_ELLIPSIS	对于显示的文字,用省略号替换字符串中间的字符以便容纳于矩形内。如果字符串包含反斜杠(\),DT_PATH_ELLIPSIS 尽可能地保留最后一个反斜杠后面的文字。字符串不会被修改,除非指定了 DT_MODIFYSTRING 标志
DT_PREFIXONLY	Windows 2000/XP:仅仅在(&)前缀字符的位置下绘制一个下画线。不绘制字符串中的任何其他字符
DT_RIGHT	文字右对齐
DT_RTLREADING	设置从右向左的阅读顺序(当文字是希伯来文或阿拉伯文时)。默认的阅读顺序是从左向右
DT_SINGLELINE	使文字显示在一行。回车和换行符都无效

标　志	描　述
DT_TABSTOP	设置 TAB 制表位。uFormat 的 15—8 位指定 TAB 的字符宽度。默认 TAB 表示 8 个字符宽度。注意,DT_CALCRECT、DT_EXTERNALLEADING、DT_INTERNAL、DT_NOCLIP 和 DT_NOPREFIX 不能和 DT_TABSTOP 一起用
DT_TOP	文字顶部对齐
DT_VCENTER	文字垂直居中。仅当和 DT_SINGLELINE 一起使用时有效
DT_WORDBREAK	自动换行。当文字超过右边界时会自动换行(不拆开单词)。回车符同样可以换行
DT_WORD_ELLIPSIS	截去无法容纳的文字,并在末尾增加省略号

例 14-5 在屏幕中央输出字符串"Hello World"。

```
#include "graphics.h"
#include "conio.h"
void main()
{
    initgraph(640, 480);                    //绘图环境初始化
    RECT r = {0, 0, 640, 480};              //在屏幕中央输出字符串
    drawtext(_T("Hello World"), &r, DT_CENTER | DT_VCENTER | DT_SINGLELINE);
    getch();                                //按任意键退出
    closegraph();
}
```

2. outtext()函数

功能:在当前位置输出字符串。

调用形式:

```
void outtext(LPCTSTR str);
void outtext(TCHAR c);
```

参数:str 表示待输出的字符串的指针。c 表示待输出的字符。

说明:该函数会改变当前位置至字符串末尾。所以,可以连续使用该函数使输出的字符串保持连续。

举例如下。

(1) 输出字符串:

```
char s[] = "Hello World";
outtext(s);
```

(2) 输出字符:

```
char c = 'A';
outtext(c);
```

3. outtextxy()函数

功能：这个函数用于在指定位置输出字符串。

调用形式：

```
void outtextxy(int x,int y,LPCTSTR str);
void outtextxy(int x,int y,TCHAR c);
```

参数：x 表示字符串输出时首字母的 x 轴的坐标值。y 表示字符串输出时头字母的 y 轴的坐标值。str 表示待输出的字符串的指针。c 表示待输出的字符。

说明：该函数不会改变当前位置。

字符串常见的编码有两种：MBCS 和 Unicode。Visual C++ 6.0 新建的项目默认为 MBCS 编码，Visual C++ 2008 及高版本默认为 Unicode 编码。LPCTSTR 可以同时适应两种编码。为了适应两种编码，请使用 TCHAR 字符串及相关函数。

举例如下。

（1）输出字符串：

```
char s[] ="Hello World";
outtextxy(10, 20, s);
```

（2）输出字符（VC6）：

```
char s[] ="Hello World";
outtextxy(10, 20, s);
```

14.5 绘图举例

在前两节中讲述了绘图前的准备工作和部分绘图函数，在本节中，利用这些函数和数学计算方法，在屏幕上绘制一些图形。

例 14-6 在屏幕上绘制正弦曲线。

分析：由于在前面讲述的函数中，没有讲述画正弦曲线的函数，是由于在实库中也没有此函数，所以只能先调用正弦函数 sin() 求出正弦曲线上的每个点的位置，再利用画点函数 putpixel() 在相应位置上画出这些点即可。

程序如下：

```
#include "graphics.h"              //包含必要的头文件
#include "conio.h"
#include "math.h"
#define PI 3.14159265
void main()
{
    initgraph(800, 600);           //创建大小为 800 × 600 的绘图窗口
    setorigin(400, 300);           //设置原点 (0,0) 为屏幕中央 (Y 轴默认向下为正)
    setaspectratio(1, -1);         //使 y 轴向上为正
    setbkcolor(WHITE);             //使用白色填充背景
```

```
cleardevice();
setlinecolor(BLUE);                    //设置线的颜色为蓝色
line(-390,0,390,0);                    //画 x 轴
line(0,250,0,-250);                    //画 y 轴
int x,y;
for(x=-360;x<=360;x++)                 //x 是横坐标上相应的像素值,表示相应的度数
{
    y=sin(x * PI/180) * 200;           //通过 sin()求出 y 值,再放大 200 倍
    putpixel(x,y,RED);                 //在对应坐标(x,y)位置画一个点
}
_getch();                              //按任意键退出
closegraph();
}
```

程序的运行结果如图 14-6 所示。

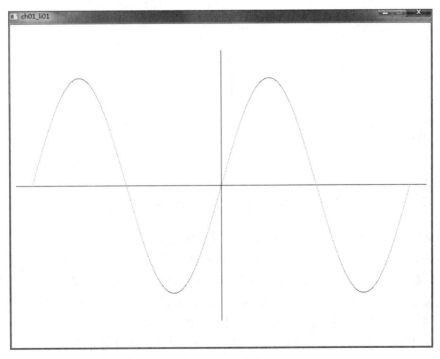

图 14-6　正弦曲线图

图 14-6 的正弦曲线是在程序运行时一下子就全部显示,为了能体现动态的过程,可以画完一个点后暂停一定的时间,如 10ms。把例 14-6 中程序的循环体改为如下即可。

```
for(x=-360;x<=360;x++)
{
    y=sin(x * PI/180) * 200;
    Sleep(10);
    putpixel(x,y,RED);
}
```

根据时间计算,画整个曲线需要 7.2m,体现了画线的动态过程。如图 14-7 所示。

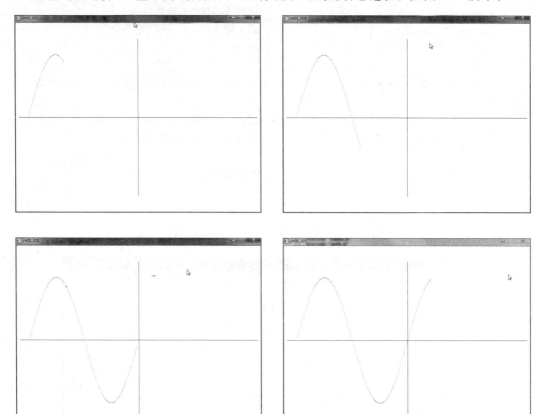

图 14-7　画正弦曲线的动态过程

例 14-7　画一个钟表:体现时针、分针和秒针的关系。

分析:钟表表盘上的内容有时针、分针、秒针以及时间刻度等;在刻度上,为了简单,只标出 12、3、6、9 的位置。秒针每秒变化一次,即秒针以中心点(0,0)为基础旋转 6°,同时,分针和时针也旋转对应的角度。当秒针在新的位置显示之前,要把原来位置的秒针清除,即用背景色在原来的位置把秒针再画一遍,分针和时针类似。在新的位置显示指针时,要注意显示的次序:先显示时针,再显示分针,最后显示时针,体现一种层次覆盖感。

```
#include "graphics.h"
#include "conio.h"
#include "math.h"
#define PI 3.14159265
void main()
{
    initgraph(600, 600);            //创建大小为 800 * 600 的绘图窗口
    setorigin(300, 300);            //设置原点(0,0)为屏幕中央(Y 轴默认向下为正)
    setaspectratio(1, -1);          //使 y 轴向上为正
    setbkcolor(WHITE);              //使用白色填充背景
```

```
cleardevice();
setlinecolor(BLUE);                                  //设置线的颜色为蓝色
setlinestyle(PS_SOLID | PS_JOIN_BEVEL, 5);
circle(0,0,250);                                     //画表盘上的圆圈
setfillcolor(BLUE);
solidrectangle(-4,250,4,235);                        //标记 12 的位置
solidrectangle(235,4,250,-4);                        //标记 3 的位置
solidrectangle(-4,-250,4,-235);                      //标记 6 的位置
solidrectangle(-235,4,-250,-4);                      //标记 9 的位置
setlinestyle(PS_SOLID | PS_JOIN_BEVEL, 2);
int xs,ys,xm,ym,xh,yh;                               //分别表示秒针、分针和时针的外端点的坐标
int h,m,s;                                           //分别表示时、分、秒针的长度
h=180;
m=200;
s=220;
xs=0;
ys=s;
xm=0;
ym=m;
xh=0;
yh=h;
setlinestyle(PS_SOLID | PS_JOIN_BEVEL, 1);   //设置秒针的线型
line(0,0,xs,ys);
setlinestyle(PS_SOLID | PS_JOIN_BEVEL, 4);   //设置分针的线型
line(0,0,xm,ym);
setlinestyle(PS_SOLID | PS_JOIN_BEVEL, 6);   //设置时针的线型
line(0,0,xh,yh);
for(int i=0; ;i++)                                   //x 是横坐标上相应的像素值,表示相应的度数
{
    //设置线的颜色为白色,以清除原来显示的指针
    setlinecolor(WHITE);
    setlinestyle(PS_SOLID | PS_JOIN_BEVEL, 1);       //清除秒针
    line(0,0,xs,ys);
    setlinestyle(PS_SOLID | PS_JOIN_BEVEL, 4);       //清除分针
    line(0,0,xm,ym);
    setlinestyle(PS_SOLID | PS_JOIN_BEVEL, 6);       //清除时针
    line(0,0,xh,yh);
    xs=s * cos((90-6 * i) * PI/180);                 //求秒针的下一位置
    ys=s * sin((90-6 * i) * PI/180);
    setlinecolor(BLUE);                              //设置线的颜色为蓝色
    setlinestyle(PS_SOLID | PS_JOIN_BEVEL, 1);
    line(0,0,xs,ys);                                 //秒针每秒刷新一次
    if (i%60==0)                                     //分针和时针每分钟更新一次位置
    {
        xm=m * cos((90-6 * i/60.0) * PI/180);        //求分针的下一位置
```

```
        ym=m * sin((90-6 * i/60.0) * PI/180);
        xh=h * cos((90-6 * i * 5/3600.0) * PI/180);
        yh=h * sin((90-6 * i * 5/3600.0) * PI/180);    //求时针的下一位置
    }
    //为了消除秒针刷新时的影响,要每秒刷新一次
    setlinestyle(PS_SOLID | PS_JOIN_BEVEL, 4);
    line(0,0,xm,ym);
    setlinestyle(PS_SOLID | PS_JOIN_BEVEL, 6);
    line(0,0,xh,yh);
    Sleep(1000);
    }
    closegraph();
}
```

程序的运行结果如图 14-8 所示。

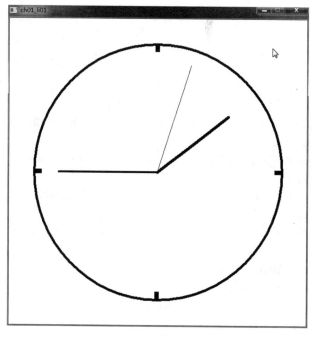

图 14-8　时钟运行效果图

说明:

(1) 为了提高程序的验证效果,把表针走得快一点,可以调整 Sleep() 函数中的数字,数字越小,指针走得越快。

(2) 本程序中的循环语句的控制结构是：for(int i=0；;i++),没有结束条件,表示这个程序可以一直运行下去。可通过单击窗口右上角的“关闭”按钮终止程序的运行。

思考: 表盘上的 12、3、6、9 点位置用的是 4 个小矩形,因为这 4 个位置是横平竖直的,其他 8 个地方如何处理?

例 14-8　弹跳球模拟程序。

本程序是有关力学的问题,根据物理原理模拟一个球自由落体并持续弹跳的效果,小球

只受重力影响，忽略空气阻力，反弹时能量损耗10％。

```
#include "graphics.h"
#include "conio.h"
void main()
{
    double h = 300;                           //高度
    double v = 0;                             //速度(方向向下)
    double dv = 9.8 / 50;                     //加速度(每 1/50 秒)
    // 初始化绘图窗口
    initgraph(640, 480);
    // 画地平线
    line(100, 421, 540, 421);
    while (!_kbhit())
    {
        v += dv;                              //根据加速度计算速度
        h -= (v - dv / 2);                    //计算高度
        // 如果高度低于地平线,实现反弹,速度方向取反
        if (h <= 0)
        {
            h += (v - dv / 2);
            v = -v * 0.9;                     //反弹时能量损耗 10%
        }
        // 画绿色球
        setfillcolor(GREEN);
        solidcircle(320, 400 - int(h), 20);
        Sleep(20);                            //延时(每帧延时 1/50 秒)
        // 擦掉球
        setfillcolor(BLACK);
        solidcircle(320, 400 - int(h), 20);
    }
    // 关闭绘图窗口
    closegraph();
}
```

14.6 错误解析

1. 用本章讲述的绘图函数和方法时，忘记安装 EasyX 库

EasyX 库不是 Visual C++ 6.0 自带的库，是第三方库，在使用时，需要下载相关版本的软件并进行安装方可使用。

2. 在绘图时，忘记设置绘图线的颜色就进行绘图

图形虽然已绘制，但由于其颜色与背景色一样，所以看不出来。解决方法：在绘图之前，请设置适当的颜色。

3. 忘记清除上次画的图形

在绘制带有动作的图形时，例如表的指针、弹力球，在绘制下一个图形之前，需要把上次

画的图形清除,也就是说,用背景色把原来的图形再画一次。

练 习 14

1. 理解绘图中默认的坐标与数学中坐标的区别。

2. 模拟 Windows 屏幕保护中随机移动的球:生成一个半径为 50 像素的球,开始位置任意,然后利用随机函数生成此球移动的路线,当球碰到窗口的边框时,可进行反弹。按任意键退出程序。

3. 尝试用绘图语句画如图 14-9 所示的安卓(Android)机器人。

图 14-9 安卓机器人

第 15 章 项 目 开 发

在前 13 章中,讲述了 C 语言相关的数据类型、语法、控制结构、函数、数组类型、结构类型、文件等操作,在第 14 章中讲述了绘图,用图形界面把程序结果显示出来,提高界面的友好性。通过对这些章节的学习,使读者对 C 语言程序设计有了整体上的认识,能够编制简单的程序,但对于比较大的、功能比较复杂的程序,仅利用前面章节的知识是不够的。在开发比较大型的软件时,需要用到软件工程的方法来管理和控制软件开发的过程,以提高软件开发效率,降低软件开发成本。本章首先讲述软件开发的方法,然后通过两个例子说明软件开发方法的应用。

本章知识点:
(1) 软件工程的基本概念。
(2) 软件工程各阶段的含义。
(3) 软件工程各阶段的任务。

15.1 软件工程概述

15.1.1 软件工程的基本概念

软件(Software)遍及人类世界,在使人们的生活变得更舒适、更有效率的过程中扮演着重要的角色。随着软件变得越来越复杂,出现了软件危机。软件危机(Software Crisis)是指落后的软件生产方式无法满足日益增长的计算机软件需求,从而在导致软件开发和维护过程中出现一系列严重问题的现象,包括软件开发成本不准确、开发进度拖延、产品不符合实际需要、软件难以维护、软件文档说明匮乏和软件产品供不应求等典型表现。在计算机系统经历 4 个发展阶段之后,软件依然是限制计算机系统发展的瓶颈——软件开发成本无限制地增高。例如,IBM 360 操作系统在开发时,耗费了超过 5000 人·年的工作量,用时 4 年,花费两亿多美元,而软件质量仍然得不到保证。由于软件质量问题导致失败的软件项目非常多,项目进度难以控制、项目延期比比皆是,系统维护非常困难。

为了更有效地开发和维护软件,软件工作者在 20 世纪 60 年代后期开始认真研究消除软件危机的途径,从而逐渐形成了一门新兴的工程学科——计算机软件工程学。软件危机不仅仅是指软件能不能正常运行,也指如何开发软件和如何维护已有软件。

软件工程是指导计算机软件开发和维护的一门学科,主要关注大型软件的构建和复杂性的控制。建立和使用一套合理的工程原理,可以提高软件开发效率和降低软件维护成本。软件工程最基本的原理是用分阶段的软件生命周期计划严格管理。软件项目开发失败往往是由于计划不周造成的,所以在软件开发和维护的过程中,需要完善诸多性质各异的工作环节。

软件系统涉及顾客、用户和开发者三方面的责任与利益。三者之间的关系已经变得非常复杂,顾客和用户已经以各种方式涉入开发过程中,其中顾客涉及了软件系统体系的决策。类似地,开发者在软件的开发过程中除了要兼顾自身的分析、设计、实现和测试任务外,还需要同顾客、用户不间断地沟通协调。因此,系统的概念在软件工程中非常重要。

软件的生命周期(也称软件的生存周期)按照开发软件的规模和复杂程度,从时间上把软件开发的整个过程(从计划开发开始到软件报废为止的整个历史阶段)进行分解,形成相对独立的几个阶段。每个阶段又分解成几个具体的任务,然后按规定顺序依次完成各阶段的任务并规定一套标准的文档作为各个阶段的开发成果,最后生产出高质量的软件。

软件生命周期分为软件定义、软件开发和软件维护3个环节,主要涉及的问题包括问题定义、可行性研究、需求分析、开发阶段和维护。典型的生命周期模型有瀑布模型、快速原型模型、迭代模型。软件生命周期环节如图 15-1 所示。

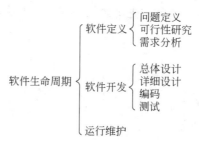

图 15-1　软件生命周期环节示意图

软件定义阶段的主要任务有确定软件开发工程必须完成的目标、估算工程实施的可行性、定义实现工程所要采取的策略及功能模块、估算完成该工程的资源资金成本和制定可行的工程进度表5项。这个阶段一般由软件系统分析员负责完成,可以细分为问题定义、可行性分析和需求分析3个阶段。在这个阶段,问题定义需要系统分析员通过对客户的调查访谈、确定问题性质和定义工程目标规模;可行性研究要求对确定的问题找到可行的解决方案,需要进行问题实现中抽象意义的探索;需求分析是为了明确需要解决的问题,软件系统必须具备哪些功能。软件开发人员要根据软件使用者的要求充分交流,得到用户确认的系统逻辑模型,包括数据流图、数据字典、数据库设计和简要算法实现等逻辑模型。

软件开发时期的主要任务是具体设计和实现定义好的软件,使得软件具有鲁棒性,并且具有良好的扩展能力。它主要有总体设计、详细设计、编码、单元测试和综合测试5个步骤。同时,软件开发阶段还包括对软件功能实现语言的选择、软件代码质量的保障等方面的工作。软件工程师根据前期的分析基础确定如何实现目标软件系统,从而设计出最佳方案,由若干个规模适中的模块按照合适层次进行架构;详细设计阶段要对每个模块设计所必需的细节进行阐述,包括算法和数据结构的设计,程序员要能够根据它们写出实际的程序代码(一般称为设计白皮书);编码测试的关键任务是根据前期的设计蓝图,选择最合适的程序语言,写出规范、易理解、易维护的程序模块;测试阶段采用各种类型的测试方法进行模块功能的检测和必要的调试,并保存必要的测试文档。

软件维护时期的主要任务是可以持久地满足用户需求。例如,软件在使用过程中发现漏洞后能及时弥补;运行环境改变时可以及时修改软件以适应新的环境;用户有新的功能需求时应迅速改进扩展软件以满足需要。维护过程的活动要准确记录并保存。

15.1.2　分析阶段

在分析阶段,常采用的方法有面向过程分析方法和面向对象分析方法,在此主要讲面向过程分析方法。

面向过程分析阶段可分为可行性分析和需求分析两大步骤。可行性分析是指要用最小的代价在尽可能短的时间内确定问题是否能够解决,这个阶段不是解决问题,而是确定问题是否值得去解决;需求分析是软件定义时期的最后一个阶段,其基本任务不是确定系统怎样完成工作,而是确定系统必须完成哪些工作,也就是对目标系统提出完整、准确、清晰、具体的要求,由系统分析员完成软件需求规格说明书,以书面的形式准确地描述软件需求。

1. 可行性分析

可行性分析的主要任务是了解客户的要求和现实环境,从技术、经济和社会因素 3 个方面研究并论证本软件项目的可行性,编写可行性研究报告,制订初步项目开发计划。这个阶段的主要研究内容包括技术可行性、经济可行性、操作可行性、社会可行性。技术可行性是指度量一个特定技术信息系统解决方案的实用性和技术资源的可用性,主要考虑的问题包括开发风险分析、资源分析、相关技术的发展、现有技术能否实现新系统、技术难点和建议采用技术的先进性等;经济可行性主要是度量系统解决方案的性价比,需要考虑的问题有成本效益分析和价值成本关系,即开发、运行的投入产出效益分析;操作可行性研究的内容包括用户使用可能性、时间进度可行性与组织和文化上的可行性。

在可行性分析阶段,还需要对软件系统的成本和效益进行分析,从经济角度分析开发一个特定的新系统是否划算,从而帮助客户组织的负责人正确地做出是否投资于这项开发工程的决定。软件开发成本主要表现为人力消耗,需要估算代码行技术、任务分解技术和自动估计成本技术,根据经验和历史数据估计实现一个功能需要的源程序行数,以确定软件的成本。分别估计每个单独开发任务模块的成本,求和后得出软件开发工程的总成本,最后就可以估算出软件系统的开发成本。

2. 需求分析

需求分析阶段要求准确地回答"系统必须做什么"。只有用户才真正知道自己需要什么,但是他们并不知道怎样用软件实现自己的需求,所以用户必须把他们对软件的需求尽量准确、具体地描述出来;分析员知道怎样用软件实现人们的需求,但是在需求分析开始时他们对用户的需求并不十分清楚,所以必须同用户沟通以获取用户对软件的需求。需求分析和规格说明是一项十分艰巨复杂的工作,用户和分析员之间需要沟通的内容非常多,在双方交流信息的过程中很容易出现误解或遗漏,也可能存在二义性。因此,不仅在整个需求分析过程中应该采用行之有效的通信技术,集中精力仔细地工作,而且必须严格审查、验证需求分析的结果。

15.1.3　设计阶段

经过分析阶段,软件系统必须"做什么"已经清晰了,那么就该讨论"怎样做"的问题了。分析是提取和整理用户需求,并建立描述问题域准确模型的过程,而设计则是把在分析阶段得到的需求转换成符合成本和质量要求的、抽象出来的系统实现方案的过程。

需求分析过程的结果是产生两个文档:一个是提供给用户的,以捕获他们的需求;另一个提供给设计者,以技术形式来解释问题。开发的下一个步骤就是将这些要求转换成解决办法——一个满足用户需求的设计。设计是将一个实际问题转换成相应的解决办法的主动过程,也可以说是对一种解决办法的描述。

面向过程设计阶段可以分为总体设计和详细设计两个阶段。总体设计将定义出组成系统的基本元素,包括程序、文件、数据库和文档等,同时也要设计出软件的结构,确定程序由哪些模块组成和模块之间的相互关系;详细设计让系统建设者了解要解决用户的问题所需要的硬件和软件,确定设计的过程是一个迭代的过程,因为设计者对于需求的理解、提出解决办法、测试办法的可行性和为程序员提供设计文档始终在一个反复的过程中。

1. 总体设计

总体设计过程首先寻找实现目标系统的各种方案,在供选择的方案中,由系统分析员根据成本效益分析,选取最佳合理方案实施,进行必要的数据库设计。在详细设计之前进行总体设计可以在全局的角度下降低软件开发成本,避免重复开发,开发出较高质量的软件系统。总体设计过程要确定系统的具体实现方案和确定软件开发的结构。分析员要考虑各种可能的实现方案,比较不同的实现方案,在判断方案是否合理时,要考虑问题定义和可行性分析阶段确定的工程规模与目标。在综合分析各方案的利弊的前提下,推出一个最佳方案,确定程序由哪些模块组成、确定每个模块的处理过程、设计软件结构和数据库,以及制订测试计划和书写文档。在软件总体设计过程中,应遵循模块化、抽象性、逐步求精、模块独立等基本原理。

2. 详细设计

详细设计阶段的根本目标是确定应该怎样具体地实现所要求的系统。这个阶段的设计工作应该得到对目标系统的精确描述,从而在编码阶段可以把这个描述直接翻译成某种程序设计语言编写的程序。详细设计的结果直接决定了程序代码的质量,详细设计的目标不仅从逻辑上正确地实现了每个模块的功能,更重要的是设计的处理过程要尽可能的简明易懂。结构化程序设计技术是实现这个目标的关键。

15.1.4 实现阶段

1. 语言的选择

编码就是把软件设计结果翻译成用某种程序设计语言编写的程序。程序设计语言是人和计算机通信的最基本工具,它的特点必然会影响人的思维和解题方式,会影响人和计算机通信的方式与质量,也会影响其他人阅读和理解程序的难易程度。因此,编码之前的一项重要工作就是选择一种适合的程序设计语言。适宜的程序设计语言能使编码的难度最低,还可以减少程序测试的工作量,并且可以得到容易阅读和容易维护的程序。

2. 软件质量

软件质量是指软件符合明确叙述的功能和性能需求、文档中明确描述的开发标准。程序内部良好的文档资料、有规律的数据格式说明、清晰的语句构造设计等都对程序的可读性有很大作用,在相当大的程度上也可以提高软件的可维护性。提高软件质量需要注意以下几个方面。

(1) 编码风格与注释。必须在开始编写代码之前制定组织的标准和过程。代码应遵循一定的风格、规范和标准,所以代码和与之相关的文档对于每个阅读它们的人来说都是清晰的。程序的注释就是夹在程序中的说明文字,是程序员和日后的程序读者之间沟通的重要手段。同时,要恰当地利用空格、空行和移行。

（2）算法和数据结构设计。程序设计通常指定了一系列程序中要用到的算法。例如,设计时或许会告诉程序员使用快速过滤法,或者是可能给程序员列出了快速过滤算法的逻辑步骤。除受到语言表达和硬件的限制外,程序员有足够的弹性实现算法。构造语句时应该遵循的原则是,每个语句都应该简单而直接,不能为了提高效率而使程序变得过于复杂,也不要刻意追求技巧性,而使程序编写得过于紧凑。

（3）数据说明与程序效率。在设计阶段已经确定了数据结构的组织及其复杂性,在编写程序时,就需要注意数据说明的风格。好的说明风格可以使程序中的数据说明更易于理解和维护。

程序的效率是指程序的执行速度和程序所需占用的内存存储空间。程序编码是最后提高运行速度和节省存储的机会,因而在此阶段不能不考虑程序的效率。效率是一个性能要求,应当在需求分析阶段给出。软件效率以需求为准,不应以人力所及为准,好的设计可以提高效率。程序的效率同程序的简单性相关,不能牺牲程序的清晰性和可读性来提高效率。

15.1.5 测试阶段

面对大型软件系统的开发,在软件生命周期的每个阶段都不可避免地会产生差错。分析师、程序员在每个阶段通过严格的技术审查,尽可能早地发现并纠正错误。但是事实说明,阶段审查并不能发现所有的差错,编码过程中也会不可避免地会引入新的错误。如果在软件投入使用之前没有发现并纠正这些错误,往往会花费更高的代价来修补,造成恶劣的后果。软件测试就是指在软件设计完成后要经过严密的测试,以发现软件在整个设计过程中存在的问题并加以纠正。目前,软件测试仍然是保证软件质量的关键步骤,是对软件规格说明、设计和编码的最后复核。

大量资料表明,软件测试的工作量往往占软件开发总工作量的40%以上,而对于要求极高的系统,测试工作量还要成倍增加。

软件测试的目标有以下3点。

（1）软件测试是为了发现错误而执行程序的过程。

（2）一个好的测试用例能够发现至今尚未发现的错误。

（3）一个成功的测试是发现了至今尚未发现的错误的测试。

在测试阶段,测试人员努力设计出一系列测试方案,目的却是为了"破坏"已经建造好的软件系统——竭力证明程序中有错误,不能按照预定要求正确工作。暴露问题并不是软件测试的最终目的,发现问题是为了解决问题,测试阶段的根本目标是尽可能多地发现并排除软件中潜藏的错误,最终把一个高质量的软件系统交给用户使用。

软件测试方法可以分为静态测试和动态测试。静态测试的基本特征是对软件进行分析、检查和审阅,对需求规格说明书、软件设计说明书、源程序做检查和审阅,不实际运行被测试的软件,静态测试约可找出30%～70%的逻辑设计错误;动态测试是通过运行软件来检验软件的动态行为和运行结果的正确性,首先选取定义域有效值或定义域外无效值,对以选取值决定预期的结果,用选取值执行程序,执行结果同预期的结果相比,如果不与程序吻合就是有错。在实际应用中,采用动态测试方法较多。软件测试过程中的常见策略和方法如图 15-2 所示。

软件测试的方法 {
 静态测试方法 { 人工测试方法 / 计算机辅助静态分析法
 动态测试方法 { 白盒测试方法 / 黑盒测试方法
}

图 15-2　软件测试的策略和方法

软件动态测试方法主要有白盒测试和黑盒测试两种,在测试过程中需要建立详细的测试计划并严格按照测试计划进行测试,以减少测试的随意性。

黑盒测试是只关注输入数据和输出结果,对具体程序的内部结构和处理过程并不关心,实现过程不需要知道,就像一个黑盒子,只看见两端的数据,只检查程序功能是否按照规格说明书的规定正常运行;白盒测试同黑盒测试方法相反,需要清楚地知道功能是如何实现的(知道编程的内部结构),然后进行测试,即按照程序内部逻辑测试程序。当确定如何测试时,不必唯一地选择白盒或黑盒,一般可以考虑将黑盒测试作为一个测试的极端,而白盒测试作为另一种极端,任何一种测试都是在两者间寻找平衡。

大型软件系统的测试过程基本上由几个步骤组成:模块测试、子系统测试、系统测试、验收测试。

15.1.6　软件维护

软件维护是指在软件产品发布后,在运行的过程中,因修正错误、提升性能或其他原因而进行的软件修改。软件维护主要是指根据需求变化或硬件环境的变化对应用程序进行部分或全部的修改,修改时应充分利用源程序,修改后要填写程序修改登记表,并在程序变更通知书上写明新旧程序的不同之处。

软件维护活动类型总结起来大概有 4 种:纠错性维护(校正性维护)、适应性维护、完善性维护或增强、预防性维护或再工程。除此 4 类维护活动外,还有一些其他类型的维护活动,例如支援性维护(例如用户的培训等)。针对以上几种类型的维护,可以采取一些维护策略,以控制维护成本。

15.1.7　文档

文档是指某种数据媒体和其中所记录的数据。它具有永久性并可由人或机器阅读,通常仅用于描述人工可读的东西。文档作为一种软件管理的工具,控制着整个开发流程。它也是一种沟通交流的方式,把用户、开发人员、管理人员、测试人员连成了一个整体,是软件系统开发的核心部分。编制软件文档的过程,实际上就是采用软件工程方法,有组织、有计划的科学管理过程和研究开发过程。尽管文档是软件开发中重要的一环,但是常常也是容易被忽视的一个环节。通常情况下,软件工程师们不喜欢写文档。

软件文档是软件开发使用和维护过程中的必备资料,能提高软件开发的效率,保证软件的质量,而且在软件的使用过程中有指导、帮助、解惑的作用。在维护工作中,文档是不可或缺的资料。程序文档是一个向读者解释程序要做什么,如何去做的字面描述的集合;内部文档是指在代码中书写的注释,其余的为外部文档,包括用户文档、系统文档和技术文档。

用户文档应当详细描述软件的功能、性能和用户界面,使用户具体了解如何使用该软件,为操作人员提供该软件各种运行情况的有关知识,特别是操作方法的具体细节。系统文档主要应具备测试计划、测试分析报告、开发进度月报、项目开发总结报告、软件维护手册、软件问题报告、软件修改报告等报告。技术文档主要应具备可行性分析报告、项目开发计划、软件需求说明书(软件规格说明书)、概要设计说明书、详细设计说明书、数据库设计说明书等报告。

15.2 客户信息管理系统

15.2.1 用软件工程方法指导软件开发

1. 分析阶段

在可行性分析方面,经过调研,此系统可用在很多场所,例如在超市中,经常需要保存客户的名称、电话号码、地址等信息,以方便进行送货上门、订购服务。同时,此系统可以利用前面所学的知识进行开发。电话号码目录是拥有大量数据的存储库,提供有关个人和组织的信息,由于没有学习过数据库,此处的存储可以利用数据文件。因此开发此系统具有可行性。

需求分析方面,随着新客户信息的加入、一些非活跃客户信息的删除以及某些客户信息的改变,必须经常地更新目录。因此在电话号码存储系统中除了有添加、删除、修改功能外,还必须有查询数据的功能。

2. 设计阶段

在此阶段又分为整体设计和详细设计两个阶段。在整体设计阶段,经过多种分析和论证,推出一个最佳方案,确定程序由哪些模块组成、确定每个模块的处理过程、设计软件结构和数据库,以及制订测试计划和书写文档,本系统的功能模块如图 15-3 所示。

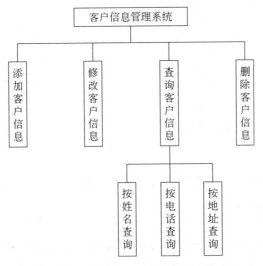

图 15-3 客户信息管理系统功能模块图

在图 15-3 中可以看到,系统的第一层次有 4 个模块,其中的“查询客户信息”含有 3 个子模块,以实现不同方式的查询。

系统采用 C 语言编写,每个客户的信息应包括:

（1）客户名字（最多 20 个字符）；

（2）地址（最多 50 个字符）；

（3）电话号码（范围是 1300000000～19999999999）。

采用结构体的形式存储每个客户的信息，最终的数据以文件的形式存储到磁盘上，设文件名为 client.txt。

经以上分析，系统整体框架流程图如图 15-4 所示。

添加客户信息模块的流程图如图 15-5 所示。

按姓名修改客户信息模块的流程图如图 15-6 所示。

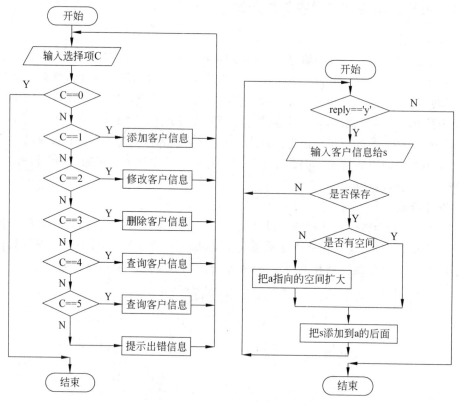

图 15-4　系统整体框架流程图　　　　图 15-5　添加客户信息模块的流程图

3. 实现阶段

此阶段就是把设计阶段的结果用 C 语言实现，其结果是程序的源代码。由于此程序的代码比较长，放在 15.2.2 节中。

4. 后续阶段的工作

后续阶段包括测试阶段、软件维护和文档整理等。在测试中，根据程序的功能，有针对性地找一些数据进行测试。例如，在没有客户的情况下进行客户查询，删除不存在的客户等。若发现错误，并及时修改，然后再测试。

软件维护阶段是在程序运行的过程中因修正错误、提升性能或其他原因而进行的软件修改。由于本程序只是一个模拟系统，没有投入真正的运行，此步骤省略。

软件文档是软件开发使用和维护过程中的必备资料，包括程序文档、内部文档、用户文

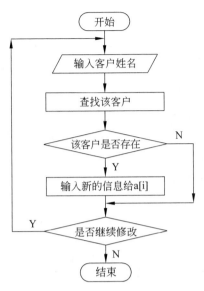

图 15-6　修改客户信息模块的流程图

档、系统文档、技术文档等，在此不再细讲。

15.2.2　客户信息管理系统的实现

整体框架的代码如下：

```
void main()
{
    int C;                                      //用户选择项
    int len=0;
    read_data();                                //把数据从文件读到数组 a 中
    while (1)
    {
        system("cls");
        printf("    电话管理系统 \n");
        printf("========================\n");
        printf(" 1、添加新客户 \n");
        printf(" 2、修改客户信息 \n");
        printf(" 3、删除客户信息 \n");
        printf(" 4、查询客户信息 \n");
        printf(" 5、显示所有人的信息 \n");
        printf(" 0、退出 \n");
        printf("========================\n");
        printf("请选择 (0-4):");
        scanf("%d",&C);
        if (C==1)
            input();                            //添加新客户
        else if(C==2)
            amend();                            //修改客户信息
```

```
        else if(C==3)
            delete_client();                        //删除客户信息
        else if(C==4)
            query_client();                         //查询客户信息,又细分为3种方式
        else if(C==5)
            display_data();                         //显示所有人的信息
        else if(C==0)
        {
            write_data();                           //把数据写回文件
            printf("按回车键退出系统。\n");
            break;
        }
        else
        {
            printf("选择错误,按回车键返回……\n");
            getchar();
            getchar();
        }
    }
}
```

程序的运行主界面(菜单)如图 15-7 所示,查询细分的 3 种方式如图 15-8 所示。

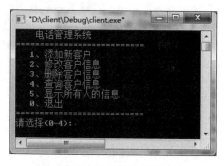

图 15-7　系统主菜单

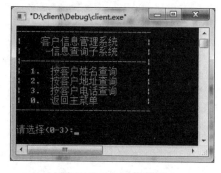

图 15-8　查询菜单图

经过对程序的分析,不管是哪个菜单选项,都离不开把文件中的数据读入到内存并存放到数组中,当处理完毕,最后需要把数组中的数据写入文件。因此,可以增加两个函数读数据函数 readdata()和写数据函数 writedata()。为了便于在程序中使用和提高程序的执行效率。程序一开始运行,就把文件中的数据通过 readdata()读入到全局量 a 中,在程序执行过程中,数据的增加、修改、删除和保存都是对 a 进行的。整个程序退出之前,通过写数据函数 writedata()把所有的数据写入到数据文件 client.txt。

源程序如下:

```
#include "stdio.h"
#include "stdlib.h"
#include "string.h"
```

```c
int count=100;                              //表示数组 a 的元素个数
int gs;                                     //表示目前存放的人数
struct client
{
    char name[15];
    char addr[30];
    char tele[12];
};
void input();                               //添加新客户函数
void amend();                               //修改客户信息函数
void delete_client();                       //删除客户信息函数
void query_client();                        //查询客户信息函数
void query_name();                          //按姓名查询客户信息 0
void query_addr();                          //按地址查询客户信息
void query_tele();                          //按电话查询客户信息
void read_data();                           //读数据函数
void write_data();                          //读数据函数
void display_data();                        //显示所人的信息
struct client * a;                          //全局量 a,用于存放文件对应的数据
void main()
{
    int C;
    int len=0;
    read_data();                            //把数据从文件读到数组中
    while (1)
    {
        system("cls");
        printf("    电话管理系统 \n");
        printf("==========================\n");
        printf("   1、添加新客户 \n");
        printf("   2、修改客户信息 \n");
        printf("   3、删除客户信息 \n");
        printf("   4、查询客户信息 \n");
        printf("   5、显示所有人的信息 \n");
        printf("   0、退出 \n");
        printf("==========================\n");
        printf("请选择(0-4):");
        scanf("%d",&C);
        if (C==1)
            input();
        else if(C==2)
            amend();
        else if(C==3)
            delete_client();
        else if(C==4)
```

```c
                query_client();
            else if(C==5)
                display_data();
            else if(C==0)
            {
                write_data();
                printf("按回车键退出系统。\n");
                break;
            }
            else
            {
                printf("选择错误,按回车键返回……\n");
                getchar();
                getchar();
            }
        }
    }
    void read_data()                                    //读数据函数
    {
        FILE * fp;

        a=(struct client * )malloc(count * sizeof(struct client));
        fp=fopen("D:\\telephone.txt","r");
        if(fp==NULL)
        {
            printf("文件打开出错,请检查文件是否存在(\"D:\\ telephone.txt\")。\n");
            return;
        }
        gs=0;
        while (!feof(fp))
        {
            fscanf(fp,"%s %s %s",a[gs].name,a[gs].addr,a[gs].tele);
            gs++;
        }
        fclose(fp);
    }
    void write_data()                                   //写数据函数
    {
        FILE * fp;
        fp=fopen("D:\\telephone.txt","w");
        if(fp==NULL)
        {
            printf("文件打开出错,请检查文件是否存在(\"D:\\ telephone.txt\")。\n");
            return;
        }
```

```c
    int i;
    for(i=0;i<gs;i++)
        fprintf(fp,"\n%s %s %s",a[i].name,a[i].addr,a[i].tele);
    fclose(fp);
}
void display_data()
{
    int i;
    printf(" 姓名              地址                 电话\n");
    printf("-------------------------------------------------\n");
    for(i=0;i<gs;i++)
        printf(" %-10s %-30s %-11s\n",a[i].name,a[i].addr,a[i].tele);
    printf("按回车键返回到主菜单......\n");
    getchar();
    getchar();
}
//添加新客户函数
void input()
{
    char reply='y';
    char save='y';
    struct client s;
    char t[100];
    while (reply=='y')
    {
        system("cls");
        printf("-----------------------------------\n");
        printf("|          添加新客户           |\n");
        printf("-----------------------------------\n");
        printf("客户姓名：");
        scanf("%s",t);
        if (strlen(t)>14)                    //若输入的姓名超过14个字符,只取前14个。
            t[14]='\0';
        strcpy(s.name,t);
        printf("家庭住址：");
        scanf("%s",t);
        if (strlen(t)>29)                    //若输入的姓名超过29个字符,只取前29个。
            t[29]='\0';
        strcpy(s.addr,t);
        printf("电话号码：");
        scanf("%s",t);
        if (strlen(t)>11)                    //若输入的姓名超过11个字符,只取前11个。
            t[11]='\0';
        strcpy(s.tele,t);
        printf("\n 要保存吗?(y/n):");
```

```c
        scanf(" %c",&save);
        if (save=='y')
        {
            if (gs==count)
            {
                count=count+100;
                a=(struct client * )realloc(a,count * sizeof(struct client));
            }
            a[gs]=s;
            gs++;
        }
        printf("\n要继续吗?(y/n):");
        scanf(" %c",&reply);
    }
    printf("\n按回车键返回主菜单......\n");
    getchar();
    getchar();
}
//修改客户信息函数
void amend()
{
    struct client s;
    int i,found=0;
    char reply,save;
    char tname[100];
    while(1)
    {
        printf("请输入你要修改的姓名：");
        scanf("%s",tname);
        for(i=0;i<gs;i++)
        {
            if (strcmp(a[i].name,tname)==0)
            {
                found=1;
                break;
            }
        }
        if(found)
        {
            char t[100];
            printf("==========================================\n");
            printf("客户姓名:%s\n",a[i].name);
            printf("家庭地址:%s\n",a[i].addr);
            printf("电话号码:%s\n",a[i].tele);
            printf("==========================================\n");
```

```
            printf("-----修改客户信息-----\n");
            printf("请输入新的客户姓名: ");
            scanf("%s",t);
            if (strlen(t)>14)              //若输入的姓名超过 14 个字符,只取前 14 个。
                t[14]='\0';
            strcpy(s.name,t);
            printf("请输入新的家庭住址: ");
            scanf("%s",t);
            if (strlen(t)>29)              //若输入的姓名超过 29 个字符,只取前 29 个。
                t[29]='\0';
            strcpy(s.addr,t);
            printf("请输入新的电话号码: ");
            scanf("%s",t);
            if (strlen(t)>11)              //若输入的姓名超过 11 个字符,只取前 11 个。
                t[11]='\0';
            strcpy(s.tele,t);
            printf("要保存吗?(y/n):");
            scanf(" %c",&save);
            if (save=='y')
                a[i]=s;
        }
        else
            printf("无此人信息!\n");
        printf("要继续吗?(y/n):");
        scanf(" %c",&reply);
        if(reply=='n')
            break;
    }
    printf("按回车键返回主菜单......\n");
    getchar();
    getchar();
}
//按照姓名删除客户信息函数
void delete_client()
{
    int i=0,j=0;
    char reply='y';
    int found;
    char confirm='y';
    char tname[20];
    while (reply=='y')
    {
        found=0;
        system("cls");
        found='n';
```

```
        printf("-----------------------------\n");
        printf("|     根据姓名删除信息      |\n");
        printf("-----------------------------\n");
        printf("\n请输入你的姓名：");
        scanf("%s",tname);
        for(i=0;i<gs;i++)
            if ((strcmp(a[i].name,tname))==0)
            {
                found=1;
                break;
            }     //查找要删除的记录
        if (found==1)
        {
            printf("===========================================\n");
            printf("客户姓名:%s\n",a[i].name);
            printf("家庭地址:%s\n",a[i].addr);
            printf("电话号码:%s\n",a[i].tele);
            printf("===========================================\n");
            printf("\n确定要删除吗?(y/n):");
            scanf(" %c",&confirm);
            if (confirm=='y')
            {
                int j;
                for(j=i;j<gs-1;j++)
                    a[j]=a[j+1];
                gs--;
            }
        }
        else
            printf("查无此人,按回车键返回......\n");
        printf("\n要继续删除吗?(y/n):");
        scanf(" %c",&reply);
    }
    printf("\n按回车键返回主菜单......\n");
    getchar();
    getchar();
}
//客户信息查询函数
void query_client()
{
    int choice=1;
    while (choice!=0)
    {
        system("cls");
        printf("-----------------------------\n");
```

```c
        printf("|    客户信息管理系统      |\n");
        printf("|     -信息查询子系统      |\n");
        printf("|--------------------------|\n");
        printf("|   1.按客户姓名查询       |\n");
        printf("|   2.按客户地址查询       |\n");
        printf("|   3.按客户电话查询       |\n");
        printf("|   0.返回主菜单           |\n");
        printf("--------------------------\n");
        printf("\n请选择(0~3):");
        scanf("%d",&choice);
        if (choice>3 || choice<0)
        {
            printf("\n请输入0~3的整数\n");
            getchar();
            getchar();
            continue;
        }
        if (choice==1)
            query_name();
        else if (choice==2)
            query_addr();
        else if (choice==3)
            query_tele();
        else
            break;
    }
}
void query_name()                          //按姓名查询客户信息
{
    int i=0;
    char reply='y';
    int found;
    char tname[20];
    while (reply=='y')
    {
        found=0;
        system("cls");
        found='n';
        printf("--------------------------\n");
        printf("|    根据姓名查询信息      |\n");
        printf("--------------------------\n");
        printf("\n请输入要查询的姓名:");
        scanf("%s",tname);
        for(i=0;i<gs;i++)
            if ((strcmp(a[i].name,tname))==0)
```

```c
            {
                found=1;
                break;
            }    //查找要删除的记录
        if (found==1)
        {
            printf("=======================================\n");
            printf("客户姓名:%s\n",a[i].name);
            printf("家庭地址:%s\n",a[i].addr);
            printf("电话号码:%s\n",a[i].tele);
            printf("=======================================\n");
        }
        else
            printf("查无此人。\n");
        printf("\n要继续查找吗?(y/n):");
        scanf(" %c",&reply);
    }
    printf("\n按回车键返回查询菜单......\n");
    getchar();
    getchar();
}
void query_addr()                        //按地址查询客户信息
{
    int i=0;
    char reply='y';
    int found;
    char taddr[30];
    while (reply=='y')
    {
        found=0;
        system("cls");
        found=0;
        printf("--------------------------\n");
        printf("|    根据地址查询信息        |\n");
        printf("--------------------------\n");
        printf("\n请输入要查询的地址:");
        scanf("%s",taddr);
        for(i=0;i<gs;i++)
            if ((strcmp(a[i].addr,taddr))==0)
            {
                found=1;
                break;
            }                            //查找要删除的记录
        if (found==1)
        {
```

```c
        printf("===============================================\n");
        printf("客户姓名:%s\n",a[i].name);
        printf("家庭地址:%s\n",a[i].addr);
        printf("电话号码:%s\n",a[i].tele);
        printf("===============================================\n");
        }
        else
            printf("查无此地址。\n");
        printf("\n要继续查找吗?(y/n):");
        scanf(" %c",&reply);
    }
    printf("\n按回车键返回查询菜单......\n");
    getchar();
    getchar();
}
void query_tele()                           //按电话查询客户信息
{
    int i=0;
    char reply='y';
    int found;
    char ttele[20];
    while (reply=='y')
    {
        found=0;
        system("cls");
        found=0;
        printf("--------------------------\n");
        printf("|    根据电话查询信息    |\n");
        printf("--------------------------\n");
        printf("\n请输入要查询的电话: ");
        scanf("%s",ttele);
        for(i=0;i<gs;i++)
            if ((strcmp(a[i].tele,ttele))==0)
            {
                found=1;
                break;
            }                               //查找要删除的记录
        if (found==1)
        {
            printf("===============================================\n");
            printf("客户姓名:%s\n",a[i].name);
            printf("家庭地址:%s\n",a[i].addr);
            printf("电话号码:%s\n",a[i].tele);
            printf("===============================================\n");
        }
```

```
        else
            printf("查无此人。\n");
        printf("\n要继续查找吗?(y/n):");
        scanf(" %c",&reply);
    }
    printf("\n按回车键返回查询菜单......\n");
    getchar();
    getchar();
}
```

上面的程序只是让读者体验软件开发的过程,仅仅实现了最基本的功能,还存在许多需要完善的地方,具体如下。

(1) 整个程序运行的前提是数据没有重复,即姓名、地址和电话都不重复。这样,查询、修改时只针对一个数据。读者可以进行完善,使数据可以重复,这与实际情况也是相符的。

(2) 程序的"查询"可以通过姓名、地址和电话 3 种方式查询,而"修改"只能通过姓名进行,读者可对程序进行适当的修改,以实现 3 种方式的修改功能。

(3) 本例只是存储了姓名、地址和电话 3 个信息,读者可以修改结构体的成员以进行更多信息的存储。

(4) 在查询时,如姓名查询,是通过字符串函数 strcmp(a[i]. name,tname)进行比较的,只有当两个串的内容完全一致时,条件才能成立,这在实际应用中相当不方便,读者可修改程序,使之能够进行模糊查询,例如输入"王",表示查询"姓名"中包含"王"的,以扩大查询结果。

(5) 程序的数据文件 client. txt 必须事先存在,内容有没有均可。若有内容,必须按照程序能够读取的格式存储。

注意:数据文件的最后面不能加空行。

15.3 俄罗斯方块

15.3.1 俄罗斯方块简介

1984 年 6 月,在俄罗斯科学院计算机中心工作的数学家帕基特诺夫利用空闲时间编出一个游戏程序,用来测试当时一种计算机的性能。帕基特诺夫爱玩拼图,从拼图游戏里得到灵感,设计出了俄罗斯方块(Tetris)。1985 年,他把这个程序移植到个人计算机上,俄罗斯方块从此开始传播开来。

游戏的基本规则是移动、旋转和摆放游戏自动输出的各种方块,使之排列成完整的一行或多行并且消除得分。

在游戏中使用键盘的"←"键和"→"键控制左右移动,按"↑"键进行旋转,按"↓"键下移,按空格键沉底,按 Esc 键退出游戏。

由小方块组成的不同形状的板块陆续从屏幕上方落下来,玩家通过调整板块的位置和方向,使它们在屏幕底部拼出完整的一条或几条。这些完整的横条会随即消失,给新落下来的板块腾出空间,与此同时,玩家得到分数奖励。没有被消除掉的方块不断堆积起来,一旦堆到屏幕顶端,便闯关失败,游戏结束。游戏的界面如图 15-9 所示。

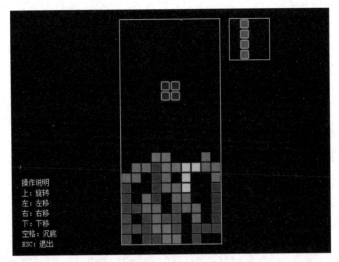

图 15-9　俄罗斯方块游戏界面图

经过对该游戏的分析和了解,可以知道,程序的主要功能模块(即功能函数)有以下 13 个:初始化游戏、开始新游戏、获取控制命令、分发控制命令、生成新的方块、检测指定方块是否可以放下、画单元方块、画方块、旋转方块、左移方块、右移方块、下移方块、沉底方块。

分别编制实现这些功能的子函数,然后在主函数中调用这些子函数共同完成此游戏。通过这些子函数,不但使程序易于模块化实现,而且提高了程序的可读性、正确性和维护性。

15.3.2　俄罗斯方块的实现代码

代码如下:

```
#include <easyx.h>
#include <conio.h>
#include <time.h>
//////////////////////////////////////////////
//定义常量、枚举量、结构体、全局变量
//////////////////////////////////////////////
#define    WIDTH    10                  //游戏区宽度
#define    HEIGHT   22                  //游戏区高度
#define    UNIT     20                  //每个游戏区单位的实际像素
//定义操作类型
enum CMD
{
    CMD_ROTATE,                         //方块旋转
    CMD_LEFT, CMD_RIGHT, CMD_DOWN,      //方块左、右、下移动
    CMD_SINK,                           //方块沉底
    CMD_QUIT                            //退出游戏
```

```cpp
};
//定义绘制方块的方法
enum DRAW
{
    SHOW,                               //显示方块
    CLEAR,                              //擦除方块
    FIX                                 //固定方块
};
//定义 7 种俄罗斯方块
struct BLOCK
{
    int dir[4];                         //方块的 4 个旋转状态
    COLORREF color;                     //方块的颜色
}   g_Blocks[7] ={  {0x0F00, 0x4444, 0x0F00, 0x4444, RED},        //I 形
                   ={0x0660, 0x0660, 0x0660, 0x0660, BLUE},       //口 形
                   ={0x4460, 0x02E0, 0x0622, 0x0740, MAGENTA},    //L 形
                   ={0x2260, 0x0E20, 0x0644, 0x0470, YELLOW},     //反 L 形
                   ={0x0C60, 0x2640, 0x0C60, 0x2640, CYAN},       //Z 形
                   ={0x0360, 0x4620, 0x0360, 0x4620, GREEN},      //反 Z 形
                   {0x4E00, 0x4C40, 0x0E40, 0x4640, BROWN}};      //T 形
//定义当前方块、下一个方块的信息
struct BLOCKINFO
{
    int id;                             //方块 ID
    char x, y;                          //方块在游戏区中的坐标
    byte dir:2;                         //方向
}   g_CurBlock, g_NextBlock;
//定义游戏区
BYTE g_World[WIDTH][HEIGHT] ={0};
/////////////////////////////////////////////////
// 函数声明
/////////////////////////////////////////////////
void Init();                            //初始化游戏
void Quit();                            //退出游戏
void NewGame();                         //开始新游戏
void GameOver();                        //结束游戏
CMD GetCmd();                           //获取控制命令
void DispatchCmd(CMD _cmd);             //分发控制命令
void NewBlock();                        //生成新的方块
bool CheckBlock(BLOCKINFO _block);      //检测指定方块是否可以放下
void DrawUnit(int x, int y, COLORREF c, DRAW _draw); //画单元方块
void DrawBlock(BLOCKINFO _block, DRAW _draw =SHOW);  //画方块
void OnRotate();                        //旋转方块
void OnLeft();                          //左移方块
void OnRight();                         //右移方块
```

```
void OnDown();                          //下移方块
void OnSink();                          //沉底方块
/////////////////////////////////////////////
//函数定义
/////////////////////////////////////////////
//主函数
void main()
{
    Init();
    CMD c;
    while(true)
    {
        c = GetCmd();
        DispatchCmd(c);
    // 按退出时,显示对话框咨询用户是否退出
        if (c == CMD_QUIT)
        {
            HWND wnd = GetHWnd();
            if (MessageBox(wnd, _T("您要退出游戏吗?"), _T("提醒"), MB_OKCANCEL | MB_
            ICONQUESTION) == IDOK)
                Quit();
        }
    }
}
//初始化游戏
void Init()
{
    initgraph(640, 480);
    srand((unsigned)time(NULL));
    setbkmode(TRANSPARENT);              //设置图案填充的背景色为透明
    //显示操作说明
    settextstyle(14, 0, _T("宋体"));
    outtextxy(20, 330, _T("操作说明"));
    outtextxy(20, 350, _T("上: 旋转"));
    outtextxy(20, 370, _T("左: 左移"));
    outtextxy(20, 390, _T("右: 右移"));
    outtextxy(20, 410, _T("下: 下移"));
    outtextxy(20, 430, _T("空格: 沉底"));
    outtextxy(20, 450, _T("ESC: 退出"));
    //设置坐标原点
    setorigin(220, 20);
    //绘制游戏区边界
    rectangle(-1, -1, WIDTH * UNIT, HEIGHT * UNIT);
    rectangle((WIDTH + 1) * UNIT - 1, -1, (WIDTH + 5) * UNIT, 4 * UNIT);
    //开始新游戏
```

```
        NewGame();
}
//退出游戏
void Quit()
{
    closegraph();
    exit(0);
}
//开始新游戏
void NewGame()
{
    //清空游戏区
    setfillcolor(BLACK);
    solidrectangle(0, 0, WIDTH * UNIT -1, HEIGHT * UNIT -1);
    ZeroMemory(g_World, WIDTH * HEIGHT);
    //生成下一个方块
    g_NextBlock.id = rand() % 7;
    g_NextBlock.dir = rand() % 4;
    g_NextBlock.x = WIDTH +1;
    g_NextBlock.y = HEIGHT -1;
    //获取新方块
    NewBlock();
}
    //结束游戏
void GameOver()
{
    HWND wnd = GetHWnd();
    if (MessageBox(wnd, _T("游戏结束。\n 您想重新来一局吗?"), _T("游戏结束"), MB_
    YESNO | MB_ICONQUESTION) == IDYES)
        NewGame();
    else
        Quit();
}
//获取控制命令
DWORD m_oldtime;
CMD GetCmd()
{
    //获取控制值
    while(true)
    {
        //如果超时,自动下落一格
        DWORD newtime = GetTickCount();
        if (newtime - m_oldtime >= 500)
        {
            m_oldtime = newtime;
```

```
                return CMD_DOWN;
        }
        //如果有按键,返回按键对应的功能
        if (kbhit())
        {
            switch(getch())
            {
                case 'w':
                case 'W':    return CMD_ROTATE;
                case 'a':
                case 'A':    return CMD_LEFT;
                case 'd':
                case 'D':    return CMD_RIGHT;
                case 's':
                case 'S':    return CMD_DOWN;
                case 27:     return CMD_QUIT;
                case ' ':    return CMD_SINK;
                case 0:
                case 0xE0:
                    switch(getch())
                    {
                        case 72:   return CMD_ROTATE;
                        case 75:   return CMD_LEFT;
                        case 77:   return CMD_RIGHT;
                        case 80:   return CMD_DOWN;
                    }
            }
        }
        //延时 (降低 CPU 占用率)
        Sleep(20);
    }
}
//分发控制命令
void DispatchCmd(CMD _cmd)
{
    switch(_cmd)
    {
        case CMD_ROTATE:  OnRotate();  break;
        case CMD_LEFT:    OnLeft();    break;
        case CMD_RIGHT:   OnRight();   break;
        case CMD_DOWN:    OnDown();    break;
        case CMD_SINK:    OnSink();    break;
        case CMD_QUIT:    break;
    }
}
```

```
//生成新的方块
void NewBlock()
{
    g_CurBlock.id =g_NextBlock.id,        g_NextBlock.id =rand()%7;
    g_CurBlock.dir =g_NextBlock.dir,      g_NextBlock.dir =rand()%4;
    g_CurBlock.x = (WIDTH - 4) / 2;
    g_CurBlock.y =HEIGHT +2;
    //下移新方块直到有局部显示
    WORD c =g_Blocks[g_CurBlock.id].dir[g_CurBlock.dir];
    while((c & 0xF) ==0)
    {
        g_CurBlock.y--;
        c >>= 4;
    }
    //绘制新方块
    DrawBlock(g_CurBlock);
    //绘制下一个方块
    setfillcolor(BLACK);
    solidrectangle((WIDTH +1) * UNIT,0, (WIDTH +5) * UNIT-1,4 * UNIT-1);
    DrawBlock(g_NextBlock);
    //设置计时器,用于判断自动下落
    m_oldtime =GetTickCount();
}
    //画单元方块
void DrawUnit(int x, int y, COLORREF c, DRAW _draw)
{
    //计算单元方块对应的屏幕坐标
    int left =x * UNIT;
    int top = (HEIGHT -y -1) * UNIT;
    int right = (x +1) * UNIT -1;
    int bottom = (HEIGHT -y) * UNIT -1;
    //画单元方块
    switch(_draw)
    {
        case SHOW:
            //画普通方块
            setlinecolor(0x006060);
            roundrect(left +1, top +1, right -1, bottom -1, 5, 5);
            setlinecolor(0x003030);
            roundrect(left, top, right, bottom, 8, 8);
            setfillcolor(c);
            setlinecolor(LIGHTGRAY);
            fillrectangle(left +2, top +2, right -2, bottom -2);
            break;
        case FIX:
```

```
            //画固定的方块
            setfillcolor(RGB(GetRValue(c) * 2 / 3, GetGValue(c) * 2 / 3, GetBValue
            (c) * 2 / 3));
            setlinecolor(DARKGRAY);
            fillrectangle(left +1, top +1, right -1, bottom -1);
            break;
        case CLEAR:
            //擦除方块
            setfillcolor(BLACK);
            solidrectangle(x * UNIT, (HEIGHT - y - 1) * UNIT, (x +1) * UNIT -1,
            (HEIGHT -y) * UNIT -1);
            break;
    }
}
//画方块
void DrawBlock(BLOCKINFO _block, DRAW _draw)
{
    WORD b =g_Blocks[_block.id].dir[_block.dir];
    int x, y;
    for(int i =0; i <16; i++, b <<=1)
        if (b & 0x8000)
        {
            x = _block.x +i % 4;
            y = _block.y -i / 4;
            if (y <HEIGHT)
                DrawUnit(x, y, g_Blocks[_block.id].color, _draw);
        }
}
//检测指定方块是否可以放下
bool CheckBlock(BLOCKINFO _block)
{
    WORD b =g_Blocks[_block.id].dir[_block.dir];
    int x, y;
    for(int i =0; i <16; i++, b <<=1)
        if (b & 0x8000)
        {
            x = _block.x +i % 4;
            y = _block.y -i / 4;
            if ((x <0) || (x >=WIDTH) || (y <0))
                return false;
            if ((y <HEIGHT) && (g_World[x][y]))
                return false;
        }
    return true;
}
```

```
//旋转方块
void OnRotate()
{
    //获取可以旋转的 x 偏移量
    int dx;
    BLOCKINFO tmp =g_CurBlock;
    tmp.dir++;
    if (CheckBlock(tmp))
    {
        dx =0;
        goto rotate;
    }
    tmp.x =g_CurBlock.x -1;
    if (CheckBlock(tmp))
    {
    dx =-1;
    goto rotate;
    }
    tmp.x =g_CurBlock.x +1;
    if (CheckBlock(tmp))
    {
        dx =1;
        goto rotate;
    }
    tmp.x =g_CurBlock.x -2;
    if (CheckBlock(tmp))
    {
        dx =-2;
        goto rotate;
    }
    tmp.x =g_CurBlock.x +2;
    if (CheckBlock(tmp))
    {
        dx =2;
        goto rotate;
    }
    return;
    rotate:
    //旋转
    DrawBlock(g_CurBlock, CLEAR);
    g_CurBlock.dir++;
    g_CurBlock.x +=dx;
    DrawBlock(g_CurBlock);
}
//左移方块
```

```
void OnLeft()
{
    BLOCKINFO tmp = g_CurBlock;
    tmp.x--;
    if (CheckBlock(tmp))
    {
        DrawBlock(g_CurBlock, CLEAR);
        g_CurBlock.x--;
        DrawBlock(g_CurBlock);
    }
}
//右移方块
void OnRight()
{
    BLOCKINFO tmp = g_CurBlock;
    tmp.x++;
    if (CheckBlock(tmp))
    {
        DrawBlock(g_CurBlock, CLEAR);
        g_CurBlock.x++;
        DrawBlock(g_CurBlock);
    }
}
//下移方块
void OnDown()
{
    BLOCKINFO tmp = g_CurBlock;
    tmp.y--;
    if (CheckBlock(tmp))
    {
        DrawBlock(g_CurBlock, CLEAR);
        g_CurBlock.y--;
        DrawBlock(g_CurBlock);
    }
    else
        OnSink();                          //不可下移时,执行"沉底方块"操作
}
//沉底方块
void OnSink()
{
    int i, x, y;
    //连续下移方块
    DrawBlock(g_CurBlock, CLEAR);
    BLOCKINFO tmp = g_CurBlock;
    tmp.y--;
```

```
    while (CheckBlock(tmp))
    {
        g_CurBlock.y--;
        tmp.y--;
    }
    DrawBlock(g_CurBlock, FIX);
    //固定方块在游戏区
    WORD b = g_Blocks[g_CurBlock.id].dir[g_CurBlock.dir];
    for(i = 0; i < 16; i++, b <<= 1)
        if (b & 0x8000)
        {
            if (g_CurBlock.y - i / 4 >= HEIGHT)
            {//如果方块的固定位置超出高度,结束游戏
                GameOver();
                return;
            }
            else
                g_World[g_CurBlock.x + i % 4][g_CurBlock.y - i / 4] = 1;
        }
    //检查是否需要消掉行,并标记
    BYTE remove = 0;                        //低 4 位用来标记方块涉及的 4 行是否有消除行为
    for(y = g_CurBlock.y; y >= max(g_CurBlock.y - 3, 0); y--)
    {
        i = 0;
        for(x = 0; x < WIDTH; x++)
            if (g_World[x][y] == 1)
                i++;
        if (i == WIDTH)
        {
            remove |= (1 << (g_CurBlock.y - y));
            setfillcolor(LIGHTGREEN);
            setlinecolor(LIGHTGREEN);
            setfillstyle(BS_HATCHED, HS_DIAGCROSS);
            fillrectangle(0, (HEIGHT - y - 1) * UNIT + UNIT / 2 - 5, WIDTH * UNIT - 1,
            (HEIGHT - y - 1) * UNIT + UNIT / 2 + 5);
            setfillstyle(BS_SOLID);
        }
    }
    if (remove)                             //如果产生整行消除
    {
        //延时 300 毫秒
        Sleep(300);
        //擦掉刚才标记的行
        IMAGE img;
        for(i = 0; i < 4; i++, remove >>= 1)
```

```
        {
            if (remove & 1)
            {
                for(y = g_CurBlock.y - i +1; y < HEIGHT; y++)
                    for(x = 0; x < WIDTH; x++)
                    {
                        g_World[x][y -1] = g_World[x][y];
                        g_World[x][y] = 0;
                    }
                getimage(&img, 0, 0, WIDTH * UNIT, (HEIGHT - (g_CurBlock.y - i + 1)) *
UNIT);
                putimage(0, UNIT, &img);
            }
        }
    }
    //产生新方块
    NewBlock();
}
```

练 习 15

一、选择题

1. 为解决某一特定问题而设计的指令序列称为(   )。

A. 文档　　　　　　B. 语言　　　　　　C. 程序　　　　　　D. 系统

2. 结构化程序设计中的 3 种基本控制结构是(   )。

　A. 选择结构、循环结构和嵌套结构　　　B. 顺序结构、选择结构和循环结构

　C. 选择结构、循环结构和模块结构　　　D. 顺序结构、递归结构和循环结构

3. 软件测试的目的是(   )。

　A. 证明软件的正确性　　　　　　　　　B. 找出软件系统中存在的所有错误

　C. 证明软件中存在错误　　　　　　　　D. 尽可能多地发现软件系统中的错误

4. 使用白盒测试方法时,确定测试数据应根据(   )和指定的覆盖标准。

　A. 程序的内部逻辑　　　　　　　　　　B. 程序的复杂程度

　C. 该软件的编写人员　　　　　　　　　D. 程序的功能

二、简答题

1. 什么是软件工程?

2. 可行性研究主要研究哪些问题?

3. 举例说明对总体设计和详细设计的理解。

4. 说明黑盒测试和白盒测试的基本原理。

参 考 文 献

[1]　尚展垒,王鹏远,陈嬿玲,等.C 语言程序设计[M].北京:电子工业出版社,2017.

[2]　甘勇,尚展垒,等. C 语言程序设计[M].北京:水利水电出版社,2011.

[3]　LINDEN P V. Expert C Programming——Deep Secrets[M].北京:人民邮电出版社,2008.

[4]　苏小红,王宇颖,孙志岗.C 语言程序设计[M].北京:高等教育出版社,2017.

附录 A　ASCII 编码

ASCII 编码如表 A-1 所示。

表 A-1　ASCII 码表

十进制 ASCII 码	字　符	十进制 ASCII 码	字　符	十进制 ASCII 码	字　符
0	NUL	43	+	86	V
1	SOH(^A)	44	,	87	W
2	STX(^B)	45	–	88	X
3	SX(^C)	46	.	89	Y
4	EOT(^D)	47	/	90	Z
5	EDQ(^E)	48	0	91	[
6	ACK(^F)	49	1	92	\
7	BEL(bell)	50	2	93	]
8	BS(^H)	51	3	94	^
9	HT(^I)	52	4	95	—
10	LF(^J)	53	5	96	`
11	VT(^K)	54	6	97	a
12	FF(^L)	55	7	98	b
13	CR(^M)	56	8	99	c
14	SO(^N)	57	9	100	d
15	SI(^O)	58	:	101	e
16	DLE(^P)	59	;	102	f
17	DC1(^Q)	60	<	103	g
18	DC2(^R)	61	=	104	h
19	DC3(^S)	62	>	105	i
20	DC4(^T)	63	?	106	j
21	NAK(^U)	64	@	107	k
22	SYN(^V)	65	A	108	l
23	ETB(^W)	66	B	109	m
24	CAN(^X)	67	C	110	n
25	EM(^Y)	68	D	111	o
26	SUB(^Z)	69	E	112	p
27	ESC	70	F	113	q
28	FS	71	G	114	r
29	GS	72	H	115	s
30	RS	73	I	116	t
31	US	74	J	117	u
32	space(空格)	75	K	118	v
33	!	76	L	119	w
34	"	77	M	120	x
35	#	78	N	121	y
36	$	79	O	122	z
37	%	80	P	123	{
38	&	81	Q	124	|
39	,	82	R	125	}
40	(	83	S	126	~
41	)	84	T	127	del
42	*	85	U		

附录 B C 语言的运算符

C 语言的运算符如表 B-1 所示。

表 B-1 C 语言的运算符

优先级	运 算 符	含 义	运算类型	结合方向
1	() [] -> .	圆括号、函数参数表 数组元素下标 指向结构体成员 引用结构体成员		自左向右
2	! ~ ++ –– – * & （类型标识符） sizeof	逻辑非 按位取反 增 1、减 1 求负 间接寻址运算符 取地址运算符 强制类型转换运算符 计算字节数运算符	单目运算	自右向左
3	* / %	乘、除、整数求余	双目算术运算	自左向右
4	+ –	加、减	双目算术运算	自左向右
5	<< >>	左移、右移	位运算	自左向右
6	< <= > >=	小于、小于或等于 大于、大于或等于	关系运算	自左向右
7	== !=	等于、不等于	关系运算	自左向右
8	&	按位与	位运算	自左向右
9	^	按位异或	位运算	自左向右
10	|	按位或	位运算	自左向右
11	&&	逻辑与	逻辑运算	自左向右
12	||	逻辑或	逻辑运算	自左向右
13	?:	条件运算符	三目运算	自右向左
14	= += –= *= /= %= &= ^= |= <<= >>=	赋值运算符 复合的赋值运算符	双目运算	自右向左
15	,	逗号运算符	顺序求值运算	自左向右

附录 C C 语言的库函数

不同的 C 编译系统所提供的标准库函数的数目和函数名及函数功能并不完全相同,限于篇幅,本附录只列出 ANSI C 标准提供的一些常用库函数。读者在编程时若用到其他库函数,请查阅系统的库函数手册。

1. 数学函数

数学函数如表 C-1 所示,在使用时应该在该源文件中包含文件 math.h。

表 C-1　数学函数

函数名	函数和形参类型	功　能	返 回 值	说　明
acos	double acos(double x)	计算 $\cos^{-1}(x)$ 的值	计算结果	$-1 \leqslant x \leqslant 1$
asin	double asin(double x)	计算 $\sin^{-1}(x)$ 的值	计算结果	$-1 \leqslant x \leqslant 1$
atan	double atan(double x)	计算 $\tan^{-1}(x)$ 的值	计算结果	
atan2	double atan2(double x, double y)	计算 $\tan^{-1}(x/y)$ 的值	计算结果	
cos	double cos(double x)	计算 $\cos(x)$ 的值	计算结果	x 的单位为弧度
cosh	double cosh(double x)	计算 x 的双曲线余弦 $\cosh(x)$ 的值	计算结果	
exp	double exp(double x)	求 e^x 的值	计算结果	
fabs	double fabs(double x)	求 x 的绝对值	计算结果	
floor	double floor(double x)	求出不大于 x 的最大整数	该整数的双精度实数	
fmod	double fmod(double x, double y)	求整除 x/y 的余数	返回余数的双精度	
log	double log(double x)	求 $\log_e x$,即 $\ln x$	计算结果	$x>0$
log10	double log10(double x)	求 $\log_{10} x$	计算结果	$x>0$
modf	double modf(double val, double * iptr)	把双精度数 val 分解为整数部分和小数部分,把整数部分存到 iptr 指向的单元	val 的小数部分	
sin	double sin(double x)	计算 $\sin(x)$ 的值	计算结果	x 的单位为弧度
sinh	double sinh(double x)	计算 x 的双曲线正弦函数 $\sinh(x)$ 的值	计算结果	
sqrt	double sqrt(double x)	计算 $\sqrt{x}$ 的值	计算结果	$x \geqslant 0$
tanh	double tanh(double x)	计算 x 的双曲线正切函数 $\tanh(x)$ 的值	计算结果	

2. 字符处理函数

字符处理函数如表 C-2 所示,在使用时应包含头文件 ctype.h。

表 C-2　字符处理函数

函数名	函数和形参类型	功　　能	返　回　值
isalnum	int isalnum(int ch)	检查 ch 是否为字母(alpha)或数字(numeric)	是字母或数字,返回 1;否则返回 0
isalpha	int isalpha(int ch)	检查 ch 是否为字母	是,返回 1;不是返回 0
iscntrl	int iscntrl(int ch)	检查 ch 是否为控制字符(ASCII 码范围是 0～0x1F)	是,返回 1;不是返回 0
isdigit	int isdigit(int ch)	检查 ch 是否为数字(0～9)	是,返回 1;不是返回 0
isgraph	int isgraph(int ch)	检查 ch 是否为可打印字符(ASCII 码范围是 33～126,不包括空格)	是,返回 1;不是返回 0
islower	int islower(int ch)	检查 ch 是否为小写字母(a～z)	是,返回 1;不是返回 0
isprint	int isprint(int ch)	检查 ch 是否为可打印字符(ASCII 码范围是 32～126,不包括空格)	是,返回 1;不是返回 0
ispunct	int ispunct(int ch)	检查 ch 是否为标点字符(不包括空格)即除字母、数字和空格以外的所有可以打印的字符	是,返回 1;不是返回 0
isspace	int isspace (int ch)	检查 ch 是否为空格、跳格符(制表符)或换行符	是,返回 1;不是返回 0
isupper	int isupper(int ch)	检查 ch 是否为大写字母(A～Z)	是,返回 1;不是返回 0
isxdigit	int isxdigit(int ch)	检查 ch 是否为一个十六进制数字字符(即 0～9、A～F 或 a～f)	是,返回 1;不是返回 0
tolower	int tolower(int ch)	将 ch 字符转换为小写字母	返回 ch 所代表的字符的小写字母
toupper	int toupper(int ch)	将 ch 字符转换为大写字母	与 ch 相应的大写字母

3. 字符串处理函数

字符串处理函数如表 C-3 所示,在使用时应包含头文件 string.h。

表 C-3　字符串处理函数

函数名	函数和形参类型	功　　能	返　回　值
memcmp	int memcmp(const void * buf1, const void * buf2, unsigned int count)	比较 buf1 和 buf2 指向的数组的前 count 个字符	buf1<buf2,返回负数 buf1=buf2,返回 0 buf1> buf2,返回正数
memcpy	void * memcpy (void * to, const void * from, unsigned int count)	从 from 指向的数组向 to 指向的数组复制 count 个字符,如果两数组重叠,不定义该数组的行为	返回指向 to 的指针
memmove	void * memmove(void * to, const void * from, unsigned int count)	从 from 指向的数组向 to 指向的数组复制 count 个字符,如果两数组重叠,则复制仍进行,但把内容放入 to 后修改 from	返回指向 to 的指针

函数名	函数和形参类型	功　能	返　回　值
memset	void * memset(void * buf, int ch, unsigned int count)	把 ch 的低字节复制到 buf 指向的数组的前 count 字节处,常用于把某个内存区域初始化为已知值	返回 but 指针
strcat	char * strcat(char * str1, const char * str2)	把字符串 str2 连接到 str1 后面,在新形成的 str1 串后面添加一个'0',原 str1 后面的'0'被覆盖。因无边界检查,调用时应保证 str1 的空间足够大,能存放 str1 和 str2 两个串的内容	返回 str1 指针
strcmp	int strcmp(const char * str1, const char * str2)	按字典顺序比较 str1 和 str2	str1 < str2,返回负数 str1=str2,返回 0 str1>str2,返回正数
strcpy	char * strcpy(char * str1, const char * str2)	把 str2 指向的字符串复制 str1 中去,str2 必须是终止符为'0'的字符串指针	返回 str1 指针
strlen	unsigned int strlen(const char * str)	统计字符串 str 中字符的个数(不包括终止符'0')	返回字符个数
strncat	char * strncat(char * str1, const char * str2, unsigned int count)	把字符串 str2 中不多于 count 个字符连接 str1 后面,并以'0'终止该串,原 str1 后面的'0'被 str2 的第一个字符覆盖	返回 str1 指针
strncmp	int strncmp(const char * str1, const char * str2, unsigned int count)	把字典顺序比较两个字符串 str1 和字符串 str2 的不多于 count 个字符	str1 < str2,返回负数 str1=str2,返回 0 str1>str2,返回正数
strncpy	char * strncpy(char * str1, const char * str2, unsigned int count)	把 str2 指向的字符串中的 count 个字符复制到 str1 去,str2 必须是终止符为'0'的字符串的指针,如果 str2 指向的字符串少于 count 个字符,则将'0'加到 str1 的尾部,直到满足 count 个字符串为止,如果 str2 指向的字符串长度大于 count 个字符,则结果串 str1 不用'0'结尾	返回 str1 指针
strstr	char * strstr(char * str1, char * str2)	找出 str2 字符串在 str1 字符串中第一次出现的位置(不包括 str2 的串结束符)	返回该位置的指针,若找不到,返回指针

4. 缓冲文件系统的输入输出函数

缓冲文件系统的输入输出函数如表 C-4 所示,在使用时需要在源文件中包含头文件 stdio.h。

表 C-4　缓冲文件系统的输入输出函数

函数名	函数和形参类型	功　能	返　回　值
clearerr	void clearerr(FILE * fp)	清除文件指针错误指示器	无
fclose	int fclose(FILE * fp)	关闭 fp 所指的文件,释放文件缓冲区	成功返回 0,否则返回非 0

函数名	函数和形参类型	功　　能	返　回　值
feof	int feof(FILE * fp)	检查文件是否结束	遇文件结束符返回非 0 值,否则返回 0
ferror	int ferror(FILE * fp)	检查 fp 指向的文件中的错误	无错时,返回 0,有错时返回非 0 值
fflush	int fflush(FILE * fp)	如果 fp 所指向的文件是"写打开"的,则将输出缓冲区中的内容物理地写入文件;若文件是"读打开"的,则清除输入缓冲区中的内容。在这两种情况下,文件维持打开不变	成功,返回 0;出现些错误时,返回 EOF
fgetc	int fgetc(FILE * fp)	从 fp 所指定的文件中取得下一个字符	返回所得的字符,若读入出错,返回 EOF
fgets	char * fgets(char * buf, int n, FILE * fp)	从 fp 指向的文件读取一个长度为 (n−1) 的字符串,存入起始地址为 buf 的空间	返回地址 buf,若遇文件结束或出错,返回 NULL
fopen	FILE * fopen(const char * filename, const char * mode)	以 mode 指定方式打开名为 filename 的文件	成功,返回一个文件指针,失败则返回 NULL 指针,错误代码在 errno 中
fprintf	int fprintf(FILE * fp, const char * format, const char * args,…)	把 args 的值以 format 指定的格式输出到 fp 所指定的文件中	实际输出的字符数
fputc	int fputc(char ch, FILE * fp)	将字符 ch 输出到 fp 指向的文件中	成功,则返回该字符,否则返回 EOF
fputs	int fputs(const char * str, FILE * fp)	将 str 指向的字符串输出到 fp 所指定的文件	返回 0,若出错返回非 0
fread	int fread(char * pt, unsigned int size, unsigned int n, FILE * fp)	从 fp 所指定的文件中读取长度为 size 的 n 个数据项,存到 pt 所指向的内存区	返回所读的数据项个数,若遇文件结束或出错,返回 0
fscanf	int fscanf(FILE * fp, char format, char args,…)	从 fp 指定的文件中按 format 给定的格式将输入数据送到 args 所指向的内存单元(args 是指针)	已输入的数据个数
fseek	int fseek(FILE * fp, long int offset, int base)	将 fp 所指向的文件的位置指针移到以 base 所指出的位置为基准、以 offset 为位移量的位置	返回当前位置;否则,返回 −1
ftell	long ftell(FILE * fp);	返回 fp 所指向的文件中的读写位置	返回 fp 所指向的文件中的读写位置
fwrite	unsigned int fwrite(const char * ptr, unsigned int size, unsigned int n, f FILE * p)	把 ptr 所指向的 n×size 字节的内容输出到 fp 所指向的文件中	写到 fp 文件中的数据项的个数

函数名	函数和形参类型	功　　能	返 回 值
getc	int getc(FILE * fp)	从 fp 所指向的文件中读入一个字符	返回所读的字符；若文件结束或出错，返回 EOF
getchar	int getchar()	从标准输入设备读取并返回下一个字符	返回所读字符；若文件结束或出错，返回-1
gets	char * gets(char * str)	从标准输入设备读入字符串，放到 str 指向的字符数组中，一直读到接收新行符或 EOF 时为止，新行符不作为读入串的内容，变成'0'后作为该字符串的结束	成功，返回 str 指针；否则，返回 NULL 指针
perror	void perror (const char * str)	向标准错误输出字符串 str，并随后附上冒号以及全局变量 errno 代表的错误消息的文字说明	无
printf	int printf(const char * format, const char * args,…)	将输出表列 args 的值输出到标准输出设备	输出字符的个数；若出错，返回负数
putc	int putc (int ch, f FILE * p)	把一个字符 ch 输出到 fp 所指的文件中	输出的字符 ch；若出错，返回 EOF
putchar	int putchar(char ch)	把字符 ch 输出到标准输出设备	输出的字符，若出错，返回 EOF
puts	int puts(const char * str)	把 str 指向的字符串输出到标准输出设备，将'\0'转换为回车换行	返回换行符，若失败，返回 EOF
rename	int rename(const char * oldname, const char * newname)	把 oldname 所指的文件名改为由 newname 所指的文件名	成功返回 0，若出错返回 1
rewind	void rewind(FILE * fp)	将 fp 指示的文件中的位置指针置于文件开头位置，并清除文件结束标志	无
scanf	int scanf(const char * format, const char * args,…)	从标准输入设备按 format 指向的字符串规定的格式，输入数据给 args 所指向的单元	读入并赋给 args 的数据个数，遇文件结束返回 EOF，出错返回 0

5. 动态内存分配函数

动态内存分配函数如表 C-5 所示，在 stdlib.h 头文件中包含有关动态内存分配函数的信息，有些编译系统用 malloc.h 来包含。

表 C-5　动态内存分配函数

函数名	函数和形参类型	功　　能	返 回 值
calloc	void * calloc(unsigned n, unsigned size)	分配 n 个数据项的内存连续空间，每项大小为 size 字节	分配内存单元的起始地址，如果不成功，返回 0
free	void free(void * p)	释放 p 所指的内存区	无

函数名	函数和形参类型	功　能	返回值
malloc	void * malloc (unsigned size)	分配 size 字节的存储区	所分配的内存的起始地址；如果内存不够，返回 0
realloc	void * realloc (void * p, unsigned size)	将 f 所指出的已分配内存区的大小改为 size，size 可比原来分配的空间大或小	返回指向该内存区的指针

6. 其他常用函数

其他常用函数如表 C-6 所示，最后一个函数需要头文件 time. h，其他函数需要头文件 stdlib. h。

表 C-6　其他常用函数

函数名	函数和形参类型	功　能	返回值
atof	double atof (const char * str)	把 str 指向的字符串转换成双精度浮点值，串中必须包含合法的浮点数，否则返回值无定义	返回转换后的双精度浮点值
atoi	int atoi(const char * str)	把 str 指向的字符串转换成整型值，串中必须包含合法的整型数，否则返回值无定义	返回转换后的整型值
atol	long int atol(const char * str)	把 str 指向的字符串转换成长整型值，串中必须包含合法的整型数，否则返回值无定义	返回转换后的长整型值
exit	void exit(int code)	该函数时程序立即正常终止，清空和关闭任何打开的文件。程序正常退出状态由 code 等于 0 或 EXIT_SUCCESS 表示，非 0 值或 EXIT_FALURE 表明定义实现出错	无
rand	int rand(void)	产生伪随机数序列	返回 0 到 RAND_MAX 的随机整数，RAND_MAX 至少是 32 767
srand	void srand(unsigned int seed)	为 rand()函数生成的伪随机数序列设置起点种子值	无
time	time_t time(time_t * time)	调用时可使用空指针，也可使用指向 time_t 类型变量的指针，若使用后者，则该变量可被赋予日历时间	返回系统的当前日历时间；如果系统丢失时间设置，函数返回 −1

7. 非缓冲文件系统的输入输出函数

在源文件中包含头文件 io. h 和 fcntl. h，这些函数是 UNIX 系统的一员，不是 ANSI C 标准定义的，由于这些函数比较重要，而且书本中部分程序使用了这些函数，所以这里仍将这些函数列在表 C-7 中，以便读者查阅。

表 C-7　非缓冲文件系统的输入输出函数

函数名	函数和形参类型	功　能	返回值
close	int close(int handle)	关闭 handle 说明的文件	关闭失败，返回 −1，errno 说明错误类型，否则返回 0
creat	int creat (const char * pathname, unsigned int mode)	专门用来建立并打开新文件，相当于 access 为 O_CREAT|O_WRONLY|O_ TRUNC 的 open()函数	成功，返回一个文件句柄，否则，返回 −1，外部变量 errno 说明错误类型

函数名	函数和形参类型	功　能	返回值
open	int open（const char *pathname, int access, unsigned int mode）	以 access 指定的方式打开名为 pathname 的文件，mode 为文件类型及权限标志，仅在 access 包含 O_CREAT 时有效，一般用常数 0666	成功，返回一个文件句柄；否则，返回 -1，外部变量 errno 说明错误类型
read	int read（int handle, void * buf, unsigned int len）	从 handle 说明的文件中读取 len 字节的数据存放到 buffer 指针指向的内存	实际读入的字节数，0 表示读到文件末尾，-1 表示出错，errno 说明错误类型
lseek	long lseek（int handle, long offset, int fromwhere）	从 handle 说明的文件中的 fromwhere，开始，移动位置指针 offset 字节。Offset 为正，表示向文件末尾移动；为负，表示向文件头部移动。移动的字节数是 offset 的绝对值	移动后的指针位置。-1L 表示出错，errno 说明错误类型
write	int write（int handle, void * buf, unsigned int len）	把从 buf 开始的 len 字节写入 handle 说明的文件	实际写入的字节数，-1 表示出错，errno 说明错误类型

附录 D EasyX 的库函数

EasyX 的库函数比较多,由于篇幅的限制,在此只列出函数名和功能描述,具体的使用方法可参阅其帮助文件 EasyX_Help.chm。

1. 绘图环境相关函数

绘图环境相关函数如表 D-1 所示。

表 D-1 绘图环境相关函数

函数或数据	功能描述	函数或数据	功能描述
cleardevice	清除屏幕内容	graphdefaults	恢复绘图环境为默认值
initgraph	初始化绘图窗口	setorigin	设置坐标原点
closegraph	关闭图形窗口	setcliprgn	设置当前绘图设备的裁剪区
getaspectratio	获取当前缩放因子	clearcliprgn	清除裁剪区的屏幕内容
setaspectratio	设置当前缩放因子		

2. 颜色模型函数

颜色模型函数如表 D-2 所示。

表 D-2 颜色模型函数

函数或数据	功能描述	函数或数据	功能描述
GetBValue	返回指定颜色中的蓝色值	RGB	通过红、绿、蓝颜色分量合成颜色
GetGValue	返回指定颜色中的绿色值	RGBtoGRAY	转换 RGB 颜色为灰度颜色
GetRValue	返回指定颜色中的红色值	RGBtoHSL	转换 RGB 颜色为 HSL 颜色
HSLtoRGB	转换 HSL 颜色为 RGB 颜色	RGBtoHSV	转换 RGB 颜色为 HSV 颜色
HSVtoRGB	转换 HSV 颜色为 RGB 颜色	BGR	交换颜色中的红色和蓝色

3. 图形颜色及样式设置相关函数

图形颜色及样式设置相关函数如表 D-3 所示。

表 D-3 图形颜色及样式设置相关函数

函数或数据	功能描述
FILLSTYLE	填充样式对象
getbkcolor	获取当前绘图背景色
getbkmode	获取图案填充和文字输出时的背景模式
getfillcolor	获取当前填充颜色

函数或数据	功 能 描 述
getfillstyle	获取当前填充样式
getlinecolor	获取当前画线颜色
getlinestyle	获取当前画线样式
getpolyfillmode	获取当前多边形填充模式
getrop2	获取前景的二元光栅操作模式
LINESTYLE	画线样式对象
setbkcolor	设置当前绘图背景色
setbkmode	设置图案填充和文字输出时的背景模式
setfillcolor	设置当前填充颜色
setfillstyle	设置当前填充样式
setlinecolor	设置当前画线颜色
setlinestyle	设置当前画线样式
setpolyfillmode	设置当前多边形填充模式
setrop2	设置前景的二元光栅操作模式

4. 图形绘制相关函数

图形绘制相关函数如表 D-4 所示。

表 D-4　图形绘制相关函数

函数或数据	功 能 描 述	函数或数据	功 能 描 述
arc	画椭圆弧	fillrectangle	画填充矩形(有边框)
circle	画圆	fillroundrect	画填充圆角矩形(有边框)
clearcircle	清空圆形区域	floodfill	填充区域
clearellipse	清空椭圆区域	getheight	获取绘图区的高度
clearpie	清空椭圆扇形区域	getpixel	获取点的颜色
clearpolygon	清空多边形区域	getwidth	获取绘图区的宽度
clearrectangle	清空矩形区域	getx	获取当前 x 坐标
clearroundrect	清空圆角矩形区域	gety	获取当前 y 坐标
ellipse	画椭圆	line	画线
fillcircle	画填充圆(有边框)	linerel	画线
fillellipse	画填充椭圆(有边框)	lineto	画线
fillpie	画填充椭圆扇形(有边框)	moverel	移动当前点
fillpolygon	画填充多边形(有边框)	moveto	移动当前点

函数或数据	功能描述	函数或数据	功能描述
pie	画椭圆扇形	solidcircle	画填充圆(无边框)
polyline	画多条连续的线	solidellipse	画填充椭圆(无边框)
polygon	画多边形	solidpie	画填充椭圆扇形(无边框)
putpixel	画点	solidpolygon	画填充多边形(无边框)
rectangle	画空心矩形	solidrectangle	画填充矩形(无边框)
roundrect	画空心圆角矩形	solidroundrect	画填充圆角矩形(无边框)

5. 文字输出相关函数

文字输出相关函数如表 D-5 所示。

表 D-5　文字输出相关函数

函数或数据	功能描述	函数或数据	功能描述
gettextcolor	获取当前字体颜色	drawtext	在指定区域内以指定格式输出字符串
gettextstyle	获取当前字体样式	settextcolor	设置当前字体颜色
LOGFONT	保存字体样式的结构体	settextstyle	设置当前字体样式
outtext	在当前位置输出字符串	textheight	获取字符串实际占用的像素高度
outtextxy	在指定位置输出字符串	textwidth	获取字符串实际占用的像素宽度

6. 图像处理相关函数

图像处理相关函数如表 D-6 所示。

表 D-6　图像处理相关函数

函数或数据	功能描述	函数或数据	功能描述
IMAGE	保存图像的对象	rotateimage	旋转 IMAGE 中的绘图内容
loadimage	读取图片文件	SetWorkingImage	设定当前绘图设备
saveimage	保存绘图内容至图片文件	Resize	调整指定绘图设备的尺寸
getimage	从当前绘图设备中获取图像	GetImageBuffer	获取绘图设备的显存指针
putimage	在当前绘图设备上绘制指定图像	GetImageHDC	获取绘图设备句柄
GetWorkingImage	获取指向当前绘图设备的指针		

7. 鼠标相关函数

鼠标消息缓冲区可以缓冲 63 个未处理的鼠标消息。每一次 GetMouseMsg 将从鼠标消息缓冲区取出一个最早发生的消息。当鼠标消息缓冲区满了以后,不再接收任何鼠标消息,如表 D-7 所示。

函数或数据	功 能 描 述
FlushMouseMsgBuffer	清空鼠标消息缓冲区
GetMouseMsg	获取一个鼠标消息。如果当前鼠标消息队列中没有,就一直等待
MouseHit	检测当前是否有鼠标消息
MOUSEMSG	保存鼠标消息的结构体

8. 其他函数

除上述函数外还会用到其他的函数,如表 D-8 所示。

表 D-8　其他函数

函数或数据	功 能 描 述
BeginBatchDraw	开始批量绘图
EndBatchDraw	结束批量绘制,并执行未完成的绘制任务
FlushBatchDraw	执行未完成的绘制任务
GetEasyXVer	获取当前 EasyX 库的版本信息
GetHWnd	获取绘图窗口句柄
InputBox	以对话框形式获取用户输入

9. graphics.h 新增函数

graphics.h 头文件实现了和 Borland BGI 库的兼容。过去有不少教材采用的 tc 2.0 教学,用的就是 Borland BGI 绘图库。graphics.h 在 easyx.h 的基础上,提供了与 Borland BGI 相似的函数接口。换句话说,程序中只需要引用 graphics.h 头文件,即可使用 easyx.h 和表 D-9 中的所有函数。

表 D-9　graphics.h 新增函数

函数或数据	功 能 描 述
bar	这个函数用于画填充矩形(无边框)
bar3d	画有边框三维填充矩形
drawpoly	画多边形
fillpoly	画填充多边形(有边框)
getcolor	获取当前绘图前景色
getmaxx	获取绘图窗口的物理坐标中的最大 x 坐标
getmaxy	获取绘图窗口的物理坐标中的最大 y 坐标
initgraph	初始化绘图窗口
setcolor	设置当前绘图前景色
setwritemode	设置前景的二元光栅操作模式